THE WORLD OF
WINE AND SERVICE

葡萄酒
的世界与侍酒服务

李海英◎著

李德美 李晨光 李 涛◎主审

华中科技大学出版社
http://press.hust.edu.cn
中国·武汉

内容简介

本书分为两部分,第一部分是葡萄酒基础知识,第二部分是侍酒服务。该书是一本融汇葡萄酒基础知识、品鉴、品种、产区风土、服务技能以及配餐等内容,同时兼具理论与实操的综合性书籍。适合于葡萄酒文化与营销专业学生学习使用,同时适合于葡萄酒爱好者,以及餐饮酒水等服务性从业人员学习使用。

图书在版编目(CIP)数据

葡萄酒的世界与侍酒服务/李海英著. —武汉:华中科技大学出版社,2021.1(2024.8 重印)
ISBN 978-7-5680-6782-9

Ⅰ.①葡…　Ⅱ.①李…　Ⅲ.①葡萄酒-基本知识　Ⅳ.①TS262.61

中国版本图书馆 CIP 数据核字(2020)第 265351 号

葡萄酒的世界与侍酒服务
Putaojiu de Shijie yu Shijiu Fuwu

李海英　著

策划编辑:王　乾
责任编辑:倪　梦
封面设计:廖亚萍
责任校对:刘　竣
责任监印:周治超
出版发行:华中科技大学出版社(中国·武汉)　　电话:(027)81321913
　　　　　武汉市东湖新技术开发区华工科技园　　邮编:430223
录　　排:华中科技大学惠友文印中心
印　　刷:武汉科源印刷设计有限公司
开　　本:889mm×1194mm　1/16
印　　张:20
字　　数:555 千字
版　　次:2024 年 8 月第 1 版第 6 次印刷
定　　价:89.90 元

前言

改革开放以来,我国葡萄酒产业无论是生产规模,还是消费市场规模都在不断扩大。根据OIV(国际葡萄与葡萄酒组织)2023年发布的排名,我国已成为全球第三大葡萄种植国、第八大葡萄酒消费国。习近平总书记2020年在宁夏视察时指出:"随着人民生活水平不断提高,葡萄酒产业大有前景""中国葡萄酒,当惊世界殊"。目前,中国正在向葡萄酒大国强国迈进,葡萄酒产业链条末端人才需求旺盛,无论是高端餐饮行业、国内葡萄酒精品酒庄,还是葡萄酒进出口贸易公司都有很大的人才缺口,培养德才兼备的葡萄酒产业末端人才迫在眉睫。

此次撰写《葡萄酒的世界与侍酒服务》一书正是面向高职院校为葡萄酒产业末端人才培养制作的我的首本教材。教材是人才培养的重要支撑、引领创新发展的重要基础,本教材紧密对接国家有关葡萄酒产业发展的重大战略需求,为更好地服务于我国葡萄酒产业末端技术技能型、拔尖创新人才培养而进行了设计与撰写。同时,本教材深入贯彻落实党的二十大精神,以立德树人为核心载体,旗帜鲜明地体现了党和国家意志,体现马克思主义中国化的最新成果,帮助学生牢固树立对马克思主义的信仰,对中国共产党和中国特色社会主义的信念,对实现中华民族伟大复兴的信心,坚定不移地听党话、跟党走。

在具体的撰写路径上,本教材紧扣党的二十大精神进教材的纲领要求,重点在各章节中融合了大量与中国精品葡萄酒相关的教学案例,并相应配套了数量众多的高清图片、酒标图例,以及文本拓展资源等内容。在丰富教材内容建设的同时,充分发挥了教材的铸魂育人的基本功能,突出了中国葡萄酒文化建设成果,提振我国葡萄酒产业自信,同时,深化葡萄酒产业对乡村振兴作用,挖掘产业优势,增强我国葡萄酒大国强国信心,为培养我国"葡萄酒+"战略人才提供支持。

该教材起笔撰写于2018年初,历时近2年半时间,定稿交付。回想赴韩国学习葡萄酒知识之初的2008年,算来已有15个年头。2010年得幸翻译出版崔燻院长著作《与葡萄酒的相遇》,时隔10年,不离初心,鼓起勇气,记录这十几年不易的坚持。崔燻院长是我学习葡萄酒知识的启蒙恩师,他曾担任过韩国前海运管理局、观光局局长等多项职务,退休后创办韩国波尔多葡萄酒学院(Korean Academy of Wines),同时创办了韩国本土葡萄酒挑战赛(Korea Wine Challenge)及《The Wine Review》杂志,另外,老师还是《南半球葡萄酒》《法国葡萄酒》《欧洲葡萄酒》等众多书籍的著作人,并擅长中文、英文、法文,在韩国业界有很强的影响力,学酒之初荣幸拜读老师门下,受教甚多。本次著作此书,也是再次得益于老师的鼓励,该书一些内容参考了老师的著作。得知我的想法后,已近80岁高龄的老人家激动的话语,使得电话这端的我着实备受鼓舞。书中大部分精美图片也由老师无偿提供,所以在此尤其感恩与感激老师对我工作倾注的关怀以及给予的巨大帮助与支持。

　　该书落地的另一个重要原因是工作之需。2006年,我入职山东旅游职业学院。学院一直非常重视葡萄酒类教学工作,自2012年开始,学院便在酒店管理专业内开设葡萄酒类课程,这些年我一直担任着葡萄酒系列课程研发、教学实践与教学改革等职责。至2016年,葡萄酒课程已覆盖酒店管理(本/专科)、餐饮管理、会展管理、应用法语、应用日语、西式烹饪工艺等多个专业共计十几个班级,课程建设积累丰富。2018年,在对市场进行充分调研的基础上,学院审批通过了酒店管理Wine & Sommelier方向,并在专业内逐步增设了"葡萄酒基础与酿酒品种""葡萄酒侍酒服务与管理""葡萄酒文化与风土""中国葡萄酒旅游文化与风土",以及"烹饪工艺与酒餐搭配"等相关课程,我院为全国高职院校内较早进行此类葡萄酒酒水教学改革试点的高校。2019年,国家教育部正式下达有关增设"葡萄酒营销与服务"新专业的批文(2020年后专业更名为"葡萄酒文化与营销",专业代码为540108),这一专业的增设也侧面佐证了我院设立葡萄酒专业方向的前瞻性。2021年,我院正式开设葡萄酒文化与营销专业,专业设立后,我一直担任专业负责人工作。我们密切关注行业发展,加强与行业互动融合,开发各类校企合作课程,积极参与葡萄酒行业权威前沿赛事,这些都为我们优化教学奠定了良好的基础,所以该教材也源于我对葡萄酒相关课程的教学经验的积累与实践。在此感谢学院各级领导、老师们对葡萄酒教学工作的大力支持与帮助,感谢学院给予的平台,我将继续探索前行,再接再厉。

　　本教材内容结构及图文校订工作得到了众多业内专家老师的鼎力支持。上海斯享文化的李晨光老师对教材第一部分做了文稿校审;原北京国贸大酒店侍酒师(现北京Terrior风土酒馆主理人)李涛老师对教材第二部分做了文稿校审,并提供了北京国贸Grill79扒房酒单以及大量的配图,同时侍酒服务部分图文信息也来自于北京国贸大酒店祁悦总经理等人资部门领导的资料分享;书籍的最后整合阶段,北京农学院的李德美教授对整书做了全篇的订正、补充与校审工作;《漫谈葡萄酒》主讲策划人、上海市酒类流通行业协会葡萄酒分会会长郭明浩校长对本书结构、文本内容、精品酒庄部分给予了很多支持与修正建议;国内众多葡萄酒行业大赛的创办者、新加坡华人Tommy Lam老师对第二部分的侍酒师概念、职责及品种部分给予了很多使我受益的修改建议;原中国鲁菜博物馆馆长赵建民老师及济南鲁能希尔顿酒店酒水经理杨嘉诚老师对中、西餐与葡萄酒搭配部分进行文稿校对;法国CAFA侍酒师学院中国校区的李瑞璇校长与Jimmy老师对本书第二部分排版与内容设计给予了很多好的修改建议。

　　书籍的配图方面,大部分的精美图片资料由远在韩国我的恩师崔燻院长提供;山东港通实业有限公司的秦晓飞老师、林刚老师(部分文字修订)、北京葡闻酒业的蒋文朝老师、澳大利亚墨尔本光年酒屋创始人Jeson老师都对本书提供了图文信息支持;产区图部分由我院 17 级酒店管理专业的胡晓熠、冯美、杨建伟、白夏莲等多位学生手工绘制而成。另外，侍酒服务部分视频资料来自 2017 年我和刘嫄共同制作的"葡萄酒服务教学视频"（2020 年与其他视频进行了整合），参与学生分别是我院 14 级酒店管理本科班的张旭（法国 CAFA 组织的第四届全国大学生侍酒师比赛冠军、现为蓬莱瓏岱酒庄侍酒师）、刘恒硕、宋佳、于天乐、王剑、李双 6 人；其他技能性服务视频是于 2020 年在我院实训场地酒窖内拍摄完成的，视频出镜人仍为张旭，他毕业后一直深耕在自己喜欢的侍酒师岗位上，经验丰富且专注。这些视频制作结束后我有幸邀请到了国内侍酒师行业权威赛事的创办人 Tommy Lam 老师进行了审核，他对视频的专业程度给出了极高的评价。最后，书中除以上图文与视频资料外，其他配图及附录部分则由国内近 50 家精品酒庄提供，他们均为专注于可持续发展的国内精品酒庄们，且在国内外获得了较高的声誉，是帮助读者了解中国葡萄酒产业发展的很好的窗口，也借此向读者朋友们传播属于我国自己的葡萄酒文化，弘扬中国酒文化自信。他们为本书提供了大量精美的产区风土及葡萄园、酒庄、酒标的图文信息，在此对以上所有专家老师、同事、校友、企业单位及精品酒庄的支持与帮助表示由衷的谢意。

书籍排稿之时，一直在寻找愿意为我发行的出版社，山东知行天下品牌策划有限公司的程华涛总经理一直帮我寻找各类可行性方案，并为本书做了前期的图文整理与编辑工作，最后虽未能成形，但过程劳心，在此深表感谢。教材出版由华中科技大学出版社完成，从递稿申请、图片整合、文本设计，再到排版校审、外文订正一直与出版社策划编辑王乾老师进行对接，细节繁冗，过程琐碎，非常感谢王编辑专业、细致、严谨的校订工作，几个月高强度运转，异常辛劳，同时也向华中科技出版社所有参与该教材编辑的老师们表示最由衷的感谢。

书籍出版百般周折，修稿也不下几十遍，每当遇到困难，总会得到众多业内朋友的无私援助与慷慨支持。真诚感恩这个行业的发展，致敬时代的优越，也致敬当下所有为梦想与理想坚守的人们，他们给我力量，鼓舞我前行。最后，再次对帮助、指导过我的所有专家老师、领导同事表达诚挚谢意。

由于水平有限，书中尚有诸多不足，请各位读者朋友多批评指正，非常感谢！

李海英

修订于泉城济南

2024 年 01 月 11 日

目录

第一部分

葡萄酒的世界
The World of Wine

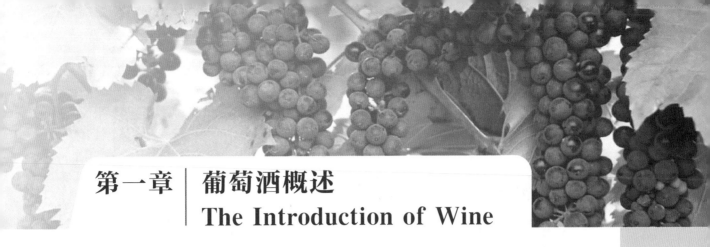

第一章 | 葡萄酒概述
The Introduction of Wine

第一节 葡萄酒历史
The History of Wine

葡萄酒是由葡萄发酵而成的果酒饮料,历史悠久,没人能精确地说出早期葡萄酒究竟是什么时间、什么地点被酿造出来的。大部分学者认为葡萄酒的酿造非常天然,它的出现要归功于大自然的造化。任何酒精的生成都依赖两种物质,即糖分与酵母。葡萄天然富含果糖,且在成熟葡萄浆果的果皮之上有一层天然白色的果粉,丰富的野生酵母就在这些果粉之中。葡萄成熟,果皮破裂后,糖分与酵母结合,酒精发酵自然就开始了。所以许多学者认为葡萄酒自有史书记载之时,它的历史就已经展开,我国在对果酒历史起源问题的解释上也早就有"猿猴造酒"的传说,这与葡萄酒的诞生概念不谋而合。

一、考古与发现

考古学家们在格鲁吉亚发掘出了成堆的葡萄籽,他们认为这可能是古人曾经酿造葡萄酒的证据。由此推断,世界上最早的人工种植葡萄应该在外高加索地区的黑海与里海之间,这个地区位于今天的亚美尼亚与格鲁吉亚境内,具体时间大约在公元前7000年—公元前5000年。随着人类的迁移,葡萄酒很快传播到幼发拉底河和底格里斯河流域,两条河流所滋润的美索不达米亚平原曾是古巴比伦的所在地,在这片土地上诞生了世界最早的文明——美索不达米亚文明,葡萄种植与葡萄酒酿造也随之发扬与传播开来。在两河文明的促进下,尼罗河文明和印度河文明逐渐形成发展,古埃及受此影响深远,法老对葡萄酒的痴迷亦是如此,他们深受两河农业文明的影响,学会了葡萄的种植与葡萄酒的酿造。他们在酒罐上刻上酿造年份、葡萄园的名称,甚至酿造师的名号,这些成为那个时代古埃及人对葡萄酒产业发展与推崇的有力证据。

二、古希腊的商业推广与古罗马征战

葡萄酒在地中海得到广泛传播,与古希腊的贸易是分不开的。勇敢、智慧的希腊人把葡萄酒发展成了与橄榄油同等重要的贸易武器,随着他们在地中海沿岸国家对葡萄酒的兜售,葡萄品种与新技术开始传入意大利、法国、西班牙等国,这其中所受影响最深的非意大利莫属。希腊人深信意大利有天然种植葡萄的潜力,他们还将意大利冠称为"酒之王国"。天然绝佳的风土环境,使得意大利很快成为葡萄种植的天堂,意大利把希腊人对酒神的敬仰亦是全盘吸收,它们对葡萄酒的热爱掀起了狂热的追随之旅。伴随着古罗马帝国的日渐繁荣,罗马人开始在欧洲大肆扩张,葡萄栽培与酿酒技术也随着罗马军队的南征北战传遍欧洲各地。直到今天,我们在法国隆河谷、香槟产区,德国莱茵河及奥地利的多瑙河地区都能找到罗马人留下来的葡萄种植痕迹,葡萄酒开始在欧洲飘香遍地。

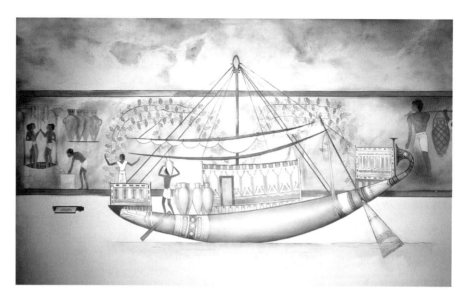

法国杜宝夫酒庄展馆图

法国南部罗马遗迹(阿尔勒竞技场)

三、世界葡萄酒版图形成

历史的进程发展到 15 世纪,西班牙与葡萄牙的崛起给世界发展带来了新的契机,哥伦布新航路的开辟,促成了美洲与欧洲的物种大交换。大量的食物诸如土豆、辣椒、玉米等被带入欧洲,成为欧洲餐桌上的美食,而欧洲人引以为豪的葡萄酒自然也被带入美洲。葡萄酒世界开始开启另一扇大门,葡萄酒行业在南北美境内新的人口聚居地中迅速发展了起来,修道院的葡萄园也在修士的虔诚打理下,如雨后春笋般涌现。葡萄酒早在 16 世纪中叶便在智利、阿根廷、墨西哥等地发展起来。随着探索的不断深入,葡萄牙人、西班牙人、英国人与法国人等开始在新大陆建立定居点,为葡萄种植与葡萄酒酿造提供人文环境。17 世纪中叶,荷兰人在南非开普地区建立葡萄园,1788 年,随着英国人首次定居澳大利亚的船队的到来,葡萄酒开始在澳大利亚与新

4

西兰发展起来。自此,世界葡萄酒的格局基本形成。

新航线开辟

知识关联

2004 年,中美考古学家分析河南省舞阳县贾湖遗址的文物得出惊人结论:最古老的果酒在中国,8600 年前我国已经掌握了酒的制造方法,这一发现将中国造酒的历史向前推进了近 4000 年。此项研究结果刊登在 2004 年 12 月 6 日出版的《美国国家科学院学报》上。

1984 年以来,主持贾湖历次发掘的张居中教授带领中国考古学家在河南省舞阳县的贾湖遗址中发掘出了大批陶器,并发现陶器碎片上留有一些沉淀物。中美专家合作对陶器碎片上的沉淀物进行研究。分析结果显示,这些沉淀物含有酒类挥发后的酒石酸。酒石酸是葡萄酒特有的物质,因此这一论证从一个角度证明了人类至少在 9000 年前就开始了葡萄酒的酿造,而我国有可能是葡萄酒最早的酿造者。

(来源:安徽日报,2004 年 12 月 20 日。)

历史小故事

"赞美你,酒神"

希腊人对葡萄酒如此的狂热,并不是没有缘由的:葡萄酒促进了这个半陆半海国家的经济发展,给人们带来前所未有的欢愉。公元前 530 年,雅典僭主庇希特拉图允许市民们在雅典公开举行祭祀酒神的活动,并修建了一座专用的剧院。公元前 404 年,《酒神的女祭司们》被首次呈现在观众眼前,一个世纪之后,剧场被扩建到雅典卫城的边上,酒神在人们心目中的地位已经远远超越了其他神。[1]

---

① 书中历史小故事均来源于休·约翰逊的《葡萄酒:陶醉 7000 年》。

第二节　葡萄酒的新旧世界
The Old World and the New World

在全新的葡萄酒格局下,按照历史发展的先后,我们习惯上将世界范围内葡萄酒产国分为旧世界与新世界。旧世界是指欧洲范围内历史较为悠久,有古老的酿酒传统和人文条件的产酒国,包括法国、德国、西班牙、葡萄牙以及东欧部分国家;新世界指伴随着新大陆的开辟诞生的,葡萄酒历史发展较为短暂,葡萄酒酿造风格多变的新大陆国家,包括澳大利亚、新西兰、美国、智利、阿根廷、南非、中国等。新、旧世界比较是众多葡萄酒爱好者经常谈论的话题,也是酒店酒单上经常出现的概念与范畴。由于新、旧世界葡萄酒历史发展的先后问题,它们形成了不同的人文环境,而风土条件及酿造理念的不同也决定了两者葡萄酒风格的迥异之处。新、旧世界葡萄酒被人们津津乐道,其不同点,本书总结如下。

一、地理位置不同

旧世界主要分布在欧洲北纬30度至50度范围内,气候条件多变,尤其是冷凉产区葡萄酒受年份影响相对较大,葡萄成长期遭受病虫害及霜冻、冰雹、倒春寒等灾害天气较多,好的年份对优质葡萄酒的生产至关重要。新世界是指欧洲以外的产区,这些产区受地中海式气候影响较多,年日照量充足,温暖干燥,天气变化含量相对稳定,通常葡萄酒年份差异小,葡萄酒酒精含量相对较高,果香突出,单宁成熟,口感较为浓郁。

二、酿酒理念不同

旧世界产酒国拥有更悠久的葡萄酒发展历史,在历史长河里形成了非常深厚的人文环境,葡萄酒酿造更倾向于传统酿酒方法的使用,对土壤及品种属性研究较深,特定品种对地理环境的匹配有既定传统与规则。而新世界葡萄酒发展历史较短暂,葡萄种植与葡萄酒酿造没有复杂的既定法则,更多通过团队建设、资金投入、酿酒设备购入与技术改良来提升葡萄酒品质,酿造富于创新,迎合市场变化。

新世界部分国家葡萄酒历史:

1522年,墨西哥殖民者在科尔特斯开始了葡萄的栽培。

1547年,秘鲁开始了葡萄的种植。

1554年,智利开始了葡萄的种植。

1556年,葡萄藤从智利传入阿根廷。

1655年,荷兰人开始在好望角一带种植葡萄。

1788年,英国舰队阿瑟·菲利浦(Arthur Philip)船长开始在澳大利亚种植葡萄。

1819年,英国传教士Samuel Marsden开始在新西兰栽培葡萄。

1820年,纳帕谷、索诺玛地区开始种植葡萄。

1892年,张弼士引入欧洲葡萄品种,在山东创办张裕酿酒公司。

三、酒标标识侧重点不同

旧世界产酒国有着悠久的葡萄酒历史,更加注重产区风土独特性的发掘,不同产区葡萄酒风格自成一派。因此,酒标的标识多倾向产区命名法,产区概念突出。而在新世界,葡萄酒历史发展短暂,更关注产品创新、技术改良与品牌的推广,因此新世界酒标多倾向品种、品牌命名法。

四、法律法规不同

旧世界产区普遍都有一套完整的原产地管理制度,如法国 AOC 分级制度、意大利 DOCG 分级制度以及西班牙 DOC 分级制度等。另外,由于历史原因,各国还出现了一些影响深远的民间分级,如梅多克 1855 年分级、圣爱美隆分级、德国 VDP 分级等。而新世界葡萄酒产业环境相对宽松,相关法律法规等约束性内容较少,追求创新,富有变化。

五、侍酒方法不同

旧世界部分优质老年份葡萄酒(尤其传统风格),在饮用时需要一定的服务规范;新世界葡萄酒多为即饮型,无须陈年,醒酒等服务规范较少,灵活简单。

以上可以看出,新、旧世界有诸多差异点。旧世界历史悠久,更强调传统人文,遵守自然风土;新世界多为移民文化,人文多元使得葡萄酒具有很强的开放性,善于技术运用与品牌创新,多单一品种酿造,新鲜易饮。当然,随着社会的发展,交流的加强,新、旧世界的这些不同点已经不再显著,两者风格相互融合,方法相互借鉴,其特征区分已渐渐缩小。

历史小故事

"海上马车夫"大举采购

荷兰商人们将大批具有兴奋和镇静作用的饮品介绍到欧洲,其中包括白兰地和啤酒,还有茶和咖啡。不过作为头号贸易大国,荷兰拥有比别国多得多的船只,因此,荷兰人也在操纵着贸易的走向,尤其是在葡萄酒的贸易方面功不可没。到 1650 年,荷兰拥有全球最大的商船队,船只数量在 1 万只以上,他们号称"海上马车夫"。

英格兰大使威廉·坦普尔爵士这样评论荷兰:"从来没有任何一个国家像荷兰这样,进出口贸易量如此巨大,实际国内的消费量如此小……他们整天倒腾着印度香料和波斯的绸缎,自己却穿着朴素的毛织品,吃着自己打的鱼和粗茶淡饭。"在所有货物中,荷兰商人最看重的是葡萄酒,阿姆斯特丹就是第一大葡萄酒贸易港口。

第二章 | 葡萄种植与酿造
Grape Growing and Wine Making

第一节 葡萄与葡萄酒
Grape and Wine

　　人们普遍认为葡萄这一物种是人类诞生之前便已自然生长的植物,它广泛生长在中亚及地中海沿岸的国家,喜好阳光,生命力顽强。葡萄繁衍至今,已知的葡萄品种高达 8000 余种,目前常见的酿造用葡萄有 50 种左右。大部分酿造用品种属于欧亚葡萄,学名为 Vitis vinefera,在我国还有山葡萄(V. amurensis)、刺葡萄(V. davidii)与毛葡萄(V. heyneana)等亚洲种群也用来酿酒。酿酒葡萄与鲜食葡萄有很多不同之处,酿酒葡萄普遍果串小,果粒之间较为紧凑,颗粒精致小巧,果皮厚、果肉少,富含色素与单宁。另外,酿酒葡萄的天然糖分与酸度含量也比鲜食葡萄高,因此,优质葡萄酒在酸度、单宁、酒精等物质的作用下可陈放数年。

　　葡萄果粒一般由果皮、果肉、果籽与果梗构成。果皮,是酿造红葡萄酒的重要原料,是颜色的重要来源,含有相当多浓缩的色素、单宁与果香。果肉的主要成分是水分、碳酸化合物、酸、葡萄糖以及果糖等物质,是对葡萄酒容量贡献最多的原材料。果籽富含苦油,不同的葡萄品种,其果籽的数量与大小均不同,所以在压榨时,应避免压破果籽,它会给葡萄酒释放苦涩风味,这是我们在饮用劣质葡萄酒常会感觉到苦味的原因之一。果梗含有大量单宁酸,但果梗并不是一无是处,优质果梗可以为葡萄酒提供更多单宁,但如果使用不成熟或已木质化的果梗,对葡萄酒则没有任何益处。

第二节 葡萄的四季管理
Grape Growing

　　葡萄是一种生命力极其顽强的植物,若任之成长,葡萄可以无拘无束地自由攀爬,生长出茂密的枝叶与藤蔓,但结果是葡萄的质量很难得到保障。和其他农作物一样,葡萄生长周期的每个阶段都需要科学的管理。葡萄培育工作发展到今天,人们总结出了一套完善的栽培管理方法,从大的方面来说,主要包括葡萄的繁殖与育苗,葡萄园的改土与定植,葡萄的栽培方式,葡萄的整形与修剪,土壤的耕作与管理,葡萄园的浇灌与排水,营养的补充与施肥,采收与运送管理等。一年四季纵观葡萄从发芽到采收的漫长旅程,每个环节都极其重要,过程管理影响葡萄整体质量。人们需要费尽心思地精心照料,尊重自然风土,更需科学管理与合理开发。在本书中,不再对此详细展开,只对葡萄浆果的生物、化学变化情况作简单介绍,通过了解葡萄的生命周期,思考影响葡萄质量的因素。

法国白马酒庄葡萄园

一、发芽

春天,气温上升,万物复苏,气温达到10 ℃时冬芽开始膨大,鳞片裂开,葡萄开始抽出嫩芽。不过这时的芽孢非常脆弱,抵御病虫害与恶劣天气的能力较差,因此,如果遇到倒春寒这类糟糕天气,这一年的葡萄种植将是一个艰难的开始,从而影响该年份葡萄的质量。春天也是农耕的开始,这时尤其是一些坡地,会用牛马耕地,疏松土壤,同时抑制杂草丛生。这种方法除了可以减少对葡萄树干的伤害外,也可以防止机器压实土壤。葡萄园除草工作是田间管理的重要内容,这对改善通风、减少病虫害有利。当然,19世纪末,开始出现了葡萄园生草制度,这一新的管理方法,对减少水土流失、生产优质绿色食品发挥积极作用。具体管理需据实而定。

二、抽梢

新芽长出后的半个月左右,树叶开始伸展开来,这时的新芽仍然处于脆弱阶段,霜害是免除不了的成长风险,为了减少伤害,有些酒庄开始动用各种方法。为了给葡萄驱除寒意,拖拉机瓦斯喷火炉、洒水、大型风扇或直升机吹散冷空气都是经常被用到的方法。另外,在芽苞萌动但尚未展叶之时,需要进行抹芽工作,之后新梢长到20厘米时进行定梢工作。最后,还需要将留下来的葡萄新梢绑缚到支架上,以引导新梢的生长,进入下一个阶段。

三、开花

发芽抽梢的2个月后,葡萄树进入下一个重要阶段——开花期。这时气温升高,日照量充足,葡萄树开始开花,等授粉完成,底部就会冒出细嫩的葡萄。授粉的成功率高低是每年收成好坏的很重要的因素。寒潮的天气以及病虫害是这段时间最大的风险。在花期之后,一般进行摘心截顶工作,使有限营养供应有限葡萄,提高葡萄坐果率。

四、坐果

开花季的半个月后,花朵退去,果柄上就会露出小果粒。这时果农们仍然最关注天气的变化,恶劣的天气会影响葡萄的坐果率,还会影响颗粒成长的大小均等。落果与发育不良是葡萄这一时期经常出现的问题,通常是由糟糕的天气所致。

五、转色

随着幼果的成长,葡萄果粒开始渐渐成熟,果粒会变软,颜色开始变红(红葡萄)或者变黄(白葡萄),而果肉也开始发生变化,糖分得以积累,酸度慢慢下降。在这一阶段之始,如果产量过高,可以进行一定比例的果穗修剪。另外,在转色期,还需要进行摘叶工作,以促进果实的成熟。

瓏岱酒庄蔬果

(图片来源:所属酒庄提供 http://www.lafite.com.)

六、成熟

葡萄生长到一定程度时,这个程度是指糖分与酸度是否均衡、果香等风味物质是否充分、酚类物质是否成熟等,从表面来看,红葡萄颗粒必须有一致的深紫颜色,不能带有绿色。另外,果梗也由原来饱满的绿色开始转变为棕色并开始木质化。这个时期的天气变化仍然是重中之重,任何干旱与洪涝灾害都会影响葡萄糖分与酸度的均衡,影响葡萄的风味走向。尤其对北半球产国,好的年份对葡萄酒质量至关重要。为了确保果串可以吸收更足的日照与养分,这一阶段一般需要摘叶疏通。

七、采收

首先,葡萄采收时间的确定是该阶段的首要工作,适时采收对葡萄酒颜色、香气以及酸、糖平衡都有好处,采收的日期取决于产地、品种、当年气候条件以及想要获得的葡萄酒风格。首先,可通过早熟、中熟还是晚熟的品种物候期及品尝确定采收时间;另外,成熟度的控制可根据工业成熟度或技术成熟度指标作综合判断。当然,在这个过程中,葡萄一旦进入转色期,定期的采样分析也是不可或缺的技术工作。采收方式,目前有人工与机械两种,前者可以更好地保障质量,但成本较高;后者效果好,节省成本。但目前主要为水平摇动式机器采收,对地形及树的整形方式有要求,对葡萄也有一定的破坏,两者各有利弊。

葡萄果实生命周期的每个节点决定了葡萄最终的成熟度及风味特质的均衡感,这将很大程度上影响葡萄酒风味及细节变化,好的葡萄酒首先源于葡萄的良好培育与管理,这一点或许是每个果农及酿酒师们一同遵守的信条,四季管理尤为重要。

(a)发芽　　　　　(b)抽梢　　　　　(c)开花　　　　　(d)坐果

(e)转色　　　　　　　　　(f)成熟

青岛九顶庄园葡萄生长周期

第三节　葡萄酒的酿造
Wine Making

我们对葡萄酒的深入认知似乎是一件不容易的事情,但是由葡萄转变成葡萄酒的过程却遵循了一条极为简单的原理,这也是葡萄酒酿酒史伴随人类文明的原因所在。葡萄富含天然糖分与果糖,果皮上充满天然野生酵母,葡萄成熟、破裂,酵母自然侵入,并消耗果汁里的糖分,发酵自然开始,葡萄糖转化成了酒精。根据国际葡萄与葡萄酒组织的规定,葡萄酒是破碎或未破碎的新鲜葡萄果实或葡萄汁经完全或部分酒精发酵后获得的饮料,其酒度不能低于 $8.5\%\mathrm{vol}$。

葡萄酒发酵公式如下。

$$C_6H_{12}O_6 + 酒化酶 \rightarrow 2C_2H_5OH + 2CO_2（葡萄糖 + 酵母 \rightarrow 酒精 + 二氧化碳）$$

从这一发酵公式可以看出,葡萄酒发酵并不复杂。葡萄酒本身就是大自然的产物,由一生物产品(葡萄)转化为另一生物产品(葡萄酒),只需要一种重要的媒介—— 酵母菌。工业上葡萄酒酿造过程根据这一发酵原理,大致遵循这样一个过程。首先采收葡萄,去除果梗,破碎果粒,添加酵母菌,接下来果汁开始发酵,待发酵完成后,生成酒精,经过短期陈酿熟成,最后过滤装瓶即可完成。在葡萄酒酿酒技术与科技不断发展的今天,葡萄酒酿造的方法更加灵活多样,不同文化、不同产区、不同酿酒师采用的方式方法以及细节处理都不尽相同,这也造就了千变万化的葡萄酒,这是葡萄酒风格多样性的重要原因之一,但基本的酿造规则是一致的。

一、红葡萄酒酿造（Red Wine Making）

红葡萄酒的特征就是它的亮丽红色。因此有别于白葡萄酒只使用澄清葡萄汁进行发酵，红葡萄酒的发酵则需要用皮渣与葡萄汁混合，发酵过程中保持葡萄汁与果皮的接触，浸渍色素与单宁，因此，红葡萄酒酿造只能使用富含色素的红葡萄品种。基本步骤如下。

（一）采收（Harvest）

随着人力成本的不断上升，一些酒庄更喜欢在地势平坦的葡萄园使用机器采收葡萄，这样既可以节省人力成本，又可以夜间作业，加快采收。采收机器水平式摇动葡萄藤，成熟的果粒便随之脱落。机器采收会对葡萄果粒有一定的破坏，酒庄通常会选择果粒不易破损的赤霞珠、品丽珠或美乐等品种进行机器采收，避开容易破裂的品种。另外，还可以通过一边采收，一边喷洒粉末状的二氧化硫，防止葡萄的过度氧化，选择夜间或凌晨采收是目前多数机器采收的普遍做法。当然，对一些高质量的葡萄酒来说，酒庄仍然选择最传统的方法进行人工采摘，采收时间也多避开高温的中午，多在清晨与上午采收。采收后的葡萄通常紧接着进入分选阶段，如果葡萄原料本身温度过高，条件允许的情况下，部分酒庄会选择让葡萄进入冷藏空间，进行物理降温，然后再进行接下来的工业处理。

西安玉川酒庄葡萄采收

（二）接收与分选（Reception and Selection）

葡萄采收后，需要对进入酒厂的原料进行一系列的处理，这是葡萄原料从"农业阶段"转为"工业阶段"的起点，因此需要对此进行质量检验、分级或过磅（果农向酒厂出售情况下）等工作。分选主要是对原料中枝叶、僵果、生青果、霉烂果及其他杂物的筛选工作，主要在分选传送带上完成，分为穗选与粒选两种形式。

（三）破碎除梗（Crushing and Destemming）

破碎是将葡萄浆果压破，以利于果汁流出，除梗是将葡萄浆果与果梗分离的过程，这两者往往使用破碎除梗机器进行。酿酒师在这个阶段，还需要考虑部分果串是否保留果梗，这样可以为葡萄酒增加更多单宁与骨架。如果生产柔和的葡萄酒，则会全部除梗。

破碎去梗

（四）浸渍与酒精发酵（Alcoholic Fermentation）

葡萄破碎除梗后，会被转移到不锈钢桶、水泥槽或橡木桶内，在桶内葡萄汁开始华丽蜕变。葡萄果浆里的糖分在酵母菌的作用下慢慢转化为酒精。果皮上的色素在浸渍过程中得以释放，葡萄酒获得色素、单宁与酚类物质。浸渍的时间需要根据葡萄酒的风格而定，如果想酿造果香、清新感十足的即饮型葡萄酒，则应缩短浸渍时间，降低单宁，保持酸度；如果想酿造陈年型优质红葡萄酒，则需要加强浸渍，提高单宁含量。在这一阶段中，果皮、果籽或果梗，很容易被不断上升的二氧化碳推向容器的顶部。所以保持这些物质（酒帽 Cap）与果汁接触，在过去并不是一件容易的事情，为了萃取葡萄皮中的色素，人们往往需要在容器上端不停地搅拌，二氧化碳及其他味道混杂在一起，让人很容易昏倒，甚至失去生命。现代技术的运用解决了这一难题，工业上淋皮（Pump Over）与踩皮（又叫倒罐/压帽，Punch Down）的方法被广泛应用在这个环节，机械及电脑操控让其变成了一种精确的科学。另外，在这一阶段，发酵温度的控制也是考验酿酒师的重要环节，合理的温度调控，最终会影响葡萄酒风格的形成。一般情况下，红葡萄酒的发酵温度比白葡萄酒略高，为 26—30 ℃，发酵时间从几天到几周不等。葡萄酒发酵温度范围如表 2-1 所示。

表 2-1　葡萄酒发酵温度范围（℃）

葡萄酒类型	最低发酵温度	最佳发酵温度	最高发酵温度
Red Wine	25	26—30	32
White Wine	16	18—20	22
Rose Wine	16	18—20	22
Fortified Wine/Sweet	18	20—22	25

（来源：李华，等.《葡萄酒工艺学》。）

宁夏西鸽酒庄发酵车间

（五）压榨（Pressing）

红葡萄酿造的压榨是指将发酵后存于皮渣中的果汁或葡萄酒通过机械压力压榨的过程。发酵结束后葡萄酒的汁液通常分为两种，一种是未经压榨自然流出的汁液，被称为自流汁（Free Juice），另一种是第一次和第二次压榨后所得到的汁液，被称为压榨汁（Press Juice）。自流汁分离完毕，待容器内 CO_2 释放完成后就可以将发酵容器中的皮渣取出。目前，压榨工作多使用气囊压榨机进行，它可以有效减少因为强烈挤压葡萄酒产生的苦涩感。对于红葡萄酒而言，压榨酒约占 15%。压榨汁与自流汁相比，果皮挤压，口感发涩，酒体较为粗糙，而自流汁柔和圆润。酒厂通常按照一定比例直接混合或处理后将二者混合调配，以提高葡萄酒利用率，同时，用来打造不同风格与质量等级的葡萄酒。另外，压榨酒还可以蒸馏使用。

榨汁

（六）苹果酸-乳酸发酵（Malolactic Fermentation）

大部分红葡萄酒的酿造通常都会采用这种发酵工序，红葡萄酒只有在苹果酸-乳酸发酵结束，并进行恰当的二氧化硫处理后，才具有生物稳定性。因此，酒精发酵后的红葡萄酒保持高浓度的酸度，酸度锋利敏锐，所以酿造红葡萄酒通常会采用苹果酸-乳酸发酵的方式，把生硬尖锐的苹果酸转化为柔和的乳酸。这一发酵通常在酒精发酵过程中便自然开始了，当然也可人工协助其发酵。进行了苹果酸-乳酸发酵的葡萄酒，口感更加柔滑、圆润，同时会为葡萄酒增加烤面包、饼干、奶香等香气。白葡萄酒大部分不进行这一过程，以保留清新的果香以及脆爽的酸度。

（七）调配（Blending）

葡萄酒的调配混合是很多地区的酿酒惯例，品种之间相互调和可以形成特性互补，对葡萄酒增加香气、酸度、酒体与色泽都具有帮助。旧世界葡萄酒的调配非常普遍，例如法国波尔多式调配、隆河调配等都是非常典型的例子。在新世界，葡萄酒的调配也很普遍，口感风味上可以相互补充之外，也可以给酒厂带来更好的收益，是酿酒师惯用的酿酒方法。

（八）桶内熟成（Maturation）

大部分红葡萄酒发酵结束会进入成熟阶段，其容器多为橡木或其他木质容器。其中橡木桶是最广为人知的熟成容器。橡木桶由于富含单宁及与葡萄酒自然亲近的香气，数百年前就成为酿造陈年葡萄酒的最佳容器。可以为葡萄酒带来更多复杂的果香，帮助葡萄酒陈年，而且其物理性的结构特点可以有效帮助葡萄酒澄清与稳定，柔化葡萄酒的口感。红葡萄酒一般会在橡木桶内熟成，时间从几个月到 3 年不等，并且在葡萄酒培养的过程中，还需要经历 3—4 次换桶，这可以让葡萄酒与氧气接触，从而使单宁变得更加柔顺。白葡萄酒一般在橡木桶内陈年时间较短,通常使用旧桶陈年,当然大部分白葡萄酒多不在橡木桶内陈年,这样会使葡萄酒丢失清新的果香。

君顶酒庄酒窖

（九）澄清过滤（Clarification）

这一阶段,酿酒厂会使用各种试剂去除固体杂质,常用的物质有果胶、黏土、鸡蛋清等。一些酿酒者认为过度过滤可能会使葡萄酒流失香气及其他有益物质,所以,不少现代酒厂也会不过滤澄清葡萄酒而直接装瓶（Unfiltered Wine）,这样的葡萄酒沉淀物会较多,侍酒服务时要特别注意。

（十）装瓶（Bottling）

过滤澄清后,葡萄酒进入装瓶环节,这时酒厂需要做出决定使用软木塞还是螺旋盖,澳大利亚、新西兰、南非等新世界产酒国使用螺旋盖非常普遍。

长和翡翠酒庄装瓶流水线

（十一）瓶内陈年（Maturation）

部分葡萄酒在正式发售之前会进行一段时间的瓶内熟成，熟成结束后，再进行塑帽，并贴标发售。

二、白葡萄酒酿造（White Wine Making）

酿造白葡萄酒的品种一般是白葡萄，也可以使用红葡萄，在酿造时，先榨汁获得清澈的葡萄汁后，再进行发酵酿造，果皮中的单宁与色素便不会渗入。年轻的干白呈水色，口感与红葡萄酒相比，凸显酸度，果香清新。酿酒步骤如下。

（一）采收（Harvest）

与红葡萄酒一样，根据当地法规，选择采收时间与采收方式。白葡萄的采收时间一般会比红葡萄品种早，特别是香槟产区，为了保留天然的酸度，一般提早采摘。采收方式是确定由人工采收还是机器采收。

（二）接收与分选（Reception and Selection）

与红葡萄接收分选过程一致。

（三）破碎除梗（Crushing and Destemming）

大部分白葡萄的破碎除梗程序与酿造红葡萄酒是一致的，对白葡萄来说，有些酒庄会进行整串压榨。破碎后的葡萄原料现在多进行冷浸工艺处理，以提取果皮中的芳香物质，冷浸温度通常在 5—10 ℃进行，浸渍时间需根据原料特性及质量而定，通常为 10—20 小时。冷浸工艺结束后，分离自流汁。

（四）压榨（Pressing）

与红葡萄的压榨不同，生产白葡萄酒时，压榨是对新鲜葡萄的榨汁过程。这一程序需要尽快处理，尤其是使用红葡萄酿造白葡萄酒时，更需要速战速决，减少果皮与果汁接触的时间。葡萄汁的质量很大程度取决于设备条件，现在酒庄多使用气囊压榨机进行作业，由于它对物料仅产生挤压作用，摩擦作用很小，不易将果皮、果梗及果籽本身的构成物压出，因此很大程度上保障了葡萄汁的质量。白葡萄酒的压榨汁约占 30％左右。同样，榨取的汁液根据质量情况通常会与自流汁根据比例调配使用，也可作为他用。

（五）澄清（Clarification）

通常酿造白葡萄酒需要先澄清，然后进入发酵阶段。发酵汁中如果含有较多的果皮、种子、果梗残留物构成的悬浮物，会影响酒精发酵后的香气。因此在酒精发酵之前应该将这些物质去掉。注意不要过度澄清，以免影响酒精发酵的正常进行。酿造优质的白葡萄酒，澄清的方法会比较天然，可以让固体颗粒慢慢沉向不锈钢桶的底部，通过换桶达到澄清的效果。

（六）发酵（Fermentation）

首先，为了保留白葡萄酒中自身的水果果香，白葡萄酒发酵温度一般在 15 ℃—20 ℃，比红葡萄酒低，葡萄酒香气更加优雅细致，发酵时间从 2—4 周不等。为了更好地温控，白葡萄酒一般多使用不锈钢桶发酵，也有部分白葡萄酒会使用橡木桶发酵。发酵虽然在红葡萄酒酿造上非常普遍，但对白葡萄酒却不一定合适，苹果酸-乳酸发酵（MLF）通常会为葡萄酒增添奶香及黄油香气，但同时也会减少新鲜的果味，这对那些果香型葡萄品种，例如雷司令、琼瑶浆等简直是致命的打击。发酵结束应尽快对葡萄酒进行分离，如果葡萄酒不需要进行 MLF，也要对葡萄酒进行二氧化硫的处理。

（七）调配（Blending）

与红葡萄酒一样，很多产区都会使用不同的品种进行混酿，但单一品种酿造更为常见。

（八）熟成（Maturation）

白葡萄酒比红葡萄酒脆弱很多，所以，是否熟成需要根据不同品种、不同质量以及不同风格区分进行，大部分白葡萄酒为了保留其新鲜的酸度与果香会直接装瓶。也有部分白葡萄酒会转移到橡木桶（多使用旧桶）内进行陈年，为葡萄酒增加酒体、香气与质感。

（九）澄清过滤（Clarification）

与红葡萄酒相似，白葡萄酒装瓶之前，会先冷却澄清，过滤酒石酸，稳定葡萄酒，否则葡萄酒很容易出现白色结晶状的酒石酸。

（十）装瓶（Bottling）

装瓶前要确定使用软木塞还是螺旋盖，新世界很多产区螺旋盖的使用频率较高。

（十一）瓶内陈年（Maturation）

与红葡萄酒一样，部分白葡萄酒在正式发售之前会进行一段时间的瓶内熟成，熟成结束后，塑帽并贴标发售。

宁夏原歌葡萄酒庄瓶储区

三、桃红葡萄酒的酿造（Rose Wine Making）

桃红葡萄酒是含有少量红色素略带红色色调的葡萄酒，最常见的颜色有玫瑰红、橙红、黄玫瑰红、紫玫瑰红等色泽，其颜色深浅及风味特征与使用品种、发酵时间、酿造方法都有很大关系，其口感风味介于红葡萄酒和白葡萄酒之间。优质的桃红葡萄酒多呈现新鲜的果香、活泼愉悦的酸度以及平衡的质感。桃红葡萄酒不易陈年，多适合年轻时饮用。

桃红葡萄酒的酿造上，虽然我们完全可以通过调配红、白葡萄酒进行酿造，但大部分的桃红葡萄酒却是在红、白葡萄酒酿造方式的基础上酿造而成的。葡萄酒颜色的萃取与发酵的温度和时长是分不开的，因此，在酿造红葡萄酒的基础上降低发酵的温度或者压缩发酵的时间便可以生产出桃红葡萄酒。主要分为以下三种方法。

(a)原歌酒庄桃红 　　(b)龙亭酒庄醉桃春品 　　(c)戎子酒庄戎子 　　(d)九顶庄园Pinkker
　葡萄酒 　　　丽珠桃红葡萄酒 　　　鲜酒桃红葡萄酒 　　　桃红葡萄酒

国内部分酒庄桃红葡萄酒酒标

（一）直接压榨（Direct Pressing）

这种方法更适合葡萄原料色素含量高的品种的酿造,直接采用白葡萄酒的酿造程序即可酿造桃红葡萄酒。用这种方法酿出的桃红葡萄酒,颜色往往过浅,因此适合高色素含量的品种,如佳利酿、慕合怀特等。其大概流程为:

$$原料接收→破碎→SO_2 处理→分离→压榨→澄清→发酵$$

（二）放血法（Saignée）

这种方法与红葡萄酒的酿造方法一样,当红葡萄酒浸渍数小时后,在酒精发酵之前,分离出部分葡萄汁用来酿造桃红葡萄酒,剩余部分酿造正常的红葡萄酒。用这种方法酿成的桃红葡萄酒,颜色比前者略深,有更多的果香。大概流程为:

$$原料接收→破碎→SO_2 处理→浸渍 2—24 小时→分离→压榨→澄清→发酵$$

（三）排出法（Drawing off）

排出法与放血法相似,在红葡萄酒酿造流程之中,通常缩短发酵时间实现桃红葡萄酒的酿造。通常在发酵进行 6—48 小时后,将发酵的葡萄酒排出,转移至低温环境中继续发酵。这种方法由于和果皮接触时间长,酿成的桃红葡萄酒颜色更加理想。

历史小故事

酿酒专家:西多会修士

西多会诞生在勃艮第,西多会的白衣修士们也因勃艮第的葡萄酒而闻名,他们将葡萄酒园里原本枯燥辛苦的体力劳作升华为一种艺术形式,据说西多会修道院里的修道士们在为葡萄园选址时,甚至会亲口品尝一下土壤的味道。修士们勤奋努力的工作方式在勃艮第地区传为佳话,成为当地一大亮点,当时葡萄酒业的发展,很大程度上拜西多会修士们所赐。

第四节　葡萄酒与橡木桶
Wine and Oaks

葡萄酒与橡木桶的结合一直被史学家认为是最巧妙的因缘,葡萄酒在橡木桶里发酵与熟成已经有长达几个世纪的历史,两者的完美结合是人类智慧的结晶。橡木桶有非常好的防水性与柔韧性,容易弯曲与切割,这使得它优于其他木质材料,更容易打造成圆桶的形状,橡木本身携带大量优质单宁与香气,这也是其他木质材料所不能比拟的。橡木桶的故事还远不止这些,接下来我们一起细细探个究竟。

一、橡木桶历史

橡木桶的使用最早可以追溯到 2000 年前,据说那时人们在葡萄酒运输中发明并开始使用橡木桶,随后,罗马人开始频繁使用这种比陶瓷器皿轻便、耐用的桶来运输葡萄酒,所以当时橡木桶承担了更多运输的功能与角色。橡木桶的正式大量使用始于 17 世纪,人们在一次偶然中,把制作好的盛放葡萄酒的橡木桶放入山洞中存储,一年后,取出的葡萄酒充满了不一样的芳香,单宁更近顺滑,颜色也变得柔和,透出琥珀色的光芒。这个"山洞的秘密"被发现后,人们都开始效仿这一做法,橡木桶陈年便被延续,继而发扬光大。我们再来看看今天的葡萄酒酿造车间,井然有序的橡木桶及体型巨大的发酵桶已经不再是新奇的事物。

橡木桶之所以能成为葡萄酒最佳搭档,有它自身的优势。首先,橡木树组织属于多孔组织,气孔多,柔韧性强,使得桶内的葡萄酒可以与外面的空气接触,葡萄酒处在微氧化的环境中,香气与味道都可以得到更好的陈年。其次,橡木桶还可以有效沉淀葡萄酒中的杂质,使葡萄酒的发展更加稳定。最后,橡木桶内包含有大量的有益单宁与香气物质,葡萄酒在与橡木桶接触的同时,会大量吸收桶内有益的单宁与香气,这是葡萄酒陈年潜力与拥有复杂香气的重要来源。现在橡木桶大量使用在葡萄酒、白兰地、威士忌甚至啤酒等饮品的陈年上。

蓬莱珑岱酒庄酒窖内橡木桶

(图片来源:珑岱酒庄 Pierre-Yves Graffe-Barbara Kuckowska-FdL)

二、橡木桶产地

全球范围内出产橡木桶的国家有很多,法国、英国、匈牙利、葡萄牙、西班牙、美国等都盛产大量优质橡木,这其中以法国与美国最具有代表性,它们构成世界两大橡木桶使用的主流国。但两者有诸多不同之处,美国产橡木俗称白橡木,它的纹理较为松散,单宁高,粗糙,香气呈现香草、椰子及奶香等风味,气息浓郁。从制作工艺上看,一般锯割使用,木材浪费率较低,因此总体成本较低,一般成品价格为 300—500 欧元/桶。法国橡木品种一般称为黄橡木,法国各地都有盛产,虽然各地因气候、种植历史及品种不同,橡木的质感总体有细微差异,适合陈酿的葡萄品种等都有侧重。但总体而言,相比美国橡木,法国橡木一般拥有非常长的生长周期,木质纹理组织细密,透气性低,单宁细致,香气较为细腻优雅,以精细的辛香、坚果、甘草、烟熏等气味为主。所以一些高品质葡萄酒多选用法国橡木,可以让葡萄酒慢慢成熟。制作工艺上更加讲究,多按照木材纹理切割,废料多,成本高。一般价格为 500—800 欧元/桶。主要产区有卢瓦尔河地区的利穆桑、阿利尔,中部地区的特兰雪森林以及阿尔萨斯地区的孚日山。

三、橡木桶的寿命

橡木桶的使用不是永久的,因为是木质材料制成的,所以桶的清洗至关重要,防止各种菌类微生物的滋生是橡木桶管理的重要工作,另外木质材料容易透水,这也需多加防范,这些都会随着橡木桶使用年限的延长增加使用风险。另外,香气的浓郁度及优质单宁含量也会随着橡木桶寿命的延长逐渐降低。所以从理论上来讲,橡木桶具有一定的使用寿命,时间通常为 3—5 年。由于橡木桶高昂的成本,因此对酒庄来讲,美式与法式橡木桶或者新桶与旧桶的混用是大多数酒庄的明智之选。而高端葡萄酒则会严格区分橡木桶的使用年限,例如,对法国波尔多左岸的部分列级酒庄正牌酒来说,其会经常使用全新橡木桶来酿造,以增加葡萄酒的香气单宁,提高葡萄酒陈年潜力。

四、橡木桶的制作工艺

橡木桶的制作遵循严格的程序,橡木桶原材料来源地、木材的熟成、烘焙工艺都是影响葡萄酒风格的重要因素,其制作流程主要分为采收、劈切、晾晒、加工定型、烘烤、密封检测、封存等几个过程。

(1)砍伐采收。橡木树一般会选用 150—250 年的树种,直径在 1—1.5 米,法国一般的伐木时间是每年的 10—12 月。

(2)劈切与分段。砍伐后的木材被轴向 1 米切断,225 升、228 升的桶高为 95 厘米。

(3)制作初级木板。法国木材一般使用压力机按纤维走向劈切,出材率较低,美国木材可以锯割,出材率高。

(4)木材露天晾晒。晾晒时间一般为 2—3 年,这个过程需要淋水冲洗单宁,从而有效去除橡木的生青味,木材颜色也会转变为成熟的稳定的颜色。

(5)工厂精加工定型,桶板厚度为 22—27 毫米。

(6)制桶烘烤。利用热胀冷缩原理,使用机械慢慢束拢框型,外面加铁圈攒紧。在这个过程里橡木释放成熟的单宁,并形成大量烘焙的气息,如烟熏、香草等风味,这是葡萄酒陈年香气产生的重要来源。不同的烘焙温度、时间及成熟度对葡萄酒的风格形成影响巨大,因此烘焙的程度要根据酒庄订单要求制作,烘焙过程主要依赖机械检测与人工经验。成熟度一般分为轻度、中度、中重与重度烘焙,橡木桶上一般会看到 MT(Medium Toast,中等烘焙)或者 Medium++ 等的字样,这便是指代橡木桶烘焙的程度。

(7)打孔及密封检测。检测木桶完全密封无渗漏,同时检测任何机械缺陷。

(8)打磨抛光。先去掉第一遍安装的铁圈,进行磨砂抛光,确保外观完美呈现,打磨后的橡木桶重新安装框圈。

(9)激光打印 Logo 并封存,根据订单激光打印 Logo,并用塑料膜封存,保持木桶清洁,防止老化,最后送往恒温保湿的酒窖内储藏。

橡木桶的制作

第五节　葡萄酒的风格、质量与价格
Wine Style, Quality and Price

　　葡萄酒的风格、质量与价格千差万别，想要具体说清楚，不是一件容易的事情。葡萄酒本身以葡萄为原料酿造而成，因此原材料质量至关重要。由葡萄变成葡萄酒，在它的生命周期里，栽培、酿造、陈年各个环节都极其关键，风格的形成及质量的高低与当地的自然环境、人文环境以及技术条件都有直接的关系，所以在此进行归纳总结。葡萄酒风格与质量的形成受多种因素的影响，其主要因素包括如下几点。

一、环境因素

（一）气候（Climate）

　　全球各大洲都有很多葡萄酒产区，但几乎所有的产区都位于南北纬 30 度至 50 度，因为这些地区温度、日照和降雨较为均衡，非常适宜葡萄的种植。根据不同气候条件，从整体上把这些气候条件分为冷凉气候、温暖气候与炎热气候，不同的气候带适合不同品种生长，葡萄酒口感差异较大。一般而言，炎热气候下，葡萄酒一般呈现高酒精含量、丰富的热带果香、浓郁的酒体与较多的单宁；凉爽的气候带，葡萄酒则会出现较高的酸度，但酒精偏少，酒体清淡许多，香气也较为寡淡。此外，我们还需要了解不同的气候类型对葡萄酒风味的影响，这些气候类型主要分为地中海气候、海洋性气候及大陆性气候。

紧靠渤海湾的蓬莱龙亭酒庄

宁夏典型的大陆性半干旱气候

（图片来源：银色高地酒庄供图）

（二）天气（Whether）

我国古人经常用"风调雨顺"来指代一年绝佳的天气，这是指适时、适度的自然现象，如风、雨天气状况对农作物的收成极为关键。年度天气的差异对葡萄酒口感、品质影响较大，先进的葡萄种植方法与方式可以有效地减少天气对葡萄品质的影响。葡萄成长的每个阶段，天气的变化都会对其产生巨大的影响。在葡萄的开花、坐果、成熟期，冰雹、大风、水灾等对葡萄的坐果、果粒大小、品质等产生巨大影响，这就形成了品质与口感差异，被称为年份差异。这一点对北半球产区来讲至关重要,譬如法国中北部、德国、意大利北部等产区。这正是我们在一份西餐厅酒单上可以看到,为什么同款酒,在不同年份的价格却有差异的原因所在,好的年份也是评判一款优质葡萄酒陈年的重要依据。对法国波尔多产区来说好年份有 1961 年、1970 年、1982 年、2000年、2005 年、2009 年、2010 年、2015 年、2016 年等。

（三）土壤（Soil）

我们讨论个别葡萄品种时,常常会关注到它们偏好的土壤类型,因为土壤的差异会直接造成葡萄不同的风味,甚至不同的成熟度。总的来说,欧亚葡萄偏好排水性好、结构松散、相对比较贫瘠的深层土壤。比较潮湿、肥沃的土壤会促进葡萄枝叶的茂盛生长,但不利于果实浓缩。历史上,一些种植在适宜土壤条件下的葡萄品种形成了世界上的经典产区,例如,以砾石土壤为主的波尔多左岸、充满大块鹅卵石土壤的南隆河谷、以板岩而著称的德国摩泽尔河,以及以红土闻名天下的澳洲库纳瓦拉等,这些产区出产的葡萄酒都非常典型地反映了该产区的风土特征。

宁夏西鸽酒庄葡萄园的土壤结构

波尔多龙船酒庄葡萄园砾石土壤

（四）日照（Sunshine）

日照对任何植物的生长都是必需的,特别是对葡萄这种喜好热量的植物尤其重要。日照为植物的光合作用提供重要的能量,它让葡萄吸收二氧化碳和水,然后在光的作用下生成葡萄糖和氧气。有了足够的糖分,才能酿造出酒精,也就是葡萄酒了。日照量多的产区,葡萄酒会释放更多的香气,酒体也更加饱满。在日照条件有限的产区,果农会选择在东向、南向的山坡上种植葡萄,这一点在法国勃艮第、阿尔萨斯、德国、奥地利等较凉爽的产区体现得尤其明显。

二、品种（Grape Varieties）

葡萄是一种衍生能力很强的植物,在数千年的发展进程里,派生出了众多葡萄品种,这里我们只关注欧亚属葡萄。不同葡萄品种适合在特定的地方与环境中成长,其果皮的厚度,色素含量,果肉的糖分、酸度等含量都不相同,这使得用它们酿造的葡萄酒口感各有风格。例如,霞多丽与雷司令的不同,赤霞珠与黑皮诺对比,它们的糖分、香气、酸度、单宁含量都存在极大差异。葡萄品种是影响葡萄酒口感的重要因素之一。

宁夏贺东庄园的老藤葡萄

三、种植（Growing）

葡萄的一生需要全程呵护,其种植过程包括育苗、改土与定植、栽培方式、整形与修剪、土壤耕作、浇灌与排水、营养与施肥、采收与运送等方方面面,其中任何一项工作都对葡萄原料质量产生重大影响,进而影响葡萄酒的质量。一方面,在种植位置上,葡萄适合种植在排水性、向阳性好的地方,因此有一定倾斜度的山体、山谷、山坡成了葡萄种植的最佳选择。一般情况下山体东南向、西南向为上等之选,西北、东北向以及谷底平原地带是其下等之选。另一方面,产量也是影响葡萄质量的重要因素,一般而言,产量低的葡萄园,果实成熟度高,果香更加浓缩,果农们可以通过葡萄树苗的修枝与整形以及限制葡萄的挂串数量来加以控制。

四、酿造（Making）

葡萄酒质量的打造在于酿酒的各个环节,程序复杂,每个步骤都需严谨与规范对待。采收时间的确定,采收方式的选择,冷浸工艺的处理,酿酒温度的控制,酵母的添加与使用,SO_2的处

波尔多圣爱美隆富爵酒庄葡萄园

理，MLF 进行与否，调配与混酿，发酵容器与发酵时间控制，以及过滤、澄清、稳定等每个环节都是对葡萄酒生命的诠释。

五、陈年（Maturation）

熟成是很多葡萄酒装瓶之前经历的阶段，尤其是红葡萄酒经常在橡木桶或其他木桶内陈酿3—72 个月不等的时间。长时间的陈年在有效稳定葡萄酒酒体的同时，葡萄酒也会吸收橡木桶的香气，从而产生新的香气，例如烟熏、香草、咖啡、雪茄盒等风味。橡木桶一般分为法国橡木桶与美国橡木桶，前者香气更加浓郁，木条的制作过程一般顺应树木纹路人工劈制而成，废料较多，但最大程度保留橡木的原始香气，然后进行烘焙，烘焙的时间与强度可以根据葡萄酒的风格进行定制，价格偏贵。美国白橡木也是众多厂家选择的对象，成本相对低廉，对葡萄酒香气和口感的影响与法式橡木桶有明显区别。除此之外，橡木条与橡木碎也经常成为橡木桶的替代品，不过葡萄酒的质量与前者相差甚大。

六、其他成本（Other Costs）

随着人口的不断增长，土地使用成本也在不断攀升。在任何国家，葡萄园的使用成本都是制约一款葡萄酒价格的重要因素。不仅如此，葡萄酒的包装、运输、汇率、进口葡萄酒的关税等都会影响每款酒的价值。

第六节　葡萄酒的类型
Styles of Wine

从葡萄酒搬上餐桌的那一刻起，人们对美食美酒的享受与推崇便没有再停止过，葡萄酒市场发展至今建立了庞大的消费群体，葡萄酒之所以受到越来越多人的喜爱，其拥有的千姿百态的风格与类型一定是公认的原因。葡萄酒类型多样，按照不同的标准，大致可划分为如下几类。

一、按颜色划分

（一）红葡萄酒（Red Wine）

红葡萄采收后，加以破碎，连同果皮、果肉、果籽，甚至果梗一起发酵，浸渍果皮从而获得红润的色泽，这种带皮发酵产生的葡萄酒即为红葡萄酒。

（二）白葡萄酒（White Wine）

使用白葡萄先榨汁再进行发酵便可酿成白葡萄酒，年轻的干白一般会呈现非常浅的淡黄色或水白色，随着年份的延长，葡萄酒的颜色会越变越深。

（二）桃红葡萄酒（Rose Wine）

桃红葡萄酒为介于红葡萄酒与白葡萄酒之间的葡萄酒，有清新的酸度与丰富的果香，几乎没有单宁，适合搭配各类亚洲料理。

迦南美地黑骏马红葡萄酒　　　　迦南美地雷司令白葡萄酒　　　　保乐力加贺兰山酒庄
　　　　　　　　　　　　　　　　　　　　　　　　　　　　　　　　　特选桃红葡萄酒

二、按糖分含量划分

葡萄酒按照糖分含量可以分为干型（Dry/Sec/Trocken），半干型（Off-dry/Medium-dry/Demi-sec）及甜型（Sweet/Doux/Dulce）葡萄酒。

（一）干型葡萄酒（Dry Wine）

干型葡萄酒在口腔中基本觉察不到甜味，每升含糖量一般小于或等于 4 克，为市场主导类型。

（二）半干型葡萄酒（Off-dry Wine）

半干型葡萄酒含糖量在 4 克/升以上，12 克/升以下，舌头明显感觉到甜味。在德国半干型葡萄酒很普遍，珍藏（Kabinett）、晚收（Spätlese）、精选（Auslese）（这三种酒也可做成干型酒）多属于这一级别，意大利的 Asti 起泡酒也是略带甜味，新世界经常使用麝香（Muscat）葡萄制作半干型葡萄酒。

（三）甜型葡萄酒（Sweet Wine）

甜型葡萄酒含糖量在 45 克/升以上，含糖量在 80 克/升、120 克/升的葡萄酒在市场上也均有销售，是搭配甜点的重要类型。德国、奥地利的颗粒精选酒（Beerenauslese），干果颗粒精选酒（Trockenbeerenauslese）、冰酒（Icewine/Eiswein）、法国苏玳甜酒、匈牙利托卡伊贵腐甜白葡萄酒等都是非常典型的例子。

三、按是否含有二氧化碳划分

（一）静止葡萄酒（Still Wine）

静止葡萄酒是指酿造葡萄酒时，二氧化碳自然挥发，在 20 ℃时，二氧化碳压力低于 0.5 巴的葡萄酒为静止葡萄酒，静止葡萄酒是市场上的主流类型。

（二）起泡酒（Sparkling Wine）

起泡酒和静止葡萄酒相反，通常是指在 20 ℃时，酒中二氧化碳压力（全部自然发酵产生）等于或大于 0.5 巴的葡萄酒。酿造葡萄酒时，通过一些方法保存发酵自然产生的二氧化碳，便会酿成携带 CO_2 的起泡酒，法国香槟（Champagne），意大利阿斯蒂（Asti）、普罗塞克（Prosecco），德国塞克特（Sekt），西班牙卡瓦（Cava）等都是世界经典的起泡酒。

(a)嘉桐酒庄霞多丽干型起泡酒　　(b)嘉桐酒庄白玉霓半干型起泡酒　　(c)嘉桐酒庄莫斯卡托甜型起泡酒

蓬莱嘉桐酒庄系列起泡酒

四、按上餐程序划分

酒餐搭配需要遵守一定的规则，尤其对西餐来讲，不同上餐的程序需要搭配不同类型的葡萄酒。根据西餐用餐程序，葡萄酒有如下分类。

（一）开胃酒（Aperitif Wine）

开胃酒是指搭配开胃餐时饮用的类型，多为各类干型起泡酒，如香槟，以及清爽的干白。它们都具有清新的酸度、淡雅的果香，可以很好地搭配新鲜、清淡、精致的开胃菜肴。另外，卢瓦尔河的普伊-芙美（Pouilly-Fumé）、桑塞尔（Sancerre），波尔多未过桶的长相思、德国珍藏（Kabinett）葡萄酒、奥地利瓦豪（Wachau）的芳草级（Steinfeder）葡萄酒等都是不错的选择。

（二）佐餐酒（Table Wine）

佐餐酒是搭配佐餐菜肴的一类葡萄酒，通常根据菜品类型搭配各类干红、干白或桃红葡萄酒，需要根据食物类型及口感选择不同酒体的红、白葡萄酒，具体酒餐搭配参考后文。

（三）餐后甜酒（Sweetness Wine）

餐后甜点一般为各类水果、蛋糕、布丁、慕斯、冰激凌或中式甜品等，冰酒、贵腐甜白葡萄酒、晚收甜白葡萄酒、稻草酒、法国 VDN、波特酒等都可以和其完美搭配，具体选择可根据甜品食材类型、甜味浓郁度、质感等进行合理搭配。

五、按酿造方法划分

（一）发酵型葡萄酒（Fermented Wine）

发酵型葡萄酒以葡萄为原料，在酵母活性菌的活动下发酵而成。不添加任何糖分、水分、香

(a)国宾酒庄晚收甜白葡萄酒　(b)云南香格里拉贵腐甜白葡萄酒　(c)龙亭酒庄小芒森甜白葡萄酒

国内部分酒庄甜白葡萄酒

料及酒精的葡萄酒即为发酵型葡萄酒。我们日常饮用的各类干红、干白、甜白葡萄酒大多都属于这类。酿造过程依赖酵母的使用,由于酵母生存环境较为微妙,发酵型葡萄酒酒精度一般在12.5%vol 上下,最高不过 16.5%vol,在过高的酒精环境下,酵母无法生存。

（二）蒸馏型葡萄酒（Spirit Wine）

蒸馏型葡萄酒是以葡萄为原料蒸馏而成的葡萄酒,通常称为白兰地（Brandy）,如法国干邑。酒精度通常大于或等于40%vol,酒精度较高,口感浓郁,一般餐后单独饮用或者作为鸡尾酒基酒制作各类鸡尾酒。

（三）加强型葡萄酒（Fortified Wine）

加强型葡萄酒是在天然葡萄酒中加入蒸馏酒（一般为白兰地）,酒精度一般在 15%—20%vol,如雪莉酒、波特酒、马德拉酒、马尔萨拉酒等。

仁轩酒庄白兰地

六、按照酒体划分

葡萄酒有不同的酒体,有的轻盈,有的厚重。按照酒体轻重关系可以划分为轻盈型葡萄酒（Light Fresh Wine）、均衡型葡萄酒（Medium Bodied Wine）及浓郁型葡萄酒（Full Bodied

Wine）。根据这三大类，在红、白葡萄酒中我们都能找到一些与之对照的典型代表，以下做部分归纳（通常情况下的类型划分），具体如表 2-2 和表 2-3 所示。

表 2-2 白葡萄酒不同酒体类型

Crisp,fresh,dry wine	Medium bodied wine	Full bodied wine
Loire's Muscat	Chablis's Grand Cru	Rhône's Hermitage
Veneto's Soave	Loire's Sancerre	California's Chardonnay
Moselle's Riesling	Australia's Chenin blanc	South Africa's Chardonnay
California's Zinfandel	Rhine's Riesling	Australia's Semillion,Chardonnay

表 2-3 红葡萄酒不同酒体类型

Light fresh wine	Medium bodied wine	Full bodied wine
Alsace's Pinot Noir	Burgundy's Macon	Bordeaux Medoc's Cabernet
Beaujolais Nouveau	South Africa's Cabernet	Piemonte's Barolo/Barbaresco
Veneto's Valpolicella	Australia's Grenache	California's Cabernet Sauvignon
Australia's Pinot Noir	Côtes du Rhône	Loan Châteauneuf du Pape's Shiraz
Germany's Spätburgunder	Spain's Rioja	Australia's Shiraz

七、特种类型葡萄酒

（一）加香葡萄酒（Flavoured Wine）

加香葡萄酒是以葡萄酒为基酒，添加了少量可食香味物质浸出液或浸泡芳香物质酿制而成的葡萄酒，通常采用的芳香及药用植物有苦艾、肉桂、丁香、豆蔻、菊花、陈皮、芫荽籽、鸢尾等。因为添加的香味物多样，葡萄酒会出现苦味、果香及花香等特殊风味，苦艾酒与味美思是其中的典型代表。

（二）低醇葡萄酒（Low Alcohol Wine）

低醇葡萄酒通常是指通过特殊工艺和措施降低了酒精度的葡萄酒，世界各国有关这一酒精度的标准，各有不同的规定。按照我国最新葡萄酒国家标准，低醇葡萄酒是指"采用鲜葡萄或葡萄汁经全部或部分发酵，采用特种工艺加工而成的、酒精度为 1.0%—7.0%（体积分数）的葡萄酒"。

（三）无醇葡萄酒（Non-alcohol Wine）

无醇葡萄酒与低醇葡萄酒概念相似，是指"采用鲜葡萄或葡萄汁经全部或部分发酵，采用特种工艺加工而成的、酒精度为 0.5%—1.0%（体积分数）的葡萄酒"。这类葡萄酒是近几年的新锐产品。但如何在不影响葡萄酒风味的情况下脱醇，严格意义上讲是一项艰难的工作，目前很多国家还在研究开发中。

（四）葡萄汽酒（Carbonated Wine）

与真正的起泡酒不同，葡萄汽酒是指全部或部分添加了人工二氧化碳的葡萄酒，以葡萄酒为基酒，采取直接注入二氧化碳的方式制作而成，这类酒有时会添加白砂糖及柠檬酸等物质，以增加其风味。起泡的物理特性与真正的起泡酒相似，但风味相差很大。

历史小故事

淹死在酒桶中

马德拉甜酒在英格兰风行一时,1472年,一艘威尼斯快船满载着400多桶甜葡萄酒运往英格兰,在英吉利海峡被法国海盗抢劫一空。1480年,英格兰皇家克拉伦斯公爵乔治以叛国罪被处以死刑,在获准选择死刑的形式时,根据当时弗兰德的历史学家菲利普·德·柯门斯的记载,这位公爵选择让自己淹死在一桶马德拉甜葡萄酒中。

第三章 | 葡萄酒品鉴
Wine Tasting

葡萄酒的品鉴与品咖啡、品茶一样，是一种通过视觉、嗅觉、味觉进行体验与鉴赏的饮品。这类饮品都需要遵循一定的品尝规则与方法，尤其是葡萄酒在世界范围内分布极其广泛，不同的气候、土壤环境，不同的酿酒师及人文环境都会影响葡萄酒的风格。所以有效的品酒及品酒技巧的掌握可以帮助我们正确认识葡萄酒的特点，了解葡萄酒的多样性与复杂性，提高我们的鉴赏能力。既然是靠视觉、嗅觉与味觉的体验，那么了解对它们带来影响的事物与环境至关重要，遵循这些品酒要求可以让我们品尝更加准确与客观。

一、对品酒环境的要求

环境的要求是指我们观察一款葡萄酒时带来影响的外部环境，包括良好的自然光、无异味的空间、适宜的温度以及白色背景纸。

首先，我们需要良好的自然光线，过暗过强的光线都会影响品酒者对酒颜色的判断，所以我们一般见到的品酒教室，通常会选择在地上空间里，透过玻璃窗可以映射自然光的地方，而不是在地下室或地下酒窖等昏暗的地方。照明灯具也应该是日光灯，避免有颜色的照明，同样灯光的颜色变化，会影响我们对葡萄酒色泽的有效观察。

其次，我们需要没有异味的环境，这种异味是指诸如香水、香烟、厨房等的味道，所以品酒环境通风很重要，另外不要出现熏染香气，如果这家品酒餐厅在空间上距离咖啡馆、鲜花馆、餐馆很近，这无形之中也会使品酒环境受到影响。

再者，适宜的温度也是品酒前需要注意的地方，温度过高或过低不仅会影响葡萄酒香气的挥发，还有可能影响品酒者的味蕾发挥。这里的温度是指室内常温，一般保持在18 ℃—26 ℃最佳。

最后，好的品酒环境，不要有过多的色彩装饰物，白色色调是最理想的品酒环境。另外，为了更好地帮助观察葡萄酒的颜色，我们还需要一张白色的背景纸，你身边白色的笔记本、白色的口布、白色的餐巾纸都是很好的颜色衬托物。

二、对品酒者的要求

品尝是人的品尝，所以人的感官的灵敏度至关重要，如果品酒者在品酒前没有好的状态，那么很容易造成品酒的失误与错误。

首先，品酒者在品酒之前，不要使用香水，不要涂抹口红，因为这些味道会极大影响其对香气的判断。品酒之前，饮用咖啡、烈酒或者吸烟都无疑会影响口腔环境；另外，空腹饮酒或者饱腹饮酒也会一定程度上影响品酒效果。

其次,品酒者应该时刻保持口腔清新,品酒时矿泉水是必备之物,它可以有效清新口腔。另外,品酒之前、品酒之中禁止咀嚼口香糖,也要避免出现牙膏等异味。

再者,良好的精神状态也是品酒者应该注意的重要事项,生病感冒期间不适合品酒。因为这时的味觉、嗅觉都非常不灵敏,这些功能的抑制对品酒的客观性有直接的影响。有些时候,心情也是制约品酒发挥的重要因素,所以品酒之前,状态一定要调整到最佳,开心品尝才能享受品酒乐趣。同时,品尝葡萄酒时间的设定也是一项不应忽视的问题,一般情况下,上午时人们往往精力更加充沛,品尝效果好于下午或者晚上。具体而言,9:00—11:00一般被认为是最佳的品酒时间。

最后,葡萄酒的品尝需要嗅觉与味觉的感触,因此正确的饮用方法可以更加客观地体现葡萄酒的特点,一口品酒量不要过多,也不能过少,含在口腔中可以让葡萄酒均匀地转动开来为宜。

三、品酒道具的使用

品酒需要一定的道具,其中最重要的是酒杯,用不同大小、造型、质地的酒杯品酒口感会略有不同,因此对同一款葡萄酒的品尝,统一型号的酒杯的使用非常重要。一场正规的品酒会的准备,一般会使用统一品牌、型号的酒杯。一般我们会使用国际标准的ISO品酒杯,这种类型酒杯型号、大小一致,可以尽量避开个体差异,使品酒结论相对客观公正。这里需要注意的是,品酒的倒酒量需要一致,只有这样观察到的颜色、闻到的香气才会更加准确。

酒杯

吐酒桶的准备。为了避免大量饮酒影响大脑的活跃度,品尝多款葡萄酒时,应该把葡萄酒吐掉,避免过多酒精麻痹大脑的活动,时刻保持头脑清醒。

矿泉水的准备。每款酒品尝的间歇,尽量使用矿泉水漱口,保持口腔清新,避免不同葡萄酒香气及口感的交叉影响。

品酒笔记准备。正规的品酒一般会要求有专门记录品酒内容的笔记纸张,有时几款葡萄酒一起品鉴时,品酒笔记的记录可以让你有效记录品尝葡萄酒的瞬间,也可以成为回头查阅的复习资料,它可以很好地成为学习品酒的小助手。品酒记录表如表3-1所示。

表 3-1　品酒记录表

Wine Name：		Grape Variety：
Country/Region：		Price：
Vintage：		Date：
Appearance(clarity,intensity,color)		
Nose(condition,intensity,fruit character)		
Palate(sweetness,acidity,tannin,fruit intensity,fruit character,alcohol or body,length)		
Conclusions(quality,maturity,service,food matching)		

第二节　葡萄酒的品鉴 Wine Tasting

　　品酒的方法历来被蒙上了神秘的面纱,当我们递去崇拜的目光时发现,原来品酒是一份专注的工作,静下心,也许任何人都可以做到。但有一项必须记住,品尝除了遵循一定规则与技巧外,大量的品酒机会与嗅觉、味觉训练将是通往品酒达人的最佳途径。如何正确品酒,一般遵循四个步骤。

一、观色

　　葡萄酒的外观主要是指我们用视觉可以观察到的东西与事物。

　　首先,我们需要了解一下观色的方法。拿一张白色背景纸,抓握杯柄,倾斜45度,观察葡萄酒边缘部分颜色的深浅。葡萄酒拥有靓丽的色泽这是很多消费者喜欢它的理由之一,无论红葡萄酒还是白葡萄酒其颜色总是千变万化。红葡萄酒颜色变化规律是随着陈年时间的延长,葡萄酒颜色逐渐变浅,年轻的干红往往呈现紫红、宝石红等色泽,陈年红葡萄酒则会透出泛黄的边缘,透出石榴红、棕红色。白葡萄酒随着陈年时间的延长,葡萄酒颜色会变深,年轻的干白葡萄酒往往呈现出浅稻草黄颜色,年份久的干白葡萄酒颜色则会越深,呈现浅金黄色、金黄色、琥珀色等颜色。如果我们拿起两款葡萄酒,对比颜色是不是就可以揣测其年份的不同? 值得注意的是葡萄酒颜色的深浅还有很多其他影响因素,如品种、气候、成熟度、酿造等,因此不要盲目评定。

观色

　　其次,我们还需要看清葡萄酒是否清澈,是否有浑浊物出现,要判断酒质。一般而言,葡萄酒的沉淀物是陈年后色素的自然沉积,不会影响酒质,红葡萄酒沉淀物呈现紫红色粉末状,聚集在瓶底,有时开瓶后在酒塞上我们也可以看到酒石酸的部分结晶。白葡萄酒沉淀则呈现白色水晶状固体物质,多在瓶底,有时也可能会堵在瓶颈处。如果酒瓶的沉淀出现悬浮云团状浑浊物,则预示着该款葡萄酒或已变质。

葡萄酒的香气与酒鼻子

二、闻香

首先,我们要了解闻香方法。为了更加明晰葡萄酒香气的类型与浓郁度,应先轻轻拿起酒杯,划过鼻腔静闻,然后双手晃动酒杯,再次闻香;闻香时,切不可在鼻腔停留时间过长,嗅一嗅即可,然后再次晃杯再次闻香,可以多重复几遍,随着酒杯的晃动,葡萄酒的液体表面受到破坏,葡萄酒的芳香物质得以更好释放。葡萄酒香气的状态是我们闻香时首先要判断的,这也是为什么西餐侍酒服务是从主人位开始的原因所在,通过闻香,确定香气是否健康良好,从而确认所点葡萄酒的酒质。状态良好的葡萄酒,其闻香过程是非常愉悦、舒适的,香气类型满足葡萄酒陈年规律,多为新鲜的果香、花香、陈年后浓郁的酒香等,状态不好的酒则有腐烂果味、潮湿、霉味等,甚至有 SO_2 刺鼻的气味等。

其次,我们要判断与区别不同类型的香气以及香气的浓郁度。一般而言,葡萄酒的香气分为一级果香、二级酿造香气、三级陈年酒香。一级果香是指葡萄品种本身的果味与花香,如黑皮诺的草莓香气、长相思的百香果的香气等;二级酿造香气是指酿造过程中,酒精与乳酸发酵产生的香气,表现为坚果、黄油、酵母、奶香、饼干等的香气;三级香气是指陈年酒香,随着葡萄酒的成熟,一级果香会减弱,发展出一系列复杂的香气,如蘑菇、太妃糖、焦糖、巧克力、香草、烟熏、吐司、橡木等的香气。通过香气的不同,判断该酒的陈年发展程度,以及酿造、陈年的一些方法对香气的影响等。表3-2中列举了葡萄酒经常出现的香气,理顺这些有助于归纳葡萄酒的香气类型。

表 3-2　葡萄酒香气类型表

香气类型	表现	红、白葡萄酒区分	备注
柑橘类香气	柠檬、葡萄柚、橘子	年轻的干白	冷凉气候
浆果类香气	草莓、覆盆子、红醋栗、黑莓、黑醋栗等	年轻的干红	温暖/炎热
热带水果果香	菠萝、芒果、香蕉、荔枝等	白	温暖气候
核果果香	樱桃、李子、杏、桃子、苹果	红白	温暖气候
植物型香气	青椒、青草、芦笋	红白	成熟度欠佳
干果香气	李子干、葡萄干、杏干、无花果干	红白	甜葡萄酒
烘烤类香气	烤面包、饼干、焦糖、咖啡、巧克力	红白	橡木桶陈年
花香	玫瑰、紫罗兰、槐花、椴花	红白	年轻的
香料类香气	香草、甘草、桂皮、丁香、藏红花、黑白胡椒、生姜	红	陈年/温暖气候
酒中异味	硫化氢,煮过的水果,发霉、潮湿的纸板,醋	红白	不健康
橡木香气	橡木、香草、烟熏等	多为红	橡木桶陈酿

最后,我们还要确认葡萄酒香气的浓郁度,可以用低、中、高来加以区分,以此来判断该酒来源地气候类型、酿酒方式等。

三、味觉感

品尝葡萄酒不是让葡萄酒快速下咽,毫无疑问需要讲究一定的方法。我们的味蕾分布在口腔之中,而非肠胃。我们的舌头上分布着四大味蕾源,舌尖感知甜味,舌两侧对酸味极其敏感,舌面后部为咸味感知区,舌根是苦味敏感区。所以如此看来,品酒就像我们品尝菜肴一样,需要好好品位,让食物在口腔之中自然伸展,接触到各个味蕾,只有这样才可以感受到最客观的信息。葡萄酒进入口腔,吸入一点空气,通过合理转动,葡萄酒酒液充满整个口腔,便可感受分辨葡萄酒的酸度、甜度、香气、酒精等的强度。另外,通过口腔对葡萄酒的加温,其可以更好地释放香气分子,香气充满口腔,通过链接嗅觉器官,让我们第二次确认香气的类型与浓郁度。

(一)甜度(Sweetness)

甜度通常可以指代糖分残留,残留糖分多的葡萄酒,我们很容易通过舌尖感知到甜味。根据糖分含量可以分为干型、半干、半甜、甜型葡萄酒。来自炎热产区的葡萄酒,葡萄成熟度高,舌尖的糖分感知会明显高于冷凉产区的葡萄酒。澳大利亚、智利、阿根廷、美国加利福尼亚州等温暖产区的葡萄酒都有此共性。一般情况下,这类葡萄酒浓郁度也较高,酒体较厚重。

(二)酸度(Acidity)

葡萄富含酸性物质,给葡萄酒带来新鲜度,白葡萄酒比红葡萄酒、桃红葡萄酒含酸度更高。品尝高酸的葡萄酒时,舌头两侧很容易产生口水,我们可以通过口水流出的速度与数量来感知一款葡萄酒的酸度的高低。一般情况下,来自冷凉气候产区的葡萄酒比温暖炎热气候产区的葡萄酒酸度更高,口感清爽,酒体清瘦;相反气候,酸度往往不足,葡萄酒显得较为肥美(Round)、顺滑(Smooth)。昼夜温差大的产区也有利于酸度的维持。在酿酒厂里,可以通过人工加酸,解决酸度不足的问题。酸度可以描述为低、中等与高酸。

(三)单宁(Tannin)

单宁是一种让口腔收敛、发干、褶皱、粗糙的物质,在舌面及上颚的感受最为明显。单宁存在于很多物质里,如树皮、果皮、茶叶等,所以这种物质我们并不陌生。葡萄的单宁来自果皮,如果葡萄酒经过橡木桶陈年,葡萄酒也会吸收橡木桶里的单宁。因为红葡萄酒带皮发酵,浸渍颜色的同时单宁一并被浸泡出来,所以红葡萄酒与白葡萄酒相比富含更多单宁。白葡萄酒先榨汁再发酵,除了经过橡木桶陈酿的类型,白葡萄酒单宁一般很少,品酒时也很少提及。单宁含量的多少与品种直接挂钩,尤其赤霞珠、西拉、马尔贝克、丹娜这几个品种单宁含量较高,而黑皮诺、歌海娜、佳美、巴贝拉、多姿桃等品种单宁含量则较低。单宁还需要区分成熟的单宁与粗糙的单宁,如果觉得葡萄酒口感明显苦涩,这款葡萄酒可能很年轻、葡萄成熟度不高或是由于过度榨汁导致。成熟的单宁口感相对顺滑、柔和,这与葡萄的成熟度、陈年以及酿造方法都有一定的关系。一般而言,温暖炎热的产区更有利于单宁的成熟。一款葡萄酒单宁含量一般描述为低、中等、高单宁。

(四)酒精(Alcohol)

葡萄里的果糖与酵母发生化学反应,即可生成酒精,也就是葡萄酒。不同的气候环境、不同的品种,糖分含量都不同,加上酿酒方法的多样性,酒精的多少也大不相同。一般情况下葡萄酒酒精度在12.5%vol(中等酒精)范围内浮动。当品尝酒精度在13%vol(中高酒精)以上的葡萄酒时,喉咙能感觉到明显的灼热感,品尝酒精度在15%vol(高酒精)以上的葡萄酒时,这种感知更加明显,甚至肠胃温度快速升高,面部血管流动加速。相反,品尝酒精度在12%vol(低酒精)

35

以下的葡萄酒,这个感知会减弱很多,基本上饮用非常顺畅,口腔内没有压力。酒精的感知与香气、酸度的平衡与否也有一定的关系,所以不能完全靠灼热感来判断酒精含量的高低。一般情况下,来自温暖产区的葡萄酒的酒精含量明显高于来自冷凉产区的葡萄酒。如法国南部的隆河谷,澳大利亚的巴罗萨、库纳瓦拉。美国加利福尼亚州等地的葡萄酒酒精含量高,法国勃艮第北端的夏布丽与香槟区的葡萄酒则酒精含量相对较少。酒精的含量我们同样可以用低、中、高来描述。

（五）酒体（Body）

从字面意思来看,酒体意为酒的重量,是指葡萄酒被含入口中的饱和度、浓郁度与压迫感,往往酒精含量高的葡萄酒,这种压迫与饱和感更加强大,而酒精含量低的葡萄酒,则显得比较轻盈。果香丰富的葡萄酒,一般酒体感觉相对饱满、浓郁,相反则会比较清脆,酒体寡淡。单宁的高低也会影响你对该款酒酒体的感知,成熟的单宁,浓郁感较强。酒体的描述,可以使用酒体轻盈、中等、浓郁来表示。

（六）回味（Finish）

回味是指葡萄酒的风味在口腔内持续的时间,果香很快消失（Short Finish）说明葡萄酒酒质相对较差。通常,优质的葡萄酒,其果香风味会持续数秒,甚至数十秒以上,让人感到回味无穷,毫无疑问一款酒回味很长（Long Finish）是高品质的表现。

四、回味总结（Conclusions）

通过视觉、嗅觉与味觉的感知,我们对葡萄酒的认知会一步步清晰起来。总结是对以上三个步骤的汇总与归纳,我们需要根据看到的、闻到的、尝到的综合考量葡萄酒的平衡、结构、复杂度与余韵。

（一）平衡（Balance）

葡萄酒的平衡性相对比较好判断,它是指单宁、酸度、果香等在口腔中是均衡、和谐的,没有哪一项感知很突兀,整个口感是舒适的、容易下咽的。一款好的葡萄酒拥有完美的平衡感,而劣质葡萄酒有可能有着尖锐的酸度、燥热的酒精感、粗糙的单宁或者毫无质感的单薄的果香。

（二）复杂度（Complexity）

葡萄酒拥有复杂的香气,也是葡萄酒质量的表现。当我们品尝葡萄酒时,如果葡萄酒香气很简单或者瞬间即逝,我们一定会失去对它的兴趣,这说明该酒简单乏味,质量平平。相反,如果葡萄酒随着氧化,香气逐渐显现出层次感、复杂感,不仅呈现出品种本身的果香,而且二级、三级香气也非常醇厚、饱满与复杂,我们一定会对它千般眷恋。就像我们常说的高品质的葡萄酒即使饮用完毕,也会空杯留香。

（三）质量评定（Quality Assessment）

综上,我们需要对葡萄酒做出一个质量范围的评定。品质即为对葡萄酒色泽、香气、口感的一个综合性质量鉴定,我们可以描述为差、一般、好、很好等。同时,也可以判断酒的来源是新世界还是旧世界。当然如果作为餐厅服务人员,其还需要判断这款酒是来自冷凉产区、温暖产区还是炎热产区,从而判断酒的适饮温度,同时为客人搭配最佳菜肴。

综合来看,葡萄酒品鉴与其他咖啡、茶的鉴赏一致,需要细细观察,慢慢品鉴。一个优秀的品酒者除了保持良好的味觉、嗅觉器官外,品酒的数量与种类也非常重要,葡萄酒品鉴是一个非常依赖经验的工作。对于侍酒师来说,品酒是日常工作的一部分,其需要对每种葡萄酒的香气、口感以及质量情况了如指掌,如此才能为客人更好地服务;同时,最重要的在于为客人推荐与该酒能合理搭配的菜品,介绍该酒最佳的试饮温度,做好侍酒服务工作,最终让客人享受最佳的用餐过程。表 3-3 所示为葡萄酒主要品酒词汇总表。

表 3-3　葡萄酒主要品酒词汇总表

品酒步骤	鉴赏信息	具体内容
视觉外观	清澈度	有沉淀的,有杂质或清澈的
	颜色变化	红葡萄酒:紫红色、宝石红、石榴红、棕红色 白葡萄酒:浅黄色、麦秆黄、浅金黄、金黄、琥珀色 桃红葡萄酒:桃红、三文鱼红、橘红
	浓郁度	浅、中等、深
	挂杯等其他	有无挂杯,有无起泡,浑浊的
嗅觉闻香	状态	干净的,有异味的
	香气浓郁度	轻盈、中等、浓郁
	香气类型	果香:绿色水果、白色/红色水果、柑橘、热带水果、核果、干果等 花香:白色花香、红色花香、干花花香等 香料:甜美的香草、桂皮等;浓郁的胡椒、杜松等 蔬菜:青草、薄荷等草本香气,青椒等蔬菜 橡木:香草、吐司、烟熏、咖啡等 其他:动物皮革类、酵母、矿物质等
	发展程度	年轻的、发展中的、过时的
味觉口感	甜度	干型、半干型、半甜型、甜型
	酸度	低、中、高
	酒精	低、中、高
	酒体	轻盈、中等、浓郁
	单宁	低、中、高
	果香类型	水果类、草本类、橡木、香辛味等
	香气浓郁度	轻、中等、重
	余韵	短、中等、长
总结回味	平衡	好的平衡
	复杂度	果香层次及口感,低、中、高
	质量等级	差、中等、好、非常好、优秀
	风格与配餐	冷凉/温暖/炎热风格、新旧世界、品种、年份、适饮温度、配餐建议等

(资料来源:根据葡萄酒及烈酒教育基金会、英国侍酒师公会课程及李华编著《品尝学》等内容整理而成。)

第三节　世界主要的葡萄酒评价方法
Wine Evaluation Methods

　　葡萄酒是一种非常依赖嗅觉与味觉感知的体验型饮品,因此人们对它质量优劣的评价非常重要。通过前文的品酒学习,我们发现专业的葡萄酒品评是较为烦琐的。对普通消费者来讲,很难从复杂的品酒词里快速断定葡萄酒质量的好坏,所以科学权威的葡萄酒评分体系显得至关重要。葡萄酒评论是指依据一定的评分准则与模式,对此款酒的质量进行综合评估判断,然后对该酒给予一定的分值予以评价的过程。当然因为葡萄酒评分是人为概念,难免有主观臆断,所以它的利弊也一直广受争议,评价的客观公正性依赖评价机构或者个人的行业认知度及综合信誉。葡萄酒拥有非常丰富的口感与香气,不同的地域、风土、人文及酿造方式都会让每款葡萄酒充满变数,这也正是人们乐此不疲地进行葡萄酒品评工作的缘由,因此,不管是机构评分还是专业品酒人的评分,目前在世界范围葡萄酒评价系统里其都是一股不可忽视的力量。目前活跃在葡萄酒评分体系的人群有很多,我们做了简单的分类归纳。

第一类为葡萄酒评论家,这类专家对葡萄酒拥有渊博的知识与见解,在行业内有非常强的影响力。如被评为世界最有影响力的评论家的美国人罗伯特·帕克、英国的著名葡萄酒作家杰西丝·罗宾逊、澳大利亚的杰里米·奥利弗与专栏作家詹姆士·韩礼德等都是这里面的佼佼者,他们都建立了专业评价体系。

第二类为知名葡萄酒杂志评分,目前较为知名的有《葡萄酒观察家》《葡萄酒倡导家》《葡萄酒爱好者》《葡萄酒与烈酒》和《醇鉴》以及英国杂志《国际饮料》等。

第三类为我们在高端星级酒店常听到的侍酒师(Sommelier),这类人群尤其在欧美发达国家的餐饮行业内有非常高的地位。他们负责酒店葡萄酒的采购、销售管理以及对客服务工作,他们有关葡萄酒的品评意见对顾客消费有很大的引导作用。

第四类是葡萄酒大奖赛,比较著名的有国际葡萄酒与烈酒大赛(International Wine & Spirits Competition),布鲁塞尔国际葡萄酒大赛(Concours Mondial de Bruxelles,简称CMB),醇鉴葡萄酒国际大奖赛(Decanter World Wine Awards)等,这些国际著名大奖赛是国内外葡萄酒厂家竞相追逐的赛事,来自全球的专业、权威的评论家会给葡萄酒打分评价,这为酒商们提供了一个极好的推广平台,同时也为葡萄酒消费者提供了购酒参考。

第五类为葡萄酒爱好者品评,这类品评经常以小范围团体为主,活跃在葡萄酒贸易企业或者高端餐饮行业里,对行业发展及市场有一定的引导作用。

葡萄酒评价遵循一定的评价方式,目前主要有三种被广泛应用,分别是公开评价(Open Evaluation)、半公开评价(A Single Blind Evaluation)以及盲品(Blind Evaluation)。另外,葡萄酒评论家对评价过程的记录方法有着不同的见解,评价过程也有着不同的模式,目前主要的评价模式有100分制与20分制等,100分制的代表评分体系是罗伯特·帕克评分;20分制的代表评分体系是杰西丝·罗宾逊评分,其他的杂志或者个人的评分基本遵循这一体系,只是在个别评价环节上稍有不同,以下内容根据酒斛网与红酒世界网刊载的内容整理而成。

一、个人评论家

(一)罗伯特·帕克(Robert Parker)

罗伯特·帕克采用的是50至100分的评分系统。根据其评分标准,每款葡萄酒都能得到50分的基础分。其他50分由以下4个要素组成(见表3-4)。

表3-4　罗伯特·帕克评分要素表

评价要素	评价内容	分值
颜色与外观	没有大问题,一般都能得到4分甚至5分	5分
香气	主要考察香气的浓郁程度、纯正性以及芳香和酵香的复杂程度	15分
风味与余韵	主要考察葡萄酒风味的浓度、平衡性、纯正性、深度以及余味的长短	20分
综合评价及陈年潜力	内容包括葡萄酒的整体品质、发展和熟成潜力	10分

根据上面的四大要素,每款葡萄酒都会得到一个分数,不同的分数代表不同的品质,以下为罗伯特·帕克评分系统中各个不同分数所代表葡萄酒品质的介绍(见表3-5)。

表 3-5　罗伯特·帕克评分表

分类	评价内容	分值
顶级佳酿（Extraordinary）	经典的顶级佳酿复杂醇厚	96—100 分
优秀（Outstanding）	优秀的葡萄酒极具个性	90—95 分
优良（Above Average）	普通的葡萄酒，风味简单明显，缺乏复杂度，个性不鲜明	80—89 分
普通（Average）	不过从整体来看，也无伤大雅	70—79 分
次品（Below Average）	有着明显的缺陷，如酸度或单宁含量过高，风味寡淡	60—69 分
劣品（Unacceptable）	既不平衡，而且十分平淡呆滞，不建议购买	50—59 分

（二）杰西丝·罗宾逊（Jancis Robinson MW）

杰西丝·罗宾逊是世界少数享有国际声誉的葡萄酒作家，祖籍英国，其葡萄酒著作往往都是葡萄酒爱好者及商界的经典藏书，其主要著作有《藤蔓、葡萄与葡萄园》《剑桥葡萄酒全书》《世界葡萄酒地图》《品酒：罗宾逊品酒练习册》，后两本已被翻译为中文，在国内传播，并广受消费者喜爱。她不仅能著书，在葡萄酒界的评分体系中也有着重要的地位，但与罗伯特·帕克的 100 分制不同的是杰西丝·罗宾逊采用的是欧洲传统的 20 分制的评分系统。

20 分：无与伦比的葡萄酒（Truly Exceptional Wine）

19 分：极其出色的葡萄酒（A Humdinger）

18 分：上好的葡萄酒（A Cut above Superior Wine）

17 分：优秀的葡萄酒（Superior Wine）

16 分：优良的葡萄酒（Distinguished Wine）

15 分：中等水平没有什么缺点的葡萄酒（Average Wine）

14 分：了无生趣的葡萄酒（Deadly Dull Wine）

13 分：接近有缺陷和不平衡的葡萄酒（Borderline Faulty or Unbalanced Wine）

12 分：有缺陷和不平衡的葡萄酒（Faulty or Unbalanced Wine）

（三）杰里米·奥利弗（Jeremy Oliver）

杰里米·奥利弗是澳大利亚享誉世界的葡萄酒大使，作为澳大利亚顶尖的葡萄酒作家，其对推动澳大利亚葡萄酒的发展做出了很大贡献，他建立的澳大利亚葡萄酒的评分系统也受到葡萄酒界的认可。他一般使用 20 分制的评分系统，与杰西丝·罗宾逊不同的是他设定的起始分是 16 分，根据不同的分值对葡萄酒设置不同的奖牌，以下为其评分标准（见表 3-6）。

表 3-6　杰里米·奥利弗评分表

20 分制	100 分制	奖牌
18.8 分＋	96 分＋	顶级金牌
18.3—18.7 分	94—95 分	金牌
17.8—18.2 分	92—93 分	顶级银牌
17.0—17.7 分	90—91 分	银牌
16.0—16.9 分	87—89 分	顶级铜牌

（四）詹姆士·韩礼德（James Halliday）

詹姆士·韩礼德是澳大利亚著名的葡萄酒专栏作家，其葡萄酒著作已达 50 多部，是澳大利亚最权威的葡萄酒评论家。他使用比较完善的葡萄酒评分体系,他的评分体系同罗伯特·帕克评分体系一样,也使用100分制,共分为7个等级。

94—100分,卓尔不群的葡萄酒(Outstanding Wine),品质优异,其品酒笔记在《澳大利亚葡萄酒指南》一书中有所记载。

90—93分,极力推荐的葡萄酒(Highly Recommended Wine),品质优秀,特点突出,值得窖藏。

87—89分,值得推荐的葡萄酒(Recommended Wine)。没有什么缺点,品质高于普通葡萄酒,其葡萄品种特色表现得淋漓尽致。

84—86分,可接受的葡萄酒(Acceptable Wine)。没有任何显著的问题。

80—83分,日常饮用,此类葡萄酒通常比较便宜,没有太大的发展潜力,缺乏个性和风味特点。

75—79分,不值得推荐的葡萄酒(Not Recommended Wine)。此类葡萄酒通常具有一处或者多处比较明显的缺点。

物超所值的葡萄酒(Special Value Wine)则是指相同分数段里性价比较高,也就是零售价比较低,绝对物超所值的葡萄酒。

二、著名杂志类评价体系

(一)《葡萄酒观察家》(《Wine Spectator》)

《葡萄酒观察家》简称WS,该杂志是目前全球发行量最大的葡萄酒专业刊物,始创于1976年,全球拥有超过200万的读者。每年都要对约1.5万款葡萄酒进行品评,是世界超级有影响力的评论杂志。《葡萄酒观察家》同大多数葡萄酒评分体系一样也采取100分制,目前评酒团主要由以詹姆士·劳伯(James Laube)为代表的六位经验丰富的酒评专家组成。关于分数,起评分为50分,共分为6个档次。评价形式主要采用半盲品形式进行,首先品评工作人员将葡萄酒按照品种、产区分类,然后进行品评,最后评分在盲品的情况下进行。

(二)《葡萄酒倡导家》(《The Wine Advocate》)

《葡萄酒倡导家》简称"TWA"或"WA",它是由美国著名独立评论家罗伯特·帕克于1978年创办而来。评价体系与罗伯特·帕克的评分体系基本一致,每年该杂志都会对7500多款葡萄酒进行评价打分。2006年,罗伯特·帕克把世界上各个葡萄酒产区的品评权授予给一组专业的葡萄酒品评团队,每个团队中每人各司其职,品评各自所负责产区的葡萄酒。2012年12月罗伯特·帕克将其创立的《葡萄酒倡导家》的部分股权转让给几位新加坡投资者,他自己则退出了主编的位置,不过倡导家作为一个有影响力的团体在葡萄酒评分体系里仍占据一席之地。

(三)《葡萄酒与烈酒》(《Wine and Spirits》)

该杂志有英国版与美国版两个版本,美国版《葡萄酒与烈酒》更有世界权威性,其总部设在纽约和旧金山。自1994年起,该杂志采取100分制评分体系对葡萄酒进行评分。它的评价方式为盲品,评酒师会根据葡萄酒的表现而打分。评价分值以80分作为基点,设置4个评分档次,每个分数段代表不同的葡萄酒的特点。

80—85分:该葡萄酒为产区或品种的典范。

86—90分:极力推荐的葡萄酒。

91—94分:与众不同的葡萄酒。

95—100分:顶级佳酿,稀世珍品。

(四)《醇鉴》(《Decanter》)

《醇鉴》简称DE,该杂志始创于1975年,该杂志早先在我国台湾地区被译为《品醇客》,2012

年其在大陆的中文名称被定为《醇鉴》，它是一本专门介绍世界葡萄酒及烈酒的专业杂志。世界上规模最大的葡萄酒大赛——世界葡萄酒大赛（DWWA）就是由其举办的，该葡萄酒大赛在业界享有极高的声誉。《醇鉴》是世界上覆盖面最广的专业葡萄酒杂志，在 98 个国家出版与发行。在 2012 年秋季，《醇鉴》开设了全新双语网站（英文和简体中文），顾客群体范围大。2012 年以前，《醇鉴》采用的是星级评价体系，星级越高越值得信赖。为了规范评级，2012 年开始改为 20 分制评价体系（见表 3-7）。

表 3-7　《醇鉴》评分表

20 分制	100 分制	星级
18.5—20 分	95—100 分	★★★★★
17—18.25 分	90—94 分	★★★★
15—16.75 分	83—89 分	★★★
13—14.75 分	76—82 分	★★
11—12.75 分	70—75 分	★
10—10.75 分	66—69 分	无

三、国际大奖赛评价体系

（一）国际葡萄酒与烈酒大赛（International Wine & Spirits Competition）

国际葡萄酒与烈酒大赛简称 IWSC，为业界公认的全球顶级葡萄酒竞赛，也是全球最盛大、最尊贵的醇酒美食盛宴。该竞赛由酒类学家安顿·马塞尔（Anton Massel）于 1969 年创办，每年举办一次，举办地点设在英国伦敦。大赛主要设置三大奖项：金奖（90—100 分）、银奖（80—89 分）和铜奖（75—79 分）。

（二）醇鉴葡萄酒国际大奖赛（Decanter World Wine Awards）

醇鉴葡萄酒国际大奖赛简称 DWWA，为极具世界影响力的国际性葡萄酒赛事，由世界知名葡萄酒杂志《醇鉴》组织举办。该赛事始于 2004 年，由英国著名的酒评家 Steven Spurrier（《醇鉴》杂志编辑顾问）组织发起，他也是 1976 年著名的"巴黎评判"（the Judgment of Paris）的组织者。自创立之日起，该赛事一直是最杰出的葡萄酒竞赛之一，大赛面向全球的酿酒商，每年有万余款葡萄酒参赛。设金、银、铜奖，同时还设有推荐奖、白金奖以及赛事最佳奖等。近年来，中国越来越多的葡萄酒在大赛上获得了奖牌，充分显示了国产葡萄酒的潜力，尤其是 2011 年出产于宁夏贺兰晴雪酒庄的加贝兰特别珍藏 2009，获得大赛最高奖，改写了宁夏葡萄酒的历史。

（三）布鲁塞尔国际葡萄酒大赛（Concours Mondial de Bruxelles）

该赛事成立于 1994 年，是世界最具权威的四大国际葡萄酒大赛之一，在世界葡萄酒界拥有广泛的影响力。每年，该大赛都会汇聚超过 6000 款来自 40 余个国家的葡萄酒，同时有 300 位左右的葡萄酒权威专家组成评委团进行品评。大赛采取百分制，评分排在前百分之三十的酒款列为得奖酒款，然后再根据具体得分高低排列出各奖项。得分位于 85—87.9 分的为银奖（Silver Medal），得分位于 88—95.9 分的为金奖（Gold Medal），而得分位于 96—100 分的为大金奖（Grand Gold Medal）。

历史小故事

品味葡萄酒

随着不同国家和地区有许多不同品质与口味的葡萄酒的出现，人们对葡萄酒本身给予了前所未有的关注。葡萄酒行业很快出现了拥有专业知识的一个称号——葡萄酒大师/酒评家，20世纪60年代，还出现了一个新的行业，有人专门以消费者的角度出发，在书籍、杂志和酒商名录上对各种葡萄酒进行评论。

第四章 | 世界代表性白葡萄品种
White Grape Varieties

如果我们要问哪些因素影响葡萄酒的味道,葡萄品种一定是首当其冲的因素,对入门学习葡萄酒的朋友来说,对品种的学习是最好的开始。著名葡萄酒作家杰西丝·罗宾逊也说过,葡萄酒的味道百分之九十以上是由其品种决定的,难怪酒标标识现在越来越流行品种标记法,不仅是新世界产区,而且旧世界产区也逐渐意识到品种标记的重要性。我们购买葡萄酒时,首先应关注正标内容,品种标记法可以让我们更快地挑选自己中意的葡萄酒,当然前提是你必须对葡萄品种有简单的认知。就像我们挑选苹果一样,很多人喜欢红富士,大概是因为我们对这个品种相当了解,喜爱它的果香十足,喜爱它恰到好处的酸甜平衡。

现在国际常见的葡萄品种有 30—50 种,了解它们的品种特性以及经典产区对入门学习葡萄酒有至关重要的作用;对侍酒师来说更加重要,对客服务时,品种会成为非常有趣的沟通话题。

第一节 霞多丽
Chardonnay

霞多丽的其他译名:莎当妮。

这个品种我们赋予了它一个多彩的名字,霞多丽是葡萄品种里被公认的风格最多姿多彩的一个品种。原产地为法国勃艮第,那里的白垩土为富含钙质、排水性好的石灰石土壤,质量优异。霞多丽适应能力强,容易栽培,能适应各种气候带,因此在全世界范围内分布广泛。从勃艮第最北端寒凉的夏布利(Chablis)产区到炎热的阿根廷的门多萨(Mendoza)和南澳大利亚的巴罗萨谷(Barossa Valley)均有种植,它是白葡萄品种里最具代表性的品种。其发芽较早,因此种植时需要小心春天的寒霜。此葡萄产量非常可观,容易种植打理,这也是酒农喜欢它的原因所在。它的口感没有太多个性,酿酒师可以打造它的个性,它是白葡萄品种里少有的适合乳酸发酵或者在橡木桶内陈年的品种。多样的气候适应能力与多样酿造手段的使用,造就了丰富多变的霞多丽。我们可以看到任何一家高端餐厅的酒单上,霞多丽几乎是出现频率最高的一项。

香气上,它不会像雷司令那样拥有丰富的果香。首先我们要明白世界范围内霞多丽种植广泛,在不同的气候条件下,其风格相差甚远。在凉爽地区,霞多丽葡萄酒展现出苹果、梨等绿色水果或柑橘类的香气,酸度高,代表产区有夏布利与香槟等产区;温暖炎热产区(法国南部或者新世界产区)的霞多丽葡萄酒呈现出核果以及菠萝、百香果等热带水果的果香。经过乳酸发酵、搅动酒脚或者橡木桶酿造的霞多丽葡萄酒,则会散发出香草、椰子、奶油和烘烤等香气。大部分的霞多丽葡萄酒适合年轻新鲜时饮用,世界顶级的霞多丽葡萄酒是世界窖藏能力最强的品种之一,酒体饱满,口感浓郁,层次丰富。

霞多丽葡萄酒的原产地是法国勃艮第,那里也是最优质的霞多丽葡萄酒的诞生地,从最北部的夏布利、伯恩丘,再到夏隆内丘,最后到马贡产区,霞多丽葡萄酒都能呈现出千变万化的姿

43

态。其中,伯恩丘是出产霞多丽葡萄酒的精华区域,汇集了勃艮第 8 个顶级的特级园,默尔索、普里尼-蒙哈榭、普伊-富赛等都是勃艮第地区以生产高品质霞多丽而闻名的村庄,另外,霞多丽也是酿造香槟的主要品种,在香槟产区种植广泛。除原产地外,在南非、意大利、西班牙、葡萄牙等国家都有不少种植。

新世界的种植区域也非常广泛,主要有澳大利亚玛格丽特河、智利卡萨布兰卡谷、加州纳帕谷、新西兰、南非以及我国大部分产区。

(a)天塞酒庄云呦呦霞多丽葡萄酒

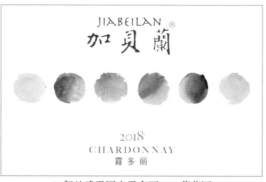
(b)贺兰晴雪酒庄霞多丽2018葡萄酒

(c)龙亭酒庄霞多丽干白葡萄酒

霞多丽葡萄酒酒标图例

一般情况下,霞多丽酿造的葡萄酒风味特点(需区分气候风土)如表 4-1 所示。

表 4-1　霞多丽葡萄酒风味特点表

区分	外观	酸度	酒体	酒精含量	糖分	风味及配餐
冷凉风格	近白色	中高	清爽	低到中等	干型	柑橘、绿色水果风味(搭配开胃菜/生冷食物/海鲜)
炎热风格	浅黄	中等	饱满	中高	干型	黄色水果或热带水果风味
橡木风格	中等黄	中等	浓郁/重	中高	干型	果香、烘焙、坚果、奶油等风味

第二节　长相思
Sauvignon Blanc

长相思的其他译名:白苏维翁。

长相思

　　长相思原产地为法国西南部的波尔多,其发芽早,适合种植在较为凉爽的产区。品种特点极有特色,长相思天然高酸,清爽的香气让人很容易辨别出来。其在原产地波尔多经常作为单一品种或调配赛美蓉(Semillon)酿造干白葡萄酒,尤其在格拉芙与两海之间产区质量表现优异,现在在卢瓦尔河表现也尤为突出,是当地的明星品种,在新世界的新西兰也表现尤为突出。其酿造方法多为单一品种酿造,在波尔多或新世界经常在橡木桶内陈年。长相思品种因为果皮细嫩、成熟晚,容易被感染贵腐霉,所以在波尔多经常被添加到赛美蓉与麝香葡萄里酿造世界经典的贵腐甜白葡萄酒,为葡萄酒增加了清爽的酸度和新鲜的果味。

　　长相思的果香有非常强的辨识度,很少使用橡木桶酿造或乳酸发酵,尽可能多地保留清新的果香。酿出的白葡萄酒多呈现清爽的绿色水果、柑橘类及植物型香气,如黑醋栗芽孢、鹅莓、芦笋、青草、百香果、番石榴等的香气,易于辨认,高酸,酒体轻盈到中等。橡木桶风格的长相思葡萄酒则会呈现黄桃、黄油等质感。

　　经典产区当以波尔多格拉夫产区莫属,那里是世界上顶级的干型长相思所在地,苏玳、巴萨克以出产长相思混酿的贵腐甜白葡萄酒而出名;卢瓦尔河的桑赛尔、普伊-芙美也是长相思的著名产区,这里酿造的葡萄酒通常有异常活泼的酸度、柑橘以及矿物质的风味,非常适合做开胃酒饮用。大多数清爽款长相思葡萄酒不适合陈年,适合年轻时饮用,优质橡木桶风格的长相思葡萄酒有很好的陈年潜力。

　　新世界的新西兰马尔堡产区是公认的长相思的经典产区,除此以外,长相思在智利的卡萨布兰卡谷、澳大利亚的凉爽产区也有较多分布。美国加利福尼亚州则酿造出了长相思葡萄酒的另一种风格,其在当地被赋予"白富美"(Fume Blanc)的称号,其经过橡木桶陈酿,酒体饱满、香气馥郁。当然,如果没有橡木桶陈年,则在酒标上显示"Sauvignon Blanc",美国除外。近年,在北美加拿大的尼亚加拉半岛也出产不错的长相思葡萄酒。

　　长相思葡萄酒风味特点如表4-2所示。

表 4-2　长相思葡萄酒风味特点表

风格	外观	酸度	酒体	酒精含量	糖分	风味及配餐
无橡木风格	近水色	高	轻盈/中等	轻/中等	干型	青草、绿色水果、番石榴、矿物质风味(开胃餐)
有橡木风格	浅黄色	中高	浓郁/饱满	中高	干型	百香果、黄桃、黄油、烤面包、坚果风味(佐餐类)
甜型(贵腐)	黄色	高	中高/浓郁	中等	甜型	果干、果酱、蜂蜜等风味(浓郁甜食)

第三节　雷司令
Riesling

　　雷司令的其他译名:薏丝琳。

　　雷司令是一个古老的品种,原产于德国莱茵地区,是德国及奥地利非常重要的品种,在德国各大产区均有广泛种植。该品种适宜生长在凉爽产区,天然高酸,晚熟,需要较长的生长周期,可以慢慢积累糖分及酚类物质。晚熟的雷司令皮薄肉软,容易感染贵腐霉,所以非常适合酿造晚收甜酒、精选甜白葡萄酒、冰酒或贵腐甜酒。如今,在葡萄酒市场上有一些携带"Riesling"的葡萄酒,如奥地利的 Welschriesling、我国的贵人香、美国加利福尼亚州的 Gray Riesling。

　　香气上,年轻的雷司令葡萄酒多呈现绿色水果、柠檬、白色花朵及矿物质的风味,陈年后有

雷司令

类似汽油的香气,甜型雷司令葡萄酒会有甜美的桃子、蜂蜜、葡萄干及烤面包等的香气。酸度高的优质雷司令葡萄酒具有很好的陈年潜力。酿造风格与长相思葡萄酒相似,为了保留其天然清爽的酸度及果香,不适宜乳酸发酵及橡木桶陈年。雷司令可酿造的葡萄酒类型多样,对于酿造干白、半干、半甜、甜型葡萄酒以及起泡酒等,雷司令都有经典的表现。无论什么类型,雷司令葡萄酒都会充满令人愉悦的果香,有着完美平衡的酸度以及酒体,在德国以及全球范围内拥有超级多的女性粉丝团,是众多女性顾客的钟爱。

经典产区上,旧世界主要集中在德国的摩泽尔、莱茵高、莱茵黑森、普法尔茨与巴登产区,紧靠德国的法国阿尔萨斯以及奥地利部分产区也是雷司令葡萄酒的主要产区;另外,意大利东北部的阿尔托-阿迪杰也出产酸度较理想的清新款葡萄酒。雷司令葡萄酒在新世界一些冷凉产区也有不错的表现,这些产区多酿造优质雷司令干白葡萄酒,例如澳大利亚克莱尔谷、伊顿谷、塔斯马尼亚岛、新西兰坎特伯雷产区等,其酿造的雷司令干白葡萄酒香气比德国雷司令丰富,多呈现热带水果香气。在我国,雷司令葡萄酒主要分布于山东、河北、宁夏、甘肃等地。

(a)新疆丝路酒庄探索雷司令葡萄酒2019

(b)新疆国菲酒庄雷司令葡萄酒2018

(c)新疆天塞酒庄云呦呦雷司令葡萄酒2017

雷司令葡萄酒酒标图例

雷司令葡萄酒风味特点如表4-3所示。

表 4-3　雷司令葡萄酒风味特点表

类型	外观	酸度	酒体	酒精含量	风味及配餐
清爽干型	浅绿色	高	轻盈到中等	轻到中等	绿色水果、柑橘类及淡雅的花香等风味（开胃餐/海鲜）
成熟干型	黄色	高	中等到浓郁	中等	白黄色热带水果、香料、汽油等风味（佐餐类辛辣菜肴）
各类甜型	浅黄	高	浓郁	中等	菠萝、橘子酱、蜂蜜、坚果等风味（甜品/辛辣菜肴）

第四节　琼瑶浆
Gewürztraminer

琼瑶浆的其他译名：琼浆液

琼瑶浆（Gewürztraminer）名称的翻译来自"琼浆玉液"这一词汇对它形象的描述，是一个真正果香四溢，让人陶醉的白葡萄品种。事实也的确如此，它是典型的芳香型葡萄，非常容易辨认，浓郁的热带水果香味与香料的味道让人久久不能忘怀。琼瑶浆原产地在意大利东北部，位于著名阿尔托-阿迪杰产区内，其名称里的 Traminer（现为意大利一葡萄品种名称，由琼瑶浆改良而来，与琼瑶浆不可混淆）尾缀正是由阿迪杰产区村庄名 Tramin 演变而来，前缀 Gewürz 在德语中有"强烈的香味"之意。不过该品种在原产地并没有表现得非常突出，相比之下，法国阿尔萨斯琼瑶浆则表现得更加光彩夺目，不仅种植面积最大，表现也最佳。阿尔萨斯受孚日山的影响，气候干燥少雨，这给琼浆液提供了绝佳的成长条件，生长周期延长，可以更好地积累香气与糖分，但往往酸度不足。

香气上，其一般展示出甜美的荔枝、水蜜桃、香水、玫瑰的香气，间或有生姜等香料气息。酿造上，很少由人工干预发酵过程，一般是单一品种的酿造。相同年份下，与其他品种相比，其颜色深，呈浅黄金色，口感肥厚甜美，葡萄酒酒体浓郁，酒精含量相对较高（在阿尔萨斯通常为 13% vol 以上），酸度中等。

在经典产区方面，法国阿尔萨斯是最突出的经典产区，在那里琼瑶浆可以用来酿造干白、半干白葡萄酒，也可以用来酿造晚收甜白葡萄酒、贵腐颗粒精选葡萄酒；意大利原产地也出产清新款的琼瑶浆葡萄酒；在阿尔萨斯临近的德国普法尔茨也是该品种重要的种植区。与旧世界相比，新世界产区的种植目前还不够广泛，只有新西兰、澳大利亚、加拿大极个别凉爽产区有渐增的趋势。其在我国山东、河北一带也有少量种植。

琼瑶浆葡萄酒风味特点如表 4-4 所示。

表 4-4　琼瑶浆葡萄酒风味特点表

类型	外观	酸度	酒体	酒精含量	风味及配餐
干型	浅金黄色	中低	中等到浓郁	中高	荔枝、菠萝、水蜜桃、生姜片风味（佐餐辛辣菜）
甜型晚收贵腐	中等金黄色	中等	浓郁型	中高	哈密瓜、水蜜桃、蜂蜜、果酱等风味（甜品）

第五节 麝香
Muscat

麝香

麝香（Muscat）的其他外文名：Moscato（意大利语）。

麝香携带一种特殊的果香，与琼瑶浆一样，果香十足，容易辨认。大部分人认为它是一种古老的希腊葡萄，在酿造半干、甜型葡萄酒里担任着重要角色。麝香葡萄是一个庞大的家族，但都携带有明显的甜味、麝香味。该品种容易变异，不同的生长环境，各个变异品种的香气、口感都有差异。家族成员主要包括小粒白麝香（Muscat Blanc a Petits Grains，其种植面积最广）、亚历山大麝香（Muscat of Alexandria）、奥托奈麝香（Muscat Ottonel）和汉堡麝香（Muscat Hamburg，我国多叫玫瑰香），本书主要针对小粒白麝香展开介绍。

小粒白麝香在意大利被称为 Moscato（莫斯卡托），它在皮埃蒙特是酿造世界有名的阿斯蒂起泡酒的重要原料。法国南部用它来酿造天然甜葡萄酒，在法国阿尔萨斯它则是当地四大贵族品种之一，主要用来酿造果香浓郁的干白葡萄酒。

香气上，其突出的特征就是品种本身携带的芳香，多呈现纯美的葡萄、葡萄干、柑橘、桃子及白花的香气，颜色通常为浅黄色，根据葡萄酒类型会略有不同。除酿造意大利阿斯蒂起泡酒外，还用于酿造干型与甜型麝香葡萄酒，酒体一般较为浓郁，酒体较重，果香十足，但酸度往往不足。酿造方法上，采用不锈钢灌低温发酵，不适用于橡木桶熟成。在阿尔萨斯地区，其也是贵腐颗粒精选葡萄酒的重要调配品种。在经典产区方面，旧世界主要有法国阿尔萨斯、法国南部天然甜葡萄酒产区、意大利东北部阿斯蒂产区等；新世界，人们多用它来酿造半干或者半甜型葡萄酒，用它酿造的起泡酒也很流行，特别是澳大利亚的麝香葡萄酒别具一格。

麝香葡萄酒风味特点如表 4-5 所示。

表 4-5 麝香葡萄酒风味特点表

类型	外观	酸度	酒体	酒精含量	风味及配餐
静止干型	稻草黄	中低	中等到浓郁	中高	热带水果、柑橘、葡萄干、桃等风味（佐餐川、粤菜）
微甜起泡	浅稻草黄	中低	清淡到中等	中低	苹果、桃、葡萄、蜂蜜、花香等风味（果味蛋糕）
甜/加强	金黄	中等	浓郁圆润	中高	葡萄干、蜂蜜、果酱、太妃糖、甜香料等风味（甜食）

(a)新疆天塞酒庄2020鼠年生肖干白
葡萄酒
(b)蓬莱苏各兰酒庄初阁桃红葡萄酒2016

麝香酒标图例

第六节　灰皮诺
Pinot Gris

灰皮诺(Pinot Gris)的其他外文别名：意大利称为 Pinot Grigio，德国称为 Grauburgunder。

灰皮诺

　　灰皮诺属于皮诺家族的一员，它由黑皮诺芽变而来，原产地为勃艮第。在法国阿尔萨斯是与琼瑶浆、麝香、雷司令齐名的四大贵族品种之一，历史悠久，在当地负有盛名。种植上适合多样气候，因此不同的产区风土，其风格也具有多变性。在生长期较长的阿尔萨斯地区，可以用它酿造出颜色中深、酒体浓郁、果香丰富的干白葡萄酒；偏冷凉的意大利东北部的弗留利-威尼斯-朱力亚产区、威内托产区、阿尔托-阿迪杰产区等地则会用它来酿造色泽浅、酒体轻盈、酸度较高的简单易饮的起泡酒或者开胃型干白葡萄酒，市场公认度较高。不过需要留意的是在意大利它的名称为 Pinot Grigio，这一名称也成为清爽风格灰皮诺的代名词，而 Piont Gris 则代表着浓郁饱满型的葡萄酒。

　　香气上，不同的种植环境，香气口感区别较大，法国偏浓郁、意大利则清新自然。酿造方式上，Pinot Grigio 除经常使用不锈钢桶低温发酵外，在某些地方偶尔会使用橡木桶增加酒体香气，优质灰皮诺有一定的窖藏潜力。在阿尔萨斯其和麝香、琼瑶浆一样是当地贵腐颗粒精选葡

49

萄酒的重要调配品种。起泡酒也是灰皮诺可以酿造的类型,常作为开胃酒使用。

旧世界经典产区除法国和意大利之外,奥地利、德国的巴登、普法尔茨都有大量种植灰皮诺,其在瑞士、匈牙利、罗马尼亚等中欧国家也有一定分布。新世界产区中,在美国的俄勒冈,该品种已成为当地的特有品种,尤其在威拉米特谷表现优异,风格介于阿尔萨斯与意大利之间,柑橘类果香突出。澳大利亚也早在19世纪便已引入该品种的种植,我国于1892年引入山东。

灰皮诺葡萄酒风味特点如表4-6所示。

表4-6　灰皮诺葡萄酒风味特点表

类型	外观	酸度	酒体	酒精含量	风味及配餐
Pinot Gris	稻草黄	中等	中等到浓郁	中高	热带水果、蜂蜜、烟熏风味(佐餐类食物)
Pinot Grigio	近水色	中高	清淡到中等	中低	绿色水果、梨、柑橘类风味(典型开胃餐)

第七节　白诗南
Chenin Blanc

白诗南

白诗南的其他译名:白谢宁。

白诗南原产地为法国卢瓦尔河,是卢瓦尔河中段产区非常重要的品种。其具有早发芽、晚熟、产量高的特点,适合温和的海洋性气候,最优质的白诗南被种植在石灰石、片岩的土壤中。白诗南在原产地被酿造成为不同甜度的白葡萄酒,干型葡萄酒、贵腐甜白葡萄酒、起泡酒风格各异,表现出众。其具体风味受气候、土壤及酿造方法影响大,口感多变。

白诗南在香气上与雷司令相比,稍有不足。当然不同的类型,它的果香不尽相同。干型白诗南葡萄酒一般呈现清新活泼的水果风味(如柠檬、苹果、梨等),适合年轻时饮用。甜型白诗南葡萄酒多浓郁型,蜂蜜、果干、矿石与花香等风味十足,加上天然高酸,可以很好地陈年,所以它与雷司令一样是酿造甜白葡萄酒的非常优异的品种之一。

经典产区当属卢瓦尔河,在当地的武弗雷及萨韦涅尔产区(多风)陡峭的山坡上,白诗南可以获得更足的日照量,保证其足够成熟,这些地区是出产顶级的干白葡萄酒或起泡酒的经典产区;在莱昂丘产区、肖姆-卡尔特产区以及邦尼舒产区则以出产顶级贵腐甜白葡萄酒而著称。

新世界产区里,对于白诗南来说,最耀眼的明星产地非南非莫属。它是该国种植最广泛的品种,物美价廉,白诗南葡萄酒是百搭型的佐餐葡萄酒。白诗南葡萄酒风味特点如表4-7所示。

山西怡园德宁追寻白诗南起泡酒

表 4-7　白诗南葡萄酒风味特点表

类型	外观	酸度	酒体	酒精含量	风味与配餐
干型/起泡	稻草黄	中等	清淡到中等	中高	绿色水果、柑橘、花香、矿物质风味（开胃佐餐）
甜型晚收/贵腐	中等金黄色	中高	中高浓郁度	中高	桃子、果干、杏仁、蜂蜜、干草风味（各类甜食）

第八节　维欧尼
Viognier

维欧尼是一个古老的欧亚品种，起源地不详。在法国隆河谷表现十分出众，是当地非常重要的白葡萄品种。它可以用来酿造单一品种的干白葡萄酒，由于其浓郁独特的果香，也是重要的调配品种，在隆河谷可以与红葡萄品种西拉形成完美搭档。其调配方法当属世界酿酒的典范，可以有效帮助西拉葡萄酒更好地稳定陈年，同时还可以柔和其硬朗单宁，增加浓郁的香气。种植上，抗旱能力强，喜好充足的阳光，糖分含量高，酸度略低。成熟后，散发迷人的香气，一般

维欧尼

呈现柑橘、杏干香气以及强烈的花香。半干型维欧尼葡萄酒多呈现桃子、干杏及金银花等香料气息，同时也会散发出麝香和蜂蜜的风味。酿造上，多采用不锈钢罐低温发酵而成，顺应其馥郁的果香，在部分产区也使用旧桶或新桶陈年，让葡萄酒呈现更多层次。维欧尼葡萄酒大部分为干型葡萄酒，有些也会有一定残糖，这些糖分可以有效抵消灼热的酒精感。

法国南部的炎热地区是该品种最经典的产区，尤其是在北隆河的孔得里约产区，只能使用100％的维欧尼酿造白葡萄酒。酿造出的酒款充满浓郁的花香，酒体浓郁，酒精度高，果香浓郁，口感顺滑，但其酸度较低，酿造方式上不需要乳酸发酵过程，尽可能多地保留其新鲜苹果酸。该地还有一个酿造维欧尼葡萄酒的"明星"，那就是格里叶酒庄，该酒庄专门种植维欧尼葡萄，葡萄酒需要在橡木桶中熟成 2 年，香气浓郁细腻，口感饱满圆润，好的年份的葡萄酒具有非常好的陈年能力，酒价相对昂贵。近年来，维欧尼葡萄酒在新世界产区里有越来越流行的趋势，美国、澳大利亚都在不断扩大其产量。在我国烟台和新疆产区，也出产非常优质的半干型维欧尼葡萄酒，有浓郁杏干味及花香味，伴随着适宜的酸度，搭配鲁菜会是不错的选择。

蓬莱苏各兰酒庄时尚佳人干白葡萄酒 2016

表 4-8 所示为维欧尼葡萄酒风味特点表。

表 4-8　维欧尼葡萄酒风味特点表

类型	外观	酸度	酒体	酒精含量	风味与配餐
干型	中等偏深	中低	中高	高	桃子、杏仁的果香，花香，香料等风味突出（佐餐浓郁的食物）
微甜型	中等偏深	中等	中高	中高	果干、杏仁、蜂蜜、干草风味（浓郁的甜食）

第九节　赛美蓉
Semillon

赛美蓉原产自法国波尔多产区，果皮薄，晚熟，极易感染贵腐霉，是该地酿造贵腐甜白葡萄酒的重要品种。产量有保障，因此须控制产量，提高质量。适合温和的气候，但该葡萄所酿酒香气较为淡薄，酸度经常不足，很容易积累出高的糖分，所以在当地酿造贵腐甜白葡萄酒时经常与当地长相思和密斯卡岱（Muscadet）混合酿造，它们可以非常完美地为其补充酸度、酒体及果香。葡萄酒呈现出浓郁的果香，有杏仁、桃子、油桃和芒果，以及苦橙、蜂蜜、生姜、坚果的气息。

经典产区有法国苏玳（Sauternes）和巴萨克（Barsac）产区，该地的滴金酒庄（Château d'Yquem）是名副其实的世界奢侈甜白葡萄酒的代表。新世界澳大利亚的猎人谷（Hunter Valley）也是该品种的典型产区。在这里通常做成干型葡萄酒，葡萄早采收，保留其良好的酸度，偶尔与霞多丽混酿，多不使用橡木桶熟成（贵腐），年轻的猎人谷赛美蓉葡萄酒有淡淡的柑橘类香气，酒体比较轻盈，酒精度适中，口感较为中性。陈年后其香气会变得极有层次感，产生烤面包、蜂蜜和坚果等复杂香味，具有极强的陈年潜力，广受业界好评。

赛美蓉葡萄酒风味特点如表 4-9 所示。

表 4-9　赛美蓉葡萄酒风味特点表

类型	外观	酸度	酒体	酒精含量	风味与配餐
年轻干型	浅金黄色	中等	中等到浓郁	中高	柑橘、柠檬、烤面包风味（开胃/佐餐）
陈年干型	中等金黄	中等	饱满浓郁	中高	柑橘、油桃、烤面包、坚果、蜂蜜、香草风味（佐餐）
甜型贵腐	中等金黄	中等	中高浓郁度	中高	果脯、杏仁、蜜饯、蜂蜜、香草风味（甜食/蓝纹奶酪/鹅肝）

第十节　其他代表性白葡萄品种
Other White Grapes

一、白皮诺（Pinot Blanc）

白皮诺原产于法国阿尔萨斯，主要种植在法国、德国、奥地利、匈牙利、意大利及部分新世界国家。其在阿尔萨斯是酿造阿尔萨斯起泡酒（Crémant d'Alsace）的常见品种；在德国被称为Weisser Burgunder，主要分布在巴登产区；在意大利叫作 Pinot Bianco，高酸，中性，常被混合酿造起泡酒；在奥地利干、甜型葡萄酒均可酿造。白皮诺是酿造干白葡萄酒与起泡酒的优良品种，通常颜色较浅，酒体轻盈到中等，多呈现苹果、梨等水果风味，风味中性，口感清爽，是搭配开胃餐的不错选择，不适合陈年，多年轻时新鲜饮用。

二、米勒-高图（Müller-Thurgau）

该品种于 1882 年，由赫尔曼·米勒博士通过杂交培育出来，是雷司令和玛德琳安吉维（Madeleine Royale）品种的杂交后代，又名雷万娜（Rivaner）。该品种早熟，对光照条件要求不高，产量有保障，因此非常适合在德国、奥地利、瑞士、英国、意大利北部等冷凉环境中生长。目前该品种是德国第二大葡萄酒品种，在摩泽尔产区表现较为优异，在莱茵黑森、巴登地区种植广泛。该品种风味较淡，低酸，有柑橘及花香风味，酒体中等，个性不太明显。该品种为即饮型葡萄酒，多不适合陈年。目前，在新西兰表现理想，有明显的酸度与果味。

三、阿尔巴利诺（Albarino）

阿尔巴利诺原产于伊比利亚半岛西北部，即西班牙下海湾与葡萄牙绿酒产区，是该地区主要的优质白葡萄品种，在葡萄牙被称为 Alvarinho。该品种品质优异，柑橘、苹果、梨、西柚等果香浓郁，酸度较高，葡萄酒酒体多变，可以酿成轻盈果香型葡萄酒，也可以使用橡木桶陈年或酒泥接触，打造成饱满浓郁型葡萄酒。在该区域，大部分为年轻易饮型葡萄酒，多使用不锈钢罐发酵，保留清爽的果香，酸度怡人，非常适合搭配各类杂蔬及海鲜类菜肴，与亚洲菜也非常匹配。

四、富尔民特（Furmint）

该品种原产地不明，但绝对是匈牙利最主要的葡萄品种，在该地种植广泛，品质出众。该品种晚熟，皮薄，容易感染贵腐霉。成熟后通常具有高糖、高酸的特点，是酿造甜酒的理想之选。在匈牙利，该品种是酿造托卡伊甜白葡萄酒的主要品种（当地还添加哈斯莱威路（Hárslevelu）与麝香（Muscat）混合酿造，增加果香），酿成的甜酒呈现琥珀色的光泽，蜂蜜、麦芽糖、杏仁、果酱、香料、烟熏等风味浓郁。该品种也有干型风格，但数量较少。

五、瑚珊（Roussanne）

瑚珊原产于法国的北隆河谷地区，与亲缘关系的玛珊（Marsanne）同属于该地区法定白葡萄品种，主要分布于埃米塔日、克罗兹-埃米塔日、圣约瑟夫地区，为这些地区的法定品种，两者也同为南隆河谷八大法定品种之一。两者均适宜在温暖、干燥及贫瘠的多石土壤环境中生长，尤其玛珊长势旺盛，高产，但风味与酸度不足，较为平淡。瑚珊有更高的酸度，陈年潜力也比玛珊优越，两者互补性强，是经典的调配搭档。

六、阿依伦（Airen）

该品种原产于西班牙，尤其在拉曼恰地区最为广泛，非常适应当地干燥炎热的气候，具有非常强的抗旱性，适合在贫瘠的石灰质土壤中生长。由于缺水，该品种种植密度低，但栽培面积广，目前是西班牙种植面积最广的白葡萄品种。该品种晚熟，通常能积累高糖，用其酿造的葡萄酒酒精含量较高，通常能达到 14%vol 左右，有成熟的水果果味，但酸度不高，多用来酿造简单易饮的餐酒。在当时主要用来制作白兰地的基酒。

七、阿里高特（Aligote）

该品种原产于法国勃艮第，虽然栽培面积有限，但该品种耐寒，容易种植，在当地仍然是继霞多丽之后的第二大葡萄品种。该品种成熟早，用其酿造的葡萄酒通常具有稳定的高酸，果香以柠檬、柑橘、苹果等果味为主，酒体轻盈，简单易饮。在当地多做成干型的日常餐酒消费，价格有优势，也是勃艮第传统起泡酒的主要酿造原料。另外，阿里高特也是当时流行的餐前鸡尾酒的主要调配基酒，深受人们喜爱。

八、柯蒂斯（Cortese）

柯蒂斯原产于意大利，尤其在皮埃蒙特产区表现出众，当地著名的加维柯蒂斯便是使用柯蒂斯酿造而成。该品种产量高，生命力强，优质葡萄酒需要控制产量。酿造出的葡萄酒较为中性，呈现出苹果、柠檬、白桃等果味，酸度较高，口感清新，成熟度高的葡萄酒会带有花香、柑橘类风味。该品种多在不锈钢罐内发酵，干型风格，保持清新果香，有时会进行乳酸发酵，也有酒庄会将其酿造成起泡酒。

九、格雷拉（Glera）

该品种为目前市场颇具影响力的意大利普罗塞克起泡酒的酿酒品种，过去曾用名同为Procecco，因为容易混淆，故意大利便以当地地名"格雷拉"对其名称进行了修改。该品种原产于意大利东北部，目前该品种主要分布在威尼托大区内，主要用来酿造普罗塞克起泡酒，也会用来酿造干型风格葡萄酒。该品种酿造的起泡酒在国际市场增速较快，口感清新，酸度活泼，具有十分明快、清爽的水果果香，价格亲民，酒精含量较低（8.5%vol—12%vol），适合夏季畅饮，非常开胃，因此深受消费者喜爱。

十、贵人香(Italian Riesling)

该品种原产地不详,适应能力强,广泛分布于奥地利、匈牙利、罗马尼亚等中欧国家。在奥地利、澳大利亚等国被称为威尔士雷司令(Welschriesling),在意大利叫做 Riesling Italico。该品种在奥地利布尔根兰州显得尤其重要,在当地可以用来酿造干型、甜型及起泡酒多种风格的葡萄酒,在该州的新锡德尔湖产区,可以用其酿造奥地利非常优质的晚收、贵腐精选型葡萄酒。该品种成熟晚,酸度较高,果香清新自然,适合早饮。陈年后,酒体饱满浓郁,回味悠长。该品种在匈牙利同样表现出众,被称为欧拉瑞兹琳(Olasz Rizling)。在我国的山东半岛地区也分布较广,多被酿造成干白、甜白风格的葡萄酒。

十一、绿维特利纳(Gruner Veltliner)

绿维特利纳的原产地为奥地利,历史古老,是该国最广泛种植的葡萄品种,约占三分之一的种植面积。该品种酿造的葡萄酒通常为干型,中高酒体,高酸度,风味清爽,以桃子、柑橘、矿物质及香料等风味为主。酿造风格上,大部分使用不锈钢罐发酵,保留清新果香与酸度,适合年轻时饮用。部分会使用旧橡木桶陈年,风格较为强劲。该品种是下奥地利的主要品种,尤其在旗下子产区瓦豪、凯普谷、克雷姆斯谷、威非尔特都是 DAC 认证品种。品质优异,适合佐餐。

十二、小芒森(Petit Manseng)

小芒森原产于法国西南部,是该地顶级白葡萄品种。生命力旺盛,晚熟,果实高糖、高酸,在当地非常适合酿造甜型葡萄酒(自然风干)。该品种果香十分丰富,主要呈现出柠檬、西柚、菠萝、金银花、桂皮、丁香花以及蜂蜜风味,香气浓郁,余味悠长。在我国,首先由位于河北怀来的中法庄园引入,表现理想,在我国宁夏、山东等产区同样有优异表现。由于用其酿造的葡萄酒天然甜美、高酸,非常适宜搭配亚洲各类辛辣菜肴。

(a)蓬莱龙亭酒庄小芒森甜白葡萄酒　　(b)蓬莱盛唐国宾酒庄小芒森甜白葡萄酒　　(c)宁夏长城天赋酒庄贵人香干白葡萄酒

小芒森贵人香干白葡萄酒

十三、龙眼(Longyan)

龙眼葡萄为原产于我国的本土品种,栽培历史非常悠久,素有"北国明珠"的美誉,既可鲜食又可酿酒,深受人们好评。该品种晚熟,果肉多,酸甜平衡良好,适应干燥及盐碱地环境,品质较高。龙眼葡萄呈黄绿色,果香明显,酸度较高,富有活力,多用来酿造干型葡萄酒。河北怀涿盆地(包括宣化、涿鹿及怀来)是该品种种植的集中区域,这里气候干燥,昼夜温差大,非常适宜该品种的生长习性。另外,该品种在河北昌黎、山东平度及山西清徐等地也都有非常优异的表现,值得关注。

第五章 | 世界代表性红葡萄品种
Red Grape Varieties

第一节 赤霞珠
Cabernet Sauvignon

赤霞珠的其他译名:卡本内苏维翁。

赤霞珠闻名全球,原产地法国波尔多,新、旧世界栽培都非常普遍,是红葡萄品种里名副其实的头筹。赤霞珠果粒小,果皮比例相对其他大,果皮本身厚实,这就促成了赤霞珠高单宁、色泽幽深的特点。优质赤霞珠,窖藏能力极佳,法国波尔多左岸五大名庄都是以该品种为主要调配品种酿造的。种植方面,赤霞珠生长力极强,抵御病虫害能力强,适应气候与土壤能力佳,晚收,适合温暖炎热的气候,需要较长的生长期。波尔多排水性好的砂质土壤储热性好,可以让赤霞珠很好地成熟;澳大利亚科纳瓦拉的红土也是适宜赤霞珠生长的经典土壤。

酿造风格上,其非常适合在小型橡木桶陈酿,与橡木桶的香气天然匹配。所酿葡萄酒色泽幽深,果香饱满,有丰富的单宁与酸度,结构感强。年轻时,赤霞珠的果香以黑醋栗、黑莓、黑色浆果类气味为主,如果赤霞珠没有很好地成熟,则多表现出青椒等植物性香气。随着陈年,优质赤霞珠酿造的葡萄酒可以发展出非常优雅的香草、雪茄盒、雪松、皮革的气息。在旧世界,尤其在波尔多,多与美乐、品丽珠等混酿,柔顺口感,增加复杂香气。在新世界以单一品种酿造及波尔多式混酿较为普遍,在澳大利亚还经常与西拉混酿,有非常强的陈年潜力。

经典产区当属法国波尔多左岸的梅多克下的四个产区(玛歌、波亚克、圣埃斯泰夫、圣朱利安),众多世界级名庄分布于此;格拉夫产区也是赤霞珠的核心产区;意大利的超级托斯卡纳近年来得到世界较高赞誉,尤其在保格利产区表现极为出众,为意大利赢得了国际声誉。在新世界产区,美国加州纳帕谷,澳大利亚科纳瓦拉、玛格丽特河都是非常经典的产区。赤霞珠在智力、阿根廷、南非等也都有上乘表现。在我国,赤霞珠也是非常突出的红葡萄品种,在山东、河北、宁夏、新疆等地都出产非常优质的赤霞珠葡萄酒,是很多精品酒庄的核心酒款。

表 5-1 所示为赤霞珠葡萄酒风味特点表。

表 5-1 赤霞珠葡萄酒风味特点表

类型	外观	单宁	酸度	酒体	酒精度	风味与配餐
低成熟	紫红	中高	中高	中高	中高	红色水果、青椒等风味(佐餐类,中等浓郁度食物、油腻菜肴)
高成熟	紫红	中高	中高	饱满	高	黑醋栗、黑莓、薄荷、桉树、香辛料风味(浓郁食物)
陈年后	变化慢	中高	中高	中高	中高	香草、雪茄、烟草、烟熏、皮革类风味(酱料浓郁肉类)

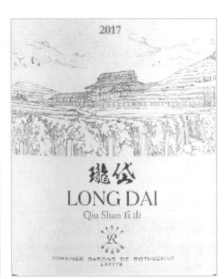
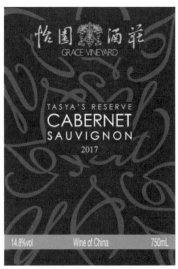

(a)保乐力加贺兰山霄峰葡萄酒　　(b)瓏岱酒庄正牌葡萄酒2017　　(c)怡园酒庄德熙珍藏赤霞珠葡萄酒2017

(d)甘肃紫轩酒庄赤霞珠干红葡萄酒　　(e)贺东庄园赤霞珠干红葡萄酒2015　　(f)美贺庄园珍藏干红葡萄酒2017

赤霞珠葡萄酒酒标图例

（图片来源：所属酒庄提供）

第二节　美乐
Merlot

美乐的其他译名：梅鹿辄。

美乐原产于法国波尔多，与赤霞珠是经典混酿搭档，是波尔多栽培面积最广的品种。美乐对土壤、气候的适应能力强，较喜欢在潮湿的石灰质黏土里生长，容易种植，产量高，深受果农喜爱，因此，美乐成为我们在市场上最容易见到的品种，价格也非常亲民。美乐果皮中等，果肉多，很容易积累糖分，所以美乐葡萄酒通常酒精、酒体饱满浓郁，带有浓郁的果味（李子、草莓、黑莓等），但单宁比赤霞珠少，中等单宁，口感比较温和柔顺，多汁味甜，和赤霞珠有很好的互补性，两者一柔一刚，堪称完美搭档。

陈年后美乐会表现出烟熏、咖啡、香料等的香气。酿造方法上，美乐适合在橡木桶里熟成，增加果香的复杂度。在波尔多右岸的圣埃美隆及波美侯等地，气候相对凉爽，适合美乐的种植。美乐是该地的主要品种，美乐表现尤其突出，它也是世界级名庄柏图斯庄园和里鹏庄园的主要

美乐

使用品种,美乐葡萄酒极具收藏价值。但如果气候过于炎热,美乐本身就早熟,这会加剧它成熟的脚步,酿成的葡萄酒则往往质量平平。

代表性产区上,波尔多右岸的圣埃美隆与波美侯的冷凉的黏土是美乐种植的理想场所,另外,其在法国南部种植广泛,是酿造地区餐酒的主要品种,多单一品种酿造,在酒标上可以直接看到美乐的品种标识。在新世界的智利、澳大利亚、美国加利福尼亚州等地也常常用来酿造物美价廉的葡萄酒,通常有丰富的果香,酒体中等、酒精度偏高。

(a)国菲酒庄美乐　　　(b)怡园酒庄深蓝葡萄酒2017　　(c)长和翡翠珍藏美乐
葡萄酒2017　　　　　　　　　　　　　　　　　　　　　　葡萄酒2016

美乐葡萄酒酒标图例

美乐葡萄酒风味特点表如表 5-2 所示。

表 5-2　美乐葡萄酒风味特点表

类型	外观	单宁	酸度	酒体	酒精含量	风味与配餐
低成熟	宝石红	中等成熟	中等	多汁浓郁	中高	樱桃、李子等红色水果或浆果风味(亚洲料理)
高成熟	紫红	中高	中等	饱满浓郁	高	黑色水果、巧克力、香料等风味(浓郁肉类)
陈年后	不确定	中等	中等	饱满/柔顺	中高	烟草、烟熏、香草类风味(酱料浓郁肉类)

第三节 黑皮诺
Pinot Noir

黑皮诺的其他外文名:Spatburgunder。

黑皮诺是红葡萄里有名的娇贵品种,原产地为法国勃艮第,栽培历史悠久,是当地重要的红葡萄品种,在香槟区种植也非常广泛。该品种对气候、土壤等种植环境要求高,非常挑剔,适应相对凉爽的气候,太热的气候,其成熟太快,缺乏风味物质。优质黑皮诺来自富含钙质的白垩土、石灰石及黏质土壤。发芽早、成熟早,不宜栽培。果皮较薄,所酿葡萄酒颜色浅,呈亮丽宝石红的颜色,酒体单薄,单宁较少,但酸度是红葡萄里有名的高酸品种。适合单一品种酿酒,低温不锈钢罐式发酵,保留其优雅的果香。陈年阶段,大部分更适合旧橡木桶内熟成,所酿葡萄酒年轻时一般有红色水果的果香(草莓、覆盆子、樱桃等),成熟后,会带有动物、泥土的复杂香气。在香槟区,与霞多丽、皮诺莫尼耶组合成完美搭档用来酿造起泡酒。

经典产区非勃艮第莫属,尤其该地的黄金地段金丘产区最为经典,其产区内的热夫雷-香贝丹(Gevrey-Chambertin)、沃恩-罗曼尼(Vosne-Romanée)等村庄聚集一众顶级的特级园与一级园,是全世界黑皮诺爱好者的膜拜胜地;另外,在香槟产区,黑皮诺也是尤其重要的品种,在法国阿尔萨斯也有优质黑皮诺出产。近年来,在德国黑皮诺也成为非常重要的红葡萄品种,它非常适宜相对温暖的巴登产区;新世界的一些凉爽产地,如新西兰中奥塔哥,澳大利亚塔斯马尼亚岛,美国加利福尼亚州的俄罗斯河谷、俄勒冈的威拉米特谷等地都出产优质黑皮诺。在我国的山东半岛、秦岭南麓、甘肃及宁夏部分冷凉的地段也出现了几家代表型的酿造优质黑皮诺的酒庄。

(a)玉川酒庄黑比(皮)诺干红葡萄酒2014

(b)贺兰晴雪酒庄小脚丫黑皮诺2015

(c)新慧彬酒庄黑比(皮)诺干红葡萄酒2016

黑皮诺葡萄酒酒标图例

表 5-3 所示为黑皮诺葡萄酒风味特点表。

表 5-3 黑皮诺葡萄酒风味特点表

类型	外观	单宁	酸度	酒体	酒精含量	风味与配餐
低成熟	宝石红	中低	高	轻盈/中等	中低	樱桃、李子等红色水果或浆果风味(适合亚洲料理)
高成熟	宝石红	中等	高	中等/饱满	中高	红黑色浆果、香辛料等风味(中等浓郁度食物)
陈年后	容易变浅	中低	高	中等浓郁	中低	松露、野味等风味(高品质菜肴)

第四节 西拉/西拉子
Syrah/Shiraz

　　该品种原产地为法国隆河地区,在当地被称为西拉。大约在19世纪30年代被引入到澳大利亚,被改称为西拉子(Shiraz)。西拉像赤霞珠一样在世界范围内分布广泛,适应能力强,比较容易种植,出产的葡萄酒颜色深,酒体浓郁饱满,多香辛料风味,果香丰富。喜欢少雨、温暖干燥的环境。最优质的西拉产地,通常排水好,土壤里多石灰石、花岗岩、鹅卵石、沙石等。西拉的酿造适合使用橡木桶,在新世界多单一品种酿造或混酿,成熟度高,酒精度较高,酸度适中,果味突出。但在旧世界的原产地隆河谷地区能出产结构强劲、单宁突出、风味复杂、酸味中高、口感浓郁、窖藏能力好的葡萄酒。在北隆河,多为单一西拉品种酿造。在南隆河混合的品种偏向多样化,经常与歌海娜(Grenache)、神索(Cinsault)、慕合怀特(Mourvedre)、玛珊(Marsanne)、瑚珊(Roussanne)等混酿。西拉葡萄酒是一种果香尤其突出的葡萄酒,香气主要以黑色果香(黑莓、黑色李子)为主,有明显的香料味道(胡椒、丁香),适合在橡木桶中培养,成熟后散发出香草、烟熏等气味。

　　西拉在世界范围分布广泛,对于原产地的法国而言,最优质的西拉来自北隆河两岸陡峭的斜坡上,在罗帝丘与艾米塔吉尤其著名;在南隆河以教皇新堡的西拉表现突出。在意大利的托斯卡纳也能看到西拉的身影,并且与当地品种桑娇维塞调配使用,这种新的混酿风格也倍受消费者的欢迎。在新世界当属澳大利亚的巴罗萨谷是其最经典产区,在澳大利亚其他产区也有广泛种植,在猎人谷及玛格丽特河谷等地都表现优良。另外,在新世界的其他地方,随着西拉的盛行,美国加利福尼亚州、智利、南非等地的西拉也表现不俗,发展速度惊人。在我国宁夏、新疆等产区表现突出。

(a)贺东庄园西拉葡萄酒　　(b)天塞酒庄云呦呦　　(c)国菲酒庄天香西
　　　　　　　　　　　　　西拉葡萄酒2016　　　拉葡萄酒2018

西拉葡萄酒酒标图例

　　表5-4所示为西拉葡萄酒风味特点表。

表 5-4　西拉葡萄酒风味特点表

类型	外观	单宁	酸度	酒体	酒精含量	风味与配餐
低成熟	宝石红/紫红	中等	中高	中等	中高	红色和黑色水果、浆果、香辛料风味（中等浓郁肉类）
高成熟	紫红	中高	中等	中等/饱满	中高	黑色浆果、香辛料、巧克力、薄荷等风味（适合亚洲菜）
陈年后	变化慢	中等	中等	中等/浓郁	中高	烟草、烟熏、香料、皮革类风味（浓郁肉类）

第五节　品丽珠
Cabernet Franc

品丽珠

事实上我们在市场很少发现品丽珠的身影，它的名气总是在赤霞珠、美乐之后，但无论作为单一品种酿造还是参与混合酿造葡萄酒，它的地位与角色都不可忽视。该品种原产地为法国波尔多，是波尔多右岸与左岸葡萄中位居第三位的重要调配品种。特别是在赤霞珠不够成熟的年份，品丽珠相对早熟、能适应较冷气候的特征，可以让它成为赤霞珠的重要替代品，起到补充作用。在波尔多右岸较冷的土壤里，其表现优异，右岸著名的白马庄（Château Cheval Blanc）就是以品丽珠为主酿造，另外，目前它是卢瓦尔河重要的红葡萄品种，非常适应当地冷凉的气候，是当地红葡萄酒、桃红葡萄酒的重要酿造品种。

该品种具有浓郁的植物性香气，与赤霞珠相比颜色较浅，葡萄酒单宁相对较少，中高酸度，风味偏清淡，容易饮用，香气多呈现樱桃、覆盆子的果味。成熟后会带有红色的果香，在气候较冷的地方，会出现青椒、树叶等植物性香气。酿造方法上，在原产地以混酿为主，在卢瓦尔河可以单独酿酒，尤其是该地的西农、布尔格伊以生产优质单一品种而著称。这里的品丽珠果香芬芳，含酸量高，伴有红色水果的果香及紫罗兰的香味。其在意大利也有广泛推广，在我国的山东半岛、河北怀来等地都有栽培。

表 5-5 所示为品丽珠葡萄酒风味特点表。

表 5-5　品丽珠葡萄酒风味特点表

类型	外观	单宁	酸度	酒体	酒精含量	风味与配餐
低成熟	宝石红	中低	中高	轻盈/中等	中低	樱桃、覆盆子等红色水果风味（适合亚洲料理）
高成熟	宝石红	中低	中等	中等/饱满	中等	红黑浆果、紫罗兰、香辛料等风味（中等浓郁肉类）

(a)贺东庄园北纬38度品丽珠
干红葡萄酒2014

(b)怡园德宁期盼品丽珠起泡酒

(c)新慧彬酒庄品丽珠干红葡萄酒2016

(d)天塞酒庄云呦呦品丽珠葡萄酒2016

品丽珠葡萄酒酒标图例

第六节　佳美
Gamay

　　佳美原产地为法国勃艮第,佳美是该地古老的品种,但一直以来在其母体品种黑皮诺的强大光环下,酒体、果香都较为清淡。在原产地被叫停了种植后,在勃艮第的最南端博若莱找到了新的安家之处,当地发明了一种新的酿酒方法,博若莱新酒(Beaujolais Nouveau)的诞生,使得佳美葡萄由此开始在世界市场崭露头角,受到消费者推崇。该品种发芽早,成熟早,适应凉爽气候与贫瘠的土壤。在当地采用整串投放在发酵桶内,靠葡萄本身重力自然破碎,发酵桶内被二氧化碳充斥,葡萄在无氧环境下发酵,酿造的葡萄酒通常酒精度低,为简单易饮的果香型葡萄酒,这种方法被称为二氧化碳浸渍法。该类型葡萄酒呈现亮丽的宝石红,酒体清淡,酸度高,散发浓郁的红色水果香气,口感清新自然,并且可以快速投放市场,每年11月第三周的周四全球统一发售。现在每到这个时间,世界各地都在庆祝博若莱新酒的到来,伴随着即将到来的圣诞与新年,人们欢呼、畅饮,这似乎成了葡萄酒爱好者的一个重大节日。

　　在博若莱,还有村庄级别佳美葡萄及10个葡萄园级佳美葡萄,其主要出产干型、果香浓郁、结构紧、中等酒体的佳美葡萄酒。除博若莱之外,法国的卢瓦尔河也是该品种的重要种植地,多用其酿造干型酒、桃红葡萄酒。

约瑟夫杜鲁安酒庄薄若莱新酒 2005

表 5-6 所示为佳美葡萄酒风味特点表。

表 5-6　佳美葡萄酒风味特点表

类型	外观	单宁	酸度	酒体	酒精含量	风味与配餐
二氧化碳浸渍型	石榴红	中低	中高	轻盈	中低	樱桃、覆盆子、桑葚、泡泡糖风味（适合亚洲料理）
干型	宝石红	中低	中高	中等	中等	红黑浆果、紫罗兰、香辛料等风味（中等浓郁肉类）

第七节　马尔贝克
Malbec

说到马尔贝克的原产地，如果不特别提示是法国，我们几乎认为它原产于阿根廷，因为其在阿根廷葡萄酒产业中占有绝对的主导地位。在南美温暖的气候条件下，葡萄园拥有充足的日照量，优质葡萄园建造在一定海拔之上，昼夜温差大，这些条件造就了甘美甜润、酸度均衡的葡萄酒。阿根廷的马尔贝克香气更加丰富，尤其是黑樱桃、覆盆子、黑莓和蓝莓气息浓郁，优质的马尔贝克葡萄酒具有较强的陈年潜力，陈年后散发出雪松、甘草、丁香、烟熏和焦油等香气。该品种在当地也可以与赤霞珠、美乐、西拉等混酿。马尔贝克原产地为法国西南部卡奥尔（Cahors）产区，占当地 80% 的葡萄种植面积。出产的葡萄酒颜色深，有很强的香辛料、泥土的芳香，酸度高，单宁厚重，结构感强，多呈现李子、黑莓等红色浆果的气息。在它临近的波尔多，马尔贝克则是当地的第六大调配品种，与赤霞珠、美乐、品丽珠等混酿，为葡萄酒提供更加丰盈的酒体与色泽。

在主要经典产区方面，法国的卡奥尔与阿根廷的门多萨绝对是全世界马尔贝克种植的主力军，两者相加其种植面积占到了全球的 80%。法国的卡奥尔法定产区对马尔贝克葡萄酒中马尔贝克的最少含有量提出了要求，要求最少为 70%；如果达到 85% 的该品种含量，酒标则可以标示品种名。在原产地，马尔贝克葡萄酒单宁丰厚，口感较为粗犷，经常添加美乐柔顺其口感，适合橡木桶陈年。

门多萨地区最优质的马尔贝克来自路冉得库约（Lujan de Cuyo）产区，另外，马尔贝克在智利、美国、澳大利亚、南非等地也有较多种植。

表 5-7 所示为马尔贝克葡萄酒风味特点表。

马尔贝克

表 5-7 马尔贝克葡萄酒风味特点表

类型	外观	单宁	酸度	酒体	酒精含量	风味
卡奥尔品种	紫红	中高	中等	中高	中等	结构强劲、醇厚，花香、李子、泥土、香辛料等风味
门多萨品种	紫红	中高	中高	中等	高	蓝莓、黑莓浆果、紫罗兰、香辛料等风味

第八节 歌海娜
Grenache

歌海娜的其他外文名：Garnacha（西班牙语）。

该品种是典型的地中海品种，原产于西班牙北部的阿拉贡省，那里是该国栽培歌海娜面积最大的地区，在法国南部产区也占据重要的地位。歌海娜喜好炎热和干旱的气候条件，容易栽培，但成熟较晚，含糖量高，所酿葡萄酒酒精度高，酒体浓郁，温润丰满，但该品种酸度相对缺乏，因此常与其他品种混合酿造，相互取长补短。果皮较薄，所以葡萄酒颜色浅，大部分呈现深红或是深橘红色，成熟过程中比其他品种颜色变化更快，很容易变为砖红色。该品种酿造的葡萄酒单宁含量低，口感柔顺，在西班牙与普罗旺斯是酿造桃红葡萄酒的不二之选。因为糖分高，该品种在法国南部地区也可以做成加强型葡萄酒。歌海娜葡萄酒通常多呈现草莓、覆盆子等红色水果香气，常伴有白胡椒和草药等香辛料的气息。在法国隆河谷地区该品种种植相当广泛，经常与西拉、慕合怀特调配，为葡萄酒增加辛辣的香气与酒体，使用歌海娜调配酿造的教皇新堡（Châteauneuf-du-Pape）葡萄酒广受消费者喜爱，那里的土壤布满大型鹅卵石，可以为葡萄树提供更多热量与能量，酿成的葡萄酒甜美圆润，气息迷人。在新世界的澳大利亚人们则崇尚一种被称为 GSM 的混酿（歌海娜、西拉子和慕合怀特），在巴罗萨及麦克罗伦的歌海娜带有非常明显的甜美的果香及香料味。

在经典产区方面，旧世界西班牙的普里奥拉（Priorat）产区绝对是最经典的歌海娜出产地，高品质的老藤歌海娜深受业界欢迎。在里奥哈（Rioja）地区，歌海娜也有非常大的优势，经常与丹魄混合酿造，此外，在纳瓦拉（Navarra）以及西班牙中部的拉曼恰（La Mancha）等地也有广泛分布。在法国主要集中在隆河谷、普罗旺斯、朗格多克地区，种植面积广泛。在新世界澳大利亚、美国加利福尼亚州、意大利等地都有突出表现。

苏各兰酒庄初阁歌海娜桃红葡萄酒

表 5-8 所示为歌海娜葡萄酒风味特点表。

表 5-8　歌海娜葡萄酒风味特点表

类型	外观	单宁	酸度	酒体	酒精含量	风味及配餐
桃红	三文鱼色	低	中等	清淡中等	中等	草莓、红莓等果香,紫罗兰等花香风味(亚洲料理)
干红	宝石红	中低	中低	浓郁圆润	中高	黑樱桃等果香,香料、泥土等风味(浓郁菜肴)

第九节　内比奥罗
Nebbiolo

内比奥罗

该品种原产地为意大利东北部的皮埃蒙特,是当地有名的"雾葡萄"。其发芽早,晚熟,成长周期长,一般会推迟到 10 月末采收。果皮薄但很硬朗,颜色幽深,葡萄酒单宁非常丰富,酸度偏高,可以很好地陈年。内比奥罗对土壤要求高,产量较低,世界范围内分布较少,钟爱富含钙质的石灰质土壤,需要温暖的环境,最好种植在向阳的山坡上,需要较长的成熟期。在原产地可以酿造出果味复杂、饱满浓郁、高酸、高单宁的优质葡萄酒。酿造上,风格多样,被分成两个派别,一部分遵循传统派技法,延长发酵时间,浸泡出更多单宁与酸度,陈年后呈现出果干、紫罗兰、烟草、焦油、腐殖、松露等复杂的香气;另一部分则更崇尚现代方法,多使用不锈钢低温发酵,然后使用橡木桶短暂陈年,酿造的葡萄酒多呈现黑樱桃、黑莓等果香,也会伴有香草、咖啡、巧克力风味,口感圆润,易于饮用。

在经典产区方面,优质的内比奥罗主要分布在皮埃蒙特产区,该地两个极具特色的村庄巴罗洛(Barolo)和巴巴莱斯科(Barbaresco),出产世界顶级的内比奥罗葡萄酒,陈年潜力巨大。

表 5-9 所示为内比奥罗葡萄酒风味特点表。

表 5-9　内比奥罗葡萄酒风味特点表

类型	外观	单宁	酸度	酒体	酒精含量	风味
新派	宝石红	中高	高	中高	中等	果香丰富，黑樱桃、紫罗兰、咖啡、香草、巧克力风味
老派	紫红	高	高	中高	中高	干果、烟草、腐殖、松露、香料、泥土、野味等风味

第十节　桑娇维塞
Sangiovese

桑娇维塞的其他外文名：Brunello（布鲁奈罗）。

该品种与内比奥罗一样，属于意大利传统品种，种植面积非常广，主要分布在意大利中部托斯卡纳产区。喜好温暖的环境，需要充足的阳光，通常种植在朝南向的山坡上。晚熟，果皮较薄，颜色较浅，一般呈现宝石红或者石榴红的颜色。桑娇维塞葡萄酒酸度极高，中高单宁，中等酒体，有良好的结构感，以红色水果香气为主，如酸樱桃、红莓、草莓、无花果、肉桂、泥土等气息，陈年后会转为柔和的皮革气味。酿造方式上，近几年，人们更喜欢与法国品种赤霞珠、美乐等进行调配混酿，生产的葡萄酒更加成熟、富有果味，同时使用橡木桶陈年，为葡萄酒增添香草、橡木、烟熏的质感。

其最经典的产区当属基安蒂地区的几个村庄，酒标上常以 Chianti（基安蒂）、Chianti Classico（基安蒂经典）出现。前者为基本酒款，后者对该品种葡萄的比例、酒精度、陈年时间有更多要求，通常比前者浓郁，指代该品种的经典、传统的酒款。该产区的蒙塔奇诺（Montalcino）地区也是该品种的核心种植区，酒标上以 Brunello di Montalcino 名称出现，Brunello 葡萄酒是桑娇维塞葡萄酒在当地的名称，使用 100％桑娇维塞酿造而成，单宁较重，口感浓郁，是意大利最为昂贵的葡萄酒之一，适合陈年。除此之外，Vino Nobile di Montepulciano 葡萄酒的主要使用品种，要求最少为 70％的桑娇维塞。

表 5-10 所示为桑娇维塞葡萄酒风味特点表。

表 5-10　桑娇维塞葡萄酒风味特点表

类型	品种	外观	单宁	酸度	酒体	酒精度	陈年	风味
Chianti	最少 70％	宝石红	中高	高	中等	最少 11.5％vol	次年 3 月后	酸樱桃、肉桂
Chianti Classico	最少 80％	宝石红	中高	高	中等	最少 12％vol	次年 10 月后	红浆果、樱桃等
Brunello di Montalcino	100％	紫红	高	高	浓郁	最少 12.5％vol	4 年以上	黑浆果、香草、焦油等

第十一节　丹魄
Tempranillo

丹魄的其他外文名：Tinta de Toro（红多罗）、Aragonez（阿拉哥斯）、Tinta Roriz（罗丽红）。

该品种原产于西班牙，是该国最具魅力的红葡萄品种，广泛分布在伊比利亚半岛的西班牙、葡萄牙境内。丹魄（Tempranillo）有"早熟"之意，后缀"illo"有"小"的意思，因此该品种名译为早

丹魄

熟的小葡萄。果皮较薄,葡萄酒呈现宝石橘红色,新鲜的草莓、樱桃果香浓郁,经橡木桶陈年后散发出香草、甘草及烟叶香料气息,香气复杂,富有层次感。丹魄葡萄酒通常呈现中高浓郁度的酒体,酒精度较高,较冷的气候会赋予葡萄酒较高的酸度,炎热天气会积累更多糖分与颜色。丹魄是西班牙种植最广泛的品种,也是西班牙酿造顶级葡萄酒的优异品种。传统酿造方式上,其经常与歌海娜、佳丽酿、慕合怀特混酿,现在与赤霞珠、美乐等国际品种的混酿也渐渐流行。酿酒风格分为传统派与现代派,传统风格仍然坚守旧木桶陈年,果香多呈现香料、皮革与烟草的味道;新派风格会使用法国橡木桶,但陈年时间不会过长,单宁细腻柔顺,果味突出,同时也呈现香草、烟草等气息。

经典产区方面,在西班牙各个产区都能看到丹魄的身影,尤其以纳瓦拉(Navarra)、里奥哈(Rioja)与杜埃罗河岸(Ribera del Duero)最为出众;在葡萄牙,丹魄是酿造波特酒的重要调配品种,当地称为红洛列兹"Tinto Rorez",在葡萄牙葡萄品种中占有重要地位;在新世界的美国、澳大利亚、阿根廷都有种植,且表现出优异的品质。

表 5-11 所示为丹魄葡萄酒风味特点表。

表 5-11　丹魄葡萄酒风味特点表

类型	外观	单宁	酸度	酒体	酒精含量	风味
年轻的	宝石红	中等	中高	清淡	中等	樱桃、黑莓等水果风味
陈年的	略深	厚重	中高	中高	中高	香草、咖啡、烟草、皮革、香料、泥土等风味

第十二节　仙粉黛
Zinfandel

仙粉黛的其他名称:金粉黛、增芳德。

其他外文名:Primitivo(普里米蒂沃)。

仙粉黛是美国加利福尼亚州重要的品种,曾一度被认为是当地本土葡萄,在当地种植广泛。该品种原产地在意大利南部,在当地被称为普里米蒂沃(Primitivo)。其晚熟、耐热、耐干旱,适应干燥、温暖的气候,生长期长,高产。其含糖量较高,可以酿成高酒精、酒体浓郁的干红葡萄酒,还可以酿造干型、桃红、甜型葡萄酒以及加强型葡萄酒,风格多样。香气与口感受气候及酿造方法影响大,主要呈现覆盆子、黑醋栗、李子等果香。橡木桶陈酿后有红茶、巧克力的味道,单宁较为柔顺,酸度中等,适合年轻时饮用。市场价格从低端到高端均有,一般是价格较为亲民的

仙粉黛

桃红金粉黛葡萄酒广受欢迎。

顶级仙粉黛葡萄酒主要使用索诺玛县（Sonoma County）的干溪谷（Dry Creek Valley）等地的老藤仙粉黛酿造，其使用橡木桶陈酿，口感浓郁，酒体饱满，陈年潜力佳。此外，加利福尼亚州较温暖的阿玛多尔县、塞拉丘陵、圣华金谷及意大利分布在南部的普格利亚地区都非常适合该品种的生长，葡萄酒呈现出浓郁的果味，并伴有烟草和焦油的气息，酒精度高，酒体浓郁。老藤的仙粉黛有非常复杂的结构感；新世界的澳大利亚及墨西哥也有部分种植。

索诺玛县喜格士酒庄老藤仙粉黛葡萄酒

表 5-12 所示为仙粉黛葡萄酒风味特点表。

表 5-12　仙粉黛葡萄酒风味特点表

类型	外观	单宁	酸度	酒体	酒精含量	风味
白仙粉黛	三文鱼色	低	中高	清淡	中等	草莓、樱桃等红色水果风味
干型仙粉黛	中深色泽	中高	中等	浓郁饱满	高	黑色水果、果干、甜香辛料等风味
普里米蒂沃	深色	高	中等	浓郁饱满	高	馥郁的果香、烟草、焦糖及草本风味

第十三节　其他代表性红葡萄品种
Other Red Grapes

一、慕合怀特（Mourvedre）

该品种原产于西班牙，在该国被称为莫纳斯特雷尔（Monastrell），种植非常广泛，尤其在西班牙西南部莱万特（Levante）大区，在当地的瓦伦西亚（Valencia）、耶克拉（Yecla）、胡米亚（Jumilla）产区内，该品种和歌海娜可以调配酿造出色泽幽深、具有成熟水果果干气息的极具活力的葡萄酒。该品种在隆河谷、普罗旺斯等地也担任了非常重要的角色。该品种皮厚，用其酿造的葡萄酒有相当出色的单宁与酸度，骨架感强，风味浓郁，陈年能力突出，因此在该地是绝佳的调配品种，经常与歌海娜、西拉组成混酿组合，也与佳丽酿、神索等调配使用。在新、旧世界都广受欢迎，单一品种酿造的葡萄酒较少。

二、佳丽酿（Carignan）

该品种的西班牙语叫做 Carinena，在意大利被叫做 Carignano（卡里纳罗）。该品种抗旱能力强，十分高产，也是世界上种植面积较广的品种之一。果皮厚，成熟期晚，颜色深，葡萄酒果酸、单宁、酒精度都十分突出，结构感强，但风味比较中性，没有太多独特的香气与个性。另外，品种较不稳定，容易变异。由于单宁过多，味道苦涩，缺乏香气，难以管理，很少使用单一品种酿酒，多调配到歌海娜、神索及西拉之中混酿。

三、神索（Cinsault）

神索原产于法国南部，在隆河谷、普罗旺斯等地分布广泛，种植历史非常悠久，是该地非常古老的品种之一。该品种抗旱能力强，高产，抗病能力强，适应种植在排水性良好的山坡上。该品种果肉多，多汁多糖，既可鲜食又可酿酒。但果皮颜色不足，葡萄酒单宁少，较为芳香，该品种适合与其他品种混酿，提供柔和的口感。另外，其适合与歌海娜、佳丽酿、慕合怀特、西拉等调配使用，是教皇新堡（Châteauneuf-du-Pape）产区的法定品种之一，在普罗旺斯被广泛用于酿造芳香的桃红葡萄酒。

四、小味尔多（Petit Verdot）

该品种原产于法国，广泛分布于波尔多梅多克产区内，是该产区法定酿酒品种之一。小味尔多成熟期非常晚，需要温暖的环境及较长的生长期才能成熟。该品种皮厚，色泽深厚，单宁、酸度极高，在波尔多混酿中可以为葡萄酒提供强大的单宁与结构支撑，是重要的调配角色。葡萄酒多呈现饱满浓郁的质感，有黑醋栗、黑莓、蓝莓、桑葚、李子干以及香料的风味。

五、皮诺塔吉（Pinotage）

该品种是南非特有的品种，诞生于 1925 年，是由当地亚伯拉罕·艾扎克·贝霍尔德教授，使用黑皮诺（Pinot Noir）和神索（Cinsault）杂交培育而成。该品种兼具黑皮诺的细腻和神索的高产、抗病性好的特点。皮诺塔吉酿造的葡萄酒风格多变，可以酿造单一品种的干红葡萄酒，多以清新的水果果味为主，也可以酿造桃红葡萄酒或添加到波特风格酒的酿造之中。该品种天生具有烧焦、橡胶风味，酸度比较高，同时携带着黑莓、李子等果味。

六、国产多瑞加（Touriga Nacional）

该品种是葡萄牙本土品种，主要种植在杜罗河（Douro）地区，是该地酿造波特甜酒最重要的品种之一。该品种果实紧凑，皮厚，果味浓缩，酿造而成的葡萄酒有非常深邃的色泽，黑色浆果气息浓郁，单宁、酸度含量高，陈年潜力强。该品种是该地区非常优质的红葡萄品种，但早熟，产量较低，所以栽培面积不大。近年来，有扩展趋势，在杜罗河南部的杜奥产区开始用其酿造干红葡萄酒，浓郁饱满，结构感强。2019 年，根据波尔多葡萄酒行业协会（CIVB）发布的消息称国产多瑞加被列为波尔多新增法定品种之一。

七、科维纳（Corvina）

该品种原产于意大利，广泛分布于威尼托（Veneto）地区，是该地区非常著名的瓦尔波利切拉（Valpolicella）葡萄酒的重要调配品种。该品种晚熟，果皮较厚，适合风干后酿造帕赛托风格葡萄酒，浓缩风味酿造的葡萄酒非常独特。该品种呈现明显的酸樱桃与草本等风味，酿酒风格多样。Valpolicella DOC 与 Valpolicella Classico DOCG 多呈现高酸，低单宁，中低酒体，果味突出的特点；Amarone 和 Recioto della Valpolicella DOCG 则为风干酿酒风格，多浓郁饱满，酒精度较高,多黑色浆果、果酱、焦糖、香料等气息。

八、马瑟兰(Marselan)

该品种原产于法国,在 20 世纪 60 年代,由法国农业研究中心将赤霞珠(Cabernet Sauvignon)和歌海娜(Grenache)杂交培育而成。该品种颜色较深,果香浓郁,酒体均衡,既具有歌海娜的耐热性又兼备赤霞珠的结构。马瑟兰于 2001 年被引入中国,由中法庄园开始栽培,经过几年的培育成长,目前在我国很多产区都有种植,而且有扩张的趋势,有望成为我国的明星品种,近几年在国际很多大奖赛中频繁获奖。

(a)苏各兰酒庄马瑟(塞)兰葡萄酒2014 (b)天塞酒庄云呦呦赤霞珠/ (c)中法庄园马瑟兰珍藏葡萄酒2014
马瑟兰葡萄酒

马瑟兰葡萄酒酒标图例

九、佳美娜(Carmenere)

佳美娜原产于法国波尔多地区,是该地法定品种之一。历史上,该品种受根瘤蚜虫灾害的影响在波尔多一度销声匿迹,目前在波尔多种植面积较小,多用于混酿调配。该品种在智利种植最为广泛,在过去一直与美乐混为一谈,1994 年,经 DNA 证实为法国消失已久的佳美娜(Carmenere)。佳美娜酿造的葡萄酒通常颜色深浓、酒体饱满,但如果成熟期温度过高,糖分会迅速提升,酚类物质成熟度反而不够,有失平衡。该品种在智利表现突出,那里风土条件更适宜该品种的生长,尤其是昼夜温差大的产区,佳美娜可以实现酸甜平衡,佳美娜葡萄酒单宁含量高,并携带丰富的浆果气息。该品种与我国的蛇龙珠(Cabernet Gernischt)为一个品种,在我国有较广泛的种植。

(a)九顶庄园蛇龙珠精选葡萄酒2018 (b)西鸽酒庄单一园蛇龙珠干红葡萄酒2017

蛇龙珠葡萄酒酒标图例

十、北醇（Bei Chun）

该品种原产于我国,1954 年由中国科学院植物研究所以玫瑰香和山葡萄杂交培育而成,它与北红、北玫是姐妹系品种,同一年代诞生。同属"北字辈",这些品种有共同的特点,非常适合在南方潮湿与北方寒冷的地方种植,晚熟,抗寒、抗湿性强,在北方地区不需要埋土越冬,生长力顽强。北醇属于丰产品种,糖分含量高,通常为宝石红色泽,樱桃、浆果及焦糖气息浓郁,酒体饱满。北红酸甜较为平衡,为蓝莓、李子的风味,比北玫抗寒性强。北玫有更多玫瑰香的风味,葡萄酒酒体饱满,作为辅助多与北醇等调配,北玫也可以榨汁做成干白葡萄酒。北玺、北馨也是"北"字系杂交品种,各有特点,主要分布在北京、河北、东北、西北及部分南方地区。

新疆蒲昌酒庄北醇干红葡萄酒 2016

十一、北冰红（Bei Bing Hong）

北冰红是我国于 1995 年培育的山欧杂交品种,历史不长,但深受好评。它是我国培育出来的可以酿造优质冰红葡萄酒的优良山葡萄品种。在东部地区,北冰红 5 月份萌芽,11 月落叶终止,果皮较厚,有很强的耐寒、抗病性,产量稳定。用它酿造的冰酒,呈现宝石红的色泽,果香突出,有浓郁的蜂蜜、杏仁等复合型香气,酒体平衡优雅,具有独特的风味。该品种主要种植在我国东北地区。

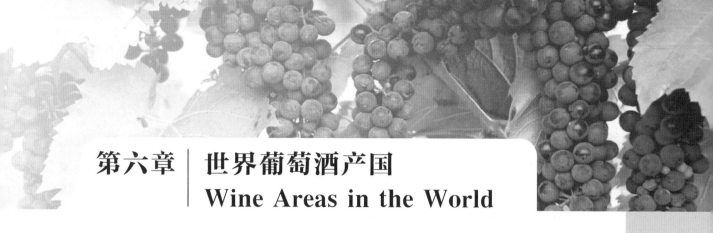

第六章 世界葡萄酒产国
Wine Areas in the World

　　葡萄酒市场健康、良性、有序的发展,离不开法律法规的约束与监管。葡萄酒发展到今天,世界各国葡萄酒行业发展程度各异,葡萄酒法律环境也有很大的不同。相比较而言,旧世界产国严格,约束性条件多,欧洲各国有着各种严格的葡萄酒原产地保护法,甚至每个产区以及具体酒款都有严格的规范,较为复杂。这些法规一般对原产地、品种使用、酿酒方式、陈年时间、栽培技术、产量、糖分、最少酒精含量等方面提出了具体的要求,划分出了一套成熟的等级体系。例如法国的 AOC 制度、意大利的 DOCG 制度、西班牙的 DO 制度等。识别这些符号,不管对消费者还是对于侍酒服务人员来说,都是了解葡萄酒的重要途径。而在新世界,由于葡萄酒历史发展短暂,葡萄种植品种与土壤环境并没有形成固定的匹配关系,葡萄种植及酿造相对灵活,更加注重创新与品牌建设,各国也有一些原产地保护制度,但相对宽松。

　　首先了解一下旧世界的欧洲,对欧盟国家来讲,现在普遍存在新旧两套葡萄酒原产地保护制度体系,各酒庄可自行选择使用其一。旧制度主要指欧洲各国早期建立的原产地保护制度,如我们常见的 AOC、DOCG 等符号标记,由于这些制度形成时间较早,也有很强的认知度,所以欧盟各国仍然继续沿用着旧的保护制度。新制度体系是由欧盟统一颁布的,旨在将成员国的葡萄酒的规章制度与世界贸易组织(WTO)的地理标识的国际标准进行接轨,该制度于 2009 年正式实行,分为 PDO 和 PGI 两大类。

一、PDO 葡萄酒

　　该范畴指"原产地命名保护"的葡萄酒,为 Protected Denomination of Origin 的缩写。这个等级涵盖了各国的法定产区酒,比如法国的 AOC、意大利的 DOC 等。如果想申请注册为 PDO 原产地命名保护,那么葡萄酒需要满足以下条规。非欧盟国家的葡萄酒产区也可以注册为 PDO,但截止到 2014 年年底,只有美国的纳帕谷和巴西的维尼多斯山谷进行了 PDO 登记,该地的葡萄酒也同样符合以下条件。

　　(1) 所用葡萄 100% 来自该产区,且整个生产过程在当地完成;
　　(2) 其品质和特征能反映当地特定的自然风土与人文条件;
　　(3) 所用葡萄只能是欧亚属葡萄。

二、PGI 葡萄酒

　　该范畴意为"地理标识保护"葡萄酒,为 Protected Geographical Indication 的缩写,主要指各国的地区餐酒,比如法国的 Pays d'oc VDP 葡萄酒。PGI 的葡萄酒相关法律约束有以下几点。

（1）最少有 85％ 的葡萄来自该产区，且在该产区酿造；

（2）其拥有一定的归属于该产区的品质、声誉或特征；

（3）所采用的葡萄必须是欧洲品种或欧洲品种与另外葡萄种属的杂交品种。

对于旧体系下最低端的葡萄酒，也就是各国的日常餐酒，在每个国家都有自己的语言标识方法，西班牙标记为 Vino de Mesa、法国使用 Vin de Table，现在多体现为"Wine of＋国家"，因为欧盟每个国家语言不同，所以大家要留意 Wine 的不同表达，法语为 Vin、德语为 Wein、葡萄牙语则为 Vinho 等。为了方便对新旧制度体系的记忆，在此以表 6-1、表 6-2 形式汇总如下。

表 6-1　PDO 各国新旧葡萄酒分级体系

国家	PDO 欧盟新名称	传统名称
法国	Appellation d'Origine Protegee（AOP）	Appellation d'Origine Contrôlée（AOC）
意大利	Denominazione di Origine Protetta（DOP）	Denominazione di Origine Controllata e Garantita（DOCG） Denominazione di Origine Controllata（DOC）
西班牙	Denominacion de Origen Protegida（DOP）	Vinos de Pago（VP） Denominacion de Origen Calificada（DOC） Denominacion de Origen（DO）
葡萄牙	Denominacao de Origem Protegida（DOP）	Denominacao de Origem Controlada（DOC） Indicacao de Proveniencia Regulamentada（IPR）
德国	Geschutzte Ursprungsbezeichnung（GU）	Pradikatswein mit Pradikat（Qmp） Qualitatswein bestimmter Anbaugebiete（Qba）
匈牙利	Oltalom alatt álló Eredetmegjelölés（OEM）	Minosegi Bor/Vedett Eredetu Bor

表 6-2　PGI 各国新旧葡萄酒分级体系

国家	PGI 欧盟新名称	传统名称
法国	Indication Geographique Protegee（IGP）	Vin de Pays（VDP）
意大利	Indicazione Geografica Protetta（IGP）	Indicazione Geografica Tipica（IGT）
西班牙	Indicacion Geografica Protegida（IGP）	Vino de Ia Tierra（VDIT）
葡萄牙	Indicacao Geografica Protegida（IGP）	Vinho Regional（VR）
德国	Geschützte Geografische Angabe（GGA）	Landwein
匈牙利	Oltalom alatt álló Földrajzi Jelzések（OFJ）	Tajbor

第二节　酒标阅读
Wine Label Reading

酒标是学习葡萄酒的入门，酒标识别最大的难题是五花八门的术语，从品种到产区再到等级符号，每一个似乎都不轻松。新世界酒标内容比较简洁，除品种信息外，大部分标识多为英文，这使得我们相对容易辨析与记忆；而在旧世界，传统的酒标上内容非常丰富，产区、品种、陈年、等级或装瓶信息等都会在酒标上以不同的文字符号表现出来，以此界定该酒的原产地、分级、质量等级及其口感特点等，所以如此看来，旧世界酒标的识别比新世界要复杂很多，所以了解一些基本信息显得非常重要。

酒标

一般而言酒标信息除了我们较容易看懂的容量、酒精度、产国、厂商地址等信息外,最重要的信息便是品种、产地、年份、品牌及等级了。首先,认清这些信息有一个重要问题——语言。欧亚属葡萄品种的传播主要是从欧洲随着殖民、移民及贸易辐射全球的,所以几个核心产酒国的语言至关重要。常备一些简单的法语、西班牙语、德语等常用术语是读懂酒标最好的捷径,当然最重要的是要懂得英语。其次,每个国家,尤其是欧洲国家对葡萄酒的法律法规会有间隔性调整,所以,及时关注这些信息的更新与修正,对酒标认知会有很大帮助。最后,酒标的两大重点信息是产地与品种,对于品种而言,不同的产地、气候、土壤环境,葡萄酒的口感会大相径庭。所以该酒的地理位置、气候类型、湖泊河流以及海拔等也需要熟记心中,酒标信息的准确解读与地理地貌知识的积累有密切的关联。

表 6-3 所示为常见酒标术语对照表。

表 6-3　常见酒标术语对照表

English	French	Italian	Spanish	German
Wine	Vin	Vino	Vino	Wein
Red	Rouge	Rosso	Tinto	Rot
Rose	Rose	Rosato	Rosado	Rose
White	Blanc	Bianco	Blanco	Weiss
Dry	Sec	Secco	Seco	Trocken
Medium-dry	Demi-sec	Abboccato	Semi-seco	Halbtrocken
Sweet	Doux	Dolce	Dulce	Suss

一般而言,酒标信息分为必须项与非必须项。必须项有容量、酒精度与生产商等。首先,一般会使用毫升与里升以及升为容积单位。葡萄酒的一般容积有 750 毫升(大部分为干红、干白、起泡酒),500 毫升与 375 毫升(冰酒或者甜酒居多),187 毫升(时尚单杯装),另外还有大容量的1 升、3 升、6 升、9 升、12 升等。酒精度对于酒精饮品的葡萄酒来说也是必须标记项,通过它我们可以了解酒精浓度的高低,从而更好地选择葡萄酒,更好地搭配菜品。葡萄酒酒精度一般在12.5%vol上下,天然发酵型葡萄酒酿酒度数极限是 16%vol,因为在较高的酒精环境下酵母无法生存(除特殊培养的酵母菌),最低一般在 5%vol。葡萄酒酒精度数的计量间隔一般为 0.5%vol,我们也经常能看到以更加精确的数字来表示酒精度的,诸如 13.3%vol、13.8%vol 等。最后,生产商也是酒标的必须标识项,它是葡萄酒身份的重要来源,因此至关重要。非必须项一般包括品种、年份、产地、品牌、等级等信息,这些内容虽然不是必须项,但对一款葡萄酒的口感、风格却更具有实际意义,以下为详细介绍。

一、品种

葡萄酒的口感很大程度上来自品种,因此如果我们认识几个品种的写法,同时也了解该品种的一些口感特性,那么我们很容易在超市或者专卖店买到自己心仪的葡萄酒。正因为如此,品种标识越来越受到重视,除了大部分新世界会突出品种外,一些旧世界产国也开始转变观念,进行品种标示,德国葡萄酒通常会在酒标上标记品种信息,法国部分产区也会有品种标识,如阿尔萨斯、勃艮第、朗格多克等。新世界品种标记一般以单一品种居多,两个或者两个以上品种混酿也时有出现,如 Chardonny-Semillon,Cabernet Sauvignon-Merlot,Shiraz-Cabernet 或者 Cabernet-Shiraz,Grenache-Shiraz -Mourvedre(GSM)等。值得注意的是品种标识在很多新世界国家并不一定指代该款酒 100% 来自该品种酿造,大部分国家规定了品种标识的最小百分比,例如,澳大利亚要求品种至少达到 85%,美国、智利则要求至少达到 75%。对两个以上的品种混酿的葡萄酒来说,排列在前的品种为主要品种。

翠碧酒庄赤霞珠葡萄酒 2003

二、产地

产地信息是旧世界等老牌酿酒国最钟爱的信息,也是欧洲的传统,他们一直坚信不同"风土"(Terroir)条件是匹配葡萄种植与酿造最重要的一点,这与我们常说的俗语"一方水土养育一方人"的道理不谋而合。有些产地结合了很好的种植环境,有向阳面的山坡,恰巧又有适合葡萄生长的土壤,如板岩、鹅卵石、石灰岩、白垩土、冲积土、砂石以及混合性土壤等,日照充分,有溪流河谷的温度调节,再加上悠久的酿酒传统,不得不说这里聚集了更多优越的自然与人文条件,更有潜力酿造出优质的葡萄酒。因此,我们可以理解为什么旧世界几乎无一例外在酒标信息的重要位置突出产地名称了。随着新世界对葡萄酒种植时间的推进,加上厂商对地理标识的重视,他们也越来越多地进行产地信息标识,例如,澳大利亚的 GI 产区命名、美国的 AVA 种植区域的限定、智利 DO 对大产区及子产区的划分都是对酒标产地命名法的一种推动。

三、年份

年份是大部分葡萄酒重点标示的一项内容,以此传递给消费者该款酒的酿造时间及葡萄采摘时间(背标年份为装瓶时间),不仅如此,通过年份信息可以读懂很多重要内容。首先,对大部分旧世界产区来讲,年份仍然是一款高品质葡萄酒的重要衡量因素,尤其对法国波尔多、勃艮第以及奥地利、德国、意大利北部产区等冷凉产区来说,好的年份会很大程度提升该地区葡萄酒的

76

佩萨克-雷奥良产区的拉罗维耶酒庄

价格。如对法国的波尔多来讲,好年份有 1982 年、1986 年、1990 年、1995 年、2000 年、2003 年、2005 年、2009 年、2010 年以及最近的 2015 年,通过一些酒店的酒单,我们可以很清楚地验证好年份的价位优势。年份可以成为侍酒师对客服务时的重要介绍内容,也是葡萄酒爱好者收藏高价位葡萄酒的重要信息依据。新世界产区,尤其是东澳、南澳、智利中央山谷、阿根廷门多萨、美国加利福尼亚州等葡萄酒产区日照充分,气候变化相对稳定,年份差异就不会像旧世界冷凉产区那样大。当然,不管年份优劣,对一款葡萄酒来说年份的标识都是非常重要的信息,侍酒师据此可以推算葡萄酒的香气及口感变化,以此选择最佳的服务方式。不仅如此,年份也是酒餐搭配时重要的信息依据。

四、品牌

品牌似乎对新世界葡萄酒酿造者来说显得更重要一些,新世界在葡萄酒品牌建设与命名上远比旧世界灵活多变。在生活节奏越来越快,讲究便捷、时尚、有趣的新市场上,酒庄突出品牌标识赢得了越来越多消费者的青睐,品牌推广也是新世界酒商市场营销的重要手段之一。澳大利亚的奔富(Penfolds)、禾富(Wolf Blass)、黄尾袋鼠(Yellow Tail),新西兰的云雾之湾(Cloudy Bay),美国的作品一号(Opus One),智利甘露旗下的众多品牌如红魔鬼(Casillero del Diablo)、柯诺苏(Cono Sur)、与木桐合作的活灵魂(Almaviva)等都是世界范围内知名度很高的品牌。当然对旧世界来说品牌也是很重要的信息,一般以单个酒庄(如 Château、Domaine、Clos)名称出现,为了区分葡萄酒质量等级,常以正牌、副牌、三军品牌出现,它们拥有非常悠久的历史,酒庄名称即为葡萄酒品牌名称,如波尔多右岸柏图斯、里鹏酒庄、白马庄等旧世界的代表。品牌命名法有效保障了葡萄酒质量的一致与价格的稳定,是消费者对酒庄产生忠诚度的重要源泉。另外,新旧世界品牌 Logo 图案上也有很多不同点,新世界酒标图案活泼多变,常以风景、动物、花草、事物甚至是醒目的数字来做标识,特别方便消费者识别与购买;而旧世界则经常以葡萄园、酒庄、城堡、奖牌等作为品牌标识。

五、监管法规与等级符号

酒标上除了以上信息外,监管法规与等级也是酒标的重要信息。它们往往占据酒标的中心

禾富灰牌西拉葡萄酒 2002

位置,我们在看到酒标时,要注意观察产地下面的一串小字,这一行小字正是该款葡萄酒的"身份、等级与地位"。如法国 AOC、VDP 等级,意大利的 DOCG、IGT 等级,西班牙的 DOC 等级等。该信息在前文的"欧洲各国原产地命名及法律法规"已做介绍,不再赘述。

以上信息是酒标最常出现的一些内容,除此之外,还有很多惯用术语,例如,法国波尔多葡萄酒经常使用的城堡(Château)、列级酒庄(Grand Cru)、一级园(Premier Cru)、明星庄(Cru Bourgeois)等;意大利葡萄酒酒标常出现的经典(Classico)、珍藏(Reserva)等;西班牙酒标上的陈年(Crianza)、珍藏(Reserva)、特级珍藏(Gran Reserva)等都代表不同的概念与信息。这些术语名词的掌握对了解葡萄酒的质量有很大帮助,该部分内容也会在后文产区里做详细介绍。综合以上内容不难看出,新、旧世界的酒标标识有很多相同与不同之处(见表 6-4),可以更加清楚地对比、了解两者的差异。

表 6-4　新、旧世界酒标特点对比

区分	旧世界	新世界
文字标识	法语/西班牙语/德语/葡萄牙语等多国文字,复杂、难懂	多英文、简单明了
图案标识	传统的酒庄城堡、葡萄园、奖章等	醒目的动物、花草、数字、事物
突出点	突出产区标识	突出品种
法律法规	很多词汇有法律含义	法规较少,灵活
葡萄酒风格	尊崇传统、品种及酿酒方法	很有创意、灵活多变

第三节　法国
French Wine

提到葡萄酒生产国,人们总是会第一时间想到法国。首先,从葡萄的种植面积来看,这里的葡萄种植面积高达 100 多万公顷,从产量上看,它与意大利、西班牙等几乎轮番属于世界头号的产酒国。其次,法国是一个全境种植葡萄、酿酒的国度,几乎所有葡萄酒类型都能找到,从红到白,从干到甜,从起泡到加强,无所不有。另外,这里囊括了众多世界级葡萄酒产区,因此也是人们迷恋它的重要原因所在。卓越精湛的栽培、酿酒技术以及优良的人文传统,使得法国成为全世界酿酒的典范之一。

一、自然环境

法国位于欧洲大陆的西部,国土面积约 55 万平方千米。这个国家从地图上看呈现近似规则的 6 角形,东西、南北跨度约为 1000 千米。东部有莱茵河、汝拉山及阿尔卑斯山;西临大西

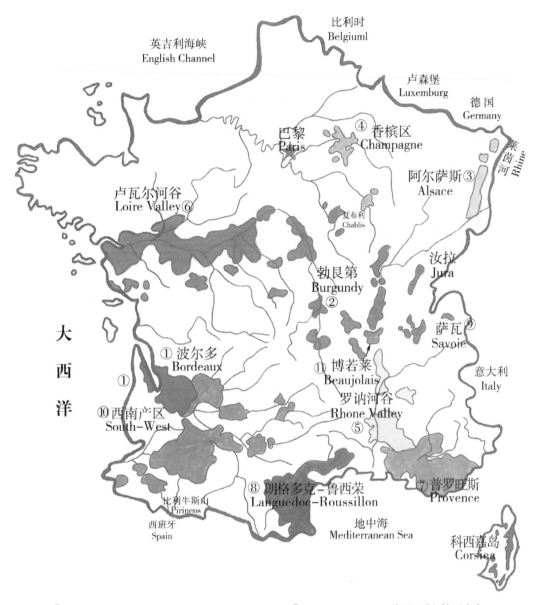

① Bordeaux 波尔多
② Burgundy 勃艮第
③ Alsace 阿尔萨斯
④ Champagne 香槟区
⑤ Rhone Valley 罗讷河谷
⑥ Loire Valley 卢瓦尔河谷

⑦Provence/Corsica 普罗旺斯/科西嘉岛
⑧Languedoc-Roussillon 郎格多克-鲁西荣
⑨Jura/Savoie 汝拉/萨瓦
⑩South-West 西南产区
⑪ Beaujolais 薄若莱

法国葡萄酒产区图

洋,西北隔海与英国相望;西南部与西班牙以比利牛斯山为界;法国南部及罗讷河谷地带则被地中海包围;中南部为中央高原;北临德国。整个国家位于45度至48度的北纬线上。地形上多山地、丘陵,气候有海洋性气候、地中海气候及大陆性气候,河流众多,主要有罗讷河与塞纳河、卢瓦尔河、加龙河、吉龙德河、多尔多涅河等。土壤类型多样,包括黏土、石灰质土壤、砂土、砾石、泥灰岩、花岗岩、白垩土、鹅卵石等,多姿多彩的自然环境及悠久的葡萄酒酿造史成就了今天的法国葡萄酒产业。

波尔多圣爱美隆葡萄园

二、主要葡萄品种

法国有葡萄酒王国之称,葡萄品种种类繁多,世界主流的品种几乎都可以在法国找到,这也就是我们常说的国际品种。这些品种大多属于主流欧洲葡萄品种系(Vitis Vinifera),占总葡萄品种的90%以上。每个产区有法定的葡萄品种,主要品种如表6-5所示。

表6-5 法国主要品种对照表

红葡萄品种	白葡萄品种
赤霞珠(Cabernet Sauvignon)、美乐(Merlot)、品丽珠(Cabernet Franc)、黑皮诺(Pinot Noir)、歌海娜(Grenache)、西拉(Syrah)、佳美(Gamay)、马尔贝克(Malbec)、丹娜(Tannat)、慕合怀特(Mourvedre)、小味尔多(Petit Verdot)、皮诺莫尼耶(Pinot Meunier)、佳丽酿(Carignan)、神索(Cinsault)、国产多瑞加(Touriga Nacional)、马瑟兰(Marselan)	霞多丽(Chardonnay)、雷司令(Riesling)、琼瑶浆(Gewürztraminer)、长相思(Sauvignon Blanc)、白诗南(Chenin Blanc)、麝香(Muscat)、赛美蓉(Semillon)、瑚珊(Roussanne)、玛珊(Marsanne)、莎斯拉(Chasselas)、阿里高特(Aligote)、灰皮诺(Pinot Gris)、小芒森(Petit Manseng)、维欧尼(Viognier)、鸽笼白(Colombard)、密斯卡岱(Muscadelle)、阿尔巴利诺(Albarino)

三、葡萄酒法律及制度

法国原产地命名控制制度(Appellation d'Origine Contrôlée),是法国葡萄酒产业的基本制度,简称为AOC制度。该制度诞生于1935年,对提高葡萄酒质量以及保护生产者与消费者双重利益起到了很大作用,也是欧洲各国法律制度效仿的最初模板。该制度把法国葡萄酒分为优质葡萄酒与餐酒。优质葡萄酒有AOC(Appellation d'Origine Contrôlée)与VDQS(Vins Délimites de Qualité Supérieure),餐酒有地区餐酒VDP(Vin de Pays)与日常餐酒VDT(Vin de Table)。随着欧盟国家对于农产品分值制度的改革,该等级制度在2009年也进行了调整与优化,取消了VDQS,其他没有变化。

(一)地区餐酒VDP

法国地区餐酒,相当于PGI葡萄酒,在法国对应为Indication Geographique Protegee

（IGP）。其在法国很多产区都有分布，但以法国南部产区朗格多克-鲁西荣最多，酒标上多显示为 Pays d'oc，也有很多酒厂使用 IGP。地区餐酒没有 AOC 监管严格，要求相对宽松，大部分物美价廉，一般有品种标识，方便选择。

（二）法定产区 AOC

其字面意思为"受监控的原产地"，代表最优质的法国葡萄酒。该级别对葡萄酒原产地的葡萄品种、葡萄栽培与采摘、酿造过程、酒精含量等都有明文的法律法规，都要得到相关监控管理。它的具体规定内容有以下几点。

（1）气候、土壤、地块等原产地条件（划分地块，特定区域）；

（2）葡萄酒的栽培（单位面积的种植密度、培育方法、施肥等）；

（3）葡萄酒的酒精度数（最低酒精标准）；

（4）葡萄品种（允许使用的品种，保护传统品种，使用比例等规定）；

（5）产量的限制（单位面积产量）；

（6）酿造相关情况（可以使用的酿造工艺，陈年时间，如传统酿造法等）；

（7）正式的品酒鉴定等。

满足以上条件，政府才会对当年这一葡萄酒产区进行原产地法定产区 AOC 资格的认证，同时在葡萄酒酒标上才会显示 AOC 的标志。这一制度对其他国家葡萄酒的基本制度影响深远。像美国的 AVA 制度、意大利的 DOC 制度、西班牙的 DO 制度等大都借鉴模仿此制度。值得注意的是，AOC 酒虽然是法国最高等级的葡萄酒，其数量也有几百个之多，质量差异也很大，名称由低到高分别有大区级、次产区级、村庄级、一级园或列级酒庄等。每个产区都有细微的不同，通常情况下越高级的原产地控制范围越小，其相关的约束也越严格，品质越高。

四、酒标阅读

法国酒标一般包括葡萄的采摘及酿造年份、产地、酒精度、葡萄酒的生产者等信息。法国酒标内容非常丰富，注重信息的提供。并且酒标的内容受到原产地命名控制制度（AOC）的约束，酒标所显示内容（见表 6-6）通常可以分为强制性事项与随意性事项。

表 6-6　法国酒标内容

强制性事项	随意性事项
葡萄酒等级	葡萄酒的类型
酒精度数	糖度的残留
容量	葡萄品种
产地/产国	葡萄酿造的方法
生产者（酿酒商）	葡萄采摘及酿造年份
装瓶者的地址	获奖情况

法国在葡萄酒酒标信息上是一个突出产地的国家，因此在酒标上多没有品种标识，这给消费者识别与购买带来了不小难度。其实，法国葡萄酒的品种种植都是非常有规律的，正是因为历史较为悠久，所以品种与产地形成了一定的匹配规则。为了很好地了解法国各个产区葡萄酒的特点，以下汇总了代表性产区对应的主要品种（见表 6-7）。

表 6-7　法国各产区主要代表葡萄品种

产区	红葡萄	白葡萄
Bordeaux	Cabernet Sauvignon/Merlot/Cabernet Franc/Malbec/Petit Verdor/Touriga Nacional/Marselan	Sauvignon Blanc/Muscat/Semillon/Petit Manseng/Albarino
Bourgogne	Pinot Noir/Gamay	Chardonnay/Aligote
Champagne	Pinot Noir/Pinot Meunier	Chardonnay
Beaujolais	Gamay	Chardonnay
South-West	Tannat/Malbec	Petit Manseng/Sauvignon Blanc/Muscat/Semillon
Loire Valley	Cabernet Franc/Grolleau/Cabernet Sauvignon/Pinot Noir	Sauvignon Blanc/Chenin Blanc/Muscat
Alsace	Pinot Noir	Riesling/Gewürztraminer/Pinot Gris/Muscat
Jura/Savoie	/Pinot Noir/Gamay/Mondeuse/Trousseau/Poulsard/Mondeuse	Jacquere
Provence	Carignan/Grenache/Mourvedre/Syrah	Ugni Blanc/Rolle/Clairette/Grenache Blanc
Languedoc-Roussillon	Grenache/Syrah/Clairette/Cinsault/Mourvedre/Merlot Cabernet Sauvignon/Pinot Noir	Chardonnay/Sauvignon Blanc/Gewürztraminer

五、主要产区

（一）波尔多（Bordeaux）

波尔多是全世界优质葡萄酒的最大产区,葡萄种植面积约 12.8 万公顷,年产 8 亿瓶葡萄酒,其中 AOC 级葡萄酒占到总产量的 95% 以上,是法国产量最大的 AOC 葡萄酒产区。波尔多地理上位于法国西南部,西邻大西洋,吉龙德河穿城而过。温带海洋性气候的波尔多一直有着温和的气候,朗德森林可以有效保护葡萄园不受过多的海洋风暴的影响,使得葡萄可以慢慢成熟。但该地降雨量非常大,葡萄年份差异大。波尔多的产区从大的方面可以分为左岸、右岸与两海之间。左岸葡萄酒酿造以赤霞珠为主,该地砂砾石居多的土壤类型很适合晚熟的赤霞珠的生长。该地主要有波尔多红/白（Bordeaux AC）、波尔多优级（Bordeaux Superieur AC）、波尔多桃红（Bordeaux Rose）、波尔多浅红（Bordeaux Clairet）、波尔多甜白（Bordeaux Sweet）、波尔多起泡（Bordeaux Cremant）几大 AOC 级别。

波尔多左岸主要指梅多克及格拉芙产区,该产区最优质的红葡萄酒出产自上梅多克（Haut-Medoc）产区及佩萨克-雷奥良（Pessac-Leognan）产区。这里葡萄酒的酿造以赤霞珠为主,优质葡萄酒单宁丰富,结构感强,并伴有较高的酸度,拥有非常好的陈年潜力。上梅多克产区由北到南的六个最具人气的村庄,出品为村庄级的 AOC,分别为圣爱斯泰夫村（Saint-Estephe）、波雅克村（Pauillac）、圣朱利安村（Saint-Julien）、利斯塔克村（Listrac-Medoc）、莫里斯村（Moulis）、玛歌村（Margaux）。这些村庄葡萄酒风格各异,历史渊源深,早在 1855 年就出现了针对该地区的分级体系,这些葡萄酒在国际市场上广受关注。佩萨克-雷奥良位于波尔多南部,该地土壤是典型砂砾与河水冲刷的鹅卵石,这对需要较多热量才能成熟的赤霞珠来说是绝好的。葡萄酒酒体比梅多克稍清淡,成熟更快,果香丰盈。波尔多左岸还是著名的贵腐甜酒主产区,尤其是苏玳（Sauternes）、巴萨克（Barsac）、博姆（Bommes）、法歌（Fargues）和帕涅克（Preignac）五大村庄中

法国拉菲酒庄（Château Lafite-Rothschild）

生产的甜白葡萄酒名闻天下，其他村庄出产的甜白葡萄酒以超级波尔多（Bordeaux Superieur AOC）或波尔多甜白（Bordeaux Sweet）形式出售。波尔多右岸区域是美乐的主要种植区，由于该地以石灰石与黏土的混合性土壤为主，远离海洋，气候较为凉爽，更适合该品种的生长；另外，品丽珠是右岸边第二大种植品种；还有少量赤霞珠，用其酿造的葡萄酒较为柔顺、温和。主要产区有圣埃美隆（Saint-Emilion AC）、波美侯（Pomerol AC），世界顶级酒庄柏图斯（Petrus）、里鹏（Le Pin）位于此处。

波尔多左岸玛歌古堡

圣埃美隆柏菲酒庄 1998

波尔多葡萄酒 AOC 分为大区级、地区级、村庄级、酒庄级。波尔多葡萄酒分级体系上，除了遵循法国统一的 AOC 制度外，还有很多非官方分级。这对热衷波尔多葡萄酒的消费者来说，似乎更加重要。主要分级有 1855 年梅多克分级（Classification of the Medoc）、1855 年苏玳-巴萨克分级（Classification of Sauternes and Barsac）、1959 年格拉芙分级（Crus Classes de Grave）、圣埃美隆分级（Classification of Saint-Emilion，1955 年第一次诞生后每 10 年更换一次）以及法国中级酒庄分级制度（Cru Bourgeois，最新分级于 2020 年诞生）等。

该地区葡萄品种非常多样，主要的红葡萄品种以赤霞珠、美乐为主，品丽珠、小味尔多、佳美娜、马尔贝克为辅，白葡萄品种主要有长相思、赛美蓉、密斯卡岱等。2019 年，波尔多通过了 7 个新的葡萄品种的法律，四个红葡萄品种分别为艾琳娜（Arinarnoa）、国产多瑞加（Touriga Nacional）、马瑟兰（Marselan）和卡斯泰（Castets）；三个白葡萄品种分别为阿尔巴利诺（Albarino）、小芒森（Petit Manseng）和丽洛拉（Liliorila）。红葡萄酒的酿造适用于橡木桶陈年，单宁丰富，酒体浓郁，中高酸度，优质波尔多葡萄酒具有很强的陈年潜力，造就了诸如拉菲、玛歌、木桐、柏图斯等酒界顶尖酒庄。波尔多还是优质干白、甜白葡萄酒的主产区，干白葡萄酒使用长相思酿造而成，使用苹果酸-乳酸发酵与橡木桶陈年，酒体浓郁，并保持清爽的酸度，果香饱满馥郁，优质干白葡萄酒有很好的陈年潜力。甜白葡萄酒主要使用赛美蓉、长相思、密斯卡岱混酿而成，世界有名的滴金酒庄（Château d'Yquem）就擅于酿造苏玳甜白葡萄酒中的经典款。两海之间产区主要以酿造单一品种的长相思干白葡萄酒为主。

波尔多是世界闻名的混酿产区，尤其是红葡萄酒，波尔多左岸以赤霞珠为主，搭配美乐、品丽珠，三者的混酿通常被称为"波尔多混酿"（Bordeaux Blending）。右岸葡萄酒酿造以美乐为主，搭配赤霞珠、品丽珠等，所以整体来看右岸酿造的葡萄酒由于美乐成分居多，口感相对柔顺，而左岸酿造的葡萄酒口感则硬朗很多。

（二）西南产区（South-West）

它位于法国西南部，北面临近波尔多，有"小波尔多"之称。受波尔多葡萄酒影响较大，不管是葡萄品种还是酿造方式，其都与波尔多接近，葡萄酒质量非常上乘，但价格比波尔多葡萄酒要便宜很多，物美价廉，受到人们的青睐。同时，这里还是生产全世界最著名的鹅肝酱与松露的地方，这些食物与该地区的葡萄酒是绝佳搭配。

该地区经向大陆延伸，夏季炎热，阳光充足，是丹娜（Tannat）（现在也成了乌拉圭的主要葡萄品种）与马尔贝克（Malbec）（在阿根廷表现也异常突出）的原产地，这里非常适宜这两大品种的生长。丹娜产自马迪朗（Madiran）产区，它是西南产区古老的品种。此品种具有野生葡萄的特质，颜色为深红色，葡萄酒单宁丰富。我们知道大部分葡萄酒里富含花青素，它具有抗氧化、保护心血管和预防高血压、抗肿瘤、抗辐射、抗突变等作用。据科学调查显示，此品种葡萄酒内花青素的含量是法国其他葡萄酒的 3—4 倍，长期适当饮用有利于健康，所以该品种葡萄酒受到当地人及世界葡萄酒爱好者越来越多的追捧。马尔贝克盛产于卡奥尔（Cahors），与在波尔多的配角地位相比，马尔贝克在这里是绝对的主角，颜色深邃，充满着黑色浆果及烟草的气息，葡萄酒单宁充沛，适合陈年。在靠近比利牛斯山的朱朗松（Jurançon）地区，盛产一种叫小芒森（Petit Manseng）的白葡萄品种，该品种果实高酸、晚熟，甚至可以到 11—12 月采收，有较长的生长期，可以积累非常高的糖分，是制作自然风干甜酒的重要原材料，呈现出西柚、橙子、菠萝、杏子、水蜜桃和蜂蜜的香气。

（三）勃艮第（Burgundy）

勃艮第位于法国东部，远离大西洋，处于温带海洋性气候与大陆性气候的交界处。因为地形与气候的复杂性，葡萄的种植条件显得相当苛刻，也正因为如此，这里的葡萄酒口感与气味丰富多样、变化多端。该地拥有非常悠久的葡萄种植历史，早期的西多会教士沉迷于葡萄品种与土壤气候匹配的研究与改良，对勃艮第葡萄酒的发展做出了巨大贡献。

勃艮第罗曼尼·康帝园

勃艮第以酿造单一葡萄品种著称，红葡萄品种主要是黑皮诺，是全球最优质的黑皮诺产区。经典特征为宝石红色泽、轻盈的酒体、单薄的单宁、较高的酸度，香气多呈现樱桃、覆盆子等红色水果的气息，清新自然，陈年后慢慢转化为蘑菇、雪茄、皮革的味道。每个子产区、每块葡萄园都有不同的微气候及土壤条件，葡萄酒风格迥异，主产区主要集中在金丘区。黑皮诺在亚洲也渐渐流行起来，尤其在日本，它与日料中的红色鱼类搭配堪称经典，在我国也广受欢迎，酒体中等、酸度极高的红葡萄酒是搭配中餐的上上之选。该地区白葡萄品种以霞多丽为主。勃艮第是一个南北走向的产区，各产区由于南北气候、土壤差异，所酿造的霞多丽风格各异，是顶级霞多丽的主产区。北部产区气候凉爽，酿造的霞多丽葡萄酒酸度极高，酒体活泼清新，相反南部产区气候温暖，经常酿造出带橡木桶与黄油风味的霞多丽葡萄酒，酒体饱满浓郁。

勃艮第地区与波尔多分级不同，该地是以葡萄园为基础进行的分级，共划分为四个等级，分别为大区级（Regionale）、村庄级（Village）、一级园（Premier Cru）和特级园（Grand Cru）。大区级是当地的主打类型，约占总量的50%，是该地入门级葡萄酒，在酒标上也比较好认，酒标通常标示为Burgundy AOC。村庄级为第二级别，酒标以村庄名命名，如夏山-蒙哈榭（Chassagne-Montrachet）、玻玛（Pommard）等，约占总量的三分之一。一级园是指在法定村庄内具有特色的、优质的地块，在当地约有600多个，只占总产量的10%。酒标多出现Premier Cru的字样，如果是单一村庄的一级园，酒标则会增加村庄名。特级园是勃艮第葡萄酒的精华所在，所占总量极少，约为1%—2%，共有33个，分别分布在夏布利（1个）、夜丘区（24个）、博纳丘（8个）三个区域内，酒标多以Grand Cru标示（请参考附录部分）。勃艮第的主要产区如下。

1. 夏布利（Chablis）

该产区位于勃艮第的最北端，气候寒冷，葡萄成熟度有限，是勃艮第地区仅有的白葡萄酒产区，以出产高酸、果香清爽的霞多丽而著称。该地区以一种叫"Kimmeridgean"的钙质黏土为主要土壤，出产的霞多丽有丰富的矿物质风味。夏布利葡萄酒分为四个等级，分别是小夏布利（Petit Chablis）、夏布利（Chablis）、一级夏布利（Chablis Premier Cru）以及特级夏布利（Chablis Grand Cru），大多葡萄酒没有乳酸发酵或橡木桶陈年，青苹果、青柠等绿色果香突出，酒体轻盈，酸度非常高。该地有8个葡萄园地块获得了勃艮第特级园称号（勃艮第共有33个特级园，夏布

勃艮第葡萄园

利有 1 个),这 8 个葡萄园地块共用一个特级园名称,即以 Chablis Grand Cru 为名。这些特级园多使用橡木桶酿造葡萄酒,葡萄酒有非常强的陈年潜力。

勃艮第大区级霞多丽葡萄酒 2002   夏布利产区白葡萄酒

2. 金丘产区 (Côte d'Or)

该地区是勃艮第的精华所在,分为夜丘(Côtes de Nuits)与博纳丘(Côte de Beaune)产区,共有 32 家特级园,占了勃艮第特级园的大部分,出产世界经典的黑皮诺及霞多丽葡萄酒。这里是典型的大陆性气候,优质的葡萄园位于南向的山坡上,日照充足。金丘尤其以黑皮诺名扬海外,出产的红葡萄酒果香馥郁,酒质细腻优雅,这里集合了勃艮第最多的特级园,其中香贝丹园(Le Chambertin)、拉塔希园(La Tâche)、里奇堡园(Richebourg)、罗曼尼·康帝园(Romanée-Conti)

都是大名鼎鼎的以出产世界优质黑皮诺为主的特级园。博纳丘产区位于夜丘南侧,葡萄种植面积大。这里的黑皮诺比夜丘成熟更快,用其酿造的葡萄酒果香丰富,更加柔顺一些,这里红葡萄酒虽不比夜丘,但霞多丽白葡萄酒却名扬世界。其中勃艮第著名的白葡萄酒特级园大多位于此处,有蒙哈榭园(Montrachet)、比维纳斯 巴塔 蒙哈榭园(Bienvenues-Bâtard-Montrachet)、骑士-蒙哈榭园(Chevalier-Montrachet)、巴塔-蒙哈榭园(Bâtard-Montrachet)等。

3. 夏隆内丘产区(Côte Chalonnaise)

该产区位于博纳丘的南部,气候逐渐温暖,夏季炎热干燥,葡萄可以更好地成熟。红、白葡萄酒都有生产,仍然以黑皮诺与霞多丽葡萄酒为主。最优质的 AOC 葡萄酒分布在 5 个村庄内,分别是吕利(Rully)、梅克雷(Mercurey)、吉弗里(Givry)、蒙塔尼(Montagny)和布哲宏(Bouzeron)。这些地区的葡萄酒的品质也非常优异,而且价格适中,性价比较好,非常值得购买。

4. 马贡产区(Mâconnais)

该产区位于勃艮第最南段,地势平坦,土壤多为黏土,以冲积土为主。葡萄酒类型较之其他产区丰富多样,红、白、桃红葡萄酒及起泡酒都有出产,是勃艮第地区果香丰富、酒体较为浓郁的霞多丽葡萄酒的主产地。主要村庄级 AOC 葡萄酒有 5 种,分别是普伊-富赛(Pouilly-Fuissé)、普伊-凡列尔(Pouilly-Vinzelles)、普伊-楼榭(Pouilly-Loche)、圣韦朗(Saint-Veran)和维尔-克莱赛(Vire-Clesse)。其中普伊-富赛是当地的明星酒,酒体丰满紧实,口感浓厚。

(四)薄若莱产区(Beaujolais)

薄若莱产区位于勃艮第南部,有些书籍把它直接归为勃艮第产区,但此产区因其葡萄酒独特鲜明的特点,现在更习惯把它分离出来。提到薄若莱产区人们接着就会想到薄若莱新酒及与之密切相关的一年一度的薄若莱新酒节。薄若莱新酒采用的是一种当地发明的很独特的酿酒方法,被称为二氧化碳浸渍法。用这种方法酿造的葡萄酒色泽亮丽、果味清新自然、口感柔和、易于饮用,也因此受到了消费者的喜爱。该地区常用的葡萄品种是佳美(Gamay),薄若莱新酒节的时间是每年 11 月的第三周的周四。每年的这个时候人们会欢迎、庆祝新酒的到来,现在,该节日已经成为一个世界性的节日。新酒酿造完成后,它们就会立刻"搭载"各种交通工具奔赴世界各地,只等允许发售的日子一到,便立刻面世。该产区除新酒外,也酿造普通类型的葡萄酒,主要使用佳美葡萄。薄若莱酒分为 4 个等级,分别是薄若莱(Beaujolais)、明星薄若莱(Beaujolais Superieur)、村庄薄若莱(Beaujolais Village)及列级薄若莱(Cru Beaujolais)。它们整体具有酒体均衡、易于饮用的特点,所以该区生产的酒特别受到初尝者及年轻群体的喜爱。同时,薄若莱酒比较清淡,高酸,适宜与多种食物搭配,尤其和中餐搭配自如,深受欢迎。

约瑟夫杜鲁安酒庄薄若莱新酒

（五）阿尔萨斯产区（Alsace）

阿尔萨斯有法国"白葡萄酒之乡"的美誉，白葡萄酒占当地总产量的 90％以上。葡萄园位于莱茵河的西岸，紧靠德国黑森林边境的孚日山脉脚下，葡萄种植在向东延伸的斜坡上。孚日山脉形成雨影效应，挡住了北方来的寒风，秋季日光充足，气候温暖而干燥，造就了这里果香丰富、口感浓郁的干白葡萄酒主产区。阿尔萨斯主要酿造单一品种的白葡萄酒，雷司令、琼瑶浆、灰皮诺、麝香葡萄是该地四大贵族品种，其他品种有黑皮诺、白皮诺及西万尼等。该产区的葡萄酒以清新精致的花香与果香著称，是世界公认的最佳白葡萄酒产区之一。

雨果父子酒庄雷司令

此处地靠德国边境，历史上由于归属问题，留存了很多德国传统。不管酒瓶类型、食物特点还是酒标标识都能看到很多德式风格的影子。酒瓶使用色彩斑斓的长笛瓶，酒标上基本都会标记出品种名称，特别方便消费者辨析。阿尔萨斯的葡萄酒分为两类，分别是产区级（Alsace AC）、特级（Grand Cru AOC）。产区级（Alsace AC），即为 AOC Vin d' Alsace，这种法定产区的葡萄酒最低含糖量要求是 8.8％，其中雷司令、琼瑶浆、灰皮诺、麝香、西万尼、白皮诺、黑皮诺等葡萄酒，只允许单一品种酿造。特级制度（Grand Cru AOC）于 1975 年开始实施，目前有 51 个葡萄园，占总量的 4％。该地有一种特殊葡萄酒类型，就是以该葡萄酒特点命名的，也同样分属于产区级及特级园。一类是 Alsace Vendage Tardives AC，意为晚收，简写为 VT，一般糖分含量高，部分感染贵腐霉。另一类为 Alsace Selection de Grains Nobles AC，意为阿尔萨斯颗粒精选贵腐葡萄酒，口感更加细腻甜美，是该地有名的贵腐甜酒。除此之外，AC Cremant 是该产区起泡酒的法定产区名称，其起泡酒使用与香槟一样的传统法酿造而成，占总量的 23％。

（六）香槟产区（Champagne）

香槟产区位于法国巴黎东北部约 200 公里处，是法国境内最北的葡萄园，寒冷的气候及较短的生长季使得葡萄生长略显缓慢。葡萄酸度极高，香气及酒体极其优雅，口感细致。香槟产区以出产顶尖起泡酒而著称，香槟一般使用霞多丽、黑皮诺及皮诺莫尼耶混酿而成，各个小产区因其地块、葡萄酒陈年、调配及使用品种等不同，香槟风格迥异。香槟配餐能力很强，一般作为高端晚宴的开胃酒来饮用，有清爽的酸度，有很好的开胃效果。对中餐来讲，香槟都可以自如搭配，尤其与粤菜、川菜极为相搭。

香槟产区可以分为五个子产区：兰斯山（Montagne de Reims）产区，该产区主要品种为黑皮诺；马恩河谷（Vallee de la Marne）产区主要以皮诺莫尼耶为主；白丘（Côte de Blancs）产区，该地字面意思为"白色的丘陵"，这里葡萄品种大多为霞多丽；塞萨纳丘（Côte de Sezanne）产区位于白丘的南部，与白丘一样以霞多丽为主；欧布维亚次产区（Aube Vineyards）位于香槟区最南部，向南与夏布利临近。

（七）隆河谷产区（Rhône）

隆河谷位于法国的东南方向，这里四季如春，终日阳光明媚，充足的日照使该地生产出了浓郁、饱满、厚重的葡萄酒。隆河谷产区历史悠久，早在公元 1 世纪时，随着罗马对高卢的征战，罗马人就认识到隆河谷两岸是种植葡萄的理想宝地。隆河谷葡萄园沿狭长的河谷自南至北呈条状分布，其产区也分为截然不同的两个部分。北隆河，河谷陡峭，形如梯田。享誉世界的罗蒂丘（Côte-Rotie）、格里叶酒庄（Château Grillet）便生产于此。该地区酿造红葡萄酒一般使用西拉，

法国香槟产区白丘葡萄园

常与白葡萄品种维欧尼混合酿造。南隆河,地中海式气候,温度比北隆河高,日照充分,葡萄园多为鹅卵石土壤,吸收光照能力极强。著名的产区有教皇新堡(Châteauneuf-du-Pape AOC)、吉恭达斯(Gigondas)、利哈克(Lirac)以及以桃红葡萄酒著称的塔维勒(Tavel)。这里的葡萄酒通常由数个品种混酿而成,酿造的葡萄酒具有丰富的果香,酒体饱满,色泽浓郁,几乎是法国境内酒精度最高的产区。该地葡萄产量很大,是法国仅次于波尔多的第二大法定葡萄酒产区。

该产区在葡萄品种使用上种类繁多,多达 20 多种,且以红葡萄酒酿造为主。北隆河谷只使用西拉这一品种,西拉是该地区的王牌品种,北部紧靠勃艮第(单一品种风格)。由于该地区炎热的气候及地质条件,这里的西拉色泽浓郁,质感强劲,构架健壮,口味有别于澳大利亚的西拉子(两者同属一个品种);南隆河谷由于其气候与地质条件适宜多种葡萄的栽培,葡萄种类较多,酿酒风格上类似波尔多,习惯用多种葡萄调配酿制。其品种主要有歌海娜(占总种植量的72%)、西拉(占 10%)、慕合怀特(占 7%),其他还有神索、维欧尼、玛珊、瑚珊等,白葡萄品种仅占 7%,数量较少。这里的红葡萄酒大致带有胡椒、香料、果香、花香等气味;白葡萄酒则以清新的花香、果香、蜜香见长。

(八)卢瓦尔河谷(Loire Valley)产区

卢瓦尔河是法国最长的河流,该产区紧靠巴黎,被称为"法国的后花园"。历史上早就因其便利的地理位置以及优美的景色,吸引了很多皇室贵族来该地修建别墅城堡。风景如画的城堡与村庄倒影在清澈美丽的卢瓦尔河里,景色美不胜收,令人赞叹,每年都能吸引众多旅游爱好者前来度假游玩。该葡萄酒产区沿卢瓦尔河呈东西分布,卢瓦尔河全长 629 英里(1012 千米),沿河种植的葡萄也呈现出各种风格,这里也是法国可以酿造多种类型葡萄酒的优秀产区。

主要葡萄产区有中央(Centre)、都兰(Touraine)、安茹(Anjou)和南特(Nantais)产区。南特产区靠近卢瓦尔河出海口,这里气候凉爽,葡萄酒风格清爽明快,通常酸度较高,多出现青苹果、柑橘、柠檬等香气。这里以盛产密斯卡岱(Muscat)白葡萄酒而著称,其中最好的产区来自密斯卡岱-塞维曼尼、密斯卡岱-格兰里奥以及密斯卡岱-卢瓦尔河山坡产区。酿酒方法上,当地大部分酒流行使用"酒泥接触"(Sur Lie)的工艺,让葡萄酒与酵母浸泡接触 4—5 个月,增加酒的结构及复杂的香气,这类葡萄酒除果香外,还携带酵母、饼干等风味。安茹的葡萄酒历史悠久,在过去的英国王室中声誉较好。此产区地形多变,葡萄品种繁多,葡萄酒风格也是丰富多样,红、白、桃红葡萄酒都有,其中最以桃红葡萄酒著称。同时,其也是白诗南(Chenin Blanc)葡萄酒的最佳产地,这里的莱昂丘(Côteaux du Layon)是白诗南贵腐甜酒的主产区,萨维涅尔(Savennieres)则出产优质干型白诗南。都兰位于大陆性气候与海洋性气候的交汇处,是卢瓦尔河全区最优质的红葡萄酒产区。品丽珠葡萄酒在这里有非常好的表现,有着清新的红色水果香味,酸度较高,酒体轻盈,最优质的来自希侬(Chinon)、布尔格伊(Bourgueil)等地。白葡萄酒则以武弗雷(Vouvray)生产的白诗南葡萄酒最为著名。中央产区,位置靠近内陆,属于大陆性气候,主要生产长相思白葡萄酒。世界闻名的桑赛尔(Sancerre),普伊-芙美(Pouilly-Fumé)便产于此地。这些干白葡萄酒,有活泼的酸度,骨架结实,柑橘气味浓郁,常伴随有新鲜草香及矿物质的气息。

该产区多样的气候及地质条件,使得葡萄酒类型丰富多样,红、白、桃红葡萄酒,甜酒,起泡酒等都有很好的表现,酒体趋于清淡,果香新鲜、丰富,多不宜陈年,价格适中,非常适合大众消费。

(九) 普罗旺斯/科西嘉岛产区(Provenceet Corsica)

普罗旺斯是法国最主要的桃红葡萄酒产区,占到整个法国桃红葡萄酒的45%。其葡萄酒清爽迷人,口感圆润,是桃红葡萄酒爱好者追逐的地方。该产区为典型地中海气候,阳光明媚,气候干燥炎热,但受密斯托拉风(Mistral)影响较大,它可以很好地调节气温,带来清凉感。当地主要红葡萄品种有歌海娜(Grenache)、神索(Cinsault)、慕合怀特(Mourvedre)、佳丽酿(Carignan)等;白葡萄品种有克莱雷(Clairette)、侯尔(Rolle)、白玉霓(Ugni Blanc)、赛美蓉(Semillon)。从葡萄酒比例看,白葡萄酒产量占葡萄酒总产量的5%,红葡萄酒占15%,而桃红葡萄酒则占到80%。法定产区的普罗旺斯丘占了大量份额,邦德勒产区出产普罗旺斯最优质的红、白葡萄酒。据说科西嘉岛产区的葡萄是在2000年前希腊人首先开始种植的,这里的葡萄酒就像岛屿上的人一样具有自信、豪爽的特点,葡萄酒都以自己的方式折射着丰富的岛屿文化。这里葡萄酒种类也较全,是一个值得探索的地方。

邦多勒产区碧芭农酒庄

(十) 朗格多克-鲁西荣产区(Languedoc-Roussillon)

该产区是法国葡萄栽培面积最大的产区,此产区主要以地区餐酒(Vins de Pays,现在很多标记为IGP)为主,酿造大众化葡萄酒,几乎有"户户酿酒、家家饮用"的场面。现在此产区也在紧跟时代步伐,并利用世界先进的生产设备、先进的葡萄酒酿造工艺大力提升了葡萄酒品质,使得本地生产出众多优秀的葡萄酒,有"法国的新世界葡萄酒产区"的美誉,IGP葡萄酒多以单一品种酿造,并标示在酒标上,如赤霞珠(Cabernet Sauvignon)、美乐(Merlot)、西拉(Syrah)、黑皮诺(Pinot Noir)、霞多丽(Chardonnay)、长相思(Sauvignon Blanc)等,几乎囊括了所有常见的品种。优质葡萄酒往往种植在海拔较高之处。此产区还是法国自然甜葡萄酒（VDN）及利慕（Limoux）起泡酒的诞生地。鲁西荣产区紧靠西班牙边境比利牛斯山脚下，气候炎热干燥，非常适合甜酒的酿造。这种酒在13世纪就出现，是一种通过添加酒精终止葡萄的发酵而酿成的自然甜葡萄酒。传统类型会把葡萄酒倒入一种叫作Bonbonne的透明大肚玻璃瓶中进行户外陈年，风味独特，多表现为熟成橘类水果果酱香气、香料、烟草及氧化气息。利慕起泡酒主要有三种类型，包括利慕布朗克特（Blanquette de Limoux）、古法布朗克特（Blanquette Methode Ancestrale）及利慕起泡酒（Crémant de Limoux）。它们都是使用香槟法酿造的起泡酒，前两者使用当地品种莫扎克（Mauzac）酿造而成，一般为干型、半干型葡萄酒，非常具有特色。最后一项主要使用白诗南和霞多丽为主导，混入莫扎克与黑皮诺酿造而成，陈年期较长，香气复杂。

（十一）汝拉和萨瓦产区（Jura/Savoie）

汝拉位于法国与瑞士边境处，秋天气候十分温和，非常适合葡萄的延迟采摘。最令当地人引以为豪的便是最具地方特色的黄葡萄酒"Vin Jaune"和稻草酒"Vin de Paille"。Vin Jaune源自夏隆堡（Château-Chalon）产区，现在各AOC产区都有生产。采用萨瓦涅（Savagnin）葡萄，经缓慢的发酵酿成干型葡萄酒，此后放置在228公升装的橡木桶中储存6年以上。其间完全任由其挥发，不实施添桶的程序。由于氧化和微生物生长，酒的表面会形成一层白色的霉花隔绝空气，防止酒因过度氧化而变质。装瓶后可保存数十年或上百年而不坏。该地区葡萄酒香味强烈，常出现核桃、杏仁和蜂蜡的香味，入口后的余香更是持久浓烈。Vin de Paille的生产方法是先将完整无破损的葡萄，置于通风凉爽室内进行风干。经2—3个月待葡萄中的糖分浓缩后，榨汁发酵成甜白葡萄酒，最后经两年的橡木桶陈酿后装瓶，产量很低，100公斤的葡萄只能酿出15—18公斤的稻草酒，价格偏贵。萨瓦与汝拉产区的葡萄种植历史相似，却远没有汝拉葡萄酒丰富多彩，但气候与黏土质地也非常适合葡萄的生长，在这里也可以寻找到质量优异的葡萄酒。

阿伯瓦的稻草酒

历史小故事

葡萄王子——西格侯爵

在波尔多议会的所有王公贵族中，没有任何人拥有的财富能与西格侯爵尼古拉斯·亚历山大（1697—1755年）匹敌，在18世纪上半叶，他就拥有了两座一级酒庄——拉菲与拉图，还有木桐堡，现在也成为一级酒庄，他还是圣达士蒂村加龙希格堡的主人，在梅多克和格拉芙也拥有多处产业。路易十四曾亲自授予他"葡萄王子"的称号。正是他划分了拉菲与木桐之间的界线，使得相邻两地生产出风格迥异的葡萄酒，他还一手将它们推向市场，使它们得以流芳百世。直到1963年，拉图都依然是西格家族的产业，而他的家族成员至今仍然是拉图酒庄民间社团董事会成员。

第四节　德国
Germany Wine

德国的葡萄酒产区主要位于莱茵河(Rhine)、摩泽尔河(Mosel)、美因河(Main)及相关河道支流的两岸,德国是全球第十大葡萄酒生产国。德国葡萄酒产量与老牌旧世界产酒国相比略低,与澳大利亚、南非、葡萄牙等产酒国持平。虽然产量上有诸多劣势,但它作为北半球纬度最高的产酒国,气候凉爽,被公认为是白葡萄酒的最佳产地,其生产的优质白葡萄酒在世界上有举足轻重的地位。近几年以黑皮诺为主导的红葡萄酒品种在世界上开始广受瞩目,葡萄生长在朝阳面的山坡上,可以接收到充分的光照。

一、自然条件

德国之所以成为以白葡萄酒著称的国家,与其适宜的得天独厚的自然条件分不开。它是北半球葡萄酒产酒国中纬度较高的国家,葡萄酒产区主要分布在北纬 49 度—51 度,气候较为凉爽,因此葡萄需要更长的生长季,为了更好地成熟,需要好的土壤、向阳面的山地以及河流等众多环境因素的调节。葡萄多种植在莱茵河及其支流摩泽尔(Mosel)、美因(Main)、纳尔(Nahe)、内卡(Neckar)等河流的两侧地带以及山谷峭壁上,众多河流对气温起到很好的调节作用,河谷两侧山丘上的森林植被阻断了北方的冷气,给葡萄生长起到了很好的保温作用。土壤富含多种丰富的矿物质,多为板岩、石灰岩、火山土等,渗水性强,持热能力好,有利于葡萄的成熟。气候、地形、土壤等是法国人推崇的"风土"(Terror)的重要组成部分,它们对葡萄的生长产生重要的作用。而德国葡萄酒的独特魅力也正是由这种独特的自然风土所赋予的。

二、法律法规

德国葡萄酒分级遵循欧盟要求,分为 PDO 法定产区酒与 PGI 地区餐酒两大类。PDO 分为高级葡萄酒(Qualitätswein mit Prädikat,简写为 QmP)与优质葡萄酒(Qualitätswein bestimmter Anbaugebiete,简写为 QbA),市场上我们见到德国葡萄酒大部分属于这个级别。PGI 分为地区餐酒(Landwein)、日常餐酒(Deutscher Wine),约占总量的 10%。德国葡萄酒中 QmP 的白葡萄酒根据葡萄成熟时糖分含有量从低到高整理如下。

(1)珍藏型(Kabinett),葡萄成熟度最低,通常酒体轻盈,呈现柑橘类香气,酒精度也偏低。

(2)晚收型(Spätlese),比上一级别葡萄成熟度高,果香更加丰盈,酒精度略高,类型主要是或干型或甜型。

(3)精选型(Auslese),葡萄采摘后会经过一定的筛选,质量优异,葡萄酒酒体通常饱满、浓郁,果香多。干型的精选葡萄酒基本上代表了德国优质干白葡萄酒的最高成熟度,甜型精选葡萄酒则会带有部分贵腐葡萄酒的特征。

(4)颗粒精选型(Beerenauslese,简称 BA),是由经过粒选的葡萄酿造而成,多受到贵腐霉的感染,酸度与果香及糖分可以达到很好的平衡,价格偏高。

(5)冰酒(Eiswein),使用天然冷冻葡萄酿造而成,基本没有贵腐霉的感染,口感清爽自然,果香丰富,并保持了非常高的酸度,价格较高。

(6)干果颗粒精选型(Trockenbeerenauslese,简称 TBA),严格进行颗粒精选,只使用贵腐霉深度感染的葡萄干酿造而成,糖分含量高,酒精度多在 8%vol 以下,香气集中,酒体浓郁。因产量有限,只有极个别年份才有生产,价格昂贵。

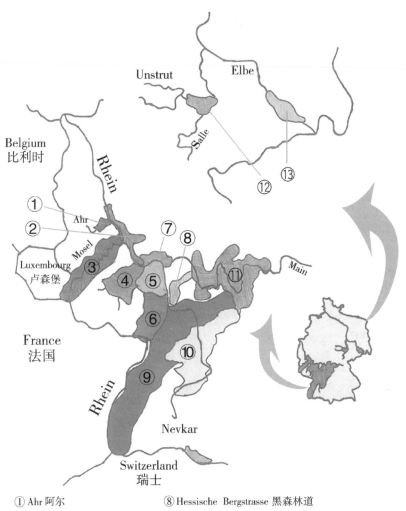

① Ahr 阿尔
② Mittelrhein 中部莱茵
③ Mosel 摩泽尔
④ Nahe 那赫
⑤ Rheinhessen 莱茵黑森
⑥ Pfalz 普法尔兹
⑦ Rheingau 莱茵高
⑧ Hessische Bergstrasse 黑森林道
⑨ Baden 巴登
⑩ Wurttemberg 符腾堡
⑪ Franken 弗兰肯
⑫ Saale-Unstrut 萨勒－温斯图特
⑬ Sachsen 萨克森

德国葡萄酒产区图

三、酒标阅读

德国酒标与其他旧世界葡萄酒产国相比较为复杂,加上德文的烦琐,所以德国酒标对很多人来说都相对难以辨认,主要分为必须标识项与选择标识项两类。

（一）必须标识项

（1）葡萄酒酿酒厂名称与地址,酒庄用"Weingut"表示。

（2）酒精度数,德国葡萄酒一般酒精度数较低,通常在 10%vol 上下。

（3）质量控制检测号码,一般简写为 A. P. Nr,在德国只要是 Quality Wine 类别的葡萄酒都要经过官方的质量检验,并获官方的质量控制检测号码,也就是说 QbA 以上等级葡萄酒必须标明此标志。

（4）容量,多为 750 毫升,冰酒等甜酒类型多为 375 毫升。

（5）产区，必须用100％当年该产区的葡萄酿造。

（6）装瓶者及地址，酿酒者或合作者装瓶的标为"Erzeugerabfüllung"；拥有历史上形成的城堡酒庄装瓶的标为"Schlossabfüllung"；其他普通装瓶者为"Abfüller"。

（二）选择标识项

（1）葡萄品种，一般情况下所标品种为达到85％以上的含有量的品种。

（2）葡萄酒质量等级，一般标有 Qualitätswein mit Prädikat、Qualitäts b. A 等字样。

（3）生产年份，指当年采摘的年份。

（4）所属同业组织，如 VDP、Naturland 等组织，酒标有相应标记。

（三）其他酒标用语

（1）Classic，单一年份，单一品种干型酒，最低酒精度为12％vol(Mosel 为 11.5％vol)。

（2）Selection，优质精选酒，至少为 Auslese 级别，必须为单一园所生产。

（3）VDP，Verband Deutscher Qualitäts Und Prädikatsweingüter 的缩写，是德国名庄联盟，世界上最古老的酒庄协会。共分4个等级，特级园(Grosses Lage)、一级园(Erste Lage)、村庄级(Ortswein)、大产区级(Gutswein)，这些身份等级会在酒瓶颈 VDP 鹰的下方处标识。

（4）Grosses Gewachs，指 VDP 里顶级的干型酒，成熟度至少在晚收级别的干型葡萄酒以上，在莱茵高标示为"Erstes Gewachs"。

四、主要品种

德国葡萄的栽培总面积约10万公顷，比法国波尔多产区略小。一直以来白葡萄品种占主导地位，近年红葡萄品种栽培有扩大趋势。三大主导白葡萄品种是雷司令、丽瓦娜、西万尼，约占德国总葡萄品种的五分之二。现在，除这几个品种外，黑皮诺家族品种也正以较快速度发展，像黑皮诺、灰皮诺、白皮诺等品种的栽培面积都有很大增长。黑皮诺在当地被称为Spätburgunder，在德国一些温暖产区，长势良好，赢得了世界的良好声誉。另外，丹菲特(Dornfelder)在德国的种植也有扩大趋势，该品种生命力旺盛，产量大，果皮厚，酿酒时上色能力好，单宁柔和，酸度良好。霞多丽、赤霞珠等国际品种也在德国有一定栽培量。表 6-8 所示为德国主要红、白葡萄品种。

表 6-8　德国主要红、白葡萄品种

白葡萄品种	红葡萄品种
雷司令(Riesling)、米勒-图高(Muller-Thurgau)、西万尼(Silvaner)、肯纳(Kerner)、巴克斯(Bacchus)、施埃博(Scheurebe)、琼瑶浆(Gewürztraminer)、灰皮诺(Grauburgunder/Pinot Gris)、白皮诺(Weissburgunder/Pinot Blanc)	黑皮诺(Spatburgunder/Pinot Noir)、丹菲特(Dornfelder)、葡萄牙人(Portugieser)、特罗灵格(Trollinger)、莫尼耶皮诺(Pinot Meunier)和莱姆贝格(Lemberger)

五、主要产区

德国葡萄酒产区主要分布在莱茵河及其支流流域，南到与瑞士接壤的博登湖(Bodensee)，北到波恩(Bonn)临近的中部莱茵(Mittelrhein)地区，西到法国边境处，东至埃尔伯峡谷(Elbe Valley)都属于主要葡萄酒产区范围。共分为 13 个产区，分别是阿尔(Ahr)、黑森林道(Hessische Bergstrasse)、中部莱茵(Mittelrhein)、摩泽尔(Mosel)、那赫(Nahe)、莱茵高(Rheingau)、莱茵黑森(Rheinhessen)、普法尔茨(Pfalz)、弗兰肯(Franken)、符腾堡(Wurttemberg)、巴登(Baden)、萨勒-温斯图特(Saale-Unstrut)、萨克森(Sachsen)。这 13 个产区都有其各不相同的气候特点及土壤环境,每个地区也有自己不同的文化背景,所以这些产区都形成了各自特色的饮食文化,其葡萄园主要分布在这些产区具有优良气候环境的河谷地带及山坡上。

（一）摩泽尔（Mosel）

该产区总栽培面积不算大,但其中有 5523 公顷的面积栽培了雷司令,占德国总产量的50%,这里是世界上雷司令栽培最广泛的地方,这一产区也因出产优质雷司令葡萄酒而名声在外。由于该产区有三条重要的河流,分别是摩泽尔（Mosel）、萨尔（Saar）、鲁尔（Ruwertal）,在2007 年前该地区被称为 Mosel-Saar-Ruwer 产区。该产区内尤其是中部摩泽尔地区的葡萄园大多位于非常陡峭的向南面山坡上,葡萄品质较高,加上大多无法使用机器耕种,价格通常偏高。产区内有 6 个村庄级产区:伯恩卡斯特（Bernkastel）、科赫姆（Cochem）、摩泽尔入口（Moseltor）、上摩泽尔（Obermosel）、鲁尔（Ruwertal）和萨尔（Saar）。该产区内的土壤富含板岩,这些板岩具有很好的吸热能力,可以帮助葡萄更好地成熟。雷司令是该地主导性品种,所酿葡萄酒一般酒精度偏低,通常在 8%—10%vol,干型与半干型葡萄酒酒精度略高。入口轻盈,有较高的酸度,且酸度与甜度也能达到很好的平衡,另外,果香多以绿色水果、柑橘类香气为主,干净清爽,同时具有矿物质的质感,层次感强。该产区未经陈年的葡萄酒里会稍带气泡,那是由于装瓶时酒内含有少量二氧化碳所至。这些微微的气泡使葡萄酒饮用时更加清爽。葡萄酒装瓶大多使用当地传统的细长棕色瓶。代表酒庄有露森酒庄（Dr. Loosen）、伊贡米勒酒庄（Weingut Egon Muller-Scharzhof）,普朗酒庄（Weingut Joh. Jos. Prum）,丹赫酒庄（Deinhard）。

（二）普法尔茨（Pfalz）

普法尔茨为德国第二大葡萄酒产区,是世界上栽培雷司令面积最广的区域。这里从公元前300 年前就开始了葡萄酒的历史,古罗马曾在此建立宫殿。这里物产丰富,北接莱茵黑森,南临法国阿尔萨斯,气候整体比较温暖,很多葡萄园可以认为是法国阿尔萨斯葡萄园的延续。葡萄酒主要以果香丰富的干白葡萄酒为主,雷司令和丽瓦娜等较为出众,琼瑶浆也有少量种植,表现优异。近年红葡萄酒发展较快,目前约占 40%的比重,丹菲特（Dornfelder）种植最为广泛,黑皮诺也有很好的表现。代表酒庄有卡托尔酒庄（Weingut Muller-Catoir）、富尔默酒庄（Weingut Heinrich Vollmer）以及莱茵豪森城堡酒庄（Schloss Rheinhartshausen）。

（三）巴登（Baden）

巴登为德国最南部的葡萄酒产区,也是德国第三大产区。该产区南北狭长约 400 公里,呈南北分布,紧邻莱茵河,与法国阿尔萨斯隔河相望。该产区位于孚日山脉南部和侏罗纪岩层之间的缺口,地中海暖流通过这个入口进入莱茵平原,因此整个产区气候温暖,日照量充足。正因为这一特殊的气候条件,这里成为德国最优质黑皮诺主产区,出产的黑皮诺果香丰富,颜色深邃,通常使用勃艮第酒瓶装瓶。其他红葡萄品种也多为黑皮诺的变种。该地的白葡萄品种主要有米勒-图高、雷司令、琼瑶浆、灰皮诺和白皮诺等,这些葡萄酒口感多饱满,果香更加馥郁,品质卓越。由于该产区南北距离较长,葡萄酒风味也呈多变特征。代表酒庄有黑格酒庄（Weingut Dr. Heger）,拉尔市立酒庄（Weingut Stadt Lahr）,雨博酒庄（Weingut Bernhard Huber）。

（四）莱茵黑森（Rheinhessen）

该产区位于莱茵河西南岸边,与莱茵高隔河相对,是德国政府指定的 13 个葡萄酒产区里葡萄耕种面积最大的一个产区。土壤多以黄土、石灰质及少量的砂质土壤及砾石组成。周围都是山脉与森林,气候较温暖且干燥,为葡萄生长提供良好的环境。主要种植的白葡萄品种有米勒-图高、西万尼、雷司令等,其中西万尼是该产区的传统品种,这里是世界上西万尼最大栽培区。红葡萄品种在这里也有良好的表现,主要为丹菲特、黑皮诺、葡萄牙人,黑皮诺的产量在逐渐增加。由于气候温暖,葡萄酒口感相对柔顺,酒体适中,果香突出,酸度较为均衡,易于饮用。代表酒庄有沃克酒庄(Weingut P. J. Valckenberg),凯勒酒庄(Weingut Keller),贡德洛酒庄(Weingut Gunderloch)。

(五)莱茵高(Rheingau)

该产区是德国非常优秀的葡萄酒产区之一,这里云集了众多历史悠久的顶级酒庄。良好的自然环境成就了这里的葡萄酒美名,这里是公认的"雷司令故乡"。葡萄栽培面积仅有 3100 公顷,却名声在外,出产世界顶级雷司令葡萄酒,是公认的可以长期陈年的雷司令葡萄酒最具代表性的产区之一。该地85%以上的面积是雷司令种植区,土壤为板岩与黏土的混合,大多葡萄园位于朝南向斜坡上,日照充分,成就了当地高品质的白葡萄酒产区。该产区位于莱茵河北岸,莱茵河自东向西顺流直下,又向北转了一个"L"形拐角,葡萄园多坐北朝南,加上北部 Taunus 群山保护,气候较为温暖。受河流的影响,又形成多雾气候,因此非常适合贵腐霉的生长,是德国最优异的 BA 或 TBA 葡萄酒产区,葡萄酒价格较高。黑皮诺在此处表现也非常优异。代表酒庄有约翰山酒庄(Schloss Johannisberg)、罗伯特·威尔酒庄(Weingut Robert Weil)、勋彭酒庄(Schloss Schonborn)、沃尔莱茨酒庄(Schloss Vollrads)等。

(六)那赫(Nahe)

那赫产区位于那赫河沿岸,葡萄栽培面积较小,但其土壤的丰富多样使其成为一个酿造出多姿多彩的葡萄酒的产区。该产区地处摩泽尔河产区与莱茵黑森之间,较摩泽尔产区寒风少,阳光充足,温度适宜。晚夏时,这里的葡萄拥有较长时间的成熟期和干燥的环境。此产区陡峭的山坡上皆是火山岩、风化岩、红板岩或者黏质板岩,非常有利于雷司令的种植,其口感有的酸爽活泼,也有的果香十足。该产区的红葡萄品种以丹菲特、葡萄牙人及黑皮诺为主。代表酒庄有杜荷夫酒庄(Weingut Donnhoff)、弗罗里奇酒庄(Schafer-Frohlich)、肖雷柏酒庄(Weingut Emrich-Schonleber)等。

(七)弗兰肯(Franken)

该产区的气候为大陆性气候,夏天炎热干燥,冬天寒冷。葡萄园多位于美因河的两畔及其支流的两侧,葡萄生长受美因河影响大,河流调节,有利于葡萄成熟,但不适合晚熟的雷司令葡萄的生长。该地主要以米勒-图高、西万尼以及新的混交品种如巴克斯和肯纳为主,西万尼是当地的经典品种。该产区有三个村庄级产区,分别为 Maindreieck、Mainviereck 和 Steigerwald。所产的葡萄酒以干型与半干型为主,酒体丰满,富有活力。同时,弗兰肯葡萄酒通常装在一种十分特别且历史悠久的圆形矮身瓶中,即 Bocksbeutel 瓶内出售,1989 年,这种瓶子的使用得到了欧盟的立法保护。代表酒庄有鲁道夫·福斯特酒庄(Weingut Rudolf Furst)、卡斯泰尔王子酒庄(Furstlich Castell'sches Domanenamt)。

(八)阿尔(Ahr)

阿尔产区以阿尔河而得名,葡萄园位于河流两畔。葡萄酒产量少,大部分内销。这里纬度较高,但为地中海式微气候,土壤为板岩(莱茵板岩山的一部分)、黏土的混合。优质葡萄园位于陡峭的南向斜坡上,这为红葡萄品种的生长与成熟提供了有利条件,是德国非常有特色的红葡萄酒产区,主要红葡萄品种为黑皮诺、葡萄牙人,白葡萄品种多为雷司令。代表酒庄有美耀-奈克酒庄(Meyer-Näkel)、琼施托登酒庄(Rotweingut Jean Stodden)、克罗伊茨贝格酒庄(Weingut Kreuzberg)。

(九)黑森林道(Hessische Bergstrasse)

黑森林道是德国葡萄酒产区面积最小的一个产区,位于海德堡(Heidelberg)的北部,西靠莱茵河,东临奥登(Oden)森林,气候宜人。以出产雷司令与米勒-图高为主,其他为少量的灰皮诺与西万尼。葡萄酒通常高酸,但果香丰富,酒体相对较为饱满。

（十）中部莱茵（Mittelrhein）

该产区位于世界文化遗产界定区域内,历史悠久、景色宜人。大部分葡萄园分布在河两岸陡峭的山坡上,土壤多为板岩、黏土等。该地盛产白葡萄酒,约占其总产量的 85％,核心品种仍然是雷司令与米勒-图高,其酿造的葡萄酒质量优越,果香丰富,矿物质风味足,富有清爽的果酸风味。但位置欠佳的葡萄园中的葡萄,其所酿造的葡萄酒酸度更加刻薄,因而常用来酿造当地赛克特（Sekt）起泡酒。

（十一）符腾堡（Wurttemberg）

该地红葡萄酒产量大,这里盛产一种名为特罗灵格（Trollinger）的红葡萄品种,天然具有良好的酸度,风格独特,晚熟,含糖量较为理想,喜欢温暖的环境。该地偏大陆性气候,有高山阻挡,气候温和,非常适合这一品种的生长。此外,法国香槟区的莫尼耶皮诺（Pinot Meunier,在德国的别称为 Schwarzriesling）也在当地占据重要位置。这些葡萄酒通常具有酒体中等、果香浓郁、柔顺甜美的特点。雷司令是当地表现最好的白葡萄品种。代表酒庄有斯奈门酒庄（Weingut Rainer Schnaitmann）、富尔默酒庄（Weingut Rolf Heinrich）。

（十二）萨勒-温斯图特（Saale-Unstrut）

该产区地处北纬 51 度,几乎与伦敦同一纬度,是世界上最北的葡萄园之一。虽然地处典型的冷凉地带,但却有着 1000 多年的葡萄种植历史。典型的大陆性气候,阳光充足,降雨量少,土壤为石灰岩与砂土、砾石的混合。葡萄酒多以干型为主,好的年份会出产优质的晚收与精选葡萄酒。米勒-图高是当地种植最广泛的品种,通常带有活泼、清新的酸度,用其酿造的葡萄酒酒体适中,易于饮用。

（十三）萨克森（Sachsen）

该产区位于萨勒-温斯图特产区的东侧,易北河河谷上游,葡萄酒产量也非常少。得益于河流的调节,这里气候温和,和萨勒-温斯图特有很多相似之处。白葡萄酒占有绝对优势,其产量约占总产量的 81％,葡萄品种同样以米勒-图高为主,且几乎都为干型葡萄酒。

总体来说,德国葡萄酒受地理环境的影响,酒体较清新、淡雅,花香、果香丰富,且酒精度低,所以非常受葡萄酒初尝者及女性的喜爱。由于受国际市场对红葡萄酒消费偏好的影响,白葡萄酒一直生活在红葡萄酒的阴影下,所以以白葡萄酒著称的德国在世界葡萄酒市场的力量显得较为弱势,它的出口量也远远不及法国、意大利、西班牙三个世界葡萄酒出口大国。但这无法掩饰其在世界白葡萄酒界的卓越位置。德国人凭借自己一丝不苟的严谨的工作态度,又通过不断创新酿酒技术以及多元化发展路线,它的葡萄酒以其独特的果香和醇香享誉世界,其出产的优质白葡萄酒一直是世界各国消费者最青睐的葡萄酒之一。其优质高级的白葡萄酒在国际市场上的需求量逐年上升,特别是在我国市场上也渐渐显示出不俗的魅力。

德国主要产区葡萄园面积及红、白葡萄品种比例如表 6-9 所示。

表 6-9　德国主要产区葡萄园面积及红、白葡萄品种比例

产区	葡萄园面积	红白葡萄比例	主要品种
莱茵黑森	26500 公顷	69％,31％	Muller Thurgau、Riesling、Dornfelder/Silvaner
普法尔兹	23500 公顷	62％,38％	Riesling、Dornfelder、Muller Thurgau、Portugieser
巴登	16000 公顷	56％,44％	Muller Thurgau、Spatburgunder、Grauburgunder
符腾堡	11500 公顷	71％,29％	Trollinger、Riesling、Lemberge、Spatburgunder
摩泽尔	8900 公顷	91％,9％	Riesling、Muller-Thurgau、Elbing

续表

产区	葡萄园面积	红白葡萄比例	主要品种
弗兰肯	6100 公顷	81%,19%	Muller-Thurgau、Silvaner、Bacchus
那赫	4200 公顷	75%,25%	Riesling、Muller-Thurgau、Dornfelder、Portugieser
莱茵高	3100 公顷	85%,15%	Riesling、Spatburgunder
萨勒-温斯图特	740 公顷	73%,27%	Muller-Thurgau、Pinot Blanc、Silvaner、Riesling
阿尔	560 公顷	15%,85%	Spatburgunder、Portugieser、Muller-Thurgau、Riesling
萨克森	480 公顷	81%,19%	Muller-Thurgau、Riesling、Pinot Blanc
中部莱茵	460 公顷	85%,15%	Riesling、Spatburgunder、Muller-Thurgau
黑森林道	436 公顷	79%,21%	Riesling、Spatburgunder、Grauburgunder

（资料来源：(韩)崔燻《欧洲葡萄酒》。）

历史小故事

嗜酒如命的德国人

　　有记录显示,15 世纪时德国人的平均饮酒量在 120 升以上,就连医院也每天向病人提供 7 升葡萄酒。据说宣扬禁酒的人连做神父的资格都没有。16 世纪 90 年代,斯特拉斯堡的主教约翰·曼德莎创建了一所以教会贵族为主的饮酒俱乐部,加入俱乐部的成员必须要能一口气喝下 4 升酒。

第五节　意大利
Italian Wine

　　提到意大利,我们最先想到的是在欧洲历史上占据举足轻重地位的罗马帝国时期,而欧洲大部分产酒国葡萄园的建立正得益于古罗马战争的拓展。意大利葡萄酒的历史最早可以追溯到公元前 2000 年左右,希腊人更是称其为"酒之王国",伴随着意大利历史,葡萄酒走进意大利人生活的每个角落。目前,意大利与法国、西班牙是一直属于世界前三位的葡萄酒生产国,其与法国一样是一个地地道道全国上下种植葡萄与酿酒的国家。1963 年之后,意大利效仿法国 AOC 制度,实施了 DOC 法定产区制度,葡萄酒在品质方面得以稳步发展。

一、自然环境

　　意大利气候类型比较复杂,全境呈靴子式狭长地形,从北到南跨越了 10 个纬度,这给意大利带来了多种多样的土质与气候。受山脉、海洋、火山等影响大,各地微气候有很大差别。北部属于四季分明的大陆性气候,中部、南部地区则受地中海气候影响大,干燥少雨,火山石、石灰石、砾石、黏土等土壤环境也丰富多样。这些充满变化与丰富个性的自然条件为意大利葡萄种植提供了绝佳的生长环境,酿出了性格迥异、富有特点的葡萄酒,这也是世界很多葡萄酒爱好者非常喜欢意大利葡萄酒的原因之一。意大利与法国一样是世界上少有的全境都在种植葡萄与酿造葡萄酒的国家,甚至有人称"意大利由南至北简直就是一座大型葡萄园",可以看出这与它得天独厚的自然条件有直接的关系。

① Valle D'aosta 阿欧斯达谷
② Piermonte 皮埃蒙特
③ Lombardia 伦巴第
④ Liguria 利古里亚
⑤ Toscana 托斯卡纳
⑥ Umbria 翁布里亚
⑦ Lazio 拉齐奥
⑧ Campania 卡帕尼亚
⑨ Calabria 卡拉布里亚
⑩ Basilicata 巴斯利卡塔
⑪ Puglia 普利亚
⑫ Molise 莫利塞
⑬ Abruzzo 阿布鲁佐
⑭ Marche 马尔奇
⑮ Veneto 威尼托
⑯ Friuli-Venezia Giulia 弗留利-威尼斯朱利亚
⑰ Trentino-Alto Adige 特伦蒂诺-上阿迪杰
⑱ Enilia-Romagna 艾米利亚-罗马涅
⑲ Sicily 西西里岛
⑳ Sardinia 撒丁岛

意大利葡萄酒产区图

二、主要品种

意大利南北气候差异大,造就多样品种,意大利与法国一样是世界上拥有本土葡萄品种较多的国家之一,不同地区葡萄品种不尽相同。

（一）西北部地区

该地区以出产红葡萄酒而著称,主要红葡萄品种有内比奥罗（Nebbiolo）、巴贝拉（Barbera）、多姿桃（Dolcetto）等。巴贝拉与多姿桃多用来酿造果香型、高酸的餐酒,适合年轻时饮用,其中

99

巴贝拉多以阿斯蒂巴贝拉(Barbera d'Asti DOCG)、阿尔巴巴贝拉(Barbera d'Alba DOC)、蒙费拉托巴贝拉(Barbera del Monferrato DOC)酒标标识进行销售;多姿桃则在阿尔巴地区表现出众,以 Dolcetto d'Alba DOC 标识出现。白葡萄品种以莫斯卡托(麝香,意大利语称为 Moscato)最受关注,是 Asti 地区酿造微甜起泡酒的主要品种,果香丰富,简单易饮。柯蒂斯(Cortese)也是西北部产区的重要白葡萄品种,用来酿造著名的加维(Gavi)葡萄酒,酸度清爽,同时带有矿物质与柑橘类的香气。

(二)东北部地区

这里白葡萄酒居多,是意大利优质白葡萄酒的产区。主要品种有灰皮诺(Pinot Grigio)、格雷拉(Glera)、卡尔卡耐卡(Garganegae)及霞多丽(Chardonnay)等国际品种。格雷拉是当地有名的普洛赛克(Procecco)起泡酒的主要酿酒品种,高酸,苹果等果味突出,是搭配开胃餐非常优异的葡萄酒。卡尔卡耐卡在索阿维(Soave)表现最好,是酿造索阿维(Soave)的最主要品种,酿出的葡萄酒有柠檬和杏子的风味。除此之外,在当地还有很多国际流行品种,霞多丽、琼瑶浆等都表现不俗。红葡萄品种最著名的当属科维纳(Corvina),这一品种是该地瓦尔波利切拉(Valpolicella)系列葡萄酒,如阿玛罗尼(Amarone)与雷乔托(Recioto)等的主要酿酒品种,用它酿造的干型葡萄酒有突出的酸樱桃的气息,酸度高,单宁少,酒体较轻盈。

(三)中部地区

以意大利本土传统品种桑娇维塞为主,赤霞珠、美乐、品丽珠、霞多丽及西拉等国际品种在当地的表现也非常突出,是超级托斯卡纳(Super Tuscan)的重要调配品种。

(四)南部地区

主要红葡萄品种有黑曼罗(Negroamaro)、普里米蒂沃(Primitivo)和黑玛尔维萨(Malvasia Nera)等,白葡萄则以格雷克(Greco)、菲亚诺(Fiano)为主。

(五)西西里岛

西西里岛最广为人知的白葡萄品种是卡塔拉托(Catarratto),是当地著名的马尔萨拉(Marsala)甜酒的主要品种,红葡萄品种有黑珍珠(Nero d'Avola)、马斯卡斯奈莱洛(Nerello Mascalese)等。表 6-10 所示为意大利各产区主要代表葡萄品种。

表 6-10 意大利各产区主要代表葡萄品种

产区区分	红葡萄品种	白葡萄品种
西北部	内比奥罗(Nebbiolo)/巴贝拉(Barbera)/多姿桃(Dolcetto)	麝香(Moscato)/柯蒂斯(Cortese)
东北部	科维纳(Corvina)/巴贝拉(Barbera)/罗蒂内拉(Rondinella)/美乐(Merlot)	灰皮诺(Pinot Grigio)/格雷拉(Glera)/卡尔卡耐卡(Garganegae)/霞多丽(Chardonnay)等
中部	桑娇维塞(Sangiovese)/蒙特布查诺(Montepulciano)/赤霞珠(Cabernet sauvignon)/品丽珠(Cabernet Franc)/美乐(Merlot)等	特雷比奥罗(Trebbiano)/霞多丽(Chardonnay)等
南部	黑曼罗(Negroamaro)/普里米蒂沃(Primitivo)/黑玛尔维萨(Malvasia Nera)	艾格尼科(Aglianico)/菲亚诺(Fiano)/格雷克(Greco)
西西里岛	黑珍珠(Nero d'Avola)/马斯卡斯奈莱洛(Nerello Mascalese)	格里洛(Grillo)/卡塔拉托(Catarratto)

三、法律法规与酒标阅读

意大利葡萄酒法律实施时间远远晚于法国。等级划分于 1963 年开始实施,遵循欧盟基本的优质葡萄酒与餐酒两个等级,每个基本级别分为两个子等级:优质葡萄酒分为 DOCG 与 DOC 两个子等级,餐酒分为 IGT 与 VDT 两个子等级。

（一）DOCG

DOCG 表示优质法定产区葡萄酒,是意大利葡萄酒的最高级,在葡萄品种、采摘、酿造、陈年的时间方式等方面都有严格管制,5 年以内陈年的优质 DOC 可以上升至 DOCG。已批准为 DOCG 的葡萄酒在瓶子上带有政府的质量印记,红葡萄酒为粉红色纸圈,白葡萄酒为淡绿色纸圈,约占总产量的 5%。

（二）DOC

DOC 指法定产区葡萄酒,类似法国的 AOC 葡萄酒,指使用指定的葡萄品种,按每公顷产量在指定的地区,按指定方法酿造及陈年的葡萄酒。从生产周期到装瓶都要严格按照一定标准与规定进行。它在瓶颈处印有 DOC 的标记,并写有号码,约占总产量的 25%。目前意大利有 300 多个 DOC。

（三）IGT

IGT 为地方餐酒,相关法规宽泛,一般体现产地、主要使用葡萄品种等,要求使用特定地区采摘的葡萄比例至少达到 85%。由于这一级别没有 DOC 与 DOCG 严格的规格限制,很多地方都在尝试采用世界国际葡萄品种进行创新探索,并取得了很好的效果。这一等级的葡萄酒在意大利产量较大,国际流行葡萄酒品种也大多标识为 IGT 级别,不乏品质优秀、售价不菲的精品,是世界葡萄酒爱好者及葡萄酒酒商新的关注对象,约占总产量的 30%。目前意大利应用面积最广泛的 IGT 是 Sicilia IGT。

（四）VDT

VDT 为日常餐酒,基本上没有葡萄酒相关的规定限制,酒质也没有太特别的地方,属于一般性葡萄酒,约占总产量的 40%。

意大利酒标标识遵循旧世界产区通常元素,包含酒精含量、容量、产区、等级、年份、装瓶者等信息,除此之外,珍藏（Reserva）、经典（Classico）经常出现在酒标上。珍藏是指经过一定时间陈年的,且葡萄有较高的成熟度,葡萄酒酒精度较高的珍藏酒款。标注"Reserva"的葡萄酒通常具有较高的品质。标注"Classico"的葡萄酒大都产自 DOC 产区中的重点产区,是指葡萄酒中最能体现该品种传统特点、风格的葡萄酒。意大利酒标命名通常有两类方法,第一类突出产地标识,例如,巴罗洛（Barolo）、巴巴莱斯克（Barbaresco）、加维（Gavi）、基安蒂（Chianti）、瓦尔波利切拉（Valpolicella）等,这些产地通常具有较久的历史,多为城镇或行政区名称,它们都被认定为原产地名称而得以保护;第二类酒标命名法则以葡萄品种＋产地形式出现,如阿斯蒂莫斯卡托（Moscato d'Asti）、阿斯蒂巴贝拉（Barbera d'Asti）、蒙塔奇诺布鲁奈罗（Brunello di Montalcino）等,前面字符指葡萄品种,后面字符则代表产地来源,这类标识也较多出现在酒标上。

四、主要产区

意大利全域都生长葡萄,为纤细的南北走向,从地图上看极像一个长靴,从北至南来看分为以下几个重要产区。

（一）西北部产区

意大利最重要的葡萄酒产区之一,以皮埃蒙特产区为中心,其葡萄酒酿造历史悠久,精品名

圣·菲利斯酒庄单一园

庄层出不穷,素有意大利的"勃艮第"之称。位于意大利西北部的皮埃蒙特,北临欧洲最高峰阿尔卑斯山,受其阻隔,这里气候温暖,呈现明显温带大陆性气候,非常适宜红葡萄的生长。这里的红葡萄酒占到了总产区的70％左右,法定产区酒(DOC与DOCG)占到了总产区的74％,是种不折不扣的高品质红葡萄酒产品。世界大名鼎鼎的两大法定产区巴罗洛(Barolo)、巴巴莱斯克(Barbaresco)便位于此处。这里酿造的葡萄酒高单宁、高酸、高酒精,非常适合长期陈年,陈年后口感复杂、饱满、韵味悠长,是世界公认的佳酿。

1. 巴巴莱斯克(Barbaresco DOCG)

该产区葡萄酒最低酒精度要求为12％vol,法定最大产量是8000千克/公顷,而一旦在酒标上标注葡萄园名称,则最大产量将为7200千克/公顷。通常要求陈年26个月,其中9个月必须在橡木桶陈年。此外再陈年24个月,总共50个月,酒标才可以标记为"Reserva"。该地葡萄酒单宁强劲,至少陈放5年后才变得柔顺,顶级葡萄园有蒙特斯芬诺(Montestefano)、蒙特菲克(Montefico)、瑞芭哈(Rabaja)、巴沙林(Basarin)等,嘉科萨酒庄(Bruno Giacosa)和嘉雅(Gaja)是当地酒庄的典范。

2. 巴罗洛(Barolo DOCG)

该产区葡萄酒最低酒精度要求为12.5％vol。陈年要求是至少放置38个月,其中18个月必须在木桶内,陈年达到62个月后,可以在酒标上标记"Reserva"。法定最大产量是8000千克/公顷,和前者相似酒标如果出现葡萄园名,则最大产量为7200千克/公顷。Barolo顶级的葡萄园有布鲁纳特(Brunate)、罗榭园(Rocche dell'Annunziata)、斯丽瑰(Cerequio)、蒙普里瓦托(Monprivato)、马林卡-丽维塔(Marenca-Rivette)等,代表酒庄有绅洛酒庄(Luciano Sandrone)、孔特诺酒庄(Giacomo Conterno)等。

除以上两个有名的红酒产区外,阿尔巴(Alba)与朗格(Langhe)也是该地区优质的葡萄酒产区。阿尔巴内的巴贝拉(Barbera)与多姿桃(Dolcetto),果味突出,单宁与酒体适中,受到很多消费者的青睐。朗格DOC位于Alba南边,是皮埃蒙特地区又一个内比奥罗优质产区,这里生产的葡萄红色果香突出,色泽浅,但结构感强壮,酸度、单宁与酒精度也处于较高的水平线。该产区除红葡萄酒外,起泡酒与白葡萄酒也在世界上占有很重要的地位。特别是Asti DOCG气泡酒更是名扬世界各个角落,它主要用莫斯卡托(麝香,意大利语称为Moscato)酿造而成,果香丰富、清新可口。主要有两种类型,一种被命名为Asti DOCG,另一种为Moscato d'Asti。前者酒精度较高,通常为7％—9％vol不等,气压高,使用起泡酒专用酒塞封瓶;后者是通常意义的微起泡,甜润感较多,酒精度偏低,一般在 5％vol 左右。该地有一款用柯蒂斯(Cortese)葡萄酿造的白葡萄酒,它主要分布在加维产区(Gavi),酒标标记为 Cortesi di Gavi,其淡淡的果香味及清新口感(高酸)也广受消费者青睐,是意大利本土较地道和优质的白葡萄酒之一。

(二)东北部产区

意大利东北产区多山地,平原只占 15％左右。受山地的影响,这里整体气候凉爽,是意大利白葡萄酒的重要产区,该地主要分为三个产区,最为世人所知的当属威尼托(Veneto)大区,它也是意大利最大的 DOC 产区名称。Veneto 又包括世界扬名的索阿维(Soave DOC)、阿玛罗尼(Amarone DOC)、瓦尔波利切拉(Valpolicella DOC)等产区。

1. 索阿维(Soave DOC)

该产区葡萄酒是由当地传统品种卡尔卡耐卡(Garganegae)、霞多丽(Chardonnay)和索阿维特雷比奥罗(Trebbiano di Soave)混酿而成的干型白葡萄酒,酒精度约为 10.5％vol。其质地清爽,口感宜人,果香丰富,非常适合开胃或佐餐。该产区范围大,酒质参差不齐,在最传统经典的种植区,索阿维被标识以"Classico"出售。

2. 索阿维雷乔托(Recioto di Soave DOCG)

该产区生产有名的甜酒。酒精度约 14％vol,由来自索阿维(Soave)经典产区的晒干葡萄酿造。

3. 瓦尔波利切拉(Valpolicella DOC)

该产区位于意大利的东北部,所产葡萄酒最低酒精度要求为 11％vol,通常比较清淡,是一种类似博若莱的清淡型葡萄酒。主要使用科维纳(Corvina)酿造,中高酸,果味突出,简单易饮,优质款来自 Valpolicella Classico DOC。

4. 瓦尔波利切拉阿玛罗尼(Amarone della Valpolicella DOC)

该地使用传统红葡萄品种,进行一定程度的风干后酿造成干型葡萄酒,其风味浓郁、酒精度较高,最低要求为 14％vol。该酒必须陈放至少 2 年,珍藏(Reserva)级别则需要陈年 4 年以上。

5. 瓦尔波利切拉雷乔托(Recioto della Valpolicella DOC)

该产区葡萄酒与 Amarone 不同,该酒在发酵过程中,糖分未完全转化成为酒精之前,人工干预停止发酵,保留一定的甜味,这种酒称为雷乔托(Recioto)。它同样使用风干葡萄酿造而成,一般需要经过 3 周到 4 个月的干燥期,葡萄糖分含量高,酒体重,有浓郁的果干、果脯的风味。

除威尼托(Veneto)大区处,弗留利-威尼斯朱利亚(Friuli-Venezia Giulia)是 20 世纪 70 年代崛起的新兴葡萄酒产区,知名度越来越高。这里由于紧临阿尔卑斯山,气候偏凉,所以非常适合白葡萄的生长。这里的红葡萄酒仅占总产量的 20％,主要以波尔多混酿风格为主,美乐是当地的主导品种,通常酒体清淡、口感细致。东北部第三个著名产区是特伦蒂诺-上阿迪杰(Trentino-Alto Adige),它是世界著名的葡萄品种灰皮诺(意大利语称为 Pinot Grigio)及霞多丽(Chardonnay)的种植区,所产灰皮诺精致、优雅,与阿尔萨斯生产的呈现截然不同的风格。另外,琼瑶浆、白皮诺、长相思、雷司令等芳香品种在这里表现突出。同时这一产区还汇集了赤霞珠等国际品种,使得这一产区的葡萄酒更加丰富多样。

(三)中部产区

意大利中部地区一直是历史价值很高的产区,古代文明源远流长,葡萄种植也由来已久。这里主要包括阿布鲁佐(Abruzzo)、莫利塞(Molise)、马尔奇(Marche)以及托斯卡纳(Toscana)等产区。该地区以托斯卡纳产区为中心,它是意大利葡萄酒最重要的产区之一。其历史悠久,气候干燥炎热,属于地中海气候,悠久的历史及良好的自然条件为托斯卡纳葡萄酒的成名打下了坚实的基础,该产区世界知名的葡萄酒酒庄也是数不胜数。此产区 DOC 及 DOCG 葡萄酒主要以意大利土著品种桑娇维塞酿造而成。基安蒂(Chianti DOCG)与基安蒂经典(Chianti

Classico DOCG)都是该地葡萄酒的典型,具有活泼清新的酸度,中等酒体,中等单宁,口感雅致美妙,适合搭配亚洲料理。另外,该产区的蒙塔奇诺布鲁奈罗(Brunello di Montalcino)也是世界名酒,酒质浓郁,易于长期陈年保存。

近年来,有一类所谓"超级托斯卡纳酒"(Supper Toscana)在国际市场上大受欢迎,这是指为了更好地迎合世界消费者的口味,产区不再拘泥使用本土品种,而大胆引入国际品种,如赤霞珠、西拉等,酿造的方法也模仿法国波尔多,所以葡萄酒有波尔多的风格特点。白葡萄酒方面也尝试种植霞多丽葡萄,使用橡木桶陈年。由于这种酒没有按照意大利法定产区葡萄酒的要求来酿造,所以大部分这类葡萄酒在酒标上只能标 IGT 等标志。阿布鲁佐(Abruzzo)产区最著名的当属蒙特布查诺-阿布鲁佐(Montepulciano d'Abruzzo)葡萄酒,由于蒙特布查诺(Montepulciano)这一葡萄品种易于种植,产量多,所以它的价格较平民化,这款葡萄酒的味道也较之桑娇维塞更柔和、易于饮用,所以很受一般大众的喜爱。

班菲酒庄超级托斯卡纳 IGT

班菲酒庄石头山桑娇维塞-赤霞珠混酿

1. 基安蒂(Chianti DOCG)

该地为最负盛名的意大利红葡萄酒产区,其葡萄酒最低酒精度要求为 11.5％vol。通常使用最少70％或100％的桑娇维塞,最多15％的赤霞珠、美乐及其他少量法规内品种(最高10％白葡萄品种特雷比奥罗(Trebbiano)与维蒙蒂诺(Vermentino))混酿而成。该酒次年 3 月份后才允许上市,陈年 2 年以上,最低酒精度达到 12％vol,可以在酒标上标记 Reserva。

2. 基安蒂经典(Chianti Classico DOCG)

其位于基安蒂中央区,允许使用最少80％或100％的 Sangiovese 和最多20％的其他品种。该酒次年 10 月份才允许上市,陈酿时间不少于 2 年,包括 3 个月的瓶中陈年,最低酒精度达到12.5％vol,可以在酒标上标记为 Reserva。

3. 保格利(Bolgheri DOC)

其 DOC 称号于 1994 年由西施佳雅引进,是意大利第一个单一庄园法定产区。主要使用赤霞珠、品丽珠进行酿造。其中赤霞珠最少使用80％,陈年时间至少 2 年,其中 18 个月必须在木桶里。该园同时也出产白葡萄酒、桃红葡萄酒以及圣酒,标识为 Bolgheri DOC,白葡萄酒则使用最多70％的长相思、特雷比奥罗与维蒙蒂诺酿造而成。

4. 蒙塔奇诺布鲁奈罗(Brunello di Montalcino DOCG)

其最低酒精度要求为 12.5％vol,由 100％布鲁奈罗(Brunello)酿造,该品种与桑娇维塞(Sangiovese)同属一个品种。用其酿造的葡萄酒颜色深红、单宁丰富。必须陈放 4 年,其中 2 年必须在木桶内;珍藏(Reserva)级陈酿时间要求为 5 年,其中木桶内 2 年,剩余瓶中陈年。该酒是意大利顶级葡萄酒之一,广受关注。

5. 蒙特布查诺-阿布鲁佐(Montepulciano d'Abruzzo DOC)

该产区生产红葡萄酒与桃红葡萄酒,使用最少85%的蒙特布查诺(Montepulciano)与15%的桑娇维塞(Sangiovese)。这些葡萄酒上市之前要求陈放不少于5个月,如果在木桶内陈年2年以上,酒标标识为Vecchio。另外,桃红葡萄酒标识为Cerasuolo。

(四)南部产区

该产区主要包括卡帕尼亚(Campania)、普利亚(Puglia)、巴斯利卡塔(Basilicata)、卡拉布里亚(Calabria)、西西里岛(Sicily)和撒丁岛(Sardinia)六个行政大区,这里也是盛极一时的葡萄酒之乡,是意大利葡萄酒的发源之地。早在公元前2000年,该地就受腓尼基人的影响,出现了葡萄酒产业。

1. 卡帕尼亚(Campania)

这里有三款著名的DOCG葡萄酒,分别是图拉斯(Taurasi)、阿韦利诺菲亚诺(Fiano di Avellino)和都福格雷克(Greco di Tufo)。图拉斯红葡萄酒采用艾格尼科(Aglianico)酿造而成,单宁充沛,结构感强,具有成熟的黑色浆果气息,酒体饱满浓郁,有较强的陈年潜力;阿韦利诺菲亚诺葡萄酒是意大利南部典型的干白葡萄酒,使用菲亚诺(Fiano)酿造而成,有精致的梨及杏仁的风味,优质款有较强陈年能力;都福格雷克葡萄酒使用源自希腊的古老品种格雷克(Greco)酿造而成,该区域受火山土壤影响大,这里的葡萄酒果香浓郁,夹杂着矿物质的风味,有着较理想的酸度,质量上乘。

2. 普利亚(Puglia)

该产区位于意大利东南部,三面环海,气候温暖,但又不绝对干燥,适合葡萄的生长。主要种植黑曼罗(Negroamaro)、普里米蒂沃(Primitivo)和黑玛尔维萨(Malvasia Nera)三种红葡萄品种。萨利切萨伦蒂诺(Salice Salentino)和曼杜里亚普里米蒂沃(Primitivo di Manduria)是当地最典型也最常见的葡萄酒。前者使用黑曼罗酿造,黑色浆果及香辛料气息浓郁,酒体饱满,单宁成熟柔顺。后者使用普里米蒂沃酿造而成,该品种与美国仙粉黛同属一个品种,在普利亚地区,通常呈现酒体丰厚、果香十足的特点。

3. 巴斯利卡塔(Basilicata)

该地也同样具有悠久的葡萄种植历史,山区地带较为清凉,沿海较为干燥炎热。其位于火山附近,适合葡萄酒的种植,土壤里富含火山灰及火山沉积岩等,对葡萄生长非常有利。这里主要是原生品种艾格尼科(Aglianico)的种植区域,其他还有格雷克(Greco)、玛尔维萨(Malvasia)、莫斯卡托(Moscato)等。

4. 卡拉布里亚(Calabria)

该地处于意大利西南端,远离核心商业城市,历史上遭受过根瘤蚜侵袭,葡萄酒产业有些没落。主要葡萄品种有白格雷克(Greco Bianco)、曼托尼可(Mantonico)、白玛尔维萨(Malvasia Bianca),红葡萄品种佳琉璞(Gaglioppo)。近些年,当地正在培育霞多丽和赤霞珠等国际品种,这些酒款有较高的性价比,显示出较好的发展前景。

5. 西西里岛(Sicily)

西西里岛产区是典型的地中海式气候,常年阳光充足。最具有潜力的红葡萄品种为黑珍珠,浆果气息浓郁,口感柔顺,该地区也是欧洲著名的埃特纳火山(Mount Etna)所在地,为当地带来了矿物质十足的深色土壤,该地葡萄酒有鲜明的特点,受到消费者喜爱。另外,当地还是马沙拉(Marsala)加强型甜酒的诞生地。

6. 撒丁岛(Sardinia)

撒丁岛是意大利小众葡萄酒产区,但不乏惊喜。该岛葡萄种植历史由来已久,既有山丘、海洋,又有内陆平原,资源丰富。该地主要品种为歌海娜、佳丽酿、赤霞珠、侯尔、麝香等。总体来看南部产区相比中部与北部产区缺少精品和极品名庄，不过都具有出色的性价比，葡萄酒成熟度高，果香丰富，易于饮用。

五、小结

意大利气候条件多样，全国各地都很适合葡萄的生长，也因此酿出了丰富多样的葡萄酒。不仅能从基安蒂经典、内比奥罗葡萄酒中找到"酒中之王"的大气；也能从巴贝拉、多姿桃中找到易于接受的柔和与幽雅；还能从富有创造力的 IGT 酒中找到新奇与赞美。总体来说，意大利红葡萄酒含有较高的果酸，结构感强，口感丰富，适合搭配很多菜肴，与中餐搭配也是不错的选择。意大利白葡萄酒中，北方大多是以清新口感和宜人果香为其特色，特别是意大利起泡酒中的阿斯蒂起泡酒更是如此，很受年轻人的喜爱。南方多果香突出、香辛料十足的浓郁款，各有特色，商业价值非常广阔。

第六节　西班牙
Spanish Wine

西班牙作为旧世界葡萄酒生产国的代表性国家，同样拥有非常悠久的葡萄酒发展历史，其优质葡萄酒也是数不胜数，但它却经常被人忽略。西班牙是与法国、意大利不相上下的世界级葡萄酒生产国，是葡萄酒世界中的巨人之国。

一、自然环境

西班牙位于欧洲大陆的西南部，坐落于伊比利亚半岛之上，占整个半岛面积的 85%，剩余部分为葡萄牙。其北靠大西洋，同时与法国比利牛斯山隔山相望，西临葡萄牙，东朝地中海。大部分国土都处于高原地带，水源紧张，但有几条河流孕育了这片土地，也为它带来了生机。北部有埃布罗河（Ebro）与斗罗河（Duero）。前者是西班牙最大的河流，流向东南，从西班牙著名产区里奥哈（Rioja）、纳瓦拉（Navarra）、阿拉贡（Aragón）等贯穿而过，最后浇灌整个加泰罗尼亚（Catalonia）产区后注入地中海；而斗罗河由于向东流，滋润浇灌著名的斗罗河区（Ribera del Duero）、托罗（Toro）、卢埃达（Rueda）后，途经葡萄牙流入大西洋。此外，南部还有瓜达尔基维尔河（Guadalquivir），流经柯多瓦（Cordova）、塞维利亚（Sevilla）、赫雷斯（Jeréz）后注入大西洋。可以看出，西班牙大多著名产区都得益于大江大河的浇灌与滋养。除此之外，西班牙岩石、轻砂石、铁矿石等多样土壤类型也非常宜于葡萄的生长。再者，西班牙的气候呈现三种气候带。一是西班牙北部及西北部沿海的温带海洋性气候，二是中部高原的大陆性气候，三是南部与东南部则属于明显的地中海气候，这些气候特点对西班牙丰富的葡萄酒业产生巨大影响。

二、主要品种

西班牙是通往欧洲大陆与非洲大陆的重要关口，正因为这种优越性的地理位置，历史上众多移民到来，为西班牙带来了多样的外来葡萄品种。只不过因为历史久远，很多外来品种很早就在这片大地上扎根发芽，现在与西班牙本土品种已无差别。同时，赤霞珠、美乐、长相思、霞多丽等欧洲系葡萄品种在很早之前已流入这里，目前在西班牙全境也有广泛的分布。所以可以看出西班牙是葡萄品种非常多元的国家，与意大利不相上下，有"葡萄天国"的美称。主要红葡萄品种有丹魄（Tempranillo）、歌海娜（Grenacha）、佳丽酿（Carinena）、慕合怀特（Mourvedre）、门西亚（Mencia）及格拉西亚诺（Graciano）等；白葡萄品种有弗德乔（Verdejo）、阿尔巴利诺（Albarino）、阿依伦（Airen）、马卡贝奥（Macabeo）、沙雷洛（Xarel-lo）、帕雷亚达（Parellada）及玛

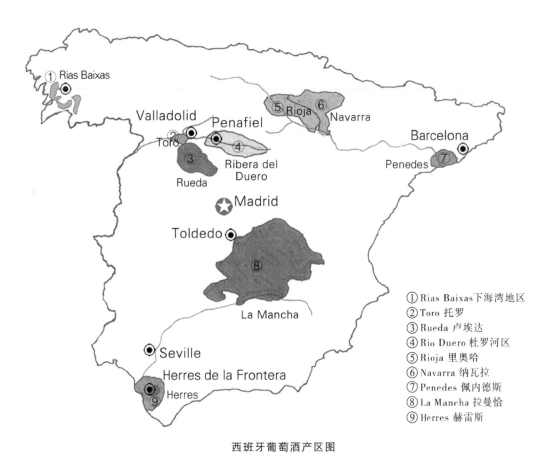

① Rias Baixas 下海湾地区
② Toro 托罗
③ Rueda 卢埃达
④ Rio Duero 杜罗河区
⑤ Rioja 里奥哈
⑥ Navarra 纳瓦拉
⑦ Penedes 佩内德斯
⑧ La Mancha 拉曼恰
⑨ Herres 赫雷斯

西班牙葡萄酒产区图

尔维萨（Malvasia）等。

三、葡萄酒法律法规及酒标阅读

西班牙作为旧世界产酒国的成员之一，在葡萄酒等级制度方面也相当严格。西班牙在1972年，借鉴法国和意大利的成功经验，成立了 Instito de Denominaciones de Origen（INDO），建立了西班牙的原产地名号监控制度 Denominaciones de Origen（DO）。但随着葡萄酒产业的发展，西班牙葡萄酒等级制度于2003年7月10日进行了重新修改，这也是它作为欧盟成员国按照欧洲标准化政策对葡萄酒等级进行的部分调整。新制度将葡萄酒划分为两个等级：一是优质 PDO 法定产区葡萄酒，即为 Vinos de Calidad Producidos en Regiones Determinadas（VCPRD），二是 PGI 地理标示葡萄酒，即为 Vinos de Mesa（VDM）。前者包括 VP、DOCa、DO 与 VCIG 四个级别，后者包括 VdLT 地区餐酒、VM 日常餐酒。

（一）VP

该等级为2003年新设的最高级别，从某个方面看是西班牙对葡萄酒产业的一次革新，专为超高质量的单一酒庄而设立。拉曼恰（La Mancha）产区的瓦尔德布萨酒庄（Dominio de Valdepusa）第一个被进行了该级别的认证，截止到2013年，已有15个 VP 产区获得了认证。

（二）DOCa（Denominaciones de Origen Calificada）

西班牙目前有两个产区被列入了 DOCa 级别，分别为里奥哈（Riojo，1991年）、普里奥拉托（Priorato，2002年）。它的基本条件是必须维持10年以内 DO 认可，同时需在本产区内装瓶等，在加泰罗尼亚地区的名称为 Denominaciones de Origen Qualificada（DOQ）。

（三）DO（Denominaciones de Origen）

该级别葡萄酒占西班牙葡萄酒总量的50%。为西班牙最具代表性的葡萄酒，酒质优异，有

107

里奥哈瑞格尔侯爵珍藏 2001

指定的葡萄酒产区,主要对葡萄品种的使用、单位公顷的产量、酿造方式、陈年时间等都进行严格管理与认定,截至 2013 年,西班牙共有 67 个 DO 产区。

（四）VCIG（Vinos de Calidad con Indicacion Geografica）

它是西班牙 2003 年最新颁布的优质葡萄酒等级,类似法国过去的 VDQS 级别,是餐酒到法定产区酒的过渡级别。只有用特定产区出产的葡萄酿成的葡萄酒才可以标示该等级,在酒标上会出现此标记。

（五）PGI 地理标志葡萄酒

其分为 VdLT（Vino de la Tierra）与 VM（Vino de Mesa）葡萄酒,前者较富有创意,在此等级中也会有不错的葡萄酒,后者相当于法国的日常餐酒,对于该等级,现在酒标多直接体现为Vino。在酿造方法、调配、葡萄品种使用上都没有限制性规定,是最低等级的葡萄酒。截至 2013 年,西班牙共有 40 个 PGI 产区。

以上是西班牙关于葡萄酒等级的划分,除此以外,我们在酒标上还经常会见到 Joven、Crianza、Reserva、Gran Reserva 等标记,这是西班牙针对法定产区葡萄酒根据不同的陈酿时间进行的新的等级区分。该等级明确规定了葡萄酒最少陈年时间及在小橡木桶内陈年时间的最低要求,具体规定如表 6-11 所示。

表 6-11　西班牙葡萄酒最少陈年时间表

等级区分	红葡萄酒		白葡萄酒及桃红葡萄酒	
	总陈年时间	小橡木桶内时间	总陈年时间	小橡木桶内时间
年轻的（Joven）	0	0	0	0
陈年（Crianza）	最少陈酿 2 年	6 个月	18 个月	没有要求
珍藏（Reserva）	最少陈酿 3 年	1 年	18 个月	6 个月
特级珍藏（Grand Reserva）	最少陈酿 5 年	2 年	4 年	6 个月

另外,对于西班牙优质起泡酒（Quality Sparkling Wine）来说,在酒标上一般标有“Premium”与“Reserva”,卡瓦（Cava）指定葡萄酒产区的特别优异起泡酒则会标有“Grand Reserva”,其至少需要 30 个月的陈年时间。

四、主要产区

西班牙是世界上种植葡萄面积最大的国家,全国葡萄酒产区可以分为 6 个大产区,分别是上埃布罗产区、加泰罗尼亚、杜罗河谷、西北部产区、莱万特、卡斯蒂利亚-拉曼恰。西班牙产区范围较广,以下从各大产区中几个著名子产区了解一下西班牙葡萄酒的风貌。

(一)里奥哈(Rioja DOCa)

越过与法国接壤的比利牛斯山脉后,就是西班牙著名的圣塞巴斯蒂安(San Sebastian),接着从这里向西南方下移便是最能让西班牙人自豪的世界著名葡萄酒产区里奥哈产区。这一产区葡萄园主要分布于埃布罗河谷地带,气候因受大西洋与地中海气候交替影响,使葡萄酒具有一定酸度的同时酒体饱满丰厚,土壤多由泥灰土、湿土、冲积土构成。这里是西班牙三大 DOCa 产区之一,它分为 3 个小产区,分别是上里奥哈(Rioja Alta)、阿拉维萨里奥哈(Rioja Alavesa)、下里奥哈(Rioja Baja)。这其中以上里奥哈出产的葡萄酒最为细致出众,该产区距离大西洋较近,受海洋性气候影响大,葡萄多种植在海拔 500—800 米山坡上的葡萄园中;阿拉维萨里奥哈地处上里奥哈和下里奥哈之间,多生产酒体轻盈的葡萄酒;下里奥哈位于该产区最东边,更多具有大陆性气候特征,气候炎热,葡萄酒酸度有些缺失,相比其他产区陈年较弱。整个里奥哈地区以生产质量优异的红葡萄酒而著称,红葡萄酒的比例占 70%—80%,剩余为白葡萄酒与桃红葡萄酒。红葡萄品种方面丹魄是当地最突出的品种,歌海娜多用于桃红葡萄酒的酿造,也可以酿造酒体饱满、酒精含量高的红葡萄酒。其他红葡萄品种还有马士罗、格拉西亚诺等。白葡萄品种则以维奥娜种植最为广泛,该品种酿造的葡萄酒多呈现出丰富的热带水果和香草气息,中等酸度,发酵后可以在橡木桶里陈年,葡萄酒会衍生出坚果、奶油等香气。其他品种还有玛尔维萨、白歌海娜等。酿造方法上,过去的里奥哈葡萄酒一般采用大木桶长时间陈年,色泽深艳,略带氧化的风味;现在新兴酿酒方式越来越流行,通常使用法国小橡木桶陈年,酿造的葡萄酒果味突出。

(二)纳瓦拉(Navarra DO)

该产区历史悠久,地处西班牙与法国交接处,是著名的圣地亚哥朝圣之路的必经之处,葡萄酒餐饮文化得以繁荣。葡萄品种已由过去的歌海娜为主转向丹魄,红葡萄酒也是该地的主流类型,除了当地品种之外,多添加赤霞珠、美乐等进行混酿,黑色水果果香及香料味突出,并且保持了较好的酸度,结构感强。白葡萄品种与里奥哈相似,以维奥娜为主,霞多丽与长相思也有种植,酿造方法上会采用橡木桶发酵,增加酒体质感与奶香气息。

(三)佩内德斯(Penedes DO)

西班牙东北部加泰罗尼亚(Catalunya)的巴塞罗那(Barcelona)市西南方向不远处便是著名的佩内德斯法定产区,葡萄栽培面积大,为西班牙最大产区。此产区因水土条件特性不同分为三个区域,分别是下佩内德斯、中佩内德斯、上佩内德斯。这几个部分海拔由低到高,气温也随着海拔的升高而降低,气候方面,上佩内德斯最为凉爽。这一产区也是西班牙著名的卡瓦(Cava)起泡酒集中地,占加泰罗尼亚地区起泡酒的绝大部分,它主要使用马卡贝奥(Macabeo)、沙雷洛(Xarel-lo)和帕雷亚达(Parellada)葡萄酿造而成,近来也经常添加一些国际品种,如霞多丽、黑皮诺等。著名的卡瓦酒厂有科多纽(Codorníu)、菲斯奈特(Freixenet)、简雷昂(Juvé y Camps)等。该地主要的葡萄酒是果味突出的干白葡萄酒,所以该地区大量种植了白葡萄品种。该地除了酿造卡瓦使用的马卡贝奥(Macabeo)、帕雷亚达(Parellada)以及沙雷洛(Xarel-lo)等白葡萄品种之外,近年霞多丽的种植面积也在不断增加。气候凉爽的上佩内德斯还种植了一些果香型国际品种,如雷司令、琼瑶浆和黑皮诺等。白葡萄酒色泽鲜绿,酸度较好。红葡萄品种有歌海娜、格拉西亚诺、丹魄等。

自 20 世纪 60 年代开始,西班牙大力着手振兴本国葡萄酒产业,该法定产区受其影响较大,开始大力引进国际知名葡萄品种,赤霞珠、品丽珠、长相思、美乐、雷司令、黑皮诺等都在该地区扩散开来,同时大力改善酿酒设备,使得本地区葡萄酒产业步入了现代化的行列,像著名的桃乐丝酒庄就是其中之一,此产区也因此更加名声远扬。

(四)普里奥拉托(Priorat DOCa)

普里奥拉托位于西班牙东北部的著名的加泰罗尼亚大区内,是西班牙 2000 年新晋第二大DOCa 产区。葡萄园远离海岸,多种植在内陆倾斜的丘陵地带上,因当地红色板岩土壤而闻名,可以为葡萄提供更多的热量。其葡萄栽培面积仅有 1800 公顷,葡萄园被四周群山环绕,气候较为干燥,其葡萄酒酒精度较高,颜色深,酒体为风味厚重的浓郁型,酸度突出,质感均衡。该产区以红葡萄酒为主,占总产量的 90% 以上,白葡萄酒与桃红葡萄酒较少。主要品种是歌海娜、佳丽酿,其他还有国际普遍种植的赤霞珠、美乐、西拉、白诗南、马卡贝奥等。

西班牙普里奥拉托产区地中海观景台

(五)杜罗河(Rio Duero DO)

从里奥哈往西南方向走 230 公里便是这一产区,该产区是西班牙唯一只能生产红葡萄酒与桃红葡萄酒的 DO 产区。它位于杜罗河畔,葡萄园多分布于海拔 750—800 米的高原与丘陵地带,人烟较少,荒凉与寂寞是这里氛围的真实写照。但葡萄酒的品质却与里奥哈旗鼓相当,世界上有影响力的名酒层出不穷。气候上属于受内陆气候影响的地中海气候,夏季干燥炎热,所以葡萄园位置的海拔较高,个别地方达到了 850 米,加上杜罗河溪谷上的凉风,造就了这里的昼夜温差大的特点。其葡萄酒酒体多呈现浓郁型,颜色深厚、香气丰富,且又保持较好的酸度。葡萄品种以丹魄为主,颜色较深,果香丰富。酿酒时也经常与赤霞珠、美乐、马尔贝克等调配酿造,使用法国橡木桶短时间熟成,酒质相当优异。西班牙葡萄酒历史悠久,著名酒庄贝加西西里亚(Bodega Vega Sicilia)便是其中之一,素有西班牙"拉菲"之称。

(六)托罗(Toro DO)

此产区是受摩尔人统治过的地区,区内卡斯蒂利亚(Castilla)王国文化遗产丰富,由于这些王室贵族的推崇,这里的葡萄酒发展一直非常兴盛,同时是与葡萄酒密切相关的西班牙最古老的萨拉曼卡(Salamanca)大学(13 世纪建立)的所在地,可见此处葡萄酒历史的悠久。红葡萄品种在当地被称为 Tinta de Toro,占主导地位,该品种也就是我们较熟悉的丹魄。摩尔人退出统治舞台后,大量的葡萄品种传入此地,歌海娜、赤霞珠等栽培面积有很大提高。玛尔维萨、弗德乔等白葡萄品种也有所种植,在当地也生产白葡萄酒及桃红葡萄酒。该地紧靠杜罗河产区,气候完全属于大陆性气候,夏季炎热干燥,昼夜温差大。用丹魄酿成的葡萄酒果味突出,颜色浓郁,通常酒精度偏高。

（七）卢埃达（Rueda DO）

该地距离杜罗河谷产区仅有 30 公里,这里与里奥哈以红酒著称正好相反,它是西班牙著名的白葡萄酒产区。这里夜间凉爽,出产的干白葡萄酒果香丰富、口感清新自然,当然也有橡木桶风格白葡萄酒,酒体饱满,香气富有层次感。这一产区的白葡萄酒从 17 世纪开始便名声在外,主要使用的葡萄品种是原产地为葡萄牙的弗德乔,该品种酿造的葡萄酒果香味浓,并带有茴香、薄荷和苹果气息,口感清新,品质优异。传统酿造风格会进行木桶氧化,增加酒的奶油及烤面包的香味。长相思也在该地有大量种植,两者可以混酿,但弗德乔必须含有 50％ 的比例。

（八）下海湾地区（Rias Baixas DO）

它是一处位于伊比利亚半岛的最西北角的 2200 公顷的葡萄酒产区,这里紧靠大西洋,是典型的海洋性气候,凉爽多雨。葡萄种植方面,当地采用棚架式整枝的方式,良好的通风效果可以很好地让葡萄藤避免病虫害的滋生,葡萄园多种植在陡峭的山坡上,这种地形排水性较好,有利于葡萄的成熟。土壤多为河流冲积土,泥沙高,土壤中也有较高的矿物质含量,非常适合白葡萄的生长。该处一直是公认的西班牙最好的白葡萄酒产地,白葡萄酒占到了总量的 90％。主要葡萄品种为阿尔巴利诺,酿造白葡萄酒时 70％ 以上使用此品种,酒标上如果出现 Rias Baixas Albarino 则该品种的使用比例为 100％。用它酿出的葡萄酒通常酒精度适中（12％vol 左右）,果香清新,口感脆爽（高酸）、酒体轻盈、香气芬芳（柑橘类）,与当地的鱼类料理一起被认为是绝佳搭配。除阿尔巴利诺外,洛雷罗（Loureiro）也是当地本土品种,种植也有一定规模,其他还有凯诺（Caino）、特浓情（Torrontes）等。

（九）比埃尔索（Bierzo DO）

其与下海湾地区同属于西班牙西北部产区,该地稍远离海岸,葡萄园多位于山地上的梯田里。气候介于海洋性气候与大陆性气候之间,比下海湾干燥,但又不失温和湿润。当地非常适合门西亚（Mencia）的生长,它是当地非常古老的红葡萄品种。用其酿造的葡萄酒优雅清新,为浓厚的樱桃红色泽,果香丰富,风味以草莓、黑莓等莓果为主,酒体较轻,并带有极好的酸度,是当地的一张绝好的市场名片。

（十）拉曼恰（La Mancha DO）

拉曼恰葡萄酒产区地处西班牙梅塞塔高原,气候为极端的大陆性气候,降雨较少,夏季炎热干燥。这一地区面积广阔,是西班牙葡萄栽培最大的产区,在世界上也是少有的广阔的葡萄酒种植区,葡萄酒产业在当地属于非常重要的经济支柱。该地酒厂众多,在巨大的产量下,葡萄酒物美价廉。该产区于 1976 年获得 DO 认证,除了大量价位便宜的葡萄酒外,不乏质量出众的葡萄酒,其发展较快,广受关注。瓦尔德佩纳斯（Valdepenas）是当地独立的 DO 产区,酒质更加优异。拉曼恰地区是阿依伦（Airen）种植最广泛的地区,阿依伦葡萄酒具有十足的热带果香气息,价格实惠。红葡萄酒主要采用丹魄酿造,红色果香丰富,并带有特有的香料味,优质的红葡萄酒使用法国橡木桶熟成,质量突出。该地区其他品种如歌海娜、赤霞珠、美乐、西拉、马卡贝奥、长相思、霞多丽等都有大量种植。

（十一）赫雷斯（Herres DO）

该地位于西班牙半岛的最西南方,位于安达卢西亚（Andalucia）大区的加的斯（Cadiz）地区。地理位置的优越,历史上便是世界著名的雪莉酒的"老本家",雪莉酒属于葡萄酒范畴里的加强型酒,酒精度数在 15.5—22 度,通常作为开胃酒（干型）及餐后甜酒（甜型）。该地区的雪莉酒一直以来都大放异彩,与其优越的地理位置是分不开的。南部的加的斯(Cadiz)一直以来就是贸易高度活跃的地区,除此之外,这里温暖的地中海气候及大西洋气候的调节,为葡萄提供了良好的生长环境。再者,它的优势是历史长河里积累下来的优良的传统酿酒术。

五、小结

以上是对西班牙主要产区的介绍,西班牙东南方向的雷万特(Levante)地区也有很多重要的子产区,如瓦伦西亚(Valencia)、胡米亚(Jumilla)及耶克拉(Yecla)等,当地以生产慕合怀特(Mourvedre)广受消费者喜爱。从以上这些产区我们也可以看出,西班牙作为头号的葡萄栽培大国,绝对不逊色于欧洲其他两大葡萄酒生产国,其葡萄品种异常多样,葡萄酒类型也丰富多彩。随着葡萄栽培、酿酒技术的大量引进,工业化的改革进程异常迅速,质量得到稳定提高。加上西班牙国内众多国际知名酒庄的扩张与市场推进,西班牙葡萄酒在世界舞台上越来越大放光彩。

历史小故事

繁华的赫雷斯

在19世纪30年代,赫雷斯已经相当繁华了,据资料记载它是当时西班牙最富饶的城市,城里那些摩尔人风格的建筑和大教堂似的酒窖周围修起来宫殿般繁华的房子,这些房子不少是用来自南美的资金修建起来的。在那个时候,阿根廷、智利、墨西哥相继宣布从西班牙独立出来,在赫雷斯投资便成了商人们的最佳选择。葡萄园随处可见,到处弥漫着葡萄酒的芬芳,城里还有一条直接通往世界上最富有的葡萄酒进口大国的路线,根据数据可以看出当时的贸易情形。1810年赫雷斯出口了1万大桶葡萄酒;到1840年出口量翻了一番,到19世纪60年代,再次翻番;到1873年,出口量达到了6.8万大桶。其中有超过90%的雪莉酒出口到英国,1864年是英国对雪莉酒最为狂热的一年,赫雷斯的葡萄酒占英国当年进口葡萄酒总量的43%以上。

第七节 葡萄牙
Portugal Wine

葡萄牙的葡萄酒总是处在被大众忽视的边缘,其历史非常悠久。葡萄牙是欧洲生产葡萄酒的大国之一。葡萄酒产业在该国也占据着非常重要的地位,在葡萄牙大约25%的农业人口从事此行业,这足以显示葡萄酒产业在"葡萄王国"之称的葡萄牙的巨大规模。葡萄牙还素有"软木之国"的美称,葡萄牙软木及橡树制品居世界第一,因此葡萄牙不管从哪个角度上讲都是世界葡萄酒产业链上不可忽视的力量。葡萄牙是一个以红葡萄酒为主导的国家,近几年白葡萄酒也越来越受到重视。随着欧盟农业政策的倾斜,葡萄酒酿造行业正吸引大量年轻力量的到来,他们为葡萄牙的葡萄酒产业注入新的活力,葡萄酒品质得到很大提升。

一、自然环境

葡萄牙位于欧洲大陆的西南部,与西班牙同处于伊比利亚半岛,只不过85%是西班牙领土,葡萄牙只占了15%的面积。其东临西班牙,西靠大西洋,漫长的海岸线,便利的交通使得这个国

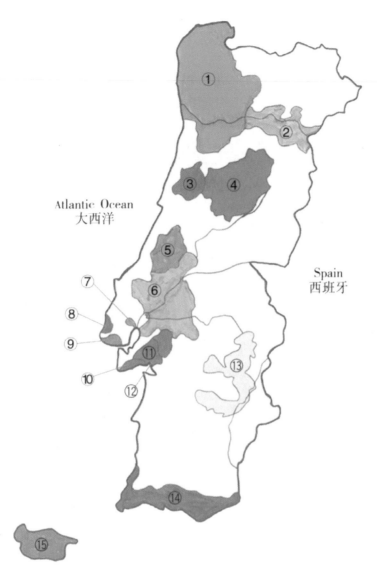

① Vinho Verde 绿酒
② Porto/Douro 波尔图/杜罗河
③ Bairrade 巴哈达
④ Dao 杜奥
⑤ Oeste 奥斯特
⑥ Ribatejo 里巴特茹
⑦ Bucelas 布塞拉斯
⑧ Colares 克拉雷思
⑨ Carcavelos 卡卡维卢斯
⑩ Setubal 塞图巴尔
⑪ Arrabida 阿拉比达
⑫ Palmela 帕麦拉
⑬ Alentejo 阿连特茹
⑭ Algarve 阿尔加夫
⑮ Madeira 玛德拉岛

葡萄牙葡萄酒产区图

家很早之前便在海上占据了优势地位,也从侧面传播了葡萄酒文化。气候上深受大西洋影响,西部沿海为海洋性气候,内陆部分偏向大陆性气候,炎热干燥。地形北高南低,多为山地和丘陵。葡萄酒丰富多样,以波特酒为代表的多样的加强型葡萄酒是这个国家最大的特点,同时日常饮用餐酒也越来越多样,温暖的气候下葡萄酒一般酒精度数偏高。

二、葡萄品种

葡萄牙的葡萄品种基本上为本国土著品种,与西班牙一样关注传统品种的发展,国际品种较少。现在葡萄牙的红葡萄品种主要有国产多瑞加(Touriga Nacional)、罗丽红(Tinta Roriz)、卡斯特劳（Castelao）、巴格（Baga）、特林加岱拉（Trincadeira）等，白葡萄品种有阿尔巴利诺（Alvarinho，西班牙叫 Albarino），阿兰多（Arinto），洛雷罗（Loureiro），安桃娃（Antao Vaz），华帝露（Verdelho），菲娜玛尔维萨（Malvasia Fina），塔佳迪拉（Trajadura），费尔诺皮埃斯（Fernao Pires）等。

国产多瑞加（Touriga Nacional）一直是葡萄牙公认的最优异的红葡萄品种，不管是在酿造波特酒还是酿造日常餐酒上都是红葡萄品种中最具代表性的品种。用其酿造的葡萄酒单宁浓厚，酸度高，构架感强，黑色浆果气息及香辛料（黑莓、黑醋栗、辣椒、丁香等）香味浓厚。适宜陈年，陈年后口感平滑柔顺。此品种果粒小，色泽呈深红色，果汁丰富。为了避开雾气，适宜生长在偏高地带上，但单位面积产量较小，所酿葡萄酒非常昂贵。首先，它主要分布在葡萄牙最著名的杜罗河谷内，在此产区享有很高的声誉。其次，在杜奥产区也有广泛分布，在此产区 20％的红葡萄酒都是用它来酿造的。由于其强劲的构架，酿酒时多与其他品种调配酿制，是调配酿酒非常优秀的品种，现在在澳大利亚也有部分栽培，主要用来酿造强化型葡萄酒。卡奥（Tinto Cao），主要用于调配酿酒，给葡萄酒带来很微妙、复杂的口感。其主要生长在偏凉的气候带上，产量很低，一度到了被抛弃的地步，但波特酒的出口经销商们为了保障其出口质量及团体利益，一直维持着这一品种的栽培。罗丽红（Tinta Roriz），这一品种应该是伊比利亚半岛上最优秀的品种，与西班牙丹魄是同一品种，就像在里奥哈地区此品种是酿制葡萄酒的上等品种一样，此品种用于在葡萄牙酿造的波特酒和其他餐酒也获得非常高的评价。

白葡萄品种方面，首先以阿尔巴利诺酿造的西班牙绿酒广受欢迎，该品种主要在北部产区种植；菲娜玛尔维萨在整个葡萄牙也种植普遍，为芳香型品种，是酿造白波特酒的优质品种；安桃娃是西班牙少数高酸的品种之一，柑橘类气息，陈年后有坚果风味，主要种植在阿连特茹产区；依克加多（Encruzado）主要产地在杜奥，是这一地区最好的白葡萄品种，产量偏低，但均衡感好，香味突出。另一个常见品种为华帝露（Verdelho），味道清新自然，酿造的葡萄酒通常有一定甜味，非常适合搭配甜点，在西班牙这一品种主要用来酿造马德拉酒。

三、葡萄酒等级制度及酒标阅读

自 1756 年，葡萄牙建立了世界上首个葡萄酒法定产区以来，至今已确定 14 个法定产区。1986 年，随着葡萄牙加入欧盟，为了配合欧盟规定，其把原来的 DO 制度改为 DOC 制度，按照这一新的制度把葡萄酒分为 4 个等级。

（一）DOC（Denominacao de Origem Controlada）

其为葡萄牙最高等级的葡萄酒，相当于法国的 AOC 等级葡萄酒。根据葡萄牙 DOC 制度的规定，该产区的葡萄酒必须满足葡萄牙葡萄酒协会（IVV），以及各地区葡萄酒相关组织的严格的条件。现在，葡萄牙共有 30 个 DOC 产区，其中 4 个强化型波特酒产区获得了 DOC 等级资格，它们都获得了 IVV 的认证。

（二）IPR（Indicação de Proveniência Regulamentada）

第二等级是葡萄牙加入欧盟后新设立的等级，至今已指定 31 个产区。相当于法国过去的 VDQS，属于地区餐酒与法定产区酒的过渡期。但在实际操作过程中还有些混乱，所指定葡萄酒产区并没有得到严格管理。

（三）VR（Vinho Regional）

自 1993 年以来，这一等级的葡萄酒产区中，有一部分产地开始在酒标上标注 VR 标志。现在有 8 个产区属于此等级，同时还有 5 个小产区，相当于法国的地区餐酒。

（四）VdM（Vinho de Mesa）

其为葡萄牙最低级别的葡萄酒，相当于法国的日常餐酒，这一等级的葡萄酒不需要标注产地及年份等信息,出口较少。

葡萄牙自 1986 年加入欧盟以来,葡萄酒产业得到迅速发展,葡萄酒相关法令也更加规范。酒标常用标记通常包含的信息有年份、产地、葡萄酒的种类(红、白)、葡萄酒的等级、葡萄酒酿酒厂、品牌、容量、酒精含量以及品种等,如果标有品种,则说明该葡萄品种含量在 85% 以上。酒标其他常用术语还有 Reserva 与 Garrafeira。Reserva 主要针对 DOC 等级使用,葡萄酒必须来自同一年份,体现当地风土特征,最低酒精度数必须比当地规定酒精度高 0.5% vol,一般情况下表示优质葡萄酒。Garrafeira 是葡萄牙独有的一个酒标术语,有该标识的葡萄酒必须标识年份,该类型葡萄酒也必须来自同一年份,而且酒精度数要比其在 DOC 法定最小值高 0.5% vol。葡萄酒体现当地风土特征,红葡萄酒要求最少陈酿时间为 30 个月,其中瓶内陈年最少 12 个月,白葡萄酒与桃红葡萄酒则要求最少陈酿 12 个月,瓶内放置 6 个月。该标识同时适用于 DOC 与 IGP 葡萄酒等级。

四、主要产区

(一)杜罗河(Douro DOC)

杜罗河发源于西班牙,无论在西班牙或者葡萄牙,沿河的山谷都是葡萄庄园,它孕育了两国的众多顶级酒庄。该产区主要分布在从西部波尔图(Porto)起沿杜罗河向上游约 100 公里的地区,东与西班牙接壤,全区面积为 25 万公顷,葡萄耕种面积为 4 万公顷。这一产区传统上一般分为三个区域,下科尔戈(Baixo Corgo)、西马·科尔戈(Cima Corgo)、上杜罗河(Upper Douro)。有些地方地形陡峭、险峻,葡萄园就分布在沿杜罗河两岸的岩壁的平板石上,经岁月的磨炼及人们不间断的努力休整,形成了现在的一个个峻峭却不失整洁的葡萄园区。土壤多由黏板岩、花岗岩等构成,有些时候则根本没有土壤,多为贫瘠地带。气候上呈现明显的地中海气候,夏季有让人无法喘息的炎热与干燥;冬季则温和多雨。该产区以红葡萄种植为主,主要葡萄品种有国产多瑞加(Touriga Nacional)、弗兰克多瑞加(Touriga Franca)、罗丽红(Tinta Roriz)、阿玛瑞拉红(Tinta Amarela)、巴罗卡红(Tinta Barroca)、卡奥红(Tinta Cão)6 个品种,其中国产多瑞加表现最佳。这些葡萄酒适合在橡木桶和瓶中陈年,口感浓郁,适合搭配炖菜、风味十足的肉类以及内脏类食物,如猪肝和熏肉等。葡萄酒的酿造上 40% 以上是波特酒,杜罗河(Douro Doc)葡萄酒成熟度高,一般具有很高的酒精度,口感浓郁。白葡萄品种有玛尔维萨普雷塔(Malvasia Preta)、维欧新(Viosinho)等,由于气候炎热,优质白葡萄一般种植在一定海拔之上,葡萄酒呈现清新的果香与清脆的酸度,与餐前的小食和鸡肉类食物搭配。另外,杜罗河的葡萄酒需要经过杜罗河和波尔图葡萄酒协会盲品打分,采用 20 分制。10 分以下为不合格;10 分可以使用 IGP;11 分被认定为 Douro DOP;12—13 分可以命名为 Reserva 陈酿;14—20 分可以被列入 Grande Reserva 特级陈酿范畴。

(二)绿酒(Vinho Verde DOC)

葡萄牙著名的绿酒产区位于葡萄牙最北端,杜罗河以北,与西班牙接壤一带都算作此产区。北临西班牙的下海湾地区,深受海洋性气候影响,与西班牙下海湾有相似的气候特征,使得两地成为伊比利亚半岛上经典的白葡萄酒产区。葡萄实际栽培面积占该区域的一半面积。这一产区酿造的 95% 以上的葡萄酒都属于优质葡萄酒(DOC/IPR 级)。土壤以花岗岩为主,气候夏季凉爽,冬季温暖,雨水较多。在葡萄种植上使用棚架式 VSP 树型,以减少霉菌的侵害,同时也有利于葡萄藤接收充足的阳光,该产区于 1908 年被指定为 DOC 产区。Vinho Verde 在葡萄牙语中为"绿色之酒"之意,经典的葡萄牙绿酒,一般呈现浅黄色,具有清淡活泼的酸度,酒精度数低,一般在 8.5%—11.5% vol。如果是以"Vinho Verde+子产区"名称出现,则葡萄酒酒精度要求至少为 14% vol。在 Moncao 与 Melgaco 两个子产区内出产的葡萄酒,酒精度要求为 11.5%—

14%vol。这类葡萄酒带有明显的热带果香,酒体饱满。由于大部分的绿酒口感清新自然,略带气泡,成为当地搭配开胃餐的新鲜可口的餐前酒,绿酒主要使用阿尔巴利诺、阿瑞图、洛雷罗等品种酿造。另外,该产区同时还出产少量红葡萄酒及桃红葡萄酒,白葡萄酒与桃红葡萄酒搭配当地海鲜,红葡萄酒则适合与一些炖菜搭配。

（三）杜奥（Dāo DOC）

杜奥产区位居葡萄牙国土的中央地带,位于杜罗河以南 80 公里,葡萄耕种面积近 2 万公顷。四面环山,海拔高,这里夏季炎热,降雨量偏少,昼夜温差大,葡萄可以慢慢成熟,土壤以花岗岩、片岩为主,非常适宜葡萄的生长,是葡萄牙非常优质的红葡萄产区之一。与绿酒产区一样也是在 1908 年被指定为 DOC 产区。红葡萄品种有罗丽红（Tinta Roriz）、巴斯塔都（Bastardo）,白葡萄品种有依克加多（Encruzado）等。该产区葡萄酒的酿造 80% 为红葡萄酒,得益于现代化酿酒设备与酿造方法的使用,红葡萄酒果香浓郁,加上新橡木桶的使用,口感丰富,富有变化性。Garrafeira 级的葡萄酒需要在橡木桶内陈年 2 年,瓶内陈年 1 年,白葡萄酒则要求橡木桶内陈年12 个月,同时瓶内陈放 6 个月。这类葡萄酒口感厚重强劲,单宁柔顺,适合搭配各种烤肉及硬质奶酪。白葡萄酒在该地有 20% 的市场占有率,主要使用当地葡萄依克加多（Encruzado）酿造而成,中等酒体,有清爽的高酸,适合年轻时饮用,饮用前需要充分冰镇。

（四）百拉达（Bairrada DOC）

百拉达产区位于波尔图（Porto）市南部,杜奥产区的西南方向。葡萄栽培面积不大。气候较温暖,降雨量在 1000 毫米,夏季雨水少,冬季雨水多。在 1979 年被认定为 DOC 产区,葡萄酒的酿造主要以红葡萄酒主为,占总产量的 80%。红葡萄酒中单宁强劲的巴加（Baga）红酒非常出名,酿造时通常至少混合 50% 的巴加（Baga）葡萄酿造,这类酒在酒标标有 Classico 字样。其他红葡萄品种还有卡斯特劳（Castelao）、莫雷托（Moreto）等,近年国产多瑞加、赤霞珠、美乐、西拉等的种植也在增加,并被允许使用在 Bairrada DOC 名称下。白葡萄品种有碧卡（Bical）、玛利亚果莫斯（Maria Gomes）等,多呈现高酸,成熟的桃子、梨等风味。部分白葡萄酒会在橡木桶内发酵,在瓶中陈年,这类酒结构感强、酒体饱满、酸度强,有成熟的核果类香气。另外,该产区也出产大量以碧卡（Bical）酿造的起泡酒,通常使用瓶内二次发酵的传统法酿造而成。

（五）里斯本（Lisboa）

里斯本是葡萄牙最大的葡萄酒产区,种植面积 6 万多公顷。海洋性气候,温暖湿润,酿造的葡萄酒能保持较好的酸度,酒体较轻盈。该地是葡萄牙主要日常餐酒的出产地,也有一些优质酒款。科拉雷斯（Colares DOC）葡萄酒是该地区少有的 DOC 产区酒之一,使用拉米斯科（Ramisco）红葡萄品种酿造而成,酸度清新,单宁强劲,二者之间能达到很好的平衡,拉米斯科干红葡萄酒还有十分丰富的红色水果风味,极具陈年潜力。里斯本（Lisboa）IGP 的白葡萄酒多用阿瑞图（Arinto）和费尔诺皮埃斯（Fernao Pires）葡萄酿造而成,口感清脆、香气浓郁。红葡萄品种以国产多瑞加、罗丽红为主,多混合酿造,国际品种使用也较为频繁。

（六）特茹（Tejo）

该产区位于里斯本东侧,气候干燥,但因特茹河穿越,非常方便葡萄园的灌溉。葡萄产量高,酒体较淡薄,价格实惠。该产区主要生产红葡萄酒,以当地品种卡斯特劳（Castelao）、特林加岱拉（Trincadeira）为主,也零星种植了一些国际品种,如西拉、赤霞珠等。当地不乏优质葡萄酒,是一个值得深度探讨的好地方,另外,该地还包含了里巴特茹（Ribatejo DOC）,这一名称下的葡萄酒质量杰出。

（七）塞图巴尔半岛（Peninsula de Setubal）

这里是葡萄牙海拔较高的地区,紧靠大西洋,内陆地区的气候炎热。该地又包括两个知名的 DOC 产区,分别是帕尔梅拉(Palmela DOC)和塞图巴尔(Setubal DOC)。这里因生产一种用亚历山大麝香葡萄(Muscat of Alexandria)酿造的加强型甜酒而著称,带有迷人的糖果及橘子酱的味道。其他白葡萄品种有费尔诺皮埃斯(Fernao Pires)和阿瑞图(Arinto)。红葡萄酒主要用卡斯特劳(Castelao)等酿造而成,在帕尔梅拉(Palmela)地区以 DOC 名称进行销售,品质较高,果味浓郁,富有层次。当地代表酒庄有柏卡酒庄(Bacalhoa Vinhos)及丰塞卡酒庄(Jose Maria da Fonseca)等。

(八)阿连特茹(Alentejo)

葡萄牙是一个北高南低的国家,南部地区土地广袤,全年皆夏,气候干燥。阿连特茹产区正是位于葡萄牙南部,这里气候炎热干燥,降雨量很少,高温下葡萄会较早成熟,通常在 8 月末就可以采收。历史上的阿连特茹葡萄种植历史悠久,最早可以追溯到古罗马统治时代,葡萄园面积广泛,另外当地还是著名的制作软木塞的橡树生产地,约有 350 公顷。该地主要的葡萄品种有阿拉贡内斯(Aragones)、特林加岱拉(Trincadeira)、卡斯特劳(Castelao)以及安桃娃(Antao Vaz)等。白葡萄酒多呈现热带果香,并有较好的酸度,陈年后有坚果风味。红葡萄酒则酒体饱满,并且具有丰富且成熟的单宁,果味馥郁。当地著名的酒庄有卡莫庄园(Quinta do Carmo,法国拉菲集团注资)及赫尔达德·道艾斯波澜庄园(Herdade Do Esporao,葡萄牙最古老的酒庄之一)等。

(九)马德拉(Madeira)

这里远离伊比利亚半岛,地理位置上更加靠近北非,气候温暖,属于典型的地中海气候。历史上独特的历史背景造就了这里非常重要的葡萄酒产业地位,葡萄酒以加强型为主导,酒精度通常在 18%vol 左右。主要品种是华帝露(Verdelho)、舍西亚尔(Sercial)、特伦太(Terrantez)、布尔(Bual)和玛尔维萨(Malvasia),葡萄酒酿造遵循了强化型葡萄酒酿酒工艺,但它的独特之处是暴露式氧化陈年,这样出产的酒具有果味、烟雾及焦糖等气息,风格有干型、半干型、甜型等。

五、小结

葡萄牙葡萄酒产业总体发展落后于欧洲核心国家,但其因南北地域的不同,气候多样,受山地、海拔、河流等影响,葡萄酒呈现风格多样的特点。该国尤其突出的是享誉世界的波特酒与马德拉酒,另外,这里还是世界名副其实的软木塞生产大国,约占全球 33% 的产量,是世界上不可忽视的葡萄酒产业力量。葡萄牙有着很深的酿酒文化底蕴,近几十年出现了很多葡萄酒革新派,他们根据当地风土,引进国际品种及现代化技术,吸引更多优秀的酿酒人才,并对葡萄栽培及酿酒技术进行大胆革新,这些改进让这个国家的葡萄酒产业充满希望。

历史小故事

酒商会馆

波尔图有一座建于 1790 年的雄伟的石头建筑,它是英国人曾在当地经商的标志,这座建筑的正式名称为英商协会,但人们还是习惯上把它叫做酒商会馆。这座建筑堪称 18 世纪英国人建筑方面的杰作,也是波尔图当时最热闹之地。直到今天,会馆的成员仍以波尔图运酒商为主,其中多数是英国人。只要不是酿酒的季节,他们每周周三都会聚集在会馆里共进午餐。他们还保留着酒桌上传酒给左边的人的悠久传统。在喝过一杯当季的葡萄酒之后,他们会品尝一杯茶色波尔图葡萄酒,只有会长知道这杯酒的来历,桌上的商人们会下些赌注轮流猜猜这杯酒的年份,以及是哪家运酒商运来的。

第八节 奥地利
Austria Wine

奥地利有世界音乐之国的美誉,殊不知这里还是美食与美酒的仙境之国。奥地利位于欧洲的中心位置,是世界上为数不多的以白葡萄酒为主导的产酒国,独特的风土下,这里的白葡萄酒热情而多香,虽然市场还是以内销为主,但其葡萄酒的品质普遍非常优异,葡萄酒产业地位逐渐攀升。

一、自然环境

奥地利位于欧洲内陆,是一个名副其实的多山之国,山地约占总面积的70%以上,境内阿尔卑斯山横穿而过,占据了西南部大部分地区,到了东北部地区地势开始减缓,多平原、丘陵、河流与湖泊。葡萄园主要分布在东北部这些起伏的丘陵及多瑙河沿岸。这里属于典型的温带大陆性气候,北部地区受北方冷空气的影响,气候凉爽,个别地区昼夜温差大,葡萄生长期长。这里的葡萄生长受河流湖泊影响大,靠近湖泊的地方,秋季大雾弥漫,有利于贵腐霉滋生,是世界上可以出产优质的贵腐甜酒的优秀产国之一。奥地利作为欧洲的一份子,早在公元前700年就已经出现了酿造记录,约有57000公顷的葡萄种植面积,葡萄酒多满足内需,出口量不大。

二、葡萄酒法律及酒标

奥地利葡萄酒法律受德国影响大,基本与德国葡萄酒分级制度相似。分为PDO与PGI葡萄酒,前者包括Qualitatswein(Kabinette属于该级别)与Pradikatswein葡萄酒,除此以外奥地利还借鉴法国AOC制度,推出了DAC法定产区监管制度。PGI在奥地利没有太多独特之处,酿酒过程中允许加糖,在酒标上以Landwein进行标识,并标明来自四个产区之一,分别是下奥地利(Niederosterreich)、布尔根兰(Burgenland)、施泰尔马克(Steiermark)和维也纳(Wien/Vienna)。没有GI地理标识的葡萄酒则以Wein名义出售,酒精度需达到8.5%vol。

(一) Pradikatswein

这一等级与德国葡萄酒分级一样,也是根据葡萄成熟度进行的划分,共7个级别,分别是晚收(Spätlese)、精选(Auslese)、颗粒精选(Beerenauslese,简称BA)、高级甜葡萄酒(Ausbruch)、干果颗粒贵腐精选葡萄酒(Trockenbeerenauslese,简称TBA)、冰酒(Eiswein)以及稻草酒(Strohwein)。其中Ausbruch为糖分介于BA与TBA之间的酒,Strohwein为使用风干葡萄酿成的酒。

(二) DAC(Districtus Austriae Controllatus)

该制度为奥地利借鉴法国制定的一项新的葡萄酒监管制度,这一制度体现出产区典型性,每个被认定的产区都有限定品种,只有达到Qualitatswein质量要求的葡萄酒才有资格上升为DAC。截止到目前,奥地利19个葡萄产区已有15个加入了DAC体系。该级别分经典(Klassik)和珍藏(Reserve)两类,前者葡萄酒较为轻盈,后者多厚重,通常在橡木桶内有一定陈年时间。

三、葡萄品种

奥地利是一个以白葡萄品种为主导的国家,白葡萄占70%以上份额,但近几年红葡萄份额有逐渐上升的趋势。葡萄酒通常具有较高的果酸,香气丰富,酒精含量中等。绿维特利纳

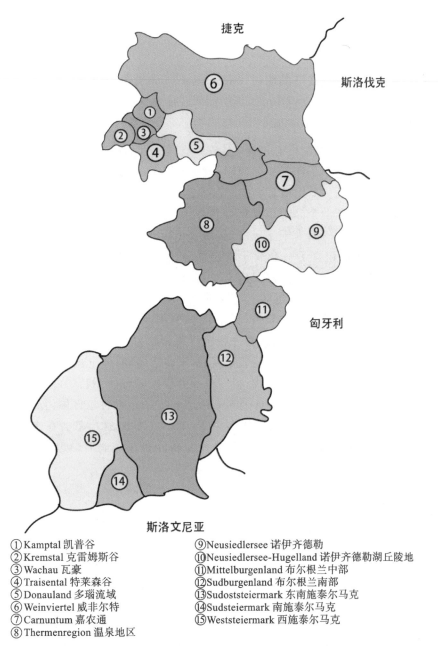

① Kamptal 凯普谷
② Kremstal 克雷姆斯谷
③ Wachau 瓦豪
④ Traisental 特莱森谷
⑤ Donauland 多瑙流域
⑥ Weinviertel 威非尔特
⑦ Carnuntum 嘉农通
⑧ Thermenregion 温泉地区
⑨ Neusiedlersee 诺伊齐德勒
⑩ Neusiedlersee-Hugelland 诺伊齐德勒湖丘陵地
⑪ Mittelburgenland 布尔根兰中部
⑫ Sudburgenland 布尔根兰南部
⑬ Sudoststeiermark 东南施泰尔马克
⑭ Sudsteiermark 南施泰尔马克
⑮ Weststeiermark 西施泰尔马克

奥地利葡萄酒产区图

(Grüner Veltliner)是该国最有代表性的白葡萄品种,种植面积约占 1/3 的比例,该品种通常具有清新的酸度,果香馥郁,多呈现柑橘、西柚风味,葡萄酒大多不经过橡木桶陈年,适合早期饮用。优质款也可以在橡木桶陈酿,可以与橡木完美匹配,酿造出香料、奶质、烟草等富有层次感的葡萄酒。雷司令在奥地利也有突出表现,这里是雷司令在欧洲的经典产区之一,尤其在瓦豪(Wachau)、坎普谷(Kamptal)有上佳表现,通常酒体饱满,异于德国清爽型风格,这里的雷司令果香通常更加丰富且成熟。威尔士雷司令(Welschriesling)是奥地利第二大葡萄品种,该品种在中欧地区有广泛种植,在奥地利布尔根兰(Burgenland)地区品质优异,是该地 BA、TBA 甜酒的主要品种。其他白葡萄品种还有米勒-图高、霞多丽等。红葡萄品种主要为紫威特(Zweigelt)、蓝佛朗克(Blaufrankisch)等。前者,多红色水果香气,可以酿造轻盈型葡萄酒,也可以酿造浓郁型葡萄酒,气质优雅迷人,是奥地利非常有种植前景的品种。后者更多浆果及香辛料的气息,结构感强,有较强的陈年潜力。其他红、白葡萄品种还有纽伯格(Neuburger)、灰皮诺(Pinot

119

Gris)、长相思（Sauvignon Blanc）、圣罗兰（St. Laurent）、黑皮诺（Pinot Noir）等。

四、主要产区

奥地利有四大产区，分别是下奥地利（Niederosterreich）、布尔根兰（Burgenland）、施泰尔马克（Steiermark）和维也纳（Wien/Vienna），其中前两者葡萄种植面积居多，约占90%以上。

（一）下奥地利（Niederosterreich）

这里是奥地利出产葡萄酒的核心产区，也是奥地利最大的产区。它地处奥地利的东部，北部与斯洛伐克接壤，下分八个子产区。葡萄园多位于美丽的多瑙河两岸陡峭的山坡上，以梯田分布，可以更好地吸收光照。其中最著名的产区唯瓦豪（Wachau）莫属，这里以盛产优质的绿维特利纳和雷司令而著称，这两个品种也是瓦豪晋升为DAC后法定的两个品种。该地区葡萄酒大部分不进行橡木桶陈年，一般为干型风格，优质款可以与勃艮第相媲美。瓦豪地区在奥地利正常葡萄酒法律体系下又建立了一套属于自己的等级制度，分为芳草级（Steinfeder）、猎鹰级（Federspiel）和蜥蜴级（Smaragd）三个等级。Steinfeder是当地的一种轻如羽毛的草类植物，该等级酒最为清淡，酒精度一般不超过11.5%vol，新鲜感十足，果味充沛，非常适合做开胃酒。Federspiel这一级别名称来自当地的猎鹰，酒体中等，酒精度要求为11.5%—12.5%vol，适合开胃或佐餐。Smaragd这一名称来自当地的一种祖母绿蜥蜴。这一级别是瓦豪分级里最优质的酒款，酒精度要求至少为12.5%vol，葡萄成熟度高，果香四溢，酒体丰盈饱满，优质款适合陈年，适合搭配各类佐餐类、海鲜类菜肴，与亚洲料理也非常搭配。威非尔特（Weinviertel DAC）产区也是该地著名产区，这里是绿维特利纳（Grüner Veltliner）的核心种植区域，如果酒标显示DAC等级，葡萄酒只能允许使用该品种。葡萄酒多果味，属于酸爽型，优质款会在橡木桶陈年。漫长干燥的大陆性气候，延长了葡萄的生长周期，葡萄园多分布在多瑙河岸边的梯田上，昼夜温差大，葡萄酒有优异的平衡性，酒质突出。

（二）布尔根兰（Burgenland）

该地地处奥地利东部地区，与匈牙利接壤，气候温暖，以生产高品质的干红与甜白葡萄酒著称，是奥地利第二大葡萄酒产区。这里的诺伊齐德勒（Neusiedlersee）受风土的影响大，处于湖泊的低洼地带，秋季受湖水的影响，葡萄园被笼罩了一层浓浓的雾气，这对滋生贵腐霉提供了绝佳的气候条件，成就了该地盛产贵腐甜酒的美名。威尔士雷司令是酿造甜酒的主要使用品种，主要类型有BA、TBA、Ausbruch以及稻草酒等。除此之外，诺伊齐德勒也是DAC产区，限定品种为茨威格，主要分布于远离湖泊的山坡地区，这里气候较为干燥，非常适宜该品种的生长，品质优异，广受关注。中部布尔根兰（Mittelburgenland DAC）、冰堡（Eisenberg DAC）也是该地著名的子产区，这里是奥地利最优质的蓝佛朗克红葡萄酒的法定产区，蓝佛朗克的优质酒款通常在新桶内陈年。

（三）施泰尔马克（Steiermark）

施泰尔马克位于奥地利的南部，产量与北部相比规模较小，占7%左右，主要有南施泰尔马克（Sudsteiermark）、西施泰尔马克（Weststeiermark）、东南施泰尔马克（Sudoststeiermark）三个子产区，这些子产区全部为DAC产区，主要以威尔士雷司令、长相思、白皮诺、灰皮诺、霞多丽、塔明娜为主，其中威尔士雷司令、长相思、霞多丽最为出名。这里土壤条件良好，土壤由麻岩、片岩、黏土以及原生风化石等组成，出产的葡萄酒多以新鲜、芳香型干白葡萄酒为主，塔明娜是这里的特产，另外，当地一种名为西舍尔（Schilcher）的桃红葡萄酒也负有盛名。

（四）维也纳（Wien）

该产区多出产简单易饮型葡萄酒，大多用绿维特利纳（Grüner Veltliner）酿造而成，酒体轻盈,偶尔出产珍藏级优质葡萄酒。值得注意的是这里是奥地利国际葡萄酒展览会 Vie Vinum 的举办地,每两年举办一届,是该国最隆重的葡萄酒盛会,也是人们了解奥地利葡萄酒的重要窗口,每年吸引大量酒商聚集。

五、小结

总体来说,奥地利在葡萄酒产量上算不上欧洲的核心产酒国,但它同样拥有千姿百态的葡萄酒。除了拥有优美绝佳的自然风光及多样的葡萄种植风土外,政府对葡萄酒产业制度改革也是与时俱进的,政府对奥地利葡萄酒产业推动作用大,葡萄酒市场前景良好,是世界优质葡萄酒的代名词。奥地利葡萄酒芳香馥郁,果味诱人,越来越受到海外市场的青睐。

第九节　匈牙利
Hungary Wine

欧洲葡萄酒一直以西欧为中心,而东欧的葡萄酒却常常被遗忘,匈牙利便是其中之一。据记载,13 世纪时贝拉国王曾盛情邀请意大利人来此做客,豪爽的意大利人带来了他们最喜爱的富尔民特葡萄,匈牙利人将它与芳香多汁的哈斯莱威路混合,再加入少量的麝香葡萄,便酿出了现在匈牙利最好的果酒——托卡伊葡萄酒。这种被路易十四十分钟爱称为"酒中之王、王室之酒"的葡萄酒得到了欧洲王室及俄国沙皇的极大推崇。直到今天它仍是欧洲最重要的葡萄酒之一,尤其是世界贵腐甜酒托卡伊(Tokaji)的重要组成部分。

一、自然环境

匈牙利位于北纬 46 度至 49 度之间,该国多山,土壤主要为火山岩和石灰岩,因此非常适宜葡萄的生长。匈牙利全境无海洋接壤,周围群山环抱,是典型的大陆性气候,夏季炎热干燥,冬季严寒。但该地秋季较为特殊,经常雾气蒙蒙,这为该国的贵腐甜酒提供了绝佳天气。匈牙利全境都生产葡萄酒,红、白、桃红葡萄酒都有,酿酒风格既有传统酿造工艺,又融入现代酿酒风格。葡萄品种上,除传统品种的种植外,也大量引进赤霞珠、美乐等国际品种。目前,匈牙利共有 22 个葡萄酒产区。主要核心产区有纳吉-索姆罗(Nagy-Somló)、维拉尼(Villany)、埃格尔(Eger)、托卡伊(Tokaji)、巴拉通(Balaton)等。

二、葡萄酒法律及酒标

匈牙利是欧盟成员之一,因此葡萄酒法律也遵循欧盟新规。匈牙利的 PDO 等级的葡萄酒称为 Oltalom alatt álló Eredetmegjelölés(OEM),该等级对应的传统名称为 Minosegi Bor 与 Vedett Eredetu Bor,前者表示优异葡萄酒,后者表示特别优异葡萄酒,与法国的 AOC 级别类似。PGI 等级的葡萄酒称为 Oltalom alatt álló Foldrajzi Jelzések(OFJ),该级别对应的传统酒标标识为 Tajbor,相当于法国地区餐酒 VDP 级别。

匈牙利酒标信息除以上法定等级之外,酒标上多使用品种标识,这些品种除匈牙利当地、中欧品种之外,还有我们常见的国际品种,非常方便消费者识别。此外,在酒标上还常看到 Aszu、Puttonyos、Eszencia 等标识语,这些标识指使用一定数量贵腐霉感染葡萄酿造而成的贵腐甜酒,具体内容详见后文对托卡伊(Tokaji)产区的介绍。

三、葡萄品种

匈牙利葡萄酒历史悠久,葡萄品种丰富多样。其主要葡萄品种有富尔民特(Furmint)、卡法

①Tokaji托卡伊
②Eger埃格尔
③Villany维拉尼

匈牙利葡萄酒产区图

兰克斯(Kekfrankos)、哈斯莱威路(Harslevelu)、萨格穆斯克塔伊(Sarga Muscotaly)、卡达卡(Kadarka)及雷司令(Riesling)等。这其中最耀眼的明星品种当富尔民特(Furmint)莫属,该品种天然高酸,晚熟,加上当地特殊的风土环境,成为酿造托卡伊(Tokaji)贵腐甜白葡萄酒的主要白葡萄品种,在托卡伊产区有非常广泛的种植。酿成的贵腐甜白葡萄酒年轻时一般具有浓郁的果香,陈年后能散发出丰富的坚果、红茶、麦芽糖及蜂蜜的气息。该品种也可以用来酿造干型葡萄酒,口感坚实有力,具有酸橙、苹果等馥郁的果香。哈斯莱威路(Harslevelu)是托卡伊(Tokaji)甜白葡萄酒的重要混酿品种,天然高酸,可以为贵腐甜白葡萄酒提供酸度。萨格穆斯克塔伊(Sarga Muscotaly)属于小粒白麝香(Muscat Blanc a Petits Grains),具有丰富的柑橘、桃子、甜瓜、蜂蜜及香料等气息,它是酿造托卡伊(Tokaji)甜白葡萄酒的第三大调配品种。卡达卡(Kadarka)是匈牙利重要的红葡萄品种,晚熟,耐旱,酿成的葡萄酒酒体中等,单宁柔和,是该国酿造公牛血葡萄酒的重要品种。除以上品种外,近几年赤霞珠、美乐、黑皮诺、西拉、灰皮诺、霞多丽及长相思等国际品种开始大量种植,这其中尤其以灰皮诺发展最快,其酿造的葡萄酒口感风格多属于清爽的意大利灰皮诺类型。

四、主要产区

匈牙利重要葡萄酒产区有埃格尔(Eger)、维拉尼(Villany)、托卡伊(Tokaji)等。

(一)埃格尔(Eger)

该产区位于匈牙利北部,葡萄酒历史悠久。这里以举世闻名的公牛血葡萄酒而著称于世,这种酒至少由三种葡萄混酿而成,单宁丰富,有浓郁香辛料味,结构感较强。该产区气候温暖,赤霞珠等国际品种种植有扩大趋势。

(二)维拉尼(Villany)

该地位于匈牙利的南段,气候较为温暖,临近克罗地亚边界,以出产优质的红葡萄酒而著称。主要品种有卡法兰克斯以及赤霞珠、品丽珠等国际品种。酿造方式上,该地区以波尔多式混酿而著称,部分优质饱满型葡萄酒在橡木桶内陈年,香气突出,口感柔顺,受到好评。

(三)托卡伊(Tokaji)

托卡伊是一个匈牙利东北部的小镇,紧靠俄罗斯边境。该地区是联合国教科文组织确认的世界遗产,也是匈牙利顶级和著名的葡萄酒产区。这里出产闻名天下的托卡伊贵腐甜白葡萄酒,匈牙利人用感染贵腐霉的葡萄酿造的葡萄酒比德国人早了整整 120 年,是世界上最早酿制贵腐甜白葡萄酒的产区,据说在精糖发明之前,欧洲皇室成员会用精致的水晶勺子享用贵腐甜白葡萄酒,珍贵程度可见一斑。该产区的葡萄园多分布在名叫博德罗格河(Bodrog)和蒂萨河(Tisza)两条河流两岸及山间的斜坡上,早晚高湿度的气候与充足的阳光交相更替,这为该地贵腐甜酒创造了极佳的微气候。该地葡萄酒类型非常多样,葡萄酒通常使用富尔民特(Furmint)、哈斯莱威路(Harslevelu)、萨格穆斯克塔伊(Sarga Muscotaly)以及泽塔(Zeta)酿造而成。托卡伊一直是世界非常重要的贵腐葡萄酒出产地,在世界上享受盛誉,通常酿造的甜酒色泽金黄或棕黄,并伴随非常丰富的柑橘、柚子、肉桂、丁香等香气,果香馥郁,酸甜平衡。市场最常见的贵腐甜白类型有两种,第一类是 Tokaji

贵腐葡萄

Szamorodni,由轻度感染贵腐菌的葡萄 Aszu 与葡萄 Non-Aszu 混合酿造而成,与大名鼎鼎的 Tokaji Aszu 相比,口味略有不同。可以是干型、半甜型或甜型葡萄酒。第二类是 Tokaji Aszu,该酒使用受到贵腐菌感染的 Aszu 酿造而成,酒精度最少为 9%vol,最少陈年时间为 3 年,其中橡木桶内陈年时间为 18 个月。酿造该类型甜酒,首先要把 Aszu 分开采收并把果浆压成糊状,这些黏稠的果浆被加入干型基酒内,以大约 25 千克为一筐的量,加入筐数越多,葡萄酒残糖量越高。我们在酒标上能看到 Puttonyos 的标示,这一术语为贵腐甜白糖分分级单位,通常有如下几种(见表 6-12)。

表 6-12　不同 Aszu 类型及含糖量

类型	每升含糖量
3puttonyos(2013 年已取消)	60 克/升
4puttonyos(2013 年已取消)	90 克/升
5puttonyos(2013 年改为 Tokaji Aszu)	120 克/升
6puttonyos	150 克/升
Aszu Esszencia	180 克/升
Tokaji Esszencia	450 克/升

Esszencia 是托卡伊的顶级贵腐甜酒,只有在最好的年份才会出现,价格较高。有两种类型,一种为 Aszu Esszencia,相当于 7—8 筐贵腐葡萄,糖分量约在 180 克/升。第二类为 Tokaji Esszencia,含糖量高达 450 克/升,被称为甜酒中的极品,仅使用 Aszu 的自流汁酿造而成,通常酒精度为 5%vol 左右。托卡伊甜酒市场上的主要风格有古典派与现代派两种,古典派,葡萄酒陈年时间较长,呈琥珀色泽,高酸,带有浓郁芬芳的香气,通常有橘子酱、杏、蜂蜜、黑面包、烟熏、咖啡、焦糖等风味;现代派的托卡伊甜酒不受严格的酿造法规限制,甜度较低,更符合现代人的口味。另外,现代的酿酒方式通常会减少葡萄酒在木桶里陈年的时间,多保留其纯美的水果果香,一般在酒标上标注"Late Harvest"(晚采收)的字样。此外托卡伊也有干型风格,在贵腐年份

较少的时间,酒庄则会酿造干型葡萄酒,多使用富尔民特酿造,风格多样。

五、小结

悠久历史积淀下的匈牙利酿酒业除了有独具特色的 Tokaji Aszu、公牛血及本土品种的干白葡萄酒之外,国际葡萄品种的引入使得匈牙利葡萄酒种类丰富多彩起来,葡萄酒酿酒产业也迎合市场发展不断创新改革。外界对它的关注越来越多,葡萄酒休闲旅游及品酒活动的开展也促进了匈牙利葡萄酒产业的发展,作为旧世界葡萄酒生产国重要的组成部分,匈牙利正在展示出自己独具特色的魅力之处。目前我国市场上匈牙利葡萄酒的推广也有了较快的发展,但仍然以贵腐甜白葡萄酒最受关注,并在一、二线城市发展快速,深受女士欢迎。

历史小故事

外交武器

路易十四十分钟爱托卡伊葡萄酒,称它为"酒中之王,王室之酒",法国上下也随之对这种酒不遗余力地大加赞赏。在 1700 年,拉科齐家族就已将托卡伊地区的葡萄园根据土壤条件、地理位置和出产的酒的品质划分为三个等级——这是欧洲最早实行等级划分的葡萄酒产区。这种做法在 1723 年很快被新成立的哈布斯堡政府批准了。他们选择了最好的地方来种植葡萄,并用最好的酒来讨好别国的君王,俄罗斯的彼得大帝和普鲁士的弗雷德里克一世很快就被托卡伊葡萄酒征服了。匈牙利葡萄酒除了供应维也纳、莫斯科、圣彼得堡、华沙、柏林和布拉格之外,剩下的葡萄酒则被英国、荷兰和法国等国的王公贵族们抢购一空。

第十节 澳大利亚
Australian Wine

澳大利亚是个年轻的国家,在短暂的历史里,澳大利亚葡萄酒成长为绝对的新世界葡萄酒(New World Wine)佼佼者,发展之快令人赞叹。根据国际葡萄与葡萄酒组织(OIV)2017 年的统计信息,目前澳大利亚葡萄酒产量位于全球第 5 位。澳大利亚葡萄酒由于其稳定优异的品质与适中的价位博得了越来越多人的厚爱。近年来在我国市场上,随着欧洲葡萄酒的大量涌入,澳大利亚葡萄酒也不甘示弱,其销售量正出现急剧上扬的态势。截至 2017 年,数据显示澳大利亚已经超越法国成为我国市场葡萄酒占有率第一位的进口国,葡萄酒发展态势值得关注。

一、自然人文环境

澳大利亚有得天独厚的自然条件,大部分的葡萄酒主产地位于南纬 30 度到 35 度之间,阳光充足,大部分葡萄园位于南部、西部沿海地区,多属于地中海气候,降雨量较少,气温常年温和,葡萄易于成熟。澳大利亚还拥有非常多样、独特的土壤类型,这些都有利于葡萄的生长。但部分产区面临干旱问题,多需要人工灌溉。澳大利亚葡萄酒的快速发展除了得益于 200 多年的葡萄酒酿造的多元文化背景以及它拥有的风土资源之外,还有一个重要的因素就是葡萄酒酿酒业的人文环境。澳洲与其他新世界国家一样由于没有像旧世界葡萄酒严格的规定制度,所以酿酒环境相对自由,它们可以更好地把握市场脉搏,激发更大的创新能力。此外,澳大利亚地广人稀,葡萄种植采摘等多依靠机械作业,现代化设备配置高,产业效率高,成本得以降低。酿造方面,优异的酿酒技术更是其葡萄酒产业的基石,我们所熟知的"Flying Winemaker"(飞行酿酒师)这个词汇正是在这种大环境下诞生的,每到酿酒季节这些飞行酿酒师从旧世界产国赶往这里,市场活跃程度可见一斑。

澳大利亚葡萄酒产区图

二、葡萄品种

澳大利亚由于其历史原因,几乎没有土著品种,大部分品种都是从欧洲等地流传来的。这些葡萄品种中最耀眼的当属于西拉(Shiraz)。该品种据说是在 13 世纪救世军远征时将其从中东名为 Schiraz 的村落里带到了欧洲,现在比较公认的说法是其原产于法国的隆河谷地区,在法国被称为"西拉",在澳大利亚等一部分新世界里被称为"西拉子",在澳大利亚总种植面积中占到 24%,种植非常广泛。按照种植比例大小,依次是霞多丽(22%)、赤霞珠(16%)、美乐(8%)、赛美蓉(5%),其他品种还有歌海娜、马尔贝克、品丽珠、黑皮诺、桑娇维塞、仙粉黛、雷司令、长相思、慕合怀特等。得益于多元的人文环境及优质的自然条件,世界上大部分葡萄品种在澳大利亚几乎都有分布。

三、葡萄酒法律及酒标阅读

澳大利亚像其他新世界产酒国一样,基本上没有对葡萄酒等级的规定制度。它只采取了一种命名体系,用来确保酒标上所标示信息来源的真实性,对葡萄种植及酿造方法并没有限制。这个体系称为产地标示(Geographical Indication,简称 GI),于 1993 年引入。澳大利亚 GI 制度为官方制定,规定指明了产地标识,把葡萄酒产区分为三级,即地区(Zone)、产区(Region)和次产区(Sub-region)。产区 GI 与次产区 GI 必须有明显的不同,具有特征鲜明的历史、气候及土壤等风土特征才会得到官方认证。澳大利亚仍然只有很基本的葡萄酒规定,如 95% 的葡萄来自同一年份,酒标才可注明年份;以葡萄品种命名该酒时,需 85% 以上来自该葡萄品种。

四、民间分级——兰顿分级

随着澳大利亚葡萄酒的飞速发展,一些葡萄酒专业评论家及民间分级开始出现。这其中最著名也最有影响力的当属兰顿分级。1990 年,该分级模仿法国著名的 1855 分级体系,由澳大利亚葡萄酒拍卖行业的领导者——兰顿拍卖行创建。《兰顿澳大利亚葡萄酒分级》(《Langton's

Classification of Australian Wine》,简称《兰顿分级》)横空出世。它在澳大利亚高端葡萄酒市场中占据着举足轻重的地位。自1990年兰顿拍卖行出版第一版《兰顿分级》(包含了34款酒)开始,这份名单里面收录的酒款就不断增加,见证了澳大利亚优质葡萄酒市场的不断繁荣。1996年、2000年、2005年及2010年,兰顿拍卖行分别出版了《兰顿分级》的第二版(64款酒)、第三版(89款酒)、第四版(101款酒)和第五版(123款酒)。2014年,兰顿拍卖行出版了第六版《兰顿分级》,与第五版相比,酒款数量新增了16款,变为139款。在第六版《兰顿分级》中,入选的酒款共被分为三个等级,从高到低依次为尊享级(Exceptional)、卓越级(Outstanding)和优秀级(Excellent)。其中尊享级酒款21款,卓越级52款,优秀级65款。

五、产区划分

澳大利亚国土广阔,主要葡萄酒产区划分为多个范围区域,每个区域下面又包含了众多知名的产区,我们把澳大利亚产区范围名称归纳如下(见表6-13)。

表6-13　澳大利亚产区名称分类

省份	区域(Zone)	产区(Region)
南澳大利亚州 (South Australia)	巴罗萨谷大区(Barossa Valley Zone)	巴罗萨谷产区(Barossa Valley Region)/伊顿谷产区(Eden Valley Region)
	洛夫蒂山脉大区(Mount Lofty Ranges Zone)	阿德莱德山产区(Adelaide Hills Region)/克莱尔谷产区(Clare Valley Region)
	福雷里卢大区(Fleurieu Zone)	麦克拉伦谷产区(Mclaren Vale Region)
	石灰岩海岸大区(Limestone Coast Zone)	库纳瓦拉产区(Coonawarra Region)/帕史维产区(Padthaway Region)
	下墨累大区(Lower Murray Zone)	河地产区(Riverland Region)
维多利亚州 (Victoria)	菲利普港大区(Port Phillip Zone)	雅拉谷产区(Yarra Valley Region)/莫宁顿半岛产区(Mornington Peninsula Region)/吉朗产区(Geelong Region)
	中维多利亚大区(Central Victoria Zone)	西斯寇特产区(Heathcote Region)/墨累河产区(Murray-Darling Region)
新南威尔士州 (New South Wales)	猎人谷大区(Hunter Valley Zone)	猎人谷产区(Hunter Valley Region)
西澳大利亚州 (West Australia)	西南澳大区(South West Australia Zone)	玛格利特河产区(Margaret River Region)/大南部产区(Great Southern Region)
中部山脉 (Central Ranges Zone)	大河大区(Big Rivers Zone)	滨海沿岸产区(Riverina Region)
塔斯马尼亚 (Tasmania)	塔斯马尼亚大区(Tasmania Zone)	塔斯马尼亚产区(Tasmania Region)

表6-13中,还有一个产区未能标识在该表内,即为South East Australia东南澳,这一GI酒标名称实际为若干产区的统称,葡萄的来源为南澳大利亚州、维多利亚州及新南威尔士州。澳大利亚一些大型酒厂的部分葡萄酒广泛使用了东南澳的产区名称,如奔富洛神山庄(Penfolds Rawson's Retreat)系列、黄尾袋鼠(Yellow Tail)及杰卡斯(Jacob's Creek)等酒厂的部分系列等。

六、主要产区

以上这些大区内分布着众多澳大利亚产区级 GI 认证,由于产区众多,在此只重点介绍以下最具代表性的产区。

(一)猎人谷产区(Hunter Valley Region)

位于新南威尔士州的猎人谷是澳大利亚最古老的葡萄酒产区,有澳大利亚葡萄酒产业摇篮之称。由于离悉尼只有两三个小时的路程,这里每到假期与周末便吸引着大量休闲度假的人们,成为此葡萄酒产区的一大靓景。这里的葡萄品种主要以霞多丽、赛美蓉为主。赛美蓉是该产区最有特色的品种,不经橡木桶陈年,采收早,葡萄酒有非常好的酸度,酒体轻盈,主要呈现柠檬类果香。陈年后,会有很大的变化,发展出复杂浓郁的香气,有坚果、烤面包及蜂蜜的风味,色泽也会加深,变为浅黄金色。这里的优质赛美蓉有很强的窖藏能力。产量较少,只占澳大利亚总产量的 5%。

(二)巴罗萨谷产区(Barossa Valley Region)

巴罗萨谷位于南澳大利亚州首府阿德莱德市的东北部约一小时车程的地方,由于该地历史上是德国人的移民区,因而这里具有浓厚的德国风情。它地处 34 度南纬线上,其土壤以褐色砂土为主,丘陵地形,同时具有明显的地中海气候,天气炎热,降雨量少。这与美国加利福尼亚州气候特点非常相似,正是由于这种天时、地利条件,这里成了世界上赫赫有名的西拉(Shiraz)葡萄酒产地。巴罗萨谷是澳大利亚最古老的葡萄酒产区之一,产区拥有非常多的老藤西拉树。该地区气候炎热,出产的葡萄酒具有非常成熟的果香,葡萄酒质地圆润、口感复杂,并携带浓郁的橡木、香草巧克力等味道,富有层次,酒精含量较高。该地其他品种还有歌海娜、慕合怀特以及赤霞珠等,其中歌海娜在当地不管是单一品种,还是 GSM 混合酿造都有不俗的表现。巴罗萨谷产区聚集了世界著名的葡萄酒酿酒厂,主要有奔富(Penfolds)、御兰堡酒庄(Yalumba)、禾富(Wolf Blass)、彼德利蒙(Peter Lehmann)、杰卡斯(Jacob's Creek)、双掌(Two Hands)等。

(三)伊顿谷产区(Eden Valley Region)

从巴罗萨谷往东部方向走,便到了气候凉爽的伊顿谷,这里位于巴罗萨山脉较高的地区,海拔为 400—600 米,昼夜温差大,对葡萄的成熟非常有利。这里深受德国人的移民文化影响,雷司令表现不凡,所酿葡萄酒充满了青柠、柑橘等芳香,中高酸度,十分清爽,也具有不错的陈年能力。这一产区里赛美蓉、霞多丽、赤霞珠等也都有不错的表现。代表酒庄有翰斯科神恩山(Henschke Hill of Grace)、普西河谷酒庄(Pewsey Vale Vineyard)。

(四)阿德莱德山产区(Adelaide Hills Region)

阿德莱德山是南澳大利亚州葡萄产量最大的产区,葡萄种植有非常悠久的历史。它北靠巴罗萨谷和伊顿谷,南与麦克拉伦相接,大部分葡萄园分布在 400 米左右的海拔之上,气候非常凉爽。这里是众多白葡萄品种生长的乐园,白葡萄占总产量的 60%。其中长相思备受关注,质量卓越不凡,有非常丰富的热带水果的气息。霞多丽、雷司令也异常迷人,清新高酸,呈现出馥郁的柑橘香气,通常有橡木风味,层次复杂。此外黑皮诺、霞多丽在当地也占据重要的位置,在该地是酿造起泡酒的主要品种,拥有较高的水准。

(五)克莱尔谷产区(Clare Valley Region)

此谷被认为是南澳大利亚州最独特的地区之一,有"澳大利亚雷司令的故乡"之称,该产区位于巴罗萨谷以北的山谷之内,昼夜温差大,气候凉爽,非常适宜雷司令的生长。用其酿成的葡萄酒干爽怡人、清新可口,有丰富的柑橘果香,高酸,中高酒体,是新世界雷司令葡萄酒的典范,优质雷司令有较长的陈年潜力。红葡萄酒方面,则以赤霞珠和西拉著名。

（六）麦克拉伦谷产区（Mclaren Vale Region）

这里是南澳大利亚州非常著名的产地之一，位于阿德莱德市南部沿海地带，这里也是澳大利亚小型家族酒业的摇篮。同时还是出产澳大利亚著名西拉葡萄酒的地方。优质的西拉堪比巴罗萨谷的西拉，该地地貌多样，微气候较多。葡萄酒风味与巴罗萨的稍有不同，这里的西拉酸度高，更加优雅细腻，果香丰富，有甜美的香草气息。除此品种外，当地赤霞珠、美乐也同样表现不俗。白葡萄品种有霞多丽、长相思、赛美蓉和雷司令等，其著名的葡萄酒酿酒厂有哈迪婷塔娜（Hardys Tintara）、天瑞酒庄（Tyrrell's Vineyard）、威拿庄教堂酒庄（Wirra Wirra Vineyards）等。

（七）库纳瓦拉产区（Coonawarra Region）

该产区位于阿德莱德东南方向400公里处，葡萄酒产业的成形得益于该地区独特的地质及气候条件，土壤石灰石上面形成一层矿物质丰富特殊的红土层，红土养分丰富，易于透水，赤霞珠尤其适宜在这种土壤中成长。该地距离海岸线只有80公里，夏季温暖干燥、秋季漫长，这种特殊的地质与气候条件造就了这里别具一格的赤霞珠。用它酿造的葡萄酒酒体浓郁，又有经典的果香（带有桉树叶或薄荷的香气）与较理想的酸度，为本地赢得了不少美誉，这里出产着不少澳大利亚最优质和最有陈年潜质的红葡萄酒。除此品种外，美乐、小味尔多、马尔贝克等波尔多品种都长势良好，白葡萄品种霞多丽、长相思等也都有很多种植。其酒质也相当不错，是世界大赛的常客。酝思酒庄（Wynns）是该产区最有代表性的酒庄之一。

（八）帕史维产区（Padthaway Region）

帕史维是南澳大利亚州石灰岩海岸大区的一个产区，位于库纳瓦拉北部的狭长地带上，气候温和，土壤条件和库纳瓦拉相似。西拉种植面积最大，其次为赤霞珠、美乐及马尔贝克等。霞多丽、雷司令也有上好表现，通常具有纯净、清爽的果味，深受欢迎，该产区于1999年获得GI地理标志。

（九）河地产区（Riverland Region）

该产区位于巴罗萨谷的东北部，处于整个南澳大利亚州的中东部地区，地势平坦，非常适合机械化作业，葡萄酒产量高。墨累河是当地重要的水资源，很好地满足了葡萄灌溉的需要，土壤多为砂质，气候温暖干燥。主要的葡萄品种为西拉、赤霞珠、美乐及霞多丽等，所产的葡萄酒果香突出，口感浓郁，单宁成熟，甜美圆润，是南澳大利亚州非常理想的物美价廉的优质产区，吸引了众多酒商在此建厂。葡萄酒多输送给大型知名品牌酒商是这里葡萄酒市场的主要运作方法，这些酒通常以"South Eastern Australia"标识进行上市销售。当地著名的酒商有赛琳娜庄园（Salena Estate）、王都酒庄（Kingston Estate）、安戈瓦酒庄（Angove Estate）等。

（十）雅拉谷产区（Yarra Valley Region）

雅拉谷是维多利亚州最著名的葡萄酒产区，位于墨尔本正北方，历史悠久，最早的葡萄园出现在1838年。该地拥有凉爽的气候，以酿造黑皮诺和霞多丽著称，用两种品种酿造的起泡酒是当地特色。隶属法国酩悦香槟酒厂的香桐酒厂及德保利酒庄是当地著名的起泡酒酒厂。霞多丽是当地种植得最广泛的白葡萄品种，琼瑶浆、雷司令、灰皮诺以及维奥尼都有种植；红葡萄品种方面，赤霞珠、美乐等种植广泛，意大利的内比奥罗也在试验性种植，渐渐受到消费者的青睐。该地著名的酒庄有候德乐溪酒庄（Hoddles Creek Estate）、雅拉雅拉酒庄（Yarra Yarra Estate）、塞维尔酒庄（Seville Estate）、温特娜酒庄（Wantirna Estate）等。

（十一）莫宁顿半岛产区（Mornington Peninsula Region）

该产区距离墨尔本仅有1小时车程，隶属维多利亚州，是菲利普港大区下的子产区。受菲利普海湾及附近巴斯海峡的影响，这里呈现凉爽的海洋性气候特点，纬度偏高，气候十分清爽。

该地聚集了一众喜好冷凉气候的品种,如黑皮诺、美乐、马尔贝克、雷司令、灰皮诺、霞多丽等在此处都有非常突出的表现。所产的葡萄酒具有酒体中等,果味丰富,单宁细致优雅的特点,一些酒庄出产澳大利亚顶级黑皮诺葡萄酒。20世纪70年代发展起来后,很快吸引了众多酒商在此驻足建厂,该地成为一个精品酒庄的聚集区,主要有杜玛纳酒庄(Dromana Estate)、红丘陵酒庄(Red Hill Estate)、梅里溪酒庄(Merricks Creek Estate)和莫路德酒庄(Moorooduc Estate)等。

(十二)吉朗产区(Geelong Region)

该产区位于墨尔本西侧,南靠巴斯海峡,与莫宁顿半岛产区同属于一个大区,两者具有非常相似的风土条件,但气候偏向温和。主要品种有黑皮诺、西拉、赤霞珠等。白葡萄品种主要为雷司令、维奥尼、长相思和灰皮诺等。该产区包括金达利酒庄(Jindalee Estate)、佰德福酒庄(Pettavel Winery)、苏格兰人山酒庄(Scotchmans Hill Winery)和捷影酒庄(Shadowfax Wines)等。

(十三)西斯寇特产区(Heathcote Region)

该产区位于维多利亚州中部地区,地处墨尔本北100公里处。这里有着温带气候,有一定的海拔和昼夜温差,葡萄生长期长,有利于葡萄酚类物质的积累。这里生产的西拉葡萄酒是当地的明星品种,浆果气息浓郁,单宁成熟,口感圆润饱满,质量上乘,在澳大利亚西拉葡萄酒中占有一席之地。赤霞珠、美乐、品丽珠等葡萄酒在当地也表现优异,其他葡萄酒还有歌海娜、桑娇维塞、内比奥罗、丹魄、玛珊、瑚珊等。当地著名的酒庄有野鸭溪酒庄(Wild Duck Creek Estate)、库伯湖酒庄(Lake Cooper Estate)、阿斯马拉酒庄(Domaine Asmara Wines)、威鹰酒庄(Whistling Eagle Wines)等。

(十四)墨累河产区(Murray-Darling Region)

该产区是澳大利亚葡萄种植面积较大、产量较高的产区,横跨新南威尔士州与维多利亚州两地,西接南澳大利亚州的河地产区。这里远离海洋,有着典型的大陆性气候,夏季炎热干燥,葡萄种植普遍依赖水源灌溉,墨累河、达令河为本产区提供了充足的水源,为葡萄种植提供了强有力的保障。地势平坦,适合机械化作业,出产大量质优价廉的桶装酒,葡萄酒普遍呈现果香甜美、口感圆润的特点。霞多丽是当地最重要的葡萄品种,西拉、赤霞珠和美乐紧跟其后,近几年来意大利、西班牙一些品种非常适应当地温暖的气候,表现优异。当地代表酒庄有塞纳斯酒庄(Shinas Estate)、苗圃岭酒庄(Nursery Ridge Estate)、罗宾韦尔酒庄(Robinvale Wines)等。

(十五)玛格利特河产区(Margaret River Region)

位于西澳大利亚州的玛格利特河产区起初并没有引起人们的注意,它的成名得益于一篇研究性的文献。该研究证实该地的土质、气候与法国波尔多区的圣埃美隆和波美侯非常相似,玛格利特河产区开始名声大噪。该地土壤以砂砾土、砂质土壤为主,适合波尔多葡萄品种的种植,此产区表现最突出的为霞多丽、赤霞珠、美乐。白葡萄品种方面,波尔多经典干白风格的赛美蓉与长相思搭配在此处表现突出,核果类香气丰富的霞多丽也有脱俗之处,著名的酒厂有露纹酒庄(Leeuwin Estate)、菲历士酒庄(Vasse Felix Estate)及慕丝森林酒庄(Moss Wood Wines)等。

(十六)滨海沿岸产区(Riverina Region)

滨海沿岸区地处新南威尔士州,是该州最大的葡萄酒产区,仅次于南澳大利亚州的河地产区。该地属于大陆性气候,夏季炎热干燥,不过秋季时该地的部分地区受河流的影响,出现浓浓的雾气,为贵腐霉滋生创造了条件。这里的贵腐甜酒主要使用赛美蓉酿造而成,口味甜美,带有浓郁的甜香辛料的气息。该产区产量大,是澳大利亚餐酒酿造的集中地,主要白葡萄品种包括霞多丽、赛美蓉、长相思、灰皮诺等,主要红葡萄品种为西拉、赤霞珠、美乐、桑娇维塞、丹魄、多姿桃等。德保利(De Bortoli)是当地著名的贵腐酒酿酒厂。

129

（十七）塔斯马尼亚产区（Tasmania Region）

此产地位于澳大利亚最南端，纬度高，气候更加凉爽，非常适合冷凉葡萄品种的生长，特殊冷凉的海洋性气候使当地葡萄酒具有天然的酸性，绿色果味浓郁，风格优雅，独具一格，因此，这里被称为澳大利亚最令人兴奋的葡萄酒产区。这里是澳大利亚非常高水平的黑皮诺、灰皮诺、琼瑶浆及雷司令等芳香型品种的重要产地，该地起泡酒尤其备受赞誉。澳大利亚不同产区葡萄园面积及主要品种如表 6-14 所示。

表 6-14　澳洲不同产区葡萄园面积及主要品种

产区	葡萄园面积	主要品种
猎人谷（Hunter Valley）	4000 公顷	白 Semillon/Chardonnay/Verdelho/Shiraz
巴罗萨谷（Barossa Valley）	13000 公顷	红 Shiraz/CS/Grenache/GSM/Tempranillo 白 Semillon/Chardonnay/Viognier
伊顿谷（Eden Valley）	2200 公顷	白 Riesling/Shiraz
阿德莱德山（Adelaide Hills）	3800 公顷	白 Sauvignon Blanc/Chardonnay 红 Pinot Noir/Shiraz/CS/Cabernet Franc
克莱尔谷（Clare Valley）	5700 公顷	白 Riesling/Chardonnay/Semillon 红 Shiraz/Cabernet Sauvignon/Grenache
麦克拉仑谷（Mclaren Vale）	7100 公顷	红 Shiraz/CS/Grenache/Tempranillo/Sangiovese 白 Chardonnay/Semillon/Sauvignon Blanc
库纳瓦拉（Coonawarra）	6200 公顷	红 CS/Shiraz/Merlot/Malbec/Petit Verdot 白 Chardonnay/Riesling
河地（Riverland）	20000 公顷	白 Chardonnay/Viognier 红 CS/Shiraz/Merlot/Tempranillo
莫宁顿半岛（Mornington Peninsula）	700 公顷	白 Chardonnay/Riesling/Pinot Gris/Viognier 红 Pinot Noir/Shiraz/CS/Malbec/Merlot
吉朗（Geelong）	500 公顷	红 Shiraz/Pinot Noir/Cabernet Sauvignon 白 Chardonnay/Sauvignon Blanc/Pinot Gris
西斯寇特（Heathcote）	1800 公顷	红 Cabernet Sauvignon/Merlot/Malbec 白 Chardonnay/Viognier
雅拉谷（Yarra Valley）	3600 公顷	红 Pinot Noir/CS/CF/Shiraz/Merlot 白 Chardonnay/Gewürztraminer/Semillon/Riesling
玛格利特河（Margaret River）	5500 公顷	白 Chardonnay/Semillon/Sauvignon Blanc 红 Cabernet Sauvignon/Merlot/Shiraz
大南部（Great Southern）	3200 公顷	白 Riesling/Chardonnay/Sauvignon Blanc 红 Shiraz/CS/Merlot/Pinot Noir/
墨累河岸（Murray-Darling）	20000 公顷	红 Shiraz/Cabernet Sauvignon/Merlot 白 Chardonnay
滨海沿岸（Riverina）	20000 公顷	白 Semillon/Chenin Blanc/Gewürztraminer/Marsanne 红 CS/Merlot/Pinot Noir/Shiraz/Durif/Petit Verdot

续表

产区	葡萄园面积	主要品种
塔斯马尼亚（Tasmania）	1500 公顷	红 Pinot Noir/Chardonnay/Riesling 白 Sauvignon Blanc/Pinot Gris/Gewürztraminer

（资料来源：红酒世界网及网络资料汇总，取整数，仅供参考。）

六、小结

澳大利亚葡萄酒是新世界产国中典型的代表，也是新世界葡萄酒市场营销较为成功的典范，葡萄酒行业有其独特的优势，当然这与对葡萄酒行业高涨的热情以及对葡萄酒品质不拘一格的创新与追求是分不开的。澳大利亚大部分产区气候温暖，葡萄酒多呈现果香突出、甜美的特点，这一点非常适合澳大利亚人的饮酒喜好，澳大利亚葡萄酒也深受中国消费者的欢迎（目前澳大利亚为我国第一大葡萄酒进口国）。澳大利亚作为新世界产区的代表，葡萄酒产业环境较为宽松，这给予葡萄酒从业者更多自由的空间，他们大量引进法国、意大利、西班牙等优秀品种，不拘一格，创新酒款，培育品牌。在澳大利亚很多品种已逐渐有了自己独特的产区声望，很多酒庄也形成了较有影响力的品牌价值，这可能是消费者为什么能记住澳大利亚葡萄酒，选择澳大利亚葡萄酒的另一个原因所在。

第十一节　新西兰
New Zealand Wine

有"白云之乡"美誉的岛国新西兰，自然风光迷人，全境被海洋包围，有着凉爽的气候，尤其适合白葡萄的生长。现在新西兰大部分葡萄酒开始走外销市场，在世界舞台上逐渐大放光彩，特别是该国的长相思葡萄酒更是频频获奖，引起广泛关注，黑皮诺也是该国的标志性品种，好评不断。得益于本国的四面环海的自然条件，再加上高度发达的农业经济与不断革新的技术，新西兰葡萄酒产业正大步向前迈进，凭借其优异的品质，在葡萄酒生产国里占据了一席之地。

一、风土与酿造

新西兰位于南纬 36 度至 45 度之间，是一个地处太平洋西南部的岛国，紧邻澳大利亚，其国土分为南北两岛，南北两岛由于地理的差异，形成了不同的气候特点，南岛寒冷，北岛较为炎热，这给各产区葡萄酒风格的多样性创造了条件。新西兰整体呈现海洋性气候，拥有多山地貌，昼夜温差大，葡萄可以慢慢成熟，葡萄酒酸度清新自然，果香新鲜丰富。酿酒风格上追寻现代的脚步，温控，厌氧酿造，葡萄酒多为果香型。另外，新西兰葡萄酒产业一直惯用螺旋盖封瓶，使用率高达 90%，绝对位列世界第一。

二、葡萄酒法律与酒标阅读

新西兰为了保障本国葡萄酒产业的稳定发展，进一步提高葡萄酒出口竞争力，也实行了一定的葡萄酒法规。该法规与澳大利亚的法规相似，建立了葡萄酒产区保护的地理标志制度（Geographical Indication，简称 GI），允许生产商根据缩小地理范围的方式来命名葡萄酒。为加强管理，新西兰于 2016 年通过《地理标志（葡萄酒和烈性酒）注册修正法案》，并于 2017 年 4 月 1 日起实施。该地理标志代表了被标识的葡萄酒的特殊质量和文化象征，代表着优越品质和良好信誉，地理标志注册机制的实施将有利于保护葡萄酒和烈性酒原产地及消费者的双重权益。目

新西兰葡萄酒产区图

赛伦尼酒庄精选长相思 2005

前,已有 18 个产区提出地理标志标签认证工作,分别是北部地区(Northland)、奥克兰(Auckland)、马塔卡纳(Matakana)、库姆(Kumeu)、怀赫科岛(Waiheke Island)、吉斯伯恩(Gisborne)、霍克斯湾(Hawke's Bay)、中霍克斯湾(Central Hawke's Bay)、怀拉拉帕

（Wairarapa）、格拉德斯通（Gladstone）、马丁堡（Martinborough）、尼尔森（Nelson）、马尔堡（Marlborough）、坎特伯雷（Canterbury）、北坎特伯雷（North Canterbury）、怀帕拉谷（Waipara Valley）、怀塔基谷北奥塔哥（Waitaki Valley North Otago）和中奥塔哥（Central Otago）。

新西兰酒标术语基本以英语为主，葡萄品种一般在非常突出的位置标识出来，多采用品种命名法。如果在酒标上标注品种，该标记品种比例需达到75％以上，如果出口至欧盟国家，则要求85％以上的比例。另外，酒标上还需要标注该款酒的产区，该产区葡萄酒的比例需达到75％以上。

三、葡萄品种

新西兰分南北两个岛，自然环境、土壤及气候特点都有很大不同，整体气候受海洋影响较大，呈现出明显的海洋性气候特点。正是因为这个特点，这里一直以来就大量种植与凉爽气候相适应的长相思、霞多丽等白葡萄品种。其中长相思的栽培面积占总面积的46％左右，这一品种于1973年引入新西兰，目前表现突出的是马尔堡（Marlborough）产区，其在世界上已享有盛誉。近年来，新西兰正大力开发红葡萄品种的栽培及酿造，其中表现最好的是黑皮诺，此品种在新西兰有"明日之星"的美誉。当地气候温暖，有充足的日照量，为黑皮诺提供绝佳生长条件，黑皮诺在新西兰取得了不俗的成绩。其酿造的葡萄酒成熟度高，果香丰富，饱满的质感、优雅柔顺的单宁、理想的平衡，这些充分展现了新西兰在红葡萄栽培方面的实力。美乐、西拉、马尔贝克、霞多丽、雷司令、灰皮诺等也有较多种植，葡萄酒的类型也从干型、半干型到甜型一应俱全，新西兰葡萄酒的风格日渐丰富。

四、主要产区

新西兰分南北两岛，该国主要的葡萄酒产区分布于两岛内，北岛主要有奥克兰、吉斯伯恩、北部地区、怀卡托和丰盛湾及霍克斯湾等。南岛主要有尼尔森、马尔堡、坎特伯雷、中奥塔哥等。

（一）马尔堡（Malborough）

马尔堡产区是新西兰规模最大、知名度最高的葡萄酒产区，葡萄种植占总量的60％左右，这里是新西兰最负盛名的长相思聚集地。该产区位于南岛的东北方向，气候相对凉爽，昼夜温差大，葡萄可以慢慢成熟，积累风味特质。土壤富含较多的砂石，排水性好，为葡萄种植提供了理想的环境。该地的长相思葡萄酒风格鲜明，高酸，常带有青草、柑橘、百香果的香气，清新迷人。大多适合早饮，部分会在橡木桶内陈年。霞多丽、雷司令、黑皮诺、灰皮诺、美乐等品种也都有种植，长势良好，多呈现清新的酸味、馥郁的果香。该产区不同区域土壤、河谷等风土条件不一，这里的葡萄酒风味也丰富多变，香气从植物型草本香到浓郁的热带果香，风格多样。这一地区追求葡萄酒多样化，有单一园葡萄酒，品质优异。阿沃特雷谷（Awatere Valley）、怀劳谷（Wairau Valley）是其子产区名称，代表酒庄有新玛利酒庄（Villa Maria Estate），新西兰最古老、规模最大的蒙大拿酒庄（Montana Estate）以及云雾之湾（Cloudy Bay），其他还有蚝湾酒庄（Oyster Bay Wines）、亨利酒庄（Clos Henri）、灰瓦岩酒庄（Greywacke Winery）、布兰卡特酒庄（Brancott Wines）等。

（二）尼尔森（Nelson）

尼尔森位于南岛的最北端，其景色远近闻名，这里终年阳光普照，金色沙滩受到旅行者的大加赞赏。这里土壤多为冲积土，砾石较多，排水性好；夏季时间长，秋季凉爽宜人，是新西兰日照时间最长的地区，葡萄种植面积大。主要葡萄品种有长相思、霞多丽及黑皮诺等，以及雷司令、琼瑶浆、灰皮诺等芳香型品种。代表酒庄有鲁道夫酒庄（Neudorf Vineyard）、思菲酒庄（Seifried Estate）、德玛尼酒庄（Te Mania Winery）、威美亚酒庄（Waimea Winery）。

（三）中奥塔哥(Central Otago)

中奥塔哥地靠新西兰南岛的南端，是世界上最南端的葡萄酒产区。产区位于山谷深处，是新西兰葡萄酒产区中唯一的大陆性气候的产地，与南岛各产区气候相比，这里相对温和。土壤多为片岩、黄土和冲积土，下层为砾石，排水性好。葡萄园多分布在200—400米海拔的朝北的山坡上，葡萄成长季长，成就了红葡萄品种黑皮诺的发展，果味浓郁，葡萄酒酒精度偏高，酒体也较为厚重。该品种种植面积占总面积的70%之多，地位极其重要，其他品种有霞多丽、长相思、雷司令、灰皮诺等。代表酒庄有飞腾酒庄(Felton Road Wines)、瓦利酒庄(Valli Wines)、泰雷斯酒庄(Tarras Vineyards)、海格特酒庄(Gibbston Highgate Estate)等。

（四）霍克斯湾(Hawke's Bay)

霍克斯湾为新西兰第二大葡萄酒产区，酿酒厂有30多家，新西兰著名的罗德·麦当劳酒园(Rod McDonald Estate)、德迈酒庄(Te Mata Estate)、维达尔酒庄(Vidal Estate)等都位于此产区。该产区于1851年由马里斯特传教士带来了葡萄苗木，葡萄种植历史由来已久，当地酒庄、葡萄园、美食、旅游等项目众多，是一个较为成熟的葡萄酒产区。葡萄的耕种面积约5000公顷，这里气候相对温暖，葡萄成长期内阳光充足，非常适合美乐、赤霞珠等葡萄品种的生长。丘陵地貌、平原也较发达，被称为"新西兰的庭院"。土壤大多以黏土、砾石为主，非常适合波尔多葡萄品种的生长。赤霞珠、美乐的混合酿造美誉较高，西拉、霞多丽、黑皮诺、马尔贝克、维欧尼等也有大量种植。代表酒庄有明圣酒庄(Mission Estate)、三圣山酒庄(Trinity Hill Winery)等。

（五）吉斯伯恩(Gisborne)

吉斯伯恩位于北岛的东海岸，地处新西兰北岛最东端。这里全年有充足的光照，气候温暖（与南岛相比，北岛气候相对炎热），有益于葡萄的成熟，葡萄酒风味更加成熟浓郁。葡萄种植面积大，是仅次于马尔堡、霍克斯湾的第三大葡萄酒产区。该地区主要种植白葡萄品种，霞多丽最为出众，其他品种有琼瑶浆、维欧尼、白诗南及灰皮诺等，以芳香型品种为主，葡萄酒多呈现芳香浓郁的柑橘及热带水果的风味。但该地降雨较多，葡萄酒品质一定程度受到影响。代表酒庄有维诺堤玛酒庄(Vinoptima Estate)、布什梅酒庄(Bushmere Estate)等。

（六）怀拉拉帕(Wairarapa)

该产区位于北岛的最南端，新西兰首都惠灵顿的东侧。该产区是北岛中非常值得关注的产区，气候普遍较为温暖、干燥，昼夜温差大，土壤中富含矿物质及碎砂，排水性好。这里是黑皮诺第二大优质产区，葡萄酒风味有较强的复杂性与浓郁度，该地在世界上逐渐确立影响力。该产区包括三个子产区，分别是马斯特顿(Masterton)、中部的格拉德斯通(Gladstone)和南部的马丁堡(Martinborough)，三个产区有着不同的风土，葡萄酒风格富有变化。产区代表酒庄有新天地酒庄(Ata Rangi Estate)、枯河酒庄(Dry River Estate)、爱斯卡门酒庄(Escarpment Vineyard)、马丁堡酒庄(Martinborough Vineyard)等。

（七）奥克兰(Auckland)

奥克兰是新西兰最新崛起的产区，位于北岛偏北地区，气候温暖，阳光充足。但该地降雨量较大，是困扰酒农的一大难题。这里适合种植赤霞珠、美乐、品丽珠，波尔多式混酿是最常见的酿酒形式。此外，皮诺塔吉(Pinotage)是当地特色，白葡萄品种以霞多丽为主导。著名酒庄有新玛利庄园(Villa Maria Estate)、百祺酒庄(Babich Wines)、库姆河酒庄(Kumeu River Winery)、石脊酒庄(Stonyridge Vineyard)、库伯斯溪酒庄(Coopers Creek Vineyard)、瑟勒斯酒庄(Selaks Estate)、阿克尼酒庄(Askerne Estate)等。

（八）北部地区(Northland)

该产区位于北岛的最北端，自然风光迷人，名声远扬。虽然葡萄种植面积较小，但这里的葡

134

萄酒历史却由来已久。1819 年传教士 Samuel Marsden 首先在这一地区的 Kerikeri 进行了葡萄苗木的栽培。从历史角度来看,这一地区是新西兰葡萄酒诞生的摇篮,对新西兰葡萄酒历史有重要意义。这里有着亚热带气候,气候温暖,阳光充足。北部产区的主打产品是霞多丽,其他白葡萄品种有灰皮诺、维欧尼,近年来许多葡萄酒园开始种植西拉、皮诺塔吉、马尔贝克、赤霞珠等红葡萄品种。

（九）坎特伯雷（Canterbury）

该产区位于新西兰南岛中部地区,紧邻中奥塔哥产区,日照时间长,气候干燥凉爽,非常适宜长相思、黑皮诺、灰皮诺等品种的种植,是近几年发展速度较快的产区。长相思是这里表现最突出的品种,其次为黑皮诺、灰皮诺等,一些芳香型品种也表现优异。这里出产的葡萄酒多呈现果香馥郁、酸度活跃、平衡感较强的特点。该产区包括三个子产区,分别是怀帕拉谷（Waipara Valley）、坎特伯雷平原（Canterbury Plains）和怀塔基谷（Waitaki Valley）。主要酒庄有黑飞马湾酒庄（Pegasus Bay Estate）、金字塔谷酒庄（Pyramid Valley Vineyard）、灰石酒庄（Greystone Winery）、贝尔山酒庄（Bell Hill Vineyard）等。表 6-15 为新西兰葡萄酒产区与品种对照表。

表 6-15　新西兰葡萄酒产区与品种对照表

产区	种植面积	红葡萄品种
马尔堡（Marlborough）	19000 公顷	红 Pinot Noir、Syrah、Merlot 白 Sauvignon Blanc、Chardonnay、Gewürztraminer
霍克斯湾（Hawke's Bay）	5000 公顷	红 Merlot、Cabernet Blends、Syrah 白 Chardonnay
吉斯伯恩（Gisborne）	2000 公顷	红 Merlot、Cabernet Blends、Syrah 白 Chardonnay、Aromatics
坎特伯雷（Canterbury）	1800 公顷	红 Pinot Noir 白 Riesling、Pinot Gris、Chardonnay
中奥塔哥（Central Otago）	1500 公顷	红 Pinot Noir 白 Chardonnay、Riesling
尼尔森（Nelson）	1000 公顷	红 Pinot Noir 白 Chardonnay、Aromatics
怀拉拉帕（Wairarapa）	880 公顷	红 Pinot Noir 白 Chardonnay、Aromatics
奥克兰（Auckland）	550 公顷	红 Merlot、Cabernet Blends、Syrah 白 Chardonnay
北部地区（Northland）	300 公顷	红 Shiraz、Cabernet Sauvignon、Merlot、Pinotage 白 Chardonnay、Pinot Gris、Viognier

（数据来源:网络,取整数,仅供参考。）

五、小结

总体来说,相比法国、西班牙和美国等头号葡萄酒生产大国来说,新西兰葡萄酒的产量并不高,但一直在稳步发展。另外,新西兰是制造"精品"葡萄酒的产国,葡萄酒整体质量高,平均单价较高,品质上乘。风格清新自然,有着活泼的酸度,果香感十足。在葡萄酒大师休·约翰逊（Hugh Johnson）和杰西斯·罗宾逊（Jancis Robinson）共同撰写的《世界葡萄酒地图》一书中这样评价新西兰葡萄酒："很少有一个产酒国如新西兰一样拥有十分清晰的形象,这里的'清晰'是对新西兰葡萄酒贴切的描述,新西兰葡萄酒很少出错,它们的风味善于打动人心而且清澈,它们的酸度令人心旷神怡。"

第十二节　智利
Chile Wine

智利同其他新世界国家一样,真正意义上的葡萄酒历史也是随着新大陆的发现与欧洲殖民发展起来的。1548 年西班牙传教士 Francisco de Carabantes 第一次将葡萄苗木带入智利并进行了种植,这便是智利葡萄酒的开端。智利葡萄酒已有 400 多年历史,是新世界葡萄酒产国里历史最悠久的一个,比美国加利福尼亚州葡萄酒历史早 200 年,比澳大利亚葡萄酒历史早 300 年。历史的悠久加上优越的自然环境,智利葡萄酒在世界上占据重要的地位。该国葡萄的栽培面积非常广,据国际葡萄与葡萄酒组织(OIV)统计,2017 年智利位居世界葡萄酒产量排名中的第九位。

一、自然环境

智利的自然环境可以用极其优越来形容一点也不为过,作为世界上最狭长的国家,其北部延伸至南纬 20 度左右,多为高山和沙漠,为世界上最干燥的地区,阻断了病虫害的滋生;中部多呈现地中海气候,干旱少雨,日照量丰富,优质的葡萄酒来自山谷海拔较高地带,有利于保持酸度平衡。南部一直延伸至南极附近,气候凉爽,那里成了优质黑皮诺的重要来源地。东部安第斯山积雪的融化成为葡萄的天然灌溉源。该地受海拔影响,昼夜温差大,总体气候比较凉爽,谷底则相对温暖。受西部海洋海风的调节,气候凉爽,诞生了很多优质白葡萄酒胜地。中央多山谷,形成众多微气候。多样的气候和地质条件为葡萄生长提供了最理想的环境。

智利葡萄酒产区图

远处的安第斯山脉

二、葡萄品种

　　智利受其历史的影响,基本上没有自己的本土葡萄品种,智利葡萄品种的发展与其历史发展有着紧密的联系。第一阶段,西班牙作为最初的新大陆发现者进行了200多年的殖民统治,西班牙人为智利带来了黑葡萄派斯(Pais),这一品种也成为智利从当时到现在一直被广泛种植的葡萄。第二阶段是19世纪中期,这一时期可以称得上是智利葡萄酒历史的"黄金期"。智利大量吸收法国的葡萄品种,特别是波尔多葡萄品种,同时效仿学习其葡萄栽培及酿酒技术,赤霞珠、品丽珠、美乐、佳美娜、马尔贝克、霞多丽、长相思等都是这一时期引进的。第三阶段,为了满足多样葡萄酒市场的需要,适应葡萄酒多元化的发展趋势,智利又引进了黑皮诺、西拉、维欧尼、佳丽酿、桑娇维塞等品种。所以综合来看,智利是一个收录了世界主要种植葡萄的宝库,总体特点上,主要以波尔多品种为主,辐射其他品种,白葡萄品种与红葡萄品种的比例约为24％∶76％,品种丰富多样。智利最具特色的品种当属佳美娜,经证实它与我国蛇龙珠同属于一类品种,晚熟,喜好温暖,黑色水果、绿色植物以及香料味道浓郁。

三、葡萄酒法律及酒标阅读

　　智利作为新世界葡萄酒生产国的一员,葡萄酒相关的法规制度比较宽松。1995年,智利根据新修改的葡萄酒法制定了葡萄酒原产地分级制度DO(Denominacion de Origen),它很大程度上提升了消费者对葡萄酒的市场信赖度,提高了智利葡萄酒品质。该制度把全国葡萄酒产区分为几个区域,产地(Regions)、亚产地(Sub-regions)以及地域(Zones)。智利葡萄酒产区共划分为4个大区,14个法定亚产区,智利葡萄酒酒标上最常见的产区就是亚产区名称,酒标上出现的产区越小,酒质通常越好。同时,该制度对酒标上的一些信息做了简单的限定,它规定酒标上出现品种、年份及产地标识的,要求至少有75％的含量为标示品种、年份及产区。另外,智利还借鉴使用了西班牙部分酒标常用语,不过这些均不受法律的约束,酒庄可根据葡萄酒质量情况自主划分。

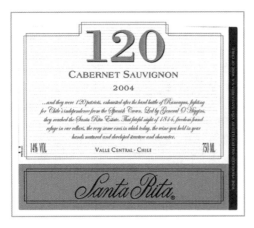

桑塔丽塔酒庄赤霞珠葡萄酒 2004

蒙特斯酒庄赤霞珠葡萄酒 2003

（1）Variety（品种），只标有葡萄品种，基础款。

（2）Reserva（珍藏），橡木桶陈年的酒，通常需要至少 6 个月的熟成时间。

（3）Gran Reserva（特级珍藏），比上一级陈年时间长，酒质更优。

（4）Reserva de Familia（家族珍藏），最优质的葡萄酒。

四、主要产区

智利具有南北狭长、东西窄小的特点，其特殊的地理条件，使得葡萄酒产地主要分布在以首都圣第亚哥为中心南北走向的山谷地带，以下从北向南进行归纳。

（一）科金博区（Coquimbo Region）

该产区是智利最北端，也是最年轻的产区，北靠阿塔卡玛（Atacama）沙漠，气候炎热干燥。这里一改主要出产餐酒的现状，新的投资商一般会选择在高海拔地区种植葡萄，这里昼夜温差大，给商家带来了新的惊喜。西拉是这里渐渐崛起的明星品种，赤霞珠、美乐、长相思等都有很好的发展。此产地又分为艾尔基谷（Elqui Valley）、利马里谷（Limari Valley）、峭帕谷（Choapa Valley）3 个亚产区。

1. 艾尔基谷（Elqui Valley）

艾尔基谷是智利最北端的葡萄酒产区，也是地势最高的产区，接近沙漠，干燥少雨。此产区内大量栽培麝香，主要用来酿造智利著名的传统蒸馏酒 Pisco。1988 年随着翡冷翠酒庄（Vina Falernia Winery）的入驻，带动了其他品种的种植，西拉表现最佳，其他还有佳美娜、仙粉黛、长相思等，不乏优质酒的出现。

2. 利马里谷（Limari Valley）

该地位于南纬 30 度，靠近赤道，气候炎热。葡萄园主要分布在安第斯山雪水形成的利马里河流两岸谷地，随河吹来的凉风调节了内陆干燥炎热的天气，非常有利于葡萄的生长，表现最好的是赤霞珠、霞多丽、西拉等，葡萄酒一般浓郁饱满。

3. 峭帕谷（Choapa Valley）

峭帕谷位于利马里谷南部，该产区主要以酿造蒸馏酒 Pisco 的白葡萄为主，赤霞珠、西拉等品种非常适应当地风土，近年来西拉种植大量增加，葡萄园位于 800 米海拔之上，有利于维持葡萄较高的酸度，同时有利于酚类物质的成熟，该地葡萄酒黑色浆果风味足。

（二）阿空加瓜区（Aconcagua Region）

该产区因阿空加瓜山而得名，是智利北部与中部的分界线。这里有着较为稳定的地中海式气候，阳光充足，以出产色泽较深、单宁丰富的红葡萄酒而著称，主要品种为赤霞珠。该区白葡萄与红葡萄的种植比例约为 15%：85%，白葡萄多种植在山谷或凉爽的海岸线边，有很好的潜力。

1. 阿空加瓜谷（Aconcagua Valley）

其位于首都圣第亚哥北 70 公里处，东临安第斯山，该产区因阿空加瓜山得名，阿空加瓜山是智利最高的山脉之一。山体融雪为葡萄种植提供了水源。1870 年，这里便开始了葡萄的种植。该产区炎热干燥，昼夜温差大，葡萄生长期长，适合红葡萄品种的种植，是智利非常优质的红酒产区，主要以赤霞珠与卡曼纳最为突出。所产的葡萄酒有成熟的果味，单宁含量高。智利著名的酒庄伊拉苏（Errazuriz）位于该产区内，旗下塞纳（Sena）葡萄酒获得 2004 年柏林盲品的第二名，因而名声大噪。

2. 卡萨布兰卡谷（Casablanca Valley）

此产区是智利葡萄酒产业革命开始的地方，位于圣第亚哥西北方向，靠近海岸，因而时常伴有雾气，降雨量较高，凉爽的自然环境使得这里非常适合白葡萄的生长，是智利白葡萄占主导地位的产区。智利顶级霞多丽与长相思葡萄酒大都出自该产区。黑皮诺、美乐、西拉等红葡萄品种在这里也有上好表现，其葡萄酒主要呈现出果香浓郁、精致的结构感以及酸度活泼的特点。代表酒庄有卡萨伯斯克酒庄（Casas del Bosque）、玛德帝克酒庄（Matetic Vineyard）等。

3. 圣安东尼奥谷（San Antonio Valley）

该产区紧邻卡萨布兰卡，面积较小，是智利一个新兴产区。这里靠近海边，和卡萨布兰卡一样受秘鲁寒流的影响，气温低，气候凉爽，长相思、霞多丽等白葡萄酒表现突出，高酸，有矿物质风味。另外，黑皮诺也成了该产区的明星品种，广受国际市场青睐。卡萨玛丽酒庄（Casa Marin Vineyard）、加尔斯酒庄（Vina Garces Silva Vineyard）是其代表性酒庄。

（三）中央谷区（Valle Central Region）

中央谷区位于智利中心地区，面积大，产量高，在智利葡萄酒生产中占有重要的地位，是智利葡萄酒出口量占绝大份额的产区。这里大多属于地中海气候，主要生产红葡萄酒，如赤霞珠、佳美娜葡萄酒。该区域葡萄种植历史非常悠久，聚集了该国大批顶尖酿酒厂。

1. 迈坡谷（Maipo Valley）

这一产区名称是我们在购买智利葡萄酒时最常见的，迈坡谷紧靠首都圈，南北长 300 公里，葡萄园多被群山环抱。优越的自然条件使得此地在 19 世纪中期便成了智利最具代表性的产区，其历史名庄大多汇集于此，如安杜拉加（Vina Undurraga）、桑塔丽塔（Santa Rita）、库奇诺（Cousino Macul）、干露（Concha y Toro）等都是智利历史悠久的名庄。受地中海气候的影响，这里夏季干燥少雨，日照量充足，产区由一系列山谷组成，昼夜温差较大，晚上葡萄可获得充分的休息。土壤多为冲积土，砾石多，利于排水，这些都为葡萄生长提供了非常好的条件。赤霞珠在此处表现绝佳，其酒质入口饱满且均衡，构架感强，单宁柔顺，果香馥郁饱满。美乐、西拉、佳美娜都有大量种植，红葡萄约占 85% 的比例。长相思、维欧尼、霞多丽等在一些冷凉山谷也有分布。其他著名酒庄有活灵魂酒庄（Almaviva Winery，1997 年由法国木桐酒庄与干露酒庄合作建立）、卡门酒庄（Carmen Winery）等。

2. 拉佩尔谷（Rapel Valley）

该产区分为两个次产区，分别是卡恰布谷（Cachapoal Valley）、空加瓜谷（Colchagua Valley）。卡恰布谷位于北边山谷，气候温暖，具有上佳的种植条件，该产区内的葡萄品种以佳美娜及波尔多品种的赤霞珠、美乐为主，其酒质也相当优异，比较有名的酒庄有卡米诺（Camino Real）酒庄、罗莎（La Rosa）酒庄、冰川（Ventisquero）酒庄等。空加瓜谷，位于南边山谷，微气候多，间或受到海洋气候影响，葡萄酒园多坐落在朝海岸的山丘、温暖的西侧。地中海式品种西拉最为出色，佳美娜与赤霞珠也都有种植。此外，这里还是马尔贝克葡萄酒产区，此产区内也汇集了很多名庄,如埃德华兹(Luis Felipe Edwards)、蒙特斯(Vina Montes)、圣塔克鲁(Santa Cruz)等。

3. 库里科谷(Curico Valley)

其位于圣第亚哥南 190 公里处,靠近中央谷南端,葡萄种植与酿造工业非常发达,是智利重要的农业中心。葡萄品种多样,旅游项目众多,葡萄酒多以物美价廉而著称。这里的赤霞珠果香浓郁,风味独特,品质较高。白葡萄酒也表现不错,长相思葡萄酒酸度适中,受到消费者青睐。

4. 莫莱谷(Maule Valley)

莫莱谷是中央谷最靠近南部的产区,历史悠久,是智利最大的葡萄酒产区,产区内有众多老藤葡萄。气候相比北部产区相对凉爽,其多样的土壤环境适合多种红葡萄品种在此繁殖,产区内佳美娜、赤霞珠表现最佳。其他品种还有美乐、马尔贝克、佳丽酿、霞多丽等。

(四)南部区(South Region)

其为智利四个大产区中最南部的一个区域,越往南下,气候越凉,这里整体温度不高,气候凉爽,降雨量比北部区域大,有一定病虫害风险。葡萄品种以派斯与亚历山大麝香为主导,但近年来,霞多丽、黑皮诺、雷司令等芳香品种发展势头强劲。该产区分为三个子产区。

1. 伊塔塔谷(Itata Valley)

该产区距离圣第亚哥 400 公里,是智利传统葡萄酒产区,是西班牙殖民时期最初带入的葡萄品种派斯(Pais)的主要栽培地,由于受法国葡萄品种的影响,派斯渐渐失去了旧日的光彩,但此地仍然以此品种为主,产量很大,多为日常餐酒。

2. 比奥比奥谷(Bio Bio Valley)

其为智利靠近南端的葡萄酒产区,降雨量较大,所以有时葡萄采摘期很受影响。这一产区与伊塔塔相似,以传统的派斯与麝香为主,产量大,但近几年有新锐酒庄开始生产高品种葡萄酒。这里气候相对凉爽,葡萄生长期长,黑皮诺在此处被成功种植,以其新鲜的酸度、饱满的果香受到消费者的关注。长相思、雷司令、霞多丽等也有种植。

3. 马勒科谷(Malleco Valley)

该产区位居智利最南端,降雨量大,昼夜温差大。对葡萄种植者来说有很大挑战,很多葡萄品种还在试验种植的阶段。其中霞多丽、黑皮诺、长相思等有上佳表现。该产区出产的高品质霞多丽葡萄酒,口感清新爽口,酸味突出,受到国际市场关注。

智利葡萄酒产区如表 6-16 所示。

表 6-16　智利葡萄酒产区划分

Growing region	Sub-region	Zone	Area
科金博区 (Coquimbo Region)	艾尔基谷 (Elqui Valley)		* Vicuna * Paiguano
	利马里谷 (Limari Valley)		* Ovalle * Monte Patria * Punitaqui * Rio Hurtado
	峭帕谷 (Choapa Valley)		* Salamanca * Illapel

续表

Growing region	Sub-region	Zone	Area
阿空加瓜区 （Aconcagua Region）	阿空加瓜谷 （Aconcagua Valley）		* Panquehue
	卡萨布兰卡谷 （Casablanca Valley）		
	圣安东尼奥谷（San Antonio Valley）	利达谷 （Layda valley）	* San Juan * Marga Marga valley
中央谷区 （Central Valley Region）	迈坡谷 （Maipo Valley）		* Santiago(Penalolen,La Florida) * Pirque * Puente Alto * Buin(Paine,San Bemardo) * Isla de Maipo * Talagante(Penaflor,El Monte) * Melipilla * Alhue * Maria Pinto
	拉佩尔谷 （Rapel Valley）	卡恰布谷 （Cachapoal Valley）	* Rancagua（Graneros，Mostazal，Codegua，Oliver) * Requinoa * Rego(Malloa,Quinta de Tilcoco) * Peumo(Pichidegua,Las Cabras San Vicente)
		空加瓜谷 （Colchagua Valley）	* San Femando * Chimbarongo * Nancagua(Placilla) * Santa Cruz(Chepica) * Peralillo * Lolol * Marchigue
中央谷区 （Central Valle Region）	库里科谷 （Curico Valley）	特诺谷 （Teno Valley）	* Rauco(Haulane) * Romeral(Tento)
		隆特谷 （Lontue Valley）	* Molina(Rio Claro,Curico) * Sagrada Familla
	莫莱谷 （Maule Valley）	克拉罗谷 （Claro Valley）	* Talca(Maule,Pelarco) * Pencahue * San Clememte * San Rafeal
		兰克米亚谷 （Loncomilla Valley）	* San Javier * Villa Alegre * Parral(Retino) * Linares(Yerbas Buenas)
		图图温谷 （Tutuven Valley）	* Cauqenes

Growing region	Sub-region	Zone	Area
南部区 (South Region)	伊塔塔谷 (Itata Valley)		* Chellian(Bulnes,San Carlos) * Quillon(Ranquil,Florida) * Portezuelo(Ninhue,Quinhue,San Nicolas) * Coelemu(Trehuaco)
	比奥比奥谷 (Bio Bio Valley)		* Yumbel(Laja) * Mulchen(Navimiento,Negrete)
	马勒科谷 (Malleco Valley)		* Traiguen

（数据来源：崔燆著，《南半球葡萄酒》。）

五、小结

智利葡萄种类繁多，风土条件极为多样，有着世界上绝无仅有的优越自然环境，智利一直是世界上优质葡萄酒主产国。酿酒方法受法国影响大，新旧派风格交替多变，葡萄酒通常具有果香丰富，质感甜美圆润，入口均衡柔顺的特点，深受亚洲消费者喜爱。自 2014 年，我国与智利签署了自由贸易协定以来，智利葡萄酒对我国的进口额大幅度攀升。并在 2015 年 1 月起，智利葡萄酒进入中国市场，迈入零关税时代，智利葡萄酒乘势而上，稳居我国进口葡萄酒市场前三名的位置。

历史小故事

新兴产酒国的挑战

14—16 世纪，随着新航线的开辟，人们渐渐明白了有关葡萄酒的一个最基本道理：根据气候选择葡萄品种，掌握葡萄发酵的温度，不断提升葡萄酒的品质。不论国家、文化和维度，所有的人最终都彻底地明白了这一道理。那些新兴的产酒国，包括澳大利亚、新西兰甚至南非，其潜力都是不容置疑的。

第十三节 阿根廷
Argentina Wine

阿根廷与智利隔山相望，同样有其优势的风土条件，是新世界葡萄酒生产国中不可忽视的力量。据国际葡萄与葡萄酒组织（OIV）统计，2017 年阿根廷在世界葡萄酒产量排名中位居第六位。阿根廷通过几十年的努力，改变了原来只供内需的局面，开始进入国际市场。众多国际酒业大亨纷纷在阿根廷投建酿酒厂，给阿根廷带来了先进的酿酒技术与设备，为该国葡萄酒产业注入了新的活力。阿根廷果味浓郁的红葡萄酒以及优质白葡萄酒一直深得国际市场青睐，世界著名的葡萄酒评论家罗伯特·帕克（Robert Parker）将阿根廷称为"世界上最令人兴奋的新兴葡萄酒地区之一"。

一、自然环境

有人评价说一个国家的气候与土壤决定了葡萄的品质，而与智利共享安第斯山脉的阿根廷正是这样一个具备独特自然环境的国家。巍峨的安第斯山脉阻碍了来自西部大西洋的潮湿季风,圣胡安(San Juan)、门多萨(Mendoza)一带荒漠贫瘠,多为砾石,终日烈日当头,干燥少雨(通常每年降雨量为150—220毫米),造就了这里天然有机的大环境,阿根廷葡萄园病虫害非常少。因为气候炎热,葡萄大多种在300—2400米的海拔之上,昼夜温差的增加,可以很好地调节葡萄的糖分、酸度的平衡。另外,阿根廷葡萄园多依赖灌溉,安第斯山冰雪融化为靠近山体的葡萄园带来了天然水源。

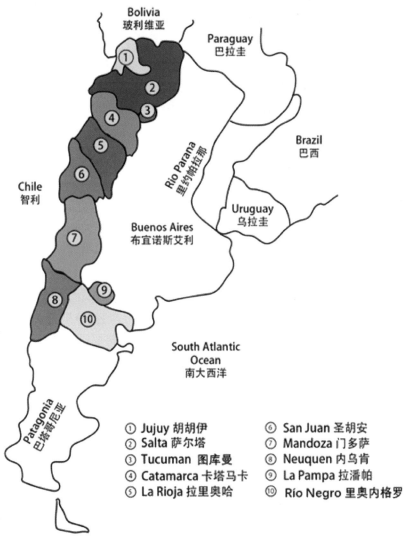

阿根廷葡萄酒产区图

二、葡萄品种

阿根廷葡萄的品种与其本国历史有着密切的关联,最初的葡萄品种主要是西班牙人与意大利人带来的,如西班牙佩德罗希梅内斯(Pedro Ximenez)在阿根廷就有最广泛的种植。为了迎合消费者的需要,阿根廷很早就开始引进欧洲葡萄品种,如马尔贝克、赤霞珠、霞多丽、美乐、长相思等,它们在阿根廷的栽培面积正在扩大。阿根廷是以出产果味突出的红葡萄酒为主的国家,红葡萄大约占总种植面积的三分之二。红葡萄品种里最耀眼的当属马尔贝克,马尔贝克在这里的知名度已经远远超过了其在原产地的知名度,马尔贝克葡萄酒是阿根廷葡萄酒的代名词。由于阿根廷特别适宜的气候及土壤条件,马尔贝克在此处生根发芽并壮大。此品种颜色呈

143

深紫红色,皮厚,单宁极其丰富,因此经常与其他葡萄品种搭配酿造,属于高单宁家族中的一员(高单宁品种有波尔多的赤霞珠、卡奥尔的马尔贝克、马迪朗的丹娜、罗蒂丘的西拉等)。用它酿造的葡萄酒呈现出丰富的黑色浆果气息,酸度较高,口感柔顺,深受人们赞赏。该葡萄品种主要分布在门多萨产区 800—1600 米海拔的安第斯山脉上。白葡萄品种中特浓情在阿根廷表现突出,用其酿造的葡萄酒呈中等酸度,异常芬芳的果香受到年轻消费者的喜爱。

三、葡萄酒法律及酒标阅读

阿根廷像其他新世界产国一样,没有特别复杂严格的葡萄酒法律法规。1999 年其国家农业技术研究院 INTA(Instituto Nacional de Tecnologia Agropecuaria)提出了一系列方案,经政府核定而成为阿根廷法定产区标准(DOC)的法令,唯有符合资格的葡萄酒标签上才可以注明 DOC 法定产区的字样。该制度实施至今,已核定了四个法定产区,分别是路冉得库约(Lujan de Cuyo)、圣拉斐尔(San Rafael)、迈普(Maipu)和法玛提纳山谷(Valle de Famatina)。此外,还规定酒标上如出现葡萄品种的标识,那么该瓶葡萄酒需至少含有 80% 标识品种。DOC 法定产区的基本规定如下。

(1)划定产区葡萄必需 100% 来自本产区。

(2)每公顷不得种植超过 550 株葡萄苗木。

(3)每公顷葡萄产量不得超过一万公斤。

(4)葡萄酒须在橡木桶中培养至少一年,瓶储至少一年。

四、主要产区

阿根廷葡萄种植面积十分广阔,其中最重要的产区是门多萨(Mendoza),其葡萄酒产量占全国总产量的 60% 左右。葡萄酒主要产区从北到南共分为五个产区,分别是萨尔塔(Salta)、拉里奥哈(La Rioja)、圣胡安(San Juan)、门多萨(Mendoza)、里奥内格罗(Río Negro)。

(一)萨尔塔(Salta)

该产区地处阿根廷最西北部位,是阿根廷纬度最高的葡萄酒产区,该地主要有卡法亚特(Cafayate)与莫利诺斯(Molinos)两个子产区。这里是阿根廷葡萄酒历史非常悠久的一个产区,很多酿酒厂保留了传统的酿酒方法。17 世纪,由传教士带来了葡萄苗木,19 世纪欧洲移民者开始在卡尔查奇思山谷(Valles Calchaquíes,属于 Cafayate 子产区内)栽培葡萄。这里降雨量小,一年几乎有 300 天以上的晴朗艳阳天,该地平均海拔约 1500 米,有些葡萄园甚至建了 3000 米海拔之上,成为阿根廷乃至全球最高的葡萄园。这里昼夜温差大,极端的天气造就纯净天然的葡萄酒。白葡萄酒以特浓情(Torrontes)为主,口感圆润,果香饱满,酒质出众,此外还有霞多丽、长相思等;红葡萄酒中表现最好的是赤霞珠,其他为马尔贝克、美乐、丹娜等,最近意大利的巴贝拉,法国的伯纳达、西拉等都表现出了不俗的品质,获得了较高的评价。主要酒庄有圣佩德罗酒庄(Bodega San Pedro De Yacochuya)、艾斯德科酒庄(Bodega EI Esteco)、佳乐美酒庄(Bodega Colome)等。

(二)拉里奥哈(La Rioja)

该产区位于阿根廷西部,酿酒历史非常悠久。1995 年被指定为 DOC 法定产区,葡萄酒酿酒厂大多都是法人公司,遵循着严格的品质管理制度。由于该产区适宜的气候条件,这里是阿根廷最成功的特浓情(Torrontes)白葡萄酒的主产地。红葡萄品种有伯纳达、品丽珠、西拉与丹娜等,其中伯纳达与西拉表现最佳。著名的酒庄神猎者(Bodegas San Huberto)位于该产区内,以出产高品质葡萄酒闻名。此产区内还有一个特别有名气的子产区——法玛提纳山谷(Valle de Famatina),这里有更优质的风土条件,拉里奥哈娜酒庄(La Riojana)位于该产区内。该产区与西班牙里奥哈(Rioja)产区重名,为了加以区别,该产区出口葡萄酒的酒标上多会标记 Famatina DOC 进行发售。

（三）圣胡安(San Juan)

这里是阿根廷继门多萨产区后的第二大葡萄酒产区,葡萄园面积接近 5 万公顷。土壤以砂土与砾石为主,排水性好,紧靠圣胡安河,为葡萄提供了良好的灌溉条件。这里大多比门多萨气候更为炎热,葡萄园分布在 600—1300 米的海拔上,主要品种有伯纳达、品丽珠、赤霞珠、马尔贝克、霞多丽、白诗南、维欧尼等,丰富多样。其中,维欧尼与西拉表现出较强的发展势头。最好的葡萄酒来自子产区图伦谷(Tulum Valley),靠近圣胡安河,出产优质的霞多丽与特浓情。此外,这里还是阿根廷白兰地和苦艾酒的主要原产地。另外,该产区还有另外两个酿造微甜酒的葡萄品种,分别是克里奥拉(Criolla)、瑟雷莎(Cereza),克里奥拉(Criolla)与智利的派斯(Pais)、加利福尼亚州的弥生(Mission)同属于一类红葡萄品种,由西班牙人传入,产量大,主要用作酿造日常佐餐酒。

（四）门多萨(Mendoza)

其为阿根廷最具代表性的葡萄酒产区,葡萄栽培面积高达 14 万公顷,以绝对优势成为世界上最大的葡萄酒产区。产量占阿根廷总产量的 70% 左右,出口量占 90%,可以说门多萨产区几乎代表了阿根廷葡萄酒产业的全部,是该国葡萄酒产业的领头羊,同时它也是国家重要的 DOC 产区。地处安第斯山脚下,纬度位置与智利首都圣第亚哥相近,西距大西洋 1000 公里左右,葡萄园主要分布在门多萨河上游海拔 600—1600 米的气候带上,风土条件优越。该产区葡萄栽培历史也是相当悠久,从 16 世纪便出现了葡萄栽培的痕迹,但葡萄酒质的全面提升却是在 19 世纪后半期。由于门多萨深居阿根廷内陆,不便的交通阻碍了葡萄酒产业的发展。直到 1885 年,随着门多萨直达阿根廷首都布宜诺斯艾利斯(Buenos Aires)铁路的铺设,门多萨作为重要优质葡萄酒产区才被揭开神秘面纱,也正是从这个时期门多萨葡萄酒开始受到市场关注,门多萨的很多葡萄酒渐渐成了海外酒商的最爱。这里的土壤层多由矿物质含量丰富的冲积土、吸水性良好的砂土及石灰质与湿土构成,有着大陆性气候,天气干燥炎热,降雨量极少,但天然融雪(庞大的灌溉系统)为门多萨葡萄栽培提供了绝好的灌溉资源。这里非常适合法国品种马尔贝克的生长,色泽幽深,果味丰富,赤霞珠、丹魄、伯纳达与桑娇维塞等也都有突出表现。葡萄酒色泽浓郁,口感细致柔滑,具有成熟果味和甜美的单宁。白葡萄品种主要有霞多丽、白诗南、长相思及特浓情等。此产区包括几个知名的 DOC 子产区,分别是路冉得库约(Lujan de Cuyo)、圣拉斐尔(San Rafael)、迈普(Maipu)以及优克谷(Uco Valley)。

路冉得库约(Lujan de Cuyo)坐落于安第斯山脚下,海拔 900—1100 米,以老藤葡萄而著名,葡萄酒风味集中,口感圆润柔和。优克谷(Uco Valley)的葡萄园所处海拔较高,昼夜温差大,有利于葡萄结构平衡,葡萄陈年潜力大,主要白葡萄品种为长相思、特浓情,红葡萄品种为马尔贝克、赤霞珠、美乐、丹魄等。迈普(Maipu)同样种植大量的老藤葡萄,西拉、赤霞珠、马尔贝克都有突出表现。门多萨名庄云集,主要有诺顿酒庄(Bodega Norton)、卡氏家族酒庄(Bodega Catena Zapata)、风之语酒庄(Trivento)、凯洛酒庄(Bodega Caro)(拉菲集团注资)、安第斯白马酒庄(Cheval des Andes,酩悦轩尼诗集团与白马庄联合打造)等。

（五）里奥内格罗(Río Negro)

里奥内格罗是阿根廷最南部的葡萄酒产区,位于南纬 39 度。这里除大量出产葡萄外,还是苹果等多种水果的栽培区,葡萄种植面积约 2 万公顷。气候呈现大陆性气候特点,相对凉爽,昼夜温差大,这里以出产酸甜平衡的白葡萄酒出名,同时也是酿造起泡酒的优质产区。黑皮诺、马尔贝克、美乐等红葡萄品种也表现出众。夏克拉酒庄(Bodega Chacra)是当地代表性酒庄。表 6-17 为阿根廷产区划分与主要品种。

145

表 6-17　阿根廷产区划分与主要品种

产区	子产区	主要品种
萨尔塔(Salta)	卡尔查奇思山谷(Valles Calchaquíes)	Torrontes/Chardonnay Malbec/Cabernet Sauvignon Tannat
拉里奥哈(La Rioja)	法玛提纳山谷(Valle de Famatina)	Moscatel/Torrontes Bonarda/Cabernet Sauvignon/Malbec/Syrah
圣胡安(San Juan)	图伦谷(Tulum Valley)	Torrontes/Chardonnay Malbec/Bonarda/Merlot/Syrah
门多萨(Mendoza)	路冉得库约(Lujan de Cuyo)	Malbec/Cabernet Sauvignon Chardonnay
	圣拉斐尔(San Rafael)	Malbec
	迈普(Maipu)	Malbec/Cabernet Sauvignon/PN
	优克谷(Uco Valley)	Malbec/Cabernet Sauvignon/Syrah
里奥内格罗(Rio Negro)		Malbec/Pinot Noir/Merlot Sauvignon Blanc

五、小结

　　阿根廷近年来在国际市场上表现突出,高海拔葡萄酒已经成为阿根廷葡萄酒的代名词,特殊的风土赋予葡萄酒多变的风格,加上相对低廉的成本,正吸引着外国投资者的大量涌进,在阿根廷各个主要葡萄酒产区内都能看到欧美财团投资或注资的酒庄,这些葡萄酒品质优异,备受瞩目。

第十四节　美国
USA Wine

　　美国葡萄酒历史始于 17 世纪前后,与大多数新世界国家一样,这里也是随着新大陆的发现,由欧洲移民者及传教士带来了葡萄苗木。到了 18 世纪,葡萄的种植已得到了很大的扩散,随着"淘金热"的兴起,加利福尼亚州吸引了大批的欧洲移民者,正是他们带来了先进的葡萄栽培及酿酒技术,这使得美国葡萄酒产业得以真正发展。美国葡萄酒产业的快速成长除了得益于较长的历史积累外,与美国雄厚的资金、科技的应用、市场营销及强大的内需有很大关系。美国葡萄酒产量与消费量一直位列世界前五,据国际葡萄与葡萄酒组织(International Organization of Vine and Wine,OIV)发布的 2017 年的数据显示,美国以 22.3 亿升葡萄酒产量为全球第 4 大产酒国,美国还是全球最大的葡萄酒消费国(2015 年数据),全年消费葡萄酒总量高达 31 亿升。

一、自然环境

　　美国地形复杂,各地气候差别大,这为美国多样葡萄的种植提供了良好的自然条件。美国葡萄酒中约有 90% 产自加利福尼亚州(以下简称加州),这里自然条件非常优越。西靠太平洋,夏季炎热干燥、高温少雨,日照量充足,属于典型的地中海气候。同时,南北走向的山脉遍布溪谷,形成了多样的微气候,石灰石、黏土、火山灰等土壤类型丰富,这为葡萄品种多样性提供了条件。

美国加州葡萄酒产区图

二、葡萄酒法律与酒标阅读

美国在欧洲的原产地概念基础上,从本国实际出发,制定了自己的葡萄酒产地制度(American Viticultural Areas,简称 AVA)。这一制度于 1983 年由美国酒类、烟草和武器管理局(BATF)发起并实施,与法国的"原产地名称管制"(AOC)制度有类似之处,但没有像法国AOC 一样,对产区、葡萄品种、种植、产量及酿造方法等进行繁杂严格的规定,它只是对被命名地域的地理标识与品种进行了规范,所以美国的这一制度有很大的自由空间。地理名称可以是一个州,也可以是一个县,也可能是来自该县的子产区山谷,一般情况下范围越大,葡萄酒质量越差。在美国,某一地区要获得 AVA 资格,种植者或葡萄酒的酿造者需要向 BATF 提交申请,该地需要具备独特的历史、地理及气候特征,并在得到认证和批准后方可成为 AVA 产区。现在美国有 162 个 AVA 产区,其中 100 多个集中在加州。不过,值得注意的是各州 AVA 法律略有不同,如加州规定标明加州的葡萄酒必须是由 100% 的加州葡萄酿成。俄勒冈州法律规定标明俄勒冈任何产地的酒必须是 100% 由该产区的葡萄所酿。AVA 制度对葡萄酒不同产地起到了保护作用,品种的标识也需要达到相应的最低要求。相关规定如下。

(1)有品种标识的必须 75% 来自标识品种。

(2)85% 的葡萄必须来自标明的产地。

(3)凡在酒标中标有年份的,则所用葡萄的 95% 来自该年份。

(4)若使用"Estate Bollted",表明酒厂与葡萄园必须在标明的 AVA 产区内,酿造者"必须拥有或控制"所持的葡萄园,葡萄必须 100% 来自本酒庄葡萄园。

三、葡萄品种

美国的葡萄品种与其他新世界产酒国一样大部分为国际品种,红葡萄品种有赤霞珠、美乐、仙粉黛、黑皮诺、西拉、歌海娜、佳丽酿、品丽珠、索娇维塞、巴比拉等;白葡萄品种有霞多丽、长相思、白诗南、灰皮诺、密思卡岱、琼瑶浆、赛美蓉等。其中,仙粉黛在美国有突出表现。该品种原产于意大利南部普利亚(Puglia)地区,与该地的普里米蒂沃(Primitivo)葡萄品种一致。历史上随着欧洲移民传入美国,在加州是继赤霞珠之后的第二大葡萄品种,一般用来酿造日常餐酒(红、白、桃红葡萄酒等)、半甜型白葡萄酒或者起泡酒,基本上所有葡萄酒类型都可以用它酿造,其为加州葡萄酒的成功发挥了重要作用。它色泽亮丽、果香丰富、有鲜明的花香以及香辛料的风味,备受当地消费者喜爱。美国长相思也是该国一大特色,在当地被称为白富美(Fumé Blanc),它是在19世纪60年代由罗伯特·蒙大维(Robert Mondavi)首创。这一名称已成为长相思风格葡萄酒的代名词,专指那些使用了橡木桶发酵或陈酿的长相思葡萄酒。当然在美国也有很多不使用橡木桶酿造的长相思葡萄酒,厂家会在酒标标出长相思(Sauvignon Blanc)原有的名称,以做区分。

四、主要产区

美国大部分国土都可以种植葡萄,但主要集中在加州、俄勒冈州、华盛顿州等地区。

(一)加州(State of California)

该州是美国葡萄酒最有影响力的产区,虽然历史短暂,却后来居上,加州葡萄酒约占美国葡萄酒总产量的90%,占美国葡萄酒总销量的74%,共有接近3000家葡萄酒酿酒厂,占美国葡萄酒酿酒厂的51%,由数据可知加州在美国葡萄酒产业中的重要地位。加州位于美国西海岸,西临太平洋,北靠俄勒冈,地域广阔。主要的子产区有纳帕谷、索诺玛谷、俄罗斯河谷以及中央谷等。

1. 纳帕县(Napa County)

该产区位于旧金山以北100公里的山谷之处,以纳帕谷(Napa Valley)最为著名。山谷之间的独特地理环境,形成了众多微气候,再加上各处不同的土壤特征,使得此地成为世界上为数不多的能与法国波尔多相媲美的著名产区。它还包括奥克维尔(Oakville)、卢瑟福(Rutherford)、鹿跃(Stags' Leap)等著名小产区。纳帕谷于20世纪70年代开始受到广泛关注,这一时期,值得一提的大事件是"Paris Tasting"(巴黎审判)。在一次盲品大赛中,该产区Stags' Leap酒庄的赤霞珠葡萄酒一举击败法国名庄荣膺桂冠,美国葡萄酒在此次比赛中大放光彩,也因此催生了美国膜拜酒(Cult Wine)的诞生。纳帕县虽面积有限,却融汇了300多家酒庄(约占整个加州的三分之一),酒庄密度高,众多名庄云集于此。啸鹰酒庄(Screaming Eagle Winery)、作品一号酒庄(Opus One Winery)、罗伯特·蒙达维酒园(Robert Mondavi Winery)、哈兰酒庄(Harlan Estate)都坐落于该产区内。该地葡萄酒产量较小,仅能占到加州的4%,但每款都堪称佳酿,价格普遍较高。该地区以赤霞珠、莎当妮等品种著称,美乐、西拉、长相思等也都有突出表现。葡萄酒总体呈现出酒体厚重、果香突出、浓郁饱满的特点。卡内罗斯(Carneros)也是该地区的特色产区,位于纳帕谷南部,海洋给这里带来了凉爽、多雾的气候,出产优质霞多丽、黑皮诺,该地起泡酒也备受关注。

2. 索诺玛县(Sonoma County)

其距离旧金山两个小时的路程,位于纳帕谷的西侧,也是加州非常有名望的产区。这一地区主要包括索诺玛谷(Sonoma Valley)、亚历山大谷(Alexandra Valley)、干溪谷(Dry Creek Valley)、俄罗斯河谷(Russian River Valley)、白垩山(Chalk Hill)等产区,共计13个AVA产区,有接近 300 个大大小小的酒庄。每个产区都有自己的微气候与独特土壤类型,整个产区内,红葡萄酒以赤霞珠、美乐、黑皮诺、仙粉黛为主,白葡萄酒则以霞多丽、长相思为主。该产区的索诺玛谷(Sonoma Valley)无疑最为出名,因具有与纳帕谷平行的地理位置,所以有着非常适宜葡萄生长的土壤、地形及气候条件,是继纳帕谷后美国第二大葡萄酒著名产区。产区内主要盛产口感圆润、酒体饱满的赤霞珠、美乐、霞多丽葡萄酒等。俄罗斯河谷是当地著名的子产区,该产区气候凉爽,特别适合黑皮诺、霞多丽等品种的生长,是美国著名黑皮诺干红、黑皮诺起泡酒及经典霞多丽白葡萄酒的重要产区。其霞多丽葡萄酒既有法国勃艮第霞多丽的清新自然,又不失饱满圆润的质感。亚历山大谷则以酒体饱满的赤霞珠葡萄酒出名,霞多丽及美乐也表现不俗;干溪谷是加州最著名的优质仙粉黛产区,花香、果香丰富,深受人们喜爱。白亚山,因具有与勃艮第夏布利相似的土壤而著名,葡萄品种以霞多丽与长相思为主,香气上与夏布利相比果味浓郁。当地著名的酒庄有金舞酒庄(Kenwood Vineyard)、宝林酒庄(Clos Du Bois)、维斯塔酒庄(Buena Vista Winery)等。

3. 门多西诺县(Mendocino County)

门多西诺县在索诺玛县之北,葡萄酒产量占加州总产量的 2%,是美国有机葡萄酒的种植区。气候较为凉爽,以霞多丽、黑皮诺以及阿尔萨斯葡萄品种为主,出产各类芳香白葡萄酒及起泡酒。意大利的一些品种在当地也有种植,如桑娇维塞、内比奥罗等。该产区的有机葡萄酒一直在美国加州有相当大的名气。著名的酒庄有菲泽酒庄(Fetzer Estate)、玛利亚酒庄 (Mariah Vineyard)、路易王妃酒庄(Roederer Estate)等。

4. 中央谷(Central Valley)

其位于旧金山南部,该地是美国加州重要的农业区,也是加州葡萄酒产量较大的一个区域。这里气候炎热,土壤肥沃,需要人工灌溉,葡萄酒产量大,多以餐酒为主。葡萄酒多混酿,品种有鲁勃德(Rubired)、宝石卡本内(Ruby Cabernet,美国加利福尼亚大学戴维斯分校培育的能适应该地的新品种)以及鸽笼白(Colombard)等。表现最好的品种为白诗南、巴贝拉、霞多丽等。主要子产区包括洛蒂(Lodi)、索拉诺县(Solano County)、绿谷(Green Valley)等。洛蒂(Lodi)以酿造著名的老藤仙粉黛出名,白仙粉黛(White Zinfandel,一种桃红葡萄酒,酒精度较低,微甜,果味多)也是当地特色,洛蒂(Lodi)的其他葡萄酒品种还有赤霞珠、美乐、霞多丽等。

(二)俄勒冈州(State of Oregon)

俄勒冈州也是美国最优秀的葡萄酒产区之一,温度适宜,濒临大西洋,地理位置优越。该产区葡萄酒主要集中在威拉梅特谷(WillametteValley),约占了该地区 70% 的产量。这里与法国勃艮第有非常相似的气候条件,因此成为黑皮诺葡萄酒的重要产区,出产的黑皮诺葡萄酒在世界上频频获奖,为它赢得了不少的声誉。该地的杜鲁安酒庄(Domaine Drouhin)出产非常优质的黑皮诺。另外,该地区也是美国灰皮诺的诞生地,莎当妮和雷司令在俄勒冈州也有出色表现,俄勒冈州的温暖地带还出产优质的西拉、赤霞珠、美乐等葡萄酒。

(三)华盛顿州(State of Washington)

该产区是美国第二大葡萄酒产区,有接近 900 家酒庄,葡萄酒产业发展迅速。该地位于美国西北部,阳光充足,非常适宜葡萄生长。北部紧靠加拿大,晚上较为凉爽的天气为葡萄保留了天然的酸度。核心产区在哥伦比亚谷(Columbia Valley),该地拥有沙漠地貌,白天气温较高,夜间气候凉爽,葡萄可以缓慢成熟。霞多丽是该地最广泛种植的葡萄,雷司令也受到重视,此外还有琼瑶浆、维欧尼及赛美蓉等,红葡萄品种以波尔多品种为主。这里有 4 个主要的 AVA 产区,分别是普吉特海湾(Puget Sound)、红山(Red Mountain)、亚基马谷(Yakima Valley)、瓦拉瓦拉谷(Walla Walla Valley)。

（四）纽约州（State of New York）

该州排名美国总葡萄酒产量第三位，目前约有 250 家酒庄。葡萄种植历史悠久，最早可以追溯到 17 世纪。这里主要有 5 个 AVA 产区，分别是长岛（Long Island）、五指湖（Finger Lakes）、哈得逊河（Hudson River）、尼亚加拉峡谷（Niagara Escarpment）和伊利湖（Lake Erie）。其中五指湖产量最高，占该州总产量的 85%，气候受湖水影响，湿润有余。主要以白葡萄品种为主，芳香的雷司令及霞多丽在这里表现突出。纽约州不同于其他主要葡萄酒产区，该地主要葡萄品种以当地本土葡萄为主，占总产量的 85% 以上，欧亚葡萄只占少数一部分。雷司令、霞多丽、黑皮诺表现较好，用于酿造优质干白葡萄酒或起泡酒。

美国主要葡萄酒产区及品种如表 6-18 所示。

表 6-18　美国主要葡萄酒产区及品种

大产区	主要 AVA 产区	主要品种
加州（State of California）纳帕县（Napa County）	奥维尔（Oakville AVA）	赤霞珠/美乐/长相思
	卢瑟福（Rutherford AVA）	赤霞珠/美乐/品丽珠/仙粉黛
	鹿跃区（Stags' Leap AVA）	美乐/赤霞珠/桑娇维塞/霞多丽/长相思
	豪威尔山（Howell Mountain AVA）	赤霞珠/美乐/仙粉黛/霞多丽/维欧尼
	央特维尔（Yountville AVA）	赤霞珠/美乐
	卡内罗（Carneros AVA）	黑皮诺/长相思/霞多丽/美乐
加州（State of California）索诺玛县（Sonoma County）	索诺玛谷（Sonoma Valley AVA）	赤霞珠/美乐/霞多丽
	亚历山大谷（Alexandra Valley AVA）	赤霞珠/霞多丽及美乐
	干溪谷（Dry Creek Valley AVA）	仙粉黛/赤霞珠
	俄罗斯河谷（Russian River Valley AVA）	黑皮诺/霞多丽/长相思/仙粉黛
	白垩山（Chalk Hill AVA）	霞多丽/长相思
加州（State of California）门多西诺县（Mendocino County）	安德森山谷（Anderson Valley AVA）	阿尔萨斯白黑皮诺/仙粉黛/西拉/赤霞珠
加州（State of California）中央谷（Central Valley）	洛蒂（Lodi AVA）	仙粉黛/霞珠/美乐/霞多丽
俄勒冈州（State of Oregon）	威拉梅特谷（WillametteValley AVA）	黑皮诺/西拉/美乐/灰皮诺
华盛顿州（State of Washington）	普吉特海湾（Puget Sound AVA）、红山（Red Mountain AVA）亚基马谷（Yakima Valley AVA）瓦拉瓦拉谷（Walla Walla Valley AVA）	霞多丽/雷司令/维欧尼/琼瑶浆/赛美蓉
纽约州（State of New York）	长岛（Long Island AVA）、五指湖（Finger Lakes AVA）、哈得逊河（Hudson River AVA）尼亚加拉峡谷（Niagara Escarpment AVA）、伊利湖（Lake Erie AVA）	雷司令、霞多丽及本土品种

五、小结

美国除以上区域生产葡萄酒外,目前在俄亥俄州、弗吉尼亚州以及宾夕法尼亚州也有少量生产,这些产区多以满足当地消费为主,外销少。美国作为新世界代表性产酒国之一,酿酒方式上与旧世界形成鲜明对比,这里更多呈现出兼收并蓄的美式文化,在充分发挥天时、地利的优越条件之外,把"人"(酿酒、技术)的作用更是推向极致。他们不仅在风土上严格划分地块区域,在苗木栽培、管理及葡萄酒酿造理念上都做了大胆突破,同时,重在品牌建设与市场营销,葡萄酒产业灵活多变,富有创新。

历史小故事

罗伯特·蒙大维酒厂

纳帕真正获得新生的标志是 1966 年创建的罗伯特·蒙大维酒厂。在过去的几十年中,罗伯特·蒙大维酒厂壮观的规模使其成为纳帕谷的旗舰。该酒厂正面的宽阔砖拱结构具有不倒精神的象征意义。更重要的是,它建立时向人们展示了新科技的所有光辉:巨大的不锈钢圆筒耸立在天空中,它表层的冷却液体可以将温度控制在任意范围内。法国人的古老经验加上先进的现代科技投入使其成为对行业其他领导者的显而易见的挑战。罗伯特·蒙大维不但从法国购进了大量的酒桶,还对多种不同的橡木陈年的产品进行了品尝。经验主义的哲学被他发挥到了极致,他说:"所有的东西都要经过学习。"他痴迷于实验和讨论,并因此影响着整个加州。

第十五节 南非
South Africa Wine

南非葡萄酒历史悠久,17 世纪 50 年代,荷兰东印度公司最先将葡萄苗带到南非,开启了南非葡萄酒的历史。南非葡萄酒产业发展并不顺利,长时间的战争、动荡不安的政局以及严重的病虫害侵袭使得这里一直饱经风霜,20 世纪 80 年代才重新焕发生机,登上世界舞台。据 2017 年统计数据显示,南非在世界 12 个重要的葡萄酒产国里产量位居第 8 位,葡萄酒出口排名第 10 位。

一、自然环境

南非占据了非洲大陆的最南端,是非洲最优秀的葡萄酒生产国。葡萄栽培主要集中在南纬 34 度左右,大西洋与印度洋交汇的开普与好望角半岛,壮丽的天然美景让无数过往游客为之倾倒。这里属于地中海气候,夏季长,有充足的日照量。虽然地处低纬度,但两洋交融,海域吹来的冷空气可以有效消减夏季的炎热。与同纬度地区相比,这里凉爽很多,给葡萄生长提供了良好的环境。南非地形多样,多丘陵地、山谷地,地势高低不平,优质葡萄园多分布于群山环抱的西南海岸地区。靠近内陆的地方,气候更加炎热,优质葡萄酒园需要寻找更多微气候子区域,高纬度地带可以让葡萄缓慢成熟。降雨多集中在 5—8 月(冬季),雨量少,有时需要人工灌溉。土壤类型多样,多为花岗岩、砂土、石灰石、河流沉积土等。

南非阿尼斯顿湾西拉葡萄酒 2004

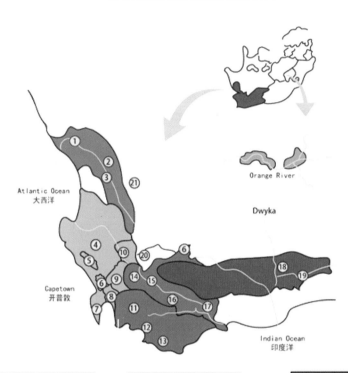

Olifants river region 奥勒芬兹河产区	Sub-region 次产区	Klein Karoo 克林克鲁
① Lutzvlile Valley 路茨镇谷	⑪ Overberg 奥弗贝格	⑱ Calitzdorp 卡利兹多普
② Citrusdal Valley 橘之谷	⑫ Walker Bay 沃克湾	⑲ Ceres 色瑞斯
③ Citrusdal Mountain 橘之山	⑬ Cape Agulhas 开普厄加勒斯	⑳ Cederbers 赛德堡
		㉑ Langkloof 朗克鲁夫

Coastal region 海岸地区	Breede river valley region 布瑞德河谷产区
④ Swartland 斯瓦特兰	⑭ Breedekloof 布瑞德克鲁夫
⑤ Darling 达令	⑮ Worcester 伍斯特
⑥ Tygerberg 泰格堡	⑯ Robertson 罗伯特森
⑦ Cape Point 开普角	⑰ Swellendam 史威兰登
⑧ Stellenbosch 斯泰伦博斯	
⑨ Paarl 帕尔	
⑩ Tulbagh 图尔巴	

南非葡萄酒产区图

二、葡萄酒法律及酒标阅读

为了保障葡萄酒的健康发展,1973 年,南非参照旧世界的法律体系引进了原产地命名制度
(Wine of Origin Scheme,简称 WO)。该制度划归南非农业部下属的葡萄酒与烈酒管理委员会

(Wine & Spirit Board)进行管理。首先,葡萄酒须经过独立的品酒委员会的评估,根据评估结果,得到认证的葡萄酒将会被该委员会授予验证印章,以保障酒标上原产地、品种、酿造年份等信息的真实可靠。不仅如此,该制度还把南非分为四个产区等级,从大到小依此是大区级(Region)、地区级(District)、次产区(Ward),最小的单位是葡萄园,也就是酒庄级(Estate),通常单位越小,酒质越好。WO制度有关规定如下。

(1) 酒标上所标的产地,必须100%来自所标产区。

(2) 85%的葡萄酒属于该酒标所标记的年份。

(3) 如果酒标上标记品种,则该葡萄品种含量必须达到85%以上。

三、葡萄品种

南非是白葡萄酒占主导地位的国家,但近10年来,红葡萄酒的比例也在迅速上升。南非没有本土葡萄品种,大部分由欧洲引进。这里表现最好的为原产于法国卢瓦尔河的白诗南,约占总产量的20%。白诗南适应能力极强,产量高,在该地展现出了多姿多彩的一面,尤其一些产区出产的老藤白诗南能够酿造南非的招牌葡萄酒。其他白葡萄品种中鸽笼白种植较多,天然高酸,在当地适合酿造蒸馏酒,霞多丽、长相思也表现突出。红葡萄品种中赤霞珠、美乐等波尔多品种栽培面积最大,西拉的种植也紧跟其后,酿造方法上多为波尔多式调配或者单一品种酿造。

正如每个国家都拥有一款当地标志性葡萄品种一样,对于南非来说,这个标志非皮诺塔吉(Pinotage)莫属。该品种是由贝霍尔德教授于1925年使用黑皮诺(Pinot Noir)和神索(Cinsault,在南非被称为Hermitage)培育出的一个杂交葡萄品种,两者结合得其名曰Pinotage。该品种近几年在国际舞台上开始频繁获奖,向世人证明了它的实力所在。它兼具了勃艮第式黑皮诺的细腻优雅和神索的易栽培及抗病性强的优良品质,渐渐受到果农及消费者的喜爱。目前,在南非约占红葡萄品种面积的1/5,用它酿造的葡萄酒颜色幽深,呈现出各种浆果及香料风味,经橡木桶陈年后有橡胶、巧克力及咖啡的味道,回味悠深、复杂,结构感强。适合搭配野味、烧烤等。

四、主要产区

根据WO制度,目前南非分为六大地理区域、五大产区(Region)以及27个地方葡萄酒产区(District)和78个次产区(Ward)。六大地理区域分别是西开普(Western Cape)、北开普(Northern Cape)、东开普(Eastern Cape)、夸祖鲁-纳塔尔(Kwazulu-Natal)、林波波(Limpopo)、自由邦(Free State)。其中西开普是南非葡萄酒最集中的区域,约占南非总产量的90%。西开普又下分五大产区,分别为布里厄河谷(Breede River Valley)、开普南海岸(Cape South Coast)、沿海地区(Coastal Region)、克林卡鲁(Klein Karoo)、奥勒芬兹河(Olifants River)。

这些产区从类型上分为两类,一类为内陆区,地处内陆,海岸线高达1700米的山脉阻断了海上的凉风及雨水,内陆区域气候更加干燥、炎热。土壤多为冲积土,降雨量少,很多葡萄园需人工灌溉。代表性地方葡萄酒产区为克林卡鲁(Klein Karoo),这里生产南非最负盛名的几种加强型葡萄酒,如波特酒、雪莉酒等。第二类为海岸区,这里的葡萄园分布于沿海山脉之间,土壤由花岗岩、砂岩等构成,气候虽然呈现明显的地中海气候,但这里有海洋寒流凉风,为当地带来了清凉,非常适合葡萄的生长。南非最大的葡萄酒产区斯坦陵布什(Stellenbosch)、帕尔(Paarl)、康斯坦提亚(Constantia)都分布在海岸区内,世界水平的白诗南、长相思、西拉、赤霞珠、美乐、皮诺塔吉等葡萄酒大都出自该产区。

南非产区名称众多,但优质酒款大部分集中在西开普地理区域内,以下为西开普产区内几个著名子产区的介绍。

（一）斯坦陵布什产区（Stellenbosch District）

该产区位于开普敦东 40 公里处,两面环山,一面临海,有凉爽的海风吹过,位置优越,是南非最具代表性的葡萄酒产区,约占南非总产量的 20%。作为南非第二大古老城市,其历史悠久,文化古迹众多。葡萄酒历史可以追溯到 17 世纪,这里人文气息浓郁,著名的斯坦陵布什大学也位于此,南非大部分的葡萄酒酿酒师都出自该大学。该产区是典型的地中海气候,非常适合葡萄的生长,自然环境优越,吸引了众多投资者的目光,他们带来的葡萄苗木及酿造技术,促成这一地区葡萄酒产业的繁荣。土壤多为砂土、冲积土、花岗岩等,平均年降雨量为 600—800 毫米,周围群山环抱,不同的海拔、不同的山体朝向及土壤给葡萄生长提供了良好的环境。此产区非常适合红葡萄生长,如赤霞珠、美乐、西拉、皮诺塔吉等,这里以出产波尔多调配型葡萄酒而闻名,素有南非的“波尔多”之称,又因橡树众多又被称为“橡树之城”。气候凉爽的区域生产高品质的长相思与霞多丽。此产区云集了众多著名的酒厂,如肯福特酒庄（Ken Forrester Estate）、蒙得布什酒庄（Mulderbosch Estate）、美蕾酒庄（Meerlust Estate）等。需要说明的是,这些酒庄并不只生产本产区标识的葡萄酒,其生产的葡萄酒可以用数个产区的葡萄来混酿,酒标上会以“Coastal Region”或“Western Cape”来命名,价格便宜。

（二）帕尔产区（Paarl District）

帕尔是离开普敦 50 公里的一个风景优美的小镇,坐落于巨大的花岗岩层上。“帕尔”这个名字来源于当地土著语言“珍珠”（Pearl）,由于该地的土壤原因,每当下雨过后,在阳光的照射下到处都会有闪耀的光芒,犹如珍珠一般,地区名称由此而来。这里多微型气候,夏季漫长,温暖炎热,年降雨量在 800—900 毫米。土壤由砂粒、花岗岩等构成,适合很多品种的种植,如赤霞珠、西拉、皮诺塔吉、白诗南、霞多丽、长相思等。帕尔葡萄酒历史悠久,产区内著名的次产区在南非也有很重要的地位。如有着浓郁法国风情的法兰斯霍克小镇（Franschohoek）及西蒙斯贝格（Simonsberg）都是当地知名的葡萄酒次产区,众多南非领先的酿酒厂也分布于此。法兰斯霍克原译为“法国之角”,16 世纪法国掀起新、旧教徒纷争战乱时,法国新教派胡格诺教徒流亡到此地,现在这一地区仍然随处可见当时遗留下来的历史遗迹。这里受法国影响较深,美食与美酒是该产区的一道风景线,酿酒技术大多沿用传统的酿造方法。作为前南非葡萄种植合作协会（KWV）总部和南非著名的葡萄酒拍卖场的所在地,帕尔无疑是南非葡萄酒的最重要地区之一,它与斯坦陵布什（Stellenbosch）在南非葡萄酒产地中占据核心地位。

（三）康斯坦提亚次产区（Constantia Ward）

该产区在等级上属于次产区,这一产区从 18 世纪开始酿造的甜葡萄酒便闻名于欧洲各国。得益于荷兰东印度公司强大的流通网络,当时很多欧洲王室通过阿姆斯特丹拍卖行买入康斯坦提亚甜葡萄酒。该地甜葡萄酒得到欧洲贵族、皇室的喜爱由来已久,特别是拿破仑对它钟爱有加。该产区自然风光怡人,距离开普敦城仅有 5—10 公里的距离。葡萄园广泛分布于康斯坦提亚东部山体斜坡上,酿酒厂大都保留着传统的酿造习惯。土壤以砂岩构成的花岗岩为主,降雨量约在 1000 毫米,偏多,海风可以有效降低葡萄病虫害感染的风险。该地气候偏寒凉,非常适宜白葡萄的生长,该地出产的老藤长相思质量较高。霞多丽、赛美蓉也表现非常突出,赤霞珠、品丽珠等则在温暖区域有少量种植。

（四）斯威特兰德产区（Swartland District）

该地区位于帕尔西北部,距离开普敦 65 公里。气候炎热,地形多样,葡萄园分布在不同的海拔之处,葡萄酒风格多变。这里适合红葡萄的生长,如皮诺塔吉、西拉等。风味浓郁,口感醇厚。此地还是著名的加强型葡萄酒的传统产区,出产南非顶级的波特酒,近年来白葡萄酒开始崭露头角,获得了较好的声誉。

（五）沃克湾产区（Walker Bay District）

该地区位于开普东南方向 100 公里处，是一个相对较新的产区。气候相对凉爽，土壤多为风化片岩，适合霞多丽、长相思的生长，尤其出产优质的黑皮诺，美乐、西拉也有优秀表现。

（六）罗贝尔森产区（Robertson District）

该地区是传统的白葡萄酒产区，这里多呈现石灰岩土质，适宜霞多丽的生长，夏季炎热，来自印度洋的东南海风起到降温的作用，使得这里的霞多丽果香丰富，风格浓郁又能保持良好的酸度。近年来，西拉、赤霞珠等红葡萄品种有很大增长，备受关注。该地次产区为邦尼威（Bonnievale）。

五、小结

总体来看，南非葡萄酒丰富多样，风土资源不逊色于其他新世界产酒国。不管从葡萄栽培、酿酒技术的革新还是从葡萄酒监管政策的跟进，南非都在用自己的方式推动着行业的发展。1994 年，南非调整了新的葡萄酒政策，红、白葡萄酒的比例也已趋于平衡，优质酒不断涌现。20多年来，该国葡萄酒开始广销世界各个角落，性价比高，受到市场青睐。

第十六节　中国
Chinese Wine

说到我国葡萄酒，一下子和我们贴近了不少。生活在这里，感受这片热土的历史、人文，可以让我们更好地感受中国葡萄酒发展的点滴。擅长诗文表达的古人，总是把葡萄酒描绘得十分美好。从"葡萄美酒夜光杯，欲饮琵琶马上催"的沙场潇洒一杯酒，到"萄萄酒，金叵罗，吴姬十五细马驮。青黛画眉红锦靴，道字不正娇唱歌"骑在小马背上的哼唱，足以感受到这份融入内心的关于葡萄酒的美好。自汉代开始，欧洲葡萄苗木传入中原（我国早期有亚洲种属的毛葡萄与刺葡萄，历史久远），葡萄便深深扎根在这里，经历了唐宋的兴盛与繁荣，到了元代，葡萄酒与人们的生活似乎更加贴近。《马可·波罗游记》记载，在山西太原府，那里有许多好葡萄园，酿造很多葡萄酒，贩运到各地去销售。这种热闹的场景历经波折一直延伸到了民国后期，1892 年，张裕酒厂在烟台建立，我国现代工业的酿酒场景开始展现在国人面前。幅员辽阔的土地，多样的气候及土壤类型，足以让葡萄苗木到处扎根发芽。如今的中国葡萄酒产业已经在这片广阔的土地上遍地开花，从山东半岛、河北、山西、湖南，到甘肃、宁夏与新疆，再到云南高山产区及东北三省，覆盖非常广，酒庄类型也非常多样，从大型国有酒厂到私人精品酒庄，发展之快，占据了热衷这个领域从业者喘息的时间。

一、自然环境

我国幅员辽阔，南北纬度跨度大，葡萄园大多种植在北纬 25 度至 45 度广阔的地域里。从渤海湾的山东半岛、河北，再到西部的宁夏，以及昼夜温差极大的新疆、云南等地，气候、土壤、地形、海拔、湖泊、河流等风土资源丰富多变，这些条件为我国葡萄种植的多样性提供了条件。这些产区经过多年的探索、引种、栽培试验以及酿造改良，吸引了越来越多的国内外投资者，国内精品酒庄渐成气候。首先，渤海湾的胶东半岛的葡萄园多分布于半岛山岭之中，优质葡萄园分布在朝东或南向的山坡上，日照充足，受海洋性气候的影响大，气候湿润，葡萄酒可以维持非常理想的酸度。宁夏、新疆葡萄酒产业近些年发展迅速，这两地气候属于典型大陆性气候，夏季温度高，日照量充足，干燥少雨，昼夜温差大，其酿造的葡萄酒更加饱满，果香突出，在市场上表现强劲。云南高山产区是近几年在国内市场表现突出的产地,是我国有名的高海拔葡萄园所在地,葡萄栽培受高山气候影响大,葡萄酒独具特色,品质较高。河北是我国传统葡萄酒产区,燕山是该产区的一道天然屏障,阻挡北方冷空气,气候环境有其优势所在。东北、甘肃河西走廊、内蒙古以及湖南等地,自然环境都有独特的一面,葡萄酒各有特色。

二、葡萄品种

广泛的种植区域使得我国葡萄品种异常多样,尤其是我国的鲜食葡萄栽培率在世界上占有绝对地位,酿酒葡萄在其中占有 20% 的份额,随着我国葡萄酒市场的快速发展,酿酒葡萄的种植与生产正在快速提升。目前我国仍然以红葡萄品种为主,种植比例约占 80%,白葡萄品种约占 20%。红葡萄品种主要有赤霞珠、美乐、品丽珠、蛇龙珠(与智利佳美娜同属一个品种)、黑皮诺、马瑟兰、西拉、小味尔多、歌海娜、佳利酿以及一些本土(亚洲属)品种山葡萄及刺葡萄等。而白葡萄品种有威代尔、贵人香、霞多丽、长相思、白诗南、琼瑶浆、白雷司令、白玉霓、维欧尼、小芒森以及本土品种龙眼等。这些葡萄品种里,马瑟兰作为我国特色品种,近年来发展迅速。龙眼为我国古老而著名的晚熟酿酒葡萄品种,非常有特色。

三、葡萄酒法律及酒标阅读

我国葡萄酒法律法规正在逐步完善中,在我国,有关葡萄酒质量卫生的法律有《中华人民共和国产品质量法》《中华人民共和国食品卫生法》《中华人民共和国食品安全法》。近年来葡萄酒快速发展,我国不断出台了多项标准与政策方案,大大促进了国内葡萄酒行业的健康发展。

首先,国家标准《葡萄酒》(GB 15037—2006)中也对年份、品种及产地做出了相关的规定,标注年份的葡萄酒,指该年份葡萄汁所占比例不得低于葡萄酒含量的 80%;标注产地的葡萄酒是指用所标注的产地葡萄酿制的酒所占比例不低于葡萄酒含量的 80%;标注品种指所标注品种比例不得低于葡萄酒含量的 70%。

2013 年,《宁夏回族自治区贺兰山东麓葡萄酒产区保护条例》实施启动仪式在张裕摩塞尔十五世酒庄举行,标志着全国第一部葡萄酒产区保护法规正式在宁夏实施,这意味着对葡萄种植产区的地理保护上升到了法律概念,该条例对该产区内酒厂建设条件、酒庄概念、酿酒葡萄、地理标志、法律责任等都做出了明确规定。

2017 年,宁夏回族自治区质监局(现宁夏回族自治区市场监督管理厅)对前期《贺兰山东麓葡萄酒地理标志保护产品专用标志管理实施细则》进行了重新修订,修改后的内容中明确划定了该产区的具体产地范围,包括宁夏银川市、青铜峡市、吴忠市等部分产区。

2019 年,由中国酒业协会葡萄酒分会牵头的《葡萄酒产区》团体标准启动会正式举行,它标志着我国葡萄酒制度在与国际接轨的路程上迈出了关键一步,是我国葡萄酒行业制度建设的一项重要举措。该标准对我国葡萄酒产区进行了五级划分,划分内容与美国的 AVA、澳大利亚的 GI 有部分相似之处。虽然该标准还未上升到法律的层面,但它的出现对明确产区概念、引导产区发展有重要意义。

当然,在我国葡萄酒标上,除酒精饮品类必须标示的基本项之外,对其他规定相对宽泛。目前,国内一些精品酒庄会根据本酒庄产品的不同市场定位,做出自己的划分。如珍藏、经典、家族珍藏、特级珍藏等概念常被引入酒标之中,这些词汇没有法律概念,仅在一定程度上代表了本酒庄酒款的风格与质量。

四、主要产区

我国葡萄种植区域广泛,凭借着丰富多样的地理环境及气候条件,酿酒葡萄的种植面积正在不断扩大,品种也越来越丰富,涌现出不少优质的葡萄酒产区。国内葡萄酒产区大致可以划

银色高地酒庄家族珍藏霞多丽葡萄酒 2014

丝路酒庄珍藏赤霞珠干红葡萄酒 2017

嘉地酒园信使珍藏赤霞珠葡萄酒 2015

分为东部、中部、西部和南部四大片区。这四大片区由于地域环境的不同形成了不同产区风格。按照不同的地理方位可以细分为山东产区、河北产区、北京产区、宁夏产区、甘肃产区、新疆产区、山西产区、陕西产区、东北产区、云南高山产区、湖南产区及广西产区。以下对国内几个代表性产区做归纳介绍。

（一）山东（Shandong）产区

山东酿酒葡萄种植地主要集中在胶东半岛,约占总产区的90％以上,可以细分为烟台、蓬莱和青岛三个产区。山东是我国现代葡萄酒工业开始的地方,在国内葡萄酒产区中占据重要的地位。这里属于典型的温带海洋性气候,起起伏伏的海岸山地、向阳的丘陵山坡,适合葡萄的种植。夏季多雨,光照时数偏低,葡萄病虫害相对严重,这成为困扰当地葡萄酒质量的一个问题。

酒庄通常在地形选择、葡萄种植、苗木培型等方面下功夫以降低病虫害带来的风险。该地区相对冷凉的气候,尤其适合白葡萄的种植,果香型雷司令、小芒森、维奥尼均有十分优异的表现。霞多丽葡萄酒是最常见的酒款,这类白葡萄酒通常有突出的酸度,果香丰盈,清爽自然,平衡感佳。红葡萄品种以美乐、品丽珠、马瑟兰、蛇龙珠、赤霞珠等为主,用其酿造的葡萄酒多呈现明显的酸度,酒体中等。该产区有悠久的葡萄种植历史,很早就汇集了大量葡萄酒公司,如烟台张裕葡萄酿酒股份有限公司、蓬莱中粮长城葡萄酒有限公司等,它们的销售总额占据了我国葡萄酒市场的半壁江山。在葡萄酒快速发展的时期,山东又兴起了一批新锐酒庄,如集旅游、酒店、餐饮于一体的盛唐国宾酒庄、蓬莱君顶酒庄,拉菲罗斯柴尔德集团下属的拉菲蓬莱珑岱酒庄、龙亭酒庄、逃牛岭酒庄、安诺酒庄、苏各兰酒庄以及青岛九顶庄园等。

蓬莱逃牛岭酒庄远景

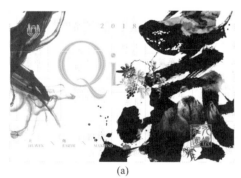
(a)

(b)

(c)

山东部分酒庄酒标图例

（二）河北（Hebei）产区

河北是山东葡萄酒产区最早辐射的地区,在中国葡萄酒销售额排名中位居第二。主要产区有昌黎、沙城、怀来等地。昌黎临近大海,北依燕山,属于半湿润的大陆性气候。北部山区的丘陵地带为褐土,粗砂含量大,有利的地势及土壤条件成就了葡萄的种植。该地葡萄酒的酿造由来已久,可追溯到清朝宣统年间。如同北方其他的产区一样,葡萄生长季湿度较大,该地区也面临着葡萄病虫害防治的压力。主要葡萄品种以赤霞珠、美乐、品丽珠、马瑟兰等波尔多品种为主,尤以赤霞珠表现优异。主要葡萄酒公司有中粮华夏长城葡萄酒有限公司、贵州茅台酒厂(集团)昌黎葡萄酒业有限公司、朗格斯酒庄有限公司、香格里拉(秦皇岛)葡萄酒有限公司。沙城地处长城以北,受燕山山脉影响,阻隔了北方的冷空气。光照充足,热量适中,夏季凉爽,气候干燥,雨量偏少,土壤质地偏砂质,多丘陵山地,适合葡萄的生长。龙眼和牛奶葡萄是这里的特产,近年来大力推广赤霞珠、美乐等国际流行品种。怀来位于延怀河谷地带,属于温带大陆性季风气候,四季分明。由于燕山山脉和太行山脉的阻挡,这里常年盛行河谷风,在葡萄生长时期形成独特的干热气流,促进葡萄生长,主要品种以赤霞珠为主,西拉、美乐、蛇龙珠、霞多丽、雷司令、长相思等都有种植,比较多样。这里聚集了一大批精品酒庄,主要有中法庄园、迦南酒业、紫晶庄园、贵都假日庄园及瑞云酒庄等。

河北怀来迦南酒业葡萄园远景

秦皇岛仁轩酒庄全景图

(三) 北京(Beijing)产区

北京产区位于首都圈内,地处华北平原北部,属于温带大陆季风气候。该地区葡萄园主要分布在房山区、延庆区及密云区等地。其中,房山区是新兴的葡萄酒地区,拥有最大山前暖区资源,昼夜温差大、升温快、阳光照射充足,该地气候环境良好。目前,房山葡萄酒产区主要种植赤霞珠、品丽珠、霞多丽等20多种酿酒葡萄,国际品种是该地区的主打产品。该地涌现出很多精品酒庄,如莱恩堡酒庄、波龙堡酒庄等,这些酒庄积极参与各类葡萄酒大赛,葡萄酒屡次在国内外大赛中获奖,收获了良好的声誉。同时积极发展酒庄旅游、餐饮与会议客房等项目,市场资源丰富,已形成了优质的旅游产区链条,带动了整个产区经济的发展。

（四）宁夏（Ningxia）产区

宁夏是我国丝绸之路上的主要节点，有悠久的葡萄栽培历史。这一区域主要包括银川产区、青铜峡产区、红寺堡产区、石嘴山产区等。气候上与山东、河北等地截然不同，属于典型大陆性半湿润半干旱气候，气候炎热干燥，年降雨量少至 200 毫米，蒸发量却高达 800 甚至 1000 毫米。气温日差大、日照时间长是该地典型的气候特征，非常适合葡萄的成熟，葡萄果糖含量高，果香浓郁，酒体饱满。宁夏全境海拔在 1000 米以上，黄河水出青铜峡后冲刷出美丽富饶的银川平原，平原西侧即为闻名遐迩的贺兰山。该地大部分葡萄园就集中在这片峰峦叠嶂，崖谷险峻，阻挡了戈壁沙漠的"贺兰山东麓"中。贺兰山山脉南北纵横，绵延 200 多公里，葡萄园呈南北走向分布在这块天赐宝地之上，葡萄园大部分面向东、南方向铺开，巍峨的贺兰山最大程度上阻断了北方来的寒冷气流与沙尘暴，使得这里的葡萄可以吸收最充足的日照。干燥的气候使得葡萄树苗免于病虫害的侵袭。该地水源相对匮乏，大部分酒庄采取比较先进的滴灌技术，保障葡萄吸收合理的水分。另外该地冬季严寒，葡萄藤需要埋土过冬。这里种植的葡萄品种以国际品种为主，主要红葡萄品种包括赤霞珠、品丽珠、美乐、黑皮诺、佳美、西拉、丹菲特等，白葡萄品种包括霞多丽、雷司令、贵人香、赛美蓉、白皮诺等，国内特色品种蛇龙珠及马瑟兰等也都有大量种植，与山东产区马瑟兰形成迥异的风格。

宁夏贺兰晴雪酒庄葡萄园冬景

宁夏长城天赋酒庄

目前，该地区葡萄酒发展势头旺盛，近年来，吸引了众多海归及精英人士在此地建厂。同时，还吸引了国外投资商的加入，如保乐力加贺兰山酒庄与酩悦轩尼诗夏桐酒庄。至此，该地已形成一个巨大的精品酒庄集群，目前宁夏约有 80 家酒庄。它们在国际大奖赛上获奖无数，造就

嘉地酒园酒庄四季干红葡萄酒 2015

宁夏部分酒庄酒标图例

了一个炙手可热的葡萄酒产区。2013 年,《宁夏贺兰山东麓列级酒庄评定办法》(以下简称《办法》)正式颁布实施,《办法》指出中国贺兰山东麓葡萄酒庄要仿照法国酒庄列级制度,逐步实现列级管理。列级酒庄共分五个级别,每两年评选一次,根据 2019 年最新评定结果已有三家酒庄被评定为二级酒庄,详见书后附录部分。宁夏列级酒庄的评定意味着酒庄分级制度逐渐在中国葡萄酒行业落地,对促进我国葡萄酒行业发展有积极作用。

宁夏产区部分精品酒庄如表 6-19 所示。

表 6-19　宁夏产区部分精品酒庄

酒庄名	创建时间(年)	产区
留世酒庄(Legacy Peak Estate)	1997	西夏区
贺东庄园(Château Hedong)	1997	石嘴山

酒庄名	创建时间(年)	产区
巴格斯酒庄(Château Bacchus)	1999	永宁县
类人首酒庄(Château Leirenshou)	2002	永宁县
贺兰晴雪酒庄(Helan Qing Xue Winery)	2005	西夏区
银色高地酒庄(Silver Heights Vineyard)	2001	西夏区
原歌酒庄(Château Yuange)	2010	西夏区
迦南美地酒庄（Kanaan Winery)	2011	西夏区
美贺庄园(Château Mihope)	2011	西夏区
博纳佰馥酒庄(Domaine des Aromes)	2012	西夏区
长城天赋酒庄(Château Great Wall Terroir)	2012	永宁县
张裕摩塞尔十五世酒庄(Château Changyu Moser XV)	2012	西夏区
保乐力加贺兰山酒庄(Pernod Ricard Winemaker)	2012	永宁县
长和翡翠酒庄(Château Jade Copower)	2013	永宁县
志辉源石酒庄(Château Zhihuiyuanshi)	2013	西夏区
嘉地酒园酒庄(Jade Vineyard)	2013	贺兰县
轩尼诗夏桐(宁夏)酒庄(Domaine Chandon Ningxia)	2013	永宁县
华昊酒庄(Château Huahao)	2013	青铜峡
新慧彬酒庄(Xinhuibin Winery)	2014	永宁县
西鸽酒庄(Xige Estate)	2017	青铜峡

（五）甘肃(Gansu)产区

甘肃产区位于河西走廊东部,该产区主要分为武威、张掖、嘉峪关三部分。大部分酿酒葡萄主要集中于武威地区。武威古称凉州,历史上曾是著名的丝绸之路要冲,葡萄酒历史悠久。该产区属于典型的大陆性气候,位于冷凉性的干旱沙漠、半荒漠区域,昼夜温差大,葡萄酸度、糖分积累平衡,葡萄病虫害较少。但是该地较为荒凉,交通不便,与其他地区相比发展稍缓慢。主要品种有黑皮诺、美乐、品丽珠、赤霞珠、霞多丽、雷司令等。主要葡萄酒公司有紫轩酒业、莫高葡萄庄园、祁连葡萄酒业有限责任公司、甘肃威龙有机葡萄酒有限公司、旭源酒庄等。

紫轩酒业地下酒窖

（六）新疆(Xinjiang)产区

新疆一直以来以盛产葡萄、哈密瓜、苹果等水果闻名于全国,强大的光照条件及地质资源造就了我国少有的果香馥郁、甜美香醇的水果种植基地。葡萄栽培与酿酒历史由来已久,史料中有文字记载的葡萄栽培已经超过2000年历史。新疆地处我国最西端,深居内陆,以温带大陆性气候为主,气候干燥少雨,全年平均降雨量在 150 毫米左右,属于干旱地区,比宁夏更加干燥。土壤以灰漠土、砂质土、砂壤土为主。天山是该地的一道天然屏障,呈东西走向,成功阻隔了北方吹来的寒冷空气,葡萄生长季气候炎热,病虫害较少。日照时间非常长,阳光异常充足,葡萄可以积累更多酚类物质,酿出的葡萄酒色泽鲜艳,果香浓郁;另外,新疆产区昼夜温差大,有利于维持葡萄的酸与果糖的平衡,这里是葡萄种植的理想家园。但该地气候条件恶劣,葡萄藤越冬需要埋土,另外,这里地域广阔,很多酒厂地处偏远,物料供给、产品运输及人工等成本较高。

新疆天塞酒庄

该地种植了大量鲜食葡萄,近几十年来,随着大批酿酒厂的设立,开始大量引入酿酒葡萄,主要有伊犁、和硕、焉耆、吐鲁番,以及天山北麓产区。该地主要以国际品种为主,如赤霞珠、美乐、西拉、黑皮诺、佳美、霞多丽、雷司令等。新疆知名葡萄酒企业包括天塞酒庄、丝路酒庄、国菲酒庄、中菲酒庄、蒲昌酒庄及新雅酒庄等。在品醇客 2015 世界葡萄酒大赛(Decanter World Wine Awards 2015)上新疆"军团"异军突起,中菲酒庄、天塞酒庄分别有两款葡萄酒获得银奖。在 2018 年北京海淀举办的布鲁塞尔国际葡萄酒大赛中,中菲酒庄珍藏马瑟兰获得大赛最高奖——大金奖,并被评为中国最佳葡萄酒。

(a)丝路酒庄启程赤霞珠葡萄酒

新疆部分酒庄酒标图例

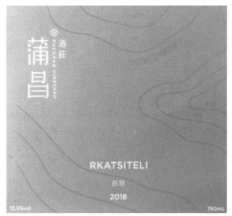

(b)蒲昌酒庄白羽葡萄酒2016

(c)国菲酒庄国色美乐葡萄酒2016

续图

（七）山西（Shanxi）产区

山西位于大陆东岸的内陆,地处黄土高原,气候干燥,日照充足,属于温带季风气候。外缘有山脉环绕,使得气候表现出较强的大陆性。该地葡萄酒历史由来已久,唐代时期,山西葡萄酒便成为当时太原府的贡品之一,元代时已经有大量葡萄酒在市场上出售。《马可·波罗游记》记载的,在山西太原府,那里有许多好葡萄园,酿造很多葡萄酒,贩运到各地去销售。这是当时葡萄酒发展景象的最好见证。该地区土壤多为褐土,含有丰富的矿物质利于根系生长,宜于糖分积累和芳香物质的合成。目前山西葡萄酒产区主要分布在清徐县、太谷区和乡宁县,太谷区的山西怡园酒庄和乡宁县的山西戎子酒庄是该地区非常有代表性的精品酒庄。山西产区主要种植的葡萄品种多为国际葡萄品种,如赤霞珠、美乐、品丽珠、霞多丽、白诗南以及马瑟兰等。

（八）陕西（Shanxi）产区

陕西省位于我国西北地区东部的黄河中游,东隔黄河与山西相望,西连甘肃、宁夏,南与四川相接,地理位置地处东西结合部,具有十分独特的区位优势。陕西省会西安是中国历史名都,葡萄种植有着悠久的历史,早在张骞出使西域后,这里便被带来了欧亚葡萄,唐朝时期葡萄的种植十分兴盛。该地以秦岭为界,形成了陕北黄土高原、关中平原和陕南秦巴山地三个各具特色的自然区,三个区域由于南北横跨较大,气候也有很大差异。秦岭北麓,大部分属于暖湿气候,陕南一带属于亚热带气候。目前该地葡萄种植区域主要集中在秦岭北麓的蓝田、渭城、鄠邑区、

山西太谷大峡谷风貌

（图片来源：怡园酒庄提供）

山西怡园和戎子酒庄酒标图例

泾阳、三原、蒲城的阶地与丘陵地带上，这里土壤资源丰富，主要为黄绵土、黄棕土、风沙土、黑垆土等土壤类型，空隙大，通气性好，适合葡萄扎根。该区域主要葡萄品种有黑皮诺、美乐、蛇龙珠、赤霞珠、霞多丽、雷司令、贵人香、白玉霓等，此外，还有冰葡萄品种威代尔、北冰红等。代表性酒庄有西安玉川酒庄、盛唐酒庄及丹凤葡萄酒厂等。

西安玉川酒庄

（九）东北（Dongbei）产区

东北产区主要包括辽宁桓仁、吉林通化、黑龙江东宁三地。辽宁桓仁地处辽宁省最东北地段，北靠通化，南临丹东，是我国著名的冰酒产地。葡萄园多集中在该地桓龙湖畔的山地，冬天气温较低，一般在 10 ℃以下，这对冰葡萄的形成非常有利。该地被称为"黄金冰谷"，以出产优质的冰酒而著称。这里主要种植威代尔、雷司令、品丽珠等。吉林通化是我国东北地域的传统葡萄酒产区，早在 1937 年通化酒厂便已创立，历史悠久。这里有得天独厚的地理条件，地处长白山脉的老岭山脉与龙岗山脉之上，群山环抱，属于温带湿润、半湿润大陆性季风气候。葡萄品种以当地特色亚洲属山葡萄为主，这其中尤其以"北冰红"（1995 年由中国农科院特产研究所培育的酿造冰酒的山葡萄品种）为当地特色品种，非常优良。黑龙江的东宁市地处北纬 44 度，也是冰酒的重要子产区，其所产冰酒主要用威代尔品种酿造而成，品质出众。该产区除了以上品种外，还有一些国际品种，如赤霞珠、霞多丽、品丽珠等。

（十）云南（Yunnan）高山产区

云南地处北纬 20 度至 28 度之间，属于亚热带高原季风气候。平均海拔 2000 米左右，地势较高，高山和河谷分布广泛，日照时间长。另外，土壤类型和气候类型差异巨大，适合各种水果的种植，美丽富饶的云南以盛产各种果蔬闻名全国。19 世纪末，欧洲传教士将葡萄藤带到云南，开始广泛种植。该地相比北方地区气候较为温暖，葡萄藤不需埋土过冬，但葡萄园多分布于零散的山田之上，交通、人力等管理成本较高。云南产区是我国出产优质高山风格的葡萄酒产区，高山环境成就了高品质葡萄酒。但因为葡萄园分布较为分散，不同的地块气候差异大，葡萄酒风格也非常迥异多变，适合单一葡萄园酿造。主要子产区有弥勒、德钦等地。这些地区有很多典型的干热河谷地带，大温差、高积温和长日照是干热河谷的基本特征，这种气候很适合葡萄等水果作物的生长。该地的葡萄具有浓郁醇厚，香气丰富，酸甜平衡的特点。不同葡萄的采收时间不一，葡萄酒风格多变。葡萄品种主要有赤霞珠、美乐、水晶、玫瑰蜜、霞多丽、黑皮诺等。云南红是当地最老牌的葡萄酒公司，也是云南最知名的葡萄酒厂之一；另外，香格里拉酒业也是该地酒庄的突出代表。酩悦·轩尼诗-路易·威登集团在临近香格里拉的喜马拉雅山脚建立的敖云酒庄，是近几年国际葡萄酒市场的新锐酒庄，该酒庄的葡萄园位于德钦梅里雪山脚下的阿东、西当、斯农、朔日四个村落,产量较少,以出口为主,在国内高端餐厅有少量供货,价格昂贵。

香格里拉酒业高山葡萄园

五、小结

除以上产区外,黄河古道、湖南及广西等地也出产优良的葡萄酒。我国地域广阔,多样的气候及土壤类型为葡萄酒产业发展创造了条件。近年来,国内精品酒庄迅速崛起,这些精品酒庄在国际葡萄酒大奖赛上获奖不断,为其赢得声誉的同时增长了我国葡萄酒产业的信心;从消费市场上看,星级酒店、米其林餐厅及高端餐饮渠道葡萄酒消费量都在大幅度提升。越来越多的国内精品葡萄酒走进中高端餐厅,它们成为代表酒店餐厅水平的重要指标,也成为向客人推荐的必不可少的一部分。综上所述,中国葡萄酒产业的发展及国内年轻一代消费意识的改变,催生了国内葡萄酒消费市场的繁荣,我国已成为国际上公认的兼备葡萄酒生产与消费的大国。我国葡萄酒生产商正在致力于培育产品风格,提升栽培酿酒技术,积累品牌文化,发展酒庄旅游,补充销售短板;精品酒庄也在摸索更多适合本土的发展模式,我国迎来了葡萄酒产业发展的崭新时代。

第七章 | 其他类型葡萄酒
Other Types of Wine

第一节　常见的起泡酒
Sparkling Wines

　　起泡酒一直是人们节日、活动庆祝时最钟爱的葡萄酒类型，人们喜欢它不仅在于它悦动的气泡，还有清新馥郁的果香，以及开瓶的怦然刹那。在过去，起泡酒的酿造并不是一件容易的事情，人们小心翼翼转动酒瓶，以除掉酒内沉淀，但是总是状况百出。那时，起泡酒的产量总是少得可怜，瓶中偶尔还会充斥着浓稠浑浊的液体，葡萄酒瓶爆炸也时常发生，所以上等起泡酒在那个时代仅是王室贵族的专享。随着起泡酒酿造工艺的改进与提升，转瓶、除渣及封瓶问题得以

起泡酒

解决，至此，起泡酒才开始它的真正意义的旅程，其酿造方法传遍世界各个角落。

　　起泡酒顾名思义即带有气泡的葡萄酒，即葡萄酒在发酵过程中产生大量天然气泡，静止葡萄酒会在一个开放的环境里进行发酵，发酵产生的二氧化碳会自然流失。而酿造起泡酒时，在第二次发酵（有时是第一次发酵）过程中，会将酒液置于封闭式发酵环境中，发酵产生的 CO_2 溶解于葡萄酒中，保留其中的 CO_2，便可以获得携带 CO_2 的起泡酒。起泡酒酿造方法从大的方面通常分为罐式法（Tank Method）与瓶内二次发酵法，又称传统法（Traditional Method）。前者，二次发酵在大容器里（一般使用便于温控的不锈钢罐）进行，酿造过程相对简易，香气以葡萄本身的新鲜果香为主，简单易饮，特别受年轻人的喜爱，如意大利阿斯蒂（Asti），普罗塞克（Prosecco），德国塞克特（Sekt）等。后者二次发酵需要转移到比较厚重的专用起泡酒瓶内进行，发酵时间长，酵母自溶需要一段时间，葡萄酒能发展出酵母、奶香、饼干等复杂香气。酿造过程复杂，价格较为昂贵，法国香槟是该类型的代表，香槟产区之外使用传统法酿造的起泡酒在法国被称为克雷曼（Crémant），西班牙的卡瓦（Cava）也使用传统法酿造。这两种方法在世界各地使用广泛，下面介绍几款世界典型起泡酒。

一、香槟(Champagne)

香槟专指在法国香槟产区生产的,并且严格遵循规定品种、酿造方法及陈年时间等要求的葡萄酒。香槟有着悠久的历史,理论上讲,它的诞生非常天然。法国香槟产区位于法国北部,是该国纬度最高的产区,因此气候非常凉爽。在葡萄采收、酿酒季,因为温度较低,发酵过程很容易被天然终止(酒内其实留存了部分未发酵的糖分),装瓶之后酵母进入休眠期,等到第二年春天,随着温度的上升,酵母又重新恢复活力,继续与残糖发生化学反应进入发酵状态,如此在瓶内便产生了二次发酵后的 CO_2。这种携带 CO_2 的酒得到人们认可后,酿酒人开始想尽办法获得更多稳定的气泡,由此,香槟开始进入正式的酿造阶段。但要获得稳定的气泡以及解决除渣的问题却不是一帆风顺。直到 19 世纪初期,酿造技术才得以突破,香槟正式得以大批量生产。很多大名鼎鼎的香槟品牌也是在那个时期发展起来的,例如,酩悦香槟、库克香槟、路易王妃香槟以及柏林格香槟等。在香槟产区只允许采用人工采收,机器采收是禁止的,葡萄常提前采收,以保留活泼的酸度。酿酒葡萄一般主要混合使用黑皮诺、霞多丽与皮诺莫尼耶三大品种,阿芭妮,小美斯丽尔,白皮诺,灰皮诺也是香槟产区法定品种,但使用较少,仅有 1% 不到的使用率。每个产区、每家酒庄葡萄酒的使用品种及年份、比例都不尽相同,所以香槟风格十分迥异,酒庄酒款各具特色,这也正是香槟的魅力所在。香槟酿造过程如下。

(一)葡萄采摘(Harvest)

香槟产区要求整串采摘,整串压榨,快速榨取果汁,避免氧化,根据要求获取相应果汁。其中自流汁在酒标上标示为"Cuvée",因此这一标志成为优质香槟的代名词。

(二)一次发酵(First Fermentation)

不同品种分别进行发酵,一般使用不锈钢发酵罐进行发酵,基酒发酵酒精度在 7%—9% vol。初次发酵的这些液体被称为"基酒",这些基酒为静止、不含气泡的干型葡萄酒。随后其中一部分用来酿造新酒,另一部分会进入储藏阶段,储藏时间可长可短,根据葡萄酒发展状态及酒庄情况而定。

(三)调配(Blending)

香槟产区历来善于混酿,这是一种确保每年能获得稳定的香槟质量与数量的有效方法。调配是指把来自不同年份、不同品种、不同葡萄园的基酒按照想要的风格进行混合的过程。调配后的葡萄酒加入酵母与糖分(一种由酒、糖、酵母菌等组合而成的混合物,加入时间通常在第二年春天),然后逐一装入标准的香槟酒瓶,大部分用皇冠盖封瓶,手工除渣的会使用软木塞封瓶。

(四)二次发酵(Second Fermentation)

装入酒瓶内的葡萄酒在糖与酵母的化学反应下生成气泡,这些酒瓶将被整齐地叠放在地下酒窖里(酒窖通常保持在 10—12 ℃的恒温),发酵时间一般为 8—12 周不等,酒瓶内会生成 5—6 个气压值。同时糖分被转化成了更多酒精,新陈代谢后的酒瓶内会产生白色死酵母残渣。

(五)酵母自溶与陈年(Maturation)

酵母在发酵结束后,在瓶中衰老,变为死酵母沉淀,通常被称为"酒脚"。这些酒脚不会很快被去除,而是与葡萄酒一起进行陈年。酵母自我分解过程中,可以为葡萄酒增添复杂风味,这是香槟里常出现的烤面包、奶油、饼干等香气的重要来源。根据香槟产区陈年时间的规定,无年份香槟至少陈酿 15 个月,年份香槟则要求至少陈酿 36 个月。有些香槟酵母自溶的时间非常长,可长达 10 年之久,这类香槟极具特色。

(六)转瓶(Remuage)

为达到陈年效果,需要将酒瓶由横放慢慢转到倒置状态,以除掉酒内沉淀。最原始的方法为人工转瓶,大概需要8—12周。如果使用机器转瓶则一般在3—5天完成,这种机器被称为转瓶机(Gyropalette),通常一个机器可以一次盛放500瓶葡萄酒,效率高,当然仍有不少酒庄坚持使用人工转瓶。

（七）除渣(Disgorgement)

目前,除渣方式分为两种,一种为手工除渣,一种为冷冻除渣。手工除渣已非常少见,仅在一些传统酒庄和特殊情况下使用。冷冻除渣较为通用,安全便捷。首先,把酒瓶倒放垂直后,酒渣沉淀物会汇集到瓶颈处,将瓶颈部分(约4厘米)浸入−27℃冷却液中,酒渣会短时间内被冷冻固化(几分钟内),接下来把酒瓶竖直,瓶中压力将冻结的沉淀物喷出,完成除渣过程。

（八）补液与封瓶(Dosage and Corking)

由于部分酒液会随同喷出,最后需要使用葡萄酒与糖分的混合液进行填补酒瓶,这个过程被称为补液。根据补充液体的糖分含量,决定该款香槟的类型(从干型、半干型、半甜型到甜型)。最后使用起泡酒专用的蘑菇塞封口,并用铁丝圈固定。

（九）瓶内陈年(Maturation)

大部分香槟在封瓶后不会直接发售,而是在瓶中继续陈年,其时间从几个月到几年不等。主要目的是让混合液与香槟更好地融合,另外,香槟在瓶中慢慢陈年的过程中,香气也会继续发展,新鲜的水果香会陈化为干果、果酱的气息,继续发展,会出现坚果、香料、烘烤、黄油等香气。距离除渣时间越长,风味越陈化,相反会越新鲜。因此如何判断香槟风味,查看除渣时间是一个不错的途径。

香槟酒标和酒瓶

香槟是起泡酒中酿造最复杂、最传统的一类,不同调配年份、不同品种、不同酿造方法及不同陈年时间都会形成不同口感风味的葡萄酒。因此香槟本身分类众多。根据香槟基本特征,将香槟做如下分类(见表7-1)。

表 7-1　香槟分类表

分类	类型	酒标标识	说明
按照颜色分类	白中白	Blanc de Blanc	用100%霞多丽白葡萄酿成的香槟,也有例外品种
	白中黑	Blanc de Noir	只用黑皮诺/莫尼耶红葡萄酿成的香槟,红色果香突出
	桃红	Rose	调配红、白基酒或者用短暂浸渍的方式酿造

分类	类型	酒标标识	说明
按照酿造方法分类	无年份	Non-vintage	由普通年份或几个年份基酒调配而成,最常见类型,多干型,至少熟成 15 个月,包括 12 个月的酵母自溶时间
	年份	Vintage	极佳年份香槟,数量少,价格贵,包括至少 36 个月的酵母自溶时间
	特级佳酿	Cuvée Prestige	最优质香槟,Cuvée 指只采用第一次榨汁酿成的香槟
按照糖分含量分类	自然干型	Brut Naturel	极尽无糖:0—3 克/升
	超天然	Extra Brut	含糖量:0—6 克/升
	天然	Brut	含糖量:0—12 克/升
	极干型	Extra-sec	含糖量:12—17 克/升
	干型	Sec	含糖量:17—32 克/升
	半干型	Demi-sec	含糖量:32—50 克/升
	甜型	Doux	含糖量:50 克/升以上

香槟的酿造方法也适用于法国其他产区,但不能冠用香槟的称呼,在其他产区使用传统法(即香槟法)酿造的起泡酒统一称为"Crémant"。该类起泡酒的酿酒品种一般体现出地域特色,通常使用每个产区当地法定白葡萄品种酿造而成。代表性的有阿尔萨斯起泡酒(Crémant d'Alsace),勃艮第起泡酒(Crémant de Bourgogne)、利慕起泡酒(Crémant de Limoux)、卢瓦尔河起泡酒(Crémant de Loire)、波尔多起泡酒(Crémant de Bordeaux)等。在法国除了使用传统酿酒法酿造起泡酒外,有些产区也会使用非传统酿酒法酿造起泡酒,这类起泡酒被称为"Mousseux"或者"Pétillant",前者意为高泡,后者意为微起泡。

二、西班牙卡瓦(Cava)

如果说世界上还有一种起泡酒能与香槟相媲美,那一定非西班牙 Cava 莫属。19 世纪末期,西班牙人便开始效仿法国香槟酿酒法酿造属于自己的起泡酒,Cava 最先产生于加泰罗尼亚区域的佩内德斯(Penedes)地区。主要使用马卡贝奥、帕雷拉达、沙雷洛等当地品种酿造,也会使用

西班牙 Cava 酒

歌海娜及慕合怀特酿造桃红起泡酒,直到今天这些品种也是当地主流酿酒品种。现在,在当地凉爽地区开始大量种植霞多丽、黑皮诺等香槟产区品种,酿造时加以调配,呈现更多国际风格。20世纪中后期,随着大批技术革新的使用,Cava凭借优异的品质与快捷的成品,在国际上知名度大增,成为继法国香槟之外又一种世界级优质起泡酒。西班牙Cava由于过高的工业化及充足的产量,其价格亲民,与香槟相比有很大优势,适合大众群体。目前Cava主要集中在佩内德斯产区,里奥哈与瓦伦西亚也有少量出产。Cava所在产区位于西班牙东北海岸,这里属于典型的地中海气候,这与香槟冷凉气候截然不同,通常呈现中等到饱满的酒体,热带果香十足,酒精度偏高,风味甚至出现烟熏及橡胶的质感。优质Cava葡萄园一般位于一定海拔之上,凉爽的夜晚,可以为葡萄有效保留活泼的酸度,平衡感较好。

三、意大利阿斯蒂(Asti)

意大利本土起泡酒不仅受本地人追捧,也受到世界各地消费者的喜爱,这其中当属果香馥郁、清新易饮、甜香四溢的阿斯蒂(Asti)起泡酒。Asti是意大利西北部皮埃蒙特大区的一个葡萄酒小镇。地靠阿尔卑斯山脉,山顶或绵长平坦,或高低起伏,土壤多为灰白色富含钙质的白垩土,非常适宜葡萄的生长。该地生产葡萄酒的历史由来已久,到了20世纪初,随着葡萄酒酿造的革新推进,起泡酒开始在市场上大放光彩,最终成为该地葡萄酒的标记性类型。当地盛产莫斯卡托葡萄品种,即为麝香葡萄,用它酿造的葡萄酒果香丰富。通常使用罐式法酿造而成,葡萄酒多来自大型酒厂,产量巨大,出口量也大。该产区主要有两种风格的起泡酒,分别是阿斯蒂莫斯卡托(酒标显示为Moscato d'Asti DOCG)和阿斯蒂(Asti DOCG),两者都是使用麝香葡萄酿造而成,前者更加甜美,带有明显麝香、花香、蜂蜜和葡萄的香气,酒精度通常较低,酒体轻盈,深受年轻消费者的喜爱。后者酒精度稍高,起泡足,酒体中等。这类甜型起泡酒的酿造需要使用半发酵果汁,一般步骤如下。

(1)制作基酒,在发酵罐不封闭的情况下制作完成半发酵果汁,保留部分糖分。

(2)达到理想酒精度后封闭发酵罐,发酵继续进行,生成可控制的CO_2,同时生成更多酒精以及果香。

(3)发酵到理想状态,人工干预终止发酵(冷却过滤酵母),保留一定的糖分,高压下完成装瓶。

怡园酒庄德宁追寻白诗南起泡酒

四、意大利普罗塞克(Prosecco)

在意大利除了大名鼎鼎的Asti起泡酒外,在威尼托产区也有一种起泡酒深受当地人的喜爱,那便是Prosecco。该起泡酒多为干型,使用当地品种格雷拉(Glera)酿造而成,在当地酒餐搭配中是非常优质的香槟替代品。主要分布在意大利威尼托(Veneto)和弗留利-威尼斯朱利亚(Friuli-Venezia Giulia)地区。2009年该产区已申请为DOCG级别(酒标多标识为Prosecco di Conegliano Valdobbiadene)产区,葡萄酒质量得到很大提高,畅销国际市场。与Asti相似,大部分的Prosecco起泡酒使用罐式发酵法酿造(部分使用香槟法),二次发酵在不锈钢罐内进行,成本较低,高效便捷。Prosecco起泡酒通常酸度较高,清新怡人,酒体中等,苹果、柑橘类果香突出。这类干型起泡酒酿造需要使用干型静止葡萄酒作为基酒,其酿造过程如下。

(1)制作基酒,在发酵罐不封闭的情况下制作干型基酒,酒精度较低。

(2)将基酒转移到封闭式发酵罐内,重新加入糖与酵母,发酵继续进行,生成可控制的 CO_2,同时生成更多酒精以及果香。

(3)糖分完全转化为酒精后发酵结束,过滤去除酒泥,高压下完成装瓶。

五、德国塞克特(Sekt)

Sekt 是德国制造的起泡酒统称,德国是一个地理纬度较高的产酒国,气候凉爽,主要以白葡萄种植为主,适合各类起泡酒的酿造,主要分为三种类型:第一种是德国 Sekt,该类型酒范畴广,产量大,可以允许使用欧盟其他产国葡萄原料,从干型、半干型到甜型,类型繁多;第二种是 Deutscher Sekt,该范畴起泡酒是指仅使用原产于德国的葡萄酿造而成的起泡酒;第三种起泡酒范畴是优质 Deutscher Sekt bA,这种类型指来自德国 13 个法定产区的起泡酒,酒标需注明产区名称,如果出现年份、品种名,则该瓶起泡酒至少 85% 源于该年份与该葡萄品种,这类起泡酒通常使用 Charmat Method(罐式发酵法)酿造。

以上是世界上具有代表性的起泡酒类型,除此之外,新世界也大量出产起泡酒。澳大利亚、新西兰、南非等都是优质起泡酒的出产国,澳大利亚比较知名的起泡酒产地有 Tasmania、Yarra Valley、Adelaide Hills 等,Marlborough、Hawke's Bay 则是新西兰重要的起泡酒生产地。其通常参照旧世界起泡酒的酿造方法,多生产简单易饮、清爽高酸型起泡酒,当然也出产传统法酿造的有明显酵母风格的起泡酒。另外,新世界的桃红葡萄酒或红色起泡酒也是市场上的常见类型,新世界产酒国注重推崇新颖,创意层出不穷。在澳大利亚使用西拉、赤霞珠等红葡萄品种酿造的起泡酒深受消费市场青睐。在中国起泡酒也开始有流行趋势,其对于搭配中餐是再理想不过的选择,这类酒多受年轻消费者的喜爱。

嘉桐酒庄各类起泡酒

历史小故事

香槟之父:培里侬

在世界上众多著名的葡萄酒当中,只有一种葡萄酒是和某个发明人的名字联系在一起的,这种酒就是香槟,这位发明香槟酒的人士是本笃会的修士培里侬。他当时是欧维莱尔修道院酒窖的主管,这座修道院坐落在一片种满葡萄的山坡上,"俯瞰"着静静的马恩河。培里侬泡在酒窖里积累出来的经验都是极其宝贵的。采摘葡萄时的气候越凉爽,酿出的葡萄酒越酸越清爽,秋天的发酵也就越不完全,第二年再次发酵起泡酒的可能性就越大。

历史小故事

转瓶的秘密

19世纪初,香槟里的沉淀物问题越来越严重。想让葡萄酒的泡沫更丰富,就要往酒里添加更多的糖分,使酒瓶里的发酵更加充分,但这样的结果就会产生更多的死酵母沉淀物。要清除这些沉淀物,就要先设法把它们聚拢在一起。标准的做法是定期敲打或者摇晃酒瓶,再把它放回原处。这样可以使沉淀物尽量多地聚集在瓶底。这样,在换瓶的时候,工人就可以趁底部的沉淀物还没有流到瓶口,葡萄酒没有变浑浊之前,倒出尽可能多的清澈的酒体。但毫无疑问,这样一来,酒里面的气压在换瓶过程中至少会跑掉一半。

第二节　常见的甜型葡萄酒
Sweet Wines

从古至今,人们很难拒绝甜食的诱惑,历来甜味是人类最乐于接受的味道类型,因此在葡萄酒发展的历史长河里甜型葡萄酒很早便成为人们餐桌上的美食。酿造甜酒看上去并不是那么麻烦,因为我们吃的每一颗葡萄都富含糖分。葡萄酒是由葡萄里的糖分在酵母作用下天然发酵而成的,糖分是生成酒精的最初物质,因此发酵过程中,如果让酵母失去作用,保留其糖分,便可以很容易酿造出甜酒。这种方法现被称为"人工干预终止发酵法",法国VDN自然甜葡萄酒及波特酒都是其中典型代表;另外,甜味剂的添加也是酿造甜酒的最简便的方法,这在德国最为常见;延迟采收或自然风干也可以让葡萄里的水分蒸发,从而获得高糖分葡萄,人们使用这些糖分含量极高的葡萄干果也可以很容易酿造出甜酒,冰酒、贵腐甜白葡萄酒便是其中的代表。另外,在法国、意大利部分地区,人们常用一种自然晾晒、脱水的高浓度甜葡萄干来酿造甜酒,这种酒通常被称为稻草酒,在意大利则被称为Passito。世界各地有很多著名的甜酒类型,归纳如下。

一、法国自然甜葡萄酒(Vin Doux Naturel)

法国VDN历史非常悠久,早在1285年,蒙彼利埃大学理事Arnau de Vilanova先生在朗格多克-鲁西永(Languedoc-Roussillon)地区开始采用一种方法,他在葡萄酒发酵过程中添加烈酒中断发酵,这种方法让他成功酿造出了甜酒。目前,法国南部地区已经成为法国90%自然甜葡萄酒的生产中心,麝香-博姆-德沃尼斯葡萄酒(Muscat de Beaumes de Venise)、麝香-里韦萨特葡萄酒(Muscat de Rivesaltes)以及南隆河的博姆-威尼斯麝香甜酒(Muscat de Beaumes de Venise),这些都是当地的经典葡萄酒。酿造VDN时,发酵过程中会加入浓度极高的天然白兰地,最终酒精浓度被发酵到15%vol左右,由于高浓度的酒精使得酵母无法继续生存,天然糖分得以保留,葡萄干、蜂蜜、可可、咖啡和李子干等浓郁、甜美圆润的VDN便得以酿成。何时添加白兰地,添加的白兰地的浓度、糖分的多少等决定了一款VDN的风格,另外,自然甜葡萄酒后期的陈年时间与方式都不尽相同,所以法国天然甜葡萄酒风格多样,千变万化。

二、贵腐甜酒(Noble Rot Wine)

贵腐甜酒是世界上少有的人间佳酿之一,与VDN不同,它通过延迟采摘,使用天然高浓缩糖分的葡萄自然发酵酿酒。有学者把它称为"贵族的腐烂",很难想象如何使用一种高度感染贵腐霉菌的葡萄制作成香甜美酒。但法国的苏玳（Sauternes），匈牙利的托卡伊（Tokaji），法国阿尔萨斯的精选贵腐甜白酒（Selection de Grains Nobles Cuvee/SGN），德国及奥地利的 BA（Beerenauslese）、TBA（Trockenbeerenauslese）很早就成为这一类型的经典。酿造这类葡萄酒，需要极为特殊的微气候——潮湿与干燥交替的自然环境。首先，伴随着晨雾与小雨的水分充足的上午是贵腐霉滋生的最有利时间，潮湿的环境有利于贵腐霉的滋生，它们附着在葡萄果皮之上，利用菌丝钻破果皮，随着气温的升高，晨雾散去，天气开始变得炎热干燥，这时贵腐霉在强烈的阳光照射下生命终止，不再继续蔓延发展（反之会发展成为灰霉）。已经形成的菌丝对果皮造成一定的破坏，在果皮上形成了无数的小孔，果肉里的水分透过小孔，因气温升高而蒸发，葡萄慢慢萎缩变成干瘪的果干，已经感染的菌丝会一直附着在果皮上，用这种看似"半腐烂半发霉"的葡萄便可以酿造成不凡佳酿——贵腐甜酒。所以，想要酿造这类甜酒并不是一件容易的事情，一定的天气条件，贵腐霉的发展变化非常重要，它的出现浓缩了葡萄的含糖量，同时也为葡萄本身增加了复杂的风味，这是贵腐甜酒与其他甜酒的不同之处。贵腐葡萄的收成是大自然的恩赐，它需要根据贵腐霉感染情况逐批采收，使用不同感染程度的葡萄可以酿成不同甜度类型的酒。另外，对于贵腐甜酒来说，挑选与加工都是难度较大的工作，人工成本高，年份差异大。酿造贵腐甜酒的葡萄品种，不同产区有不同选择，在波尔多苏玳产区通常使用赛美蓉、长相思及密斯卡岱，赛美蓉皮薄容易受到贵腐霉的侵蚀，长相思则为葡萄酒增加了酸度，对葡萄酒的糖分起到很好的平衡作用，密斯卡岱为葡萄酒增加了更多果香。而被称为王者之酒的匈牙利托卡伊一般使用富尔民特酿造，在德国通常使用晚收型的雷司令。就整体特征而言，贵腐甜酒一般呈现非常浓郁的果香、花香及香料的气息。芒果、柚子、百香果、蜜桃等果味很容易从贵腐甜酒里辨识出来，同时带有浓郁的蜂蜜、橘子酱、洋槐花和藏红花等风味，另外有突出的姜片、香草、肉豆蔻等香料味。贵腐甜酒自 17 世纪末被生产以来，已经有接近 400 年的历史，从欧洲王室的路易十四到俄国沙皇，历来广受王室、贵族的赞誉，是人类物质传承的珍贵见证者。

三、冰酒（Ice Wine/Eiswein）

冰酒与贵腐甜白酒一样，都属于特殊天气下的来自大自然的恩赐。不同的是葡萄需要冬季采收，一般在 11 月到来年 2 月，葡萄自然结冰，采摘后快速低温压榨，使用糖分含量极高的葡萄汁酿成的葡萄酒即为冰酒。按照我国《冰葡萄酒》国家标准（GB/T 25504—2010），冰葡萄酒是指将葡萄推迟采收，当自然条件下气温低于－7 ℃时，使葡萄在树枝上保持一定时间，结冰，采收，在结冰状态下压榨，发酵酿制而成的葡萄酒（在生产过程中禁止外加糖源）。由于冰葡萄的形成需要很低的温度，所以世界上的冰酒产国并不多，通常分布在纬度较高的国家与地区，如德国、奥地利、加拿大等，我国东北地区也生产优

甜酒

质冰酒。这些地方气候较为寒冷,降雪季通常比较早,且有规律,为酿造冰酒提供绝佳条件。葡萄品种一般使用耐寒性品种,德国雷司令、加拿大的威代尔以及我国的北冰红(山葡萄的一种)都是酿造冰酒的优质品种,品种本身具有良好的酸度,可以很好地平衡果糖,酿造出的冰酒呈现非常浓郁的水果果香,口感纯净甜美,是搭配甜品的绝佳之选,深受消费者喜爱。

四、稻草酒(Straw Wine)

稻草酒的历史由来已久,它的出现有人说来自人们对甜味的痴迷钻研。那时人们想到一种方法,把采收后的葡萄,不直接酿酒,而是将整串采收的葡萄置于稻草或芦苇铺成的席子上,以日晒的方式使葡萄脱水风干,如此便会使糖分浓缩。在发酵过程中,酵母随着酒精的升高逐渐死亡,葡萄酒自然保留较高的糖分残留,这便是最初的稻草酒。这种传统方法一直延续到今天,只是已经不再局限在稻草上风干,通常会在凉爽、有通风条件的空间里进行摊晒或者挂晒。这与冰酒及贵腐甜酒浓缩糖分的方法有所不同,它使用人工风干葡萄酿造而成。稻草酒目前在世界上有很多经典的类型,法国汝拉地区的稻草酒(Vin de Paille)便是其中之一。在当地,稻草酒使用特色白葡萄品种萨瓦涅(Savagnin)和红葡萄品种普萨(Poulsard)以及霞多丽(Chardonnay)混酿而成,由于葡萄几乎完全被风干,产量低,价格通常较为昂贵。奥地利也会酿造稻草酒,在该地被称为 Strohwein/Schilfwein,属于优质高级葡萄酒,质量优异。在意大利,稻草酒被称为帕赛托"Passito",意为"晒干",托斯卡纳的圣酒、威尼托的蕊恰朵都是其中著名的稻草酒。在西班牙也有两类稻草酒,帕萨斯(Vino de Pasas)和利热埃罗(Ligeruelo)。前者颇为普遍,主要的混酿品种为佩德罗-希梅内斯(Pedro Ximenez)。

历史小故事

不 凡 佳 酿

很难准确地定义到底是什么因素使得托卡伊葡萄酒如此独特:是葡萄、土壤、大陆性气候,还是天然生成的酵母? 托卡伊酒装在小酒桶里存放在潮湿阴冷的酒窖中,发酵的过程漫长而缓慢,就像存放罗克福羊乳干酪的地窖中有青霉素一样。由于托卡伊地区独特的气候,酒窖的墙壁上有一种特殊的霉菌,对葡萄酒的成熟非常有利。最好的托卡伊葡萄酒会带有浓郁的酒香与干水果的香味,这种水果的味道可能是苹果、梨或者橙子的味道,这样的好酒经过多年的存放,50 年甚至 100 年也不算太久,会发酵出干奶油、糖果的香味和柑橘酱迷人的果香,经久不息。

第三节　加强型葡萄酒
Fortified Wines

所谓加强型葡萄酒是一种通过添加酒精使葡萄酒的酒精含量得以加强的葡萄酒。这类酒的历史非常悠久,在很长的一段时间里它占据了葡萄酒类型的主要地位。加强型葡萄酒大约出现在 12—13 世纪,当时葡萄酒储藏是令人头疼的事情,葡萄酒极易变质,人们为了更好地运输及储存葡萄酒,发明出了这种通过添加酒精来提高葡萄酒寿命的方法,加强型葡萄酒随之出现。西班牙雪莉酒与葡萄牙波特酒是这类酒中的典型,其酿酒方法也成为众多加强型葡萄酒效仿的典范,前者的酿造方法为葡萄糖分完全发酵结束后,加入蒸馏酒,酒通常为干型。后者通常在发酵过程中添加蒸馏酒，这时添加的酒精会杀死处于工作中的酵母，发酵被人工终止，葡萄糖得以保留，酒为甜型。

一、波特酒（Port）

波特酒因为漂亮的色泽，甜美的口感，馥郁的香气，历来深受人们喜爱。在大航海时代，被传入新世界国家，在很长时间里成为那些国家占主导地位的葡萄酒类型。波特酒的名称来源于葡萄牙第二大城市波尔图（Porto），但真正的"波特酒"是指在杜罗河产区出产的，严格遵守当地葡萄酒酿制与陈年要求，得到《波特酒管理协会》认证，同时葡萄种植和酿造都必须在杜罗河谷法定地区完成的葡萄酒。该酒原产于杜罗河谷，优秀的葡萄来自杜罗河两岸陡峭的片岩山坡上，山坡可以使葡萄更好地吸收光照，片岩结构松散，渗水性好，为葡萄生长提供良好的条件。

酿造波特酒一般混合使用多个品种，其中最重要的是葡萄牙传统品种国产多瑞加（Touriga Nacional），该品种葡萄酒颜色尤其深厚，富含单宁与酸度，具有很浓郁的黑色浆果气息。酿造波特酒时，通常发酵时间较短（24—72 小时），为半发酵。为了获得较理想的颜色，过去一般采用人工踏皮（在一种名叫 Lagar 的开放性容器内踏皮）以萃取其中的色素与单宁，这种方法仍被一些传统酒庄使用。当酒精度达到 5％—9％vol 时进行压榨，压榨后注入高浓度（77％vol）白兰地，然后去除皮渣，将酒存放入不锈钢罐内。第二年春天品鉴分类，接下来将其运往杜罗河口的加亚新城进行熟成，进入调配熟化阶段，塑造不同类型的波特酒。

LBV 波特酒

波特酒类型多样，首先按照颜色，可以划分为白波特酒与红波特酒。白波特酒是一种全部用白葡萄酿成的葡萄酒（主要使用舍西亚尔、马尔维萨），酿造方法与红波特酒一致。类型从最甜的 Lagrima，到 Sweet、Semi-Dry、Dry、Extra Dry 等多种类型，酒精一般在 19％—22％vol。颜色通常为金黄色，老年份白波特酒会变为琥珀色，口感较为圆润，带有果脯、香料或蜂蜜的香气，白波特酒目前在我国市场上较为少见。红波特酒是目前市场上最常见的类型，酿造红波特酒的主要品种为红阿玛瑞拉（Tinta Amarela）、巴罗卡红（Tinta Barroca）、罗丽红（Tinta Roriz）、国产多瑞加（Touriga Nacional）、卡奥红（Tinta Cao），单一品种的波特酒十分少见。红波特酒可分为两类，一类是调配酿造，不显示酿造年份的波特酒；另一类是显示葡萄采摘年份（即酿造年份）的波特酒。第一类又可细分为宝石红波特酒、茶色波特酒以及标记陈年时间的波特酒（10 年、20 年、30 年、40 年等）；第二类细分为年份波特酒、迟装瓶年份波特酒以及寇黑塔年份波特酒等。

（一）无酿造年份波特酒

这种波特酒的特点是使用多个品种调配酿造，融合多种葡萄优点，再经橡木桶的陈年，使葡萄酒风味达到完美调和。

1. 宝石红波特酒

宝石红波特酒是较为普通的波特酒，陈年时间不长，一般为两年。酿造上，使用不同年份的葡萄调配而成，是目前市场上最基本、最常见的类型。价格适中，受消费者欢迎。该类型酒具有宝石红的色泽，以新鲜的黑色浆果果香为主。

2. 茶色波特酒

一般而言，该类型波特酒比宝石红波特酒需要更长时间熟成，优质的茶色波特酒会在橡木桶内进行数年的陈酿，颜色慢慢氧化为褐色。但大部分便宜的茶色波特通常使用红、白葡萄酒调配而成,颜色接近茶色,不一定需要长时间陈年,只需等到适合饮用时,过滤澄清装瓶上市销售即可。该类酒中有一类标记为 Reserve Tawny Port 的波特酒,这类酒需要在橡木桶内至少陈年 7 年以上,口感细腻平衡,风味复杂,质量高。

3. 有陈酿时间的茶色波特酒

这种波特酒实质上属于茶色波特酒的一种,在酒标上会标有 10 年、20 年、30 年、40 年等陈酿时间。这种酒在橡木桶内经数年陈年后与其他年份葡萄酒进行调配,然后取其平均陈年时间在装瓶时进行标注。因为在橡木桶内经历了数十年的陈酿,颜色淡黄,多呈现果干、果脯、蜜饯及甜香料风味,味道复杂幽雅、酒香醇厚,一般认为是优质茶色波特酒的代表类型。值得注意的是这些酒多没有沉淀,服务时多不需要醒酒、滗酒。

(二)显示采摘年份的波特酒

这一领域的波特酒有一个共同特征,就是采用某一个极佳年份的葡萄酿造而成,因此,质量非常上乘,是体验优质波特酒的最佳选择。该类型波特酒装瓶前,在橡木桶内陈年时间相对较短,通常在装瓶后有较长的瓶内陈酿时间。

1. 年份波特酒

年份波特酒质量非常上等,仅使用特别好的年份采摘的葡萄酿造而成,产量少。通常在橡木桶内陈酿 2—3 年,不需要过滤,装瓶后进行数年的瓶储,一般瓶内陈年达 10 年以上。事实上这种酒必须要选择非常好的年份才能酿造,一般会分为两个酿造阶段。第一阶段为酿造与橡木桶陈年,第二年春天,通常会进行品尝测试。第二阶段,选出有陈年潜力的优质葡萄酒,达到橡木桶陈年要求后进行装瓶,然后进入瓶储阶段,数年后上市发售。该类型波特酒因为装瓶前没有经过下胶、过滤程序,因此酒内会携带非常浓厚的沉淀物,侍酒服务时多使用醒酒器换瓶。

2. 迟装瓶年份波特酒

这种酒与年份波特酒一样,使用单一年份葡萄酿造。但区别于年份波特酒,这类酒装瓶前在橡木桶内陈年时间较长,延迟装瓶,因此被称为迟装瓶年份波特酒。一般情况下,年份波特酒橡木桶陈年时间为 2 年,迟装瓶年份波特酒则为 4—6 年,酒标上同样显示酿造年份(葡萄采摘年份)。另外,装瓶前一般过滤澄清,因此饮用时多不需换瓶。

3. 寇黑塔年份波特酒

寇黑塔年份波特酒比前者在橡木桶陈年时间更长,至少要 8 年以上才可装瓶。只使用单一年份酿造,颜色更加淡黄,接近琥珀色,口感复杂且柔顺,回味悠长,香气复杂。装瓶时需标明酿造年份以及熟成时间。

4. 单一酒庄年份波特酒

一般情况下波特酒是混合不同年份、不同产区葡萄酒调配酿制的,而这种波特酒是指仅来自单一葡萄园、优质年份酿造的波特酒,这类葡萄酒通常具有酒庄独特的风格,是波特酒中能展现个性的一类。

二、雪莉酒(Sherry)

雪莉酒被英国文坛巨匠莎士比亚称为"装在瓶子里的西班牙阳光",有非常悠久的历史沉淀,与波特酒一样是伴随着大航海时代的发展在全球兴盛起来的,有西班牙国酒之称。蒸馏术传入西班牙之后,西班牙人开始往葡萄酒里添加白兰地,以确保葡萄酒能更好地储藏与运输。到了大航海时代后,雪莉酒跟随航海的船舶,被携带到了新大陆。1587 年,英国占领了西班牙南部城镇——加的斯(Cadiz),一位名为德雷克的爵士将 3000 桶雪莉酒带回了英国,随后在英国引发了雪莉酒浪潮。后期随着英国在全球的殖民地的扩展,雪莉酒在全球的影响慢慢铺开。雪莉酒首次出现在西班牙西南部海岸一个名为赫雷斯(Herres)的小镇,雪莉酒的英文"Sherry"正是

PX 雪莉酒

由西班牙语"Jerez"音译而来的。这一地区为温暖的地中海气候,阳光充足,葡萄生长季气候高达 40 ℃。为了锁住水分,当地在葡萄栽培方面做出了很多改变。例如,在葡萄树之间的空地处挖出一排排长方形沟痕以限制水分的蒸发。另外,当地有一种名为阿尔巴尼沙的白垩土,在炎热的夏季,它会形成较硬的表皮,可以帮助减少土壤水分流失。酿造雪莉酒的葡萄品种不像波特酒那样广泛,在当地几乎只采用帕洛米诺(Palomino)白葡萄酿造,佩德罗-希梅内斯(Pedro Ximenez)与莫斯卡特(Moscatel)也用来混酿,但通常只在酿造奶油雪莉酒时添加。其主打品种帕洛米诺在当地的阿尔巴尼沙白垩土壤的环境里成长极佳,适应炎热干燥的环境,高产,果皮薄,中等酸度,没有独特风味,适宜人工塑造改良。

雪莉酒的基酒酿造与白葡萄酒酿造没有两样,压榨、发酵成为干型葡萄酒。然后根据白葡萄酒的储藏发展情况,进行不同的酒精强化陈年,所以大部分雪莉酒属于干型葡萄酒,不像波特酒是发酵过程中强化,保留糖分。雪莉酒进入陈年阶段后,与波特酒一样也有其独特的地方,它的特色在于它独一无二的熟成系统,当地将葡萄酒置于一种叫做"索雷拉(Solera)"的系统。这是一种动态熟成系统,一般为 3—4 排橡木桶,部分有更多排数,每排 3—5 只桶。最老的酒位于底层,最年轻的酒位于顶部。决定装瓶时,从最底层桶中取酒,接着第二层酒将第一层酒填满,以此类推。年轻的酒液和陈年酒液不断混合,最终得到稳定、一致的雪莉酒风格与品质。雪莉酒是由多个年份的酒混合而来,因此这种酒本身没有具体年份。雪莉酒主要分为干型、自然甜型以及混合型三类。

(一)干型雪莉

1. 菲诺

干型基酒在完成发酵后,被放入橡木桶内储藏,任由其发展,酒的表层会出现一层白色的酵母膜,被称为"福洛"(Flor),随后酒精度被强化到约 15%vol,在这个程度的酒精含量下福洛会继续成长,这样制作成的酒称为菲诺(Fino)。该类型酒最少陈年时间为 2 年,优质 Fino 会熟成4—5 年,属于最轻、最细腻的雪莉酒,呈浅稻草黄色,干型,中等酒体,有淡淡的盐水风味以及坚果气息,开瓶后应该尽快饮用,常作为开胃酒,饮用前多需冰镇,适合在 7—9 ℃时饮用。在当地适宜搭配小吃、清淡的奶酪或熏火腿,海鲜类也可以与之搭配。

2. 曼萨尼亚

曼萨尼亚产自桑卢卡尔-德巴拉梅达镇,在该地熟成的 Fino 才可以冠名曼萨尼亚出售。该地地处海边,凉爽湿润的气候非常适合葡萄生长。曼萨尼亚葡萄酒质量上乘,带有浓郁的盐水和坚果香味,颜色比菲诺浅,风格更加细致优雅,酒精度通常在 15％—17％vol。因为葡萄会提早采摘,酸度比 Fino 较高一些,与 Fino 相似饮用前需要冰镇。

3. 阿蒙提亚

阿蒙提亚来自 Montilla 镇,该地地处内陆,酒花较薄,很容易消失,失去了保护层的酒体开始氧化,葡萄酒颜色变深,发展出不同的香味,有很好的复杂度,带有更浓郁的坚果风味。另外,人们还可以通过将熟成一段时间的雪莉酒移至专门的阿蒙提亚·索雷拉(Amontillado Solera)培养,让酒花持续较短时间,出现氧化风味。这种类型的雪莉酒有更浓郁的口感,更多烤榛子、干果、烘烤气息,口感柔顺,酒精度通常在 15％—17％vol。侍酒温度可以比菲诺高一点,通常为 12 ℃左右,也可以充当开胃酒,与海鲜类搭配。

4. 帕罗卡特多

帕罗卡特多的风格介于阿蒙提拉多(Amontillado)与欧洛罗索(Oloroso)之间,酒精含量一般在 18％—20％vol。口味与 Oloroso 相似,烘焙类气息浓郁,酒体饱满,可以与红色肉类搭配。

5. 欧洛罗索

欧洛罗索西班牙语是"芳香"的意思,这类酒在发酵完成后会直接加入白兰地进行酒精强化,熟成过程中没有出现酒花,是一种无生物陈年的雪莉酒。风味更加稳定,酒精度通常在 18％—22％vol。这些酒被完全氧化,葡萄酒呈褐色,带有浓郁的水果干、坚果及香料风味,收尾有回甘,有焦糖的气息,酒体饱满浓郁,可以搭配浓郁的家禽及鱼类。

(二)自然甜型雪莉

1. 佩德罗-希梅内斯

佩德罗-希梅内斯属于甜型雪莉,其采用的是白葡萄品种,果皮较薄,在葡萄成熟季,葡萄很容易风干,浓缩糖分。使用这种高糖葡萄进行发酵,发酵过程中加入白兰地进行强化,便可以保留其中糖分,这类雪莉酒含糖量约在 500 克/升,口味极甜。熟成阶段,随着氧化的进行,葡萄酒颜色会逐渐加深,并充满果脯、咖啡、甘草等的芳香,是蓝纹奶酪或巧克力甜点的绝好配酒。

2. 麝香

麝香雪莉的酿造方法与佩德罗-希梅内斯一致,糖分比佩德罗-希梅内斯略少,约在 200—300 克/升。具有麝香品种典型的香气特征,茉莉花、葡萄干、柑橘等香味浓郁,清新甜美,适合搭配水果类甜品。

(三)混合雪莉

混合雪莉是在普通雪莉酒基础上加入浓缩葡萄汁或自然甜型雪莉酒调配而成的,属于利口酒的一种,最常见的有以下三种类型。

(1) Pale Cream,它是最清淡的一类混合雪莉,在 Fino 基础上添加浓缩葡萄汁酿造而成,含糖量约在 45—115 克/升,颜色较浅,既有 Fino 酒花的风味,又有甜美润滑的质感。酒体中等,适合鹅肝等开胃菜,也可以搭配简单的水果风味奶油蛋糕。

(2) Medium Sherry,这类雪莉酒使用干型雪莉与浓缩汁或自然甜雪莉酿造而成,颜色略深,口感温顺,有类似糕点、果干等的味道。

(3) Cream Sherry,使用欧洛罗索(Oloroso)与佩德罗-希梅内斯调配而成,含糖量高,油滑甜蜜。颜色呈浓郁棕红色,有各类浆果果干、甘草、焦糖的风味,酒体饱满,回味绵长。适合搭配浓郁型甜点,搭配酱汁浓郁、微甜的红烧肉也是一种不错的尝试。

雪莉酒除以上分类外,与波特酒一样也具有陈年类型。雪莉酒是一种在索雷拉系统里成熟的酒类,由于新老酒混合,通常没有具体的年份。但部分优质的雪莉酒会有非常长时间的熟成时间,平均熟成时间高达 12 年、15 年甚至更久(酒标上有陈年时间标记),这类酒较为稀少,因此价格昂贵。由于长时间熟成,酒花不会一直持续,所以这类酒只针对一些可以长期氧化的雪莉酒才有意义。通常我们在酒标上能看到 VOS 和 VORS 等字样。前者为 Vinum Optimum Signatum 的简写,也即陈年雪莉酒的意思,平均陈年时间至少 20 年才可以有此标识;后者为 Vinum Optimum Rare Signatum 的简写,意思指陈年稀有雪莉酒,这类酒要求至少陈年时间为 30 年。它们均需接受西班牙雪莉酒官方产区监管会的审查与监管,该认证开始于 2000 年,是专门针对雪莉酒的分级认证。

历史小故事

跟着船队去远航

桑卢卡尔-德巴拉梅达是一个小渔村,又是一个人们休闲时的度假胜地。在海滨的餐馆甚至沙滩上,都能享用到当地著名的鲜美烤明虾。喝着淡琥珀色的葡萄酒,人间最美好的享受也莫过于此了。该地盛产一种浅色干型雪莉酒,它们在海滩边的石头酒窖中发酵而成。干型雪莉的酿造与发现新大陆的航线是同期开始的,这类酒似乎天生就该跟着船队去远航。那里正是哥伦布当年出发前往美洲发现新大陆的地方,30 年后,麦哲伦率领 5 艘轮船,同样由此地出发,开始了人类历史上最早的环球之旅。

第二部分

侍酒师与服务
Sommelier and Service

第八章 | 侍酒师概述
Sommelier Introduction

第一节　侍酒师的起源
The History of Sommelier

一、什么是侍酒师

Sommelier 这个词汇从英语词典上看,是指"负责饭店酒水业务的服务人员",从法语词典上看,专指在饭店、餐厅、咖啡馆以及豪华家庭里负责葡萄酒饮料的侍者。随着时间的推移,该词汇引申后,专指为法国王室贵族搬运行李以及为食物酒水等储藏做管理工作的"牧童、侍者",其还有一项职责便是用银质的试酒碟来检验葡萄酒是否被下毒。后来,该词逐渐流向民间餐厅,演变为今天的"Sommelier"(侍酒师),女性侍酒师称为"Sommeliere"。

侍酒师发展到今天,内涵已经延伸,其除了负责酒店酒水的进购、定价、销售与对客服务等工作外,职责和责任已经扩展到餐厅管理、促销、概念设计、员工培训、团队建设、数据报表等领域。总的来说,酒店侍酒师是负责酒店餐厅整个葡萄酒项目运营、管理的工作人员。在今天的酒店里,高端餐厅一般会有侍酒师经理、首席侍酒师、葡萄酒总监等岗位,这些岗位人员负责酒店侍酒师团队的运营与管理,普通侍酒师或助理侍酒师也是侍酒师团队的主要工作人员。

二、侍酒师(Sommelier)的历史及发展

侍酒师历史非常悠久,这个职业可以追溯到 16 世纪。最初被用来识别负责存货或特定类别物品的人,当时被称为"Somme"。后来,这个词最终演变成负责葡萄酒的仆人。传说,侍酒师的另一个职责是确保食物和葡萄酒在储藏后仍然可以食用,或者在某种程度上没有毒。按照当时的文献记载,侍酒师在为贵族和国王服务之前,必须先喝一口,确保酒中无毒,因此当时的侍酒师是一个危险的较为卑微的职业。

到了 19 世纪末,欧洲出现了现代餐厅概念,而当代侍酒师也应运而生,他们的职责需要保障酒水库存的良好,并为顾客提供酒水服务。随着经济的快速增长,侍酒师在各个优质餐厅(尤其是在法国)变得越来越重要,他们销售葡萄酒,并为企业创造高额收入。而那些资金雄厚的顶级高级餐饮机构开始出现侍酒师团队,他们工作高效,并监管着大量的葡萄酒。侍酒师的职业在欧洲逐渐被确立下来,地位有了很大提高,开始受到好评。从总体时间来看,欧洲尤其是法国的侍酒师发展大约经历了 100 多年的历史,侍酒师的普及度及认可度颇高,是一个备受尊敬又拥有很高地位的职业。在大多数欧洲国家里,侍酒师有严谨、规范的晋升管理体系,一般会从助理侍酒师、副首席到首席侍酒师不等,他们各司其职,共同完成酒店酒水管理及服务的方方面面。第二次世界大战后,在美国的高级法国餐厅,侍酒师逐渐盛行开来。到 20 世纪 70 年代末和 80 年代初,侍酒师逐渐向大众餐厅普及。虽然美国侍酒师行业的发展并不长,但管理相对灵

活,有更多自由与发展晋升空间。目前在美国的侍酒师属于高档餐厅标配的岗位,餐厅管理者在热衷于让每位员工了解酒水、推销酒水的同时,还培养专职侍酒师,他们成为酒水管理与销售的灵魂人物。整体来看,欧美市场侍酒师已成为整个餐饮行业和葡萄酒行业的重要组成部分,侍酒师的能力高低或者酒水团队的建设直接关系到所在酒店的水平,也同时是影响酒店盈利的重要因素。

在过去的40多年中,随着世界经济的强劲发展,葡萄酒在北美和亚洲尤其受欢迎,葡萄酒的消费群体和消费量正在快速增长。侍酒师已经成为一项受欢迎和重要的工作,吸引了许多年轻人从事这个职业,其不仅在欧洲、美国或日本等传统市场,而且也在中国、印度、南美等新兴市场表现出了欣欣向荣的发展势头。在这些国家的国际化大城市中开始涌现大批优秀的侍酒师,而且人数还在不断增加,其受教育水平普遍较高。

我国侍酒师发展历史非常短暂,虽然葡萄酒有着相对悠久的历史,但侍酒师在餐厅的重要位置得到认可与发展也不过10多年的时间。侍酒师在中国还属于一个新的职业,但发展势头非常快。随着国内高端餐饮的发展以及强大的经济支撑,未来侍酒师将成为国内星级饭店及高端餐饮的标志性岗位。我国目前拥有国际资质的侍酒师还为数不多,但涌现出了很多对此倾注热情的年轻人。正如我国首位侍酒师大师吕杨对侍酒师的解读:"侍酒师是个很美好的职业,接触不同的酒水专业领域的同时,最重要的是给客人带来愉悦的餐酒氛围,帮助客人推荐最好的餐酒搭配,让他们能够满载喜悦而归。"由此看来,侍酒师是一个让人开心的岗位,吸引着越来越多年轻人的加入,前景广阔。

第二节 侍酒师的职责
The Responsibility of Sommelier

从前文侍酒师的概念中可以看出,侍酒师的工作范畴极其广泛。随着餐饮服务业的不断提升以及旅游新业态的出现,人们对其专业的需求更加迫切。侍酒师作为酒水服务的综合性岗位职业,它不仅仅在高端酒店受到重视,而且越来越多地出现在葡萄酒酒庄、普通餐厅、高端会所、机舱等场所,相信将来它会普及到更广的消费场合。酒店侍酒师是负责酒店或餐厅整个葡萄酒项目管理的工作人员,其工作职责主要包括以下内容。

(1)酒水的进购与洽谈。

(2)与供应商合作,确保葡萄酒购买的可靠性和稳定性。

(3)销售与推荐。

(4)顾客接待与服务。

(5)为顾客提供餐酒搭配的建议。

(6)为厨师提供菜品改进与提升的合理化建议。

(7)使用专业道具,提供综合酒水服务。

(8)与F&B一起设计合理、科学的酒单。

(9)葡萄酒储藏与酒窖维护。

(10)葡萄酒品鉴与评价。

(11)期酒管理与销售顾问。

(12)其他个性化顾问与咨询服务。

(13)与财务部门合作控制酒水成本。

(14)员工培训与团队建设。

(15)积极设计F&B促销与市场营销方案。

（16）宴会与品酒会的组织与策划。

（17）销售报告制作与数据分析。

（18）管理与协调。

第三节　侍酒师的资质
Qualifications to be a Sommelier

随着侍酒师的发展，他的作用也一步步延伸，侍酒师从点酒到服务，从桌前到餐后，从一线到管理，酒水服务与酒水运营贯穿其中，而这些酒水饮品不仅包含葡萄酒，更是包括了烈酒、清酒、白酒、咖啡、茶及各种软饮，甚至雪茄。同时，侍酒师也不单单是酒水知识的具备者，他还是一个承担多样服务角色，兼备服务技巧、餐饮管理、酒水销售与活动推广等工作的综合性管理岗位。一个好的侍酒师需要具备专业知识、丰富的工作经验以及超强的策划管理能力，除此之外，好的服务意识、热情的姿态、良好的风度以及发自内心的对岗位的热爱也许是其胜任侍酒师最好的资质。我们将品乐侍酒对几位侍酒师的采访进行了汇总与总结，这包括中国侍酒师大赛的创办人 Tommy Lam 与国内第一位侍酒师大师吕杨等的一些观点，在此向他们表示敬意。

一、知识储备与不断学习

侍酒师作为酒水服务的专业人员，知识的储备是其最基本的硬性条件。专业的知识可以使对客服务进行得游刃有余，没有什么比这个更有说服力，在增加客人对酒店信任感的同时，侍酒师自己也会信心倍增，工作的快乐油然而生。令人兴奋的是国内新一代年轻的侍酒师对知识的追求表现得非常狂热，专业知识的储备学习在近几年国内葡萄酒培训市场上表现得非常重要，这种动力来自工作的同时，也是年轻一代对这个行业喜爱的最直接表达。这些专业知识包括葡萄酒鉴赏与品评，葡萄酒种植与酿造，产区与风土，餐酒搭配与食品营养，活动策划与推广，以及烈酒、咖啡、茶等的相关服务与管理等。可以看出，侍酒师对酒水知识的学习是一个综合性学科，这些学科同时与人文、地理、历史风俗有着密切的交织关系，每个侍酒师需要建立一个知识库，这个知识库需要不断完善与更新，侍酒师广泛的知识面与持续学习永远是帮助其成长的最佳武器。

二、服务意识与技能的养成

酒水知识的传播很多是基于服务技能的展示，葡萄酒及其他酒水饮料都需要专业的酒杯、冰桶、醒酒器、红酒篮、开瓶器等众多专业器皿，而它的使用与展示更需要侍酒师的专业技能。娴熟的动作，文雅的微笑都会让酒水销售锦上添花，因此服务技能是每一个侍酒师需要训练的一项重要工作内容。

三、沟通能力与技巧

良好沟通是服务输出与销售增长的最佳途径，如何通过与客人交谈产生销售，如何与同事交谈产生默契，如何为团队甚至公司做管理策划产生效益，这些都显得尤其重要。换句话说，作为面向顾客提供直接服务的侍酒师，沟通能力与技巧尤为重要，流畅的英语沟通与交际能力是侍酒师语言素质的重中之重，当然如果还懂得法语、西班牙语或者德语，甚至亚洲语言，这将更为侍酒师的工作锦上添花，交流自然变得更加顺畅而且有趣。

四、销售增加与利润创造

优秀的销售人员在于使酒店利润与客人满意度最大化,这一点似乎有时会冲突,但如果建立在良好的沟通与服务技巧的运用上,这也会相辅相成。侍酒师要时刻记得维护公司利益,时刻认识到自己是公司的一份子,服务公司发展与利润创造是侍酒师首要的岗位职责。

五、管理与策划

随着消费市场的升级,酒店迎来越来越多个性化消费群体,一些专业品酒会以及葡萄酒宴会策划是侍酒师的重要工作之一。另外,作为酒店餐饮收入的重要来源岗位,侍酒师需要构建一个强大的团队,定期的团队建设与活动策划是提高酒店利润、增加酒店声誉以及提高管理能力的最有效方法。

六、对行业热爱

服务是一项直接与人打交道的工作,顾客的民族、国家、生活习惯、文化背景、用餐类型的不同都会增加服务的难度,对酒水服务行业的热爱是持续从事侍酒师工作的重要潜动力。侍酒师需要展示优雅、谦虚与包容,还需要翩翩风度与微笑,这些都源于对行业的热爱。

七、尊重与微笑

侍酒师在服务中会迎接世界各地的客人,一切服务需要以顾客为中心,所有的客人都应该受到平等对待,无论其性别、民族、种族。尊重顾客,微笑服务,避免过度服务及打扰客人。为客人提供愉快、美好的用餐经历。良好的服务意识、敏捷的顾客心理捕捉能力以及相互尊重的氛围培育是侍酒师需要具备的优秀品质。

第四节　侍酒师的前景
The Prospect of Becoming a Sommelier

随着经济的快速发展,我国侍酒师行业不断迈向新的台阶。在葡萄酒消费高速增长的10年间,以星级酒店的高端餐饮为首,市场上诞生了越来越多的侍酒师。他们具备良好的英语水平,娓娓道来的专业知识,儒雅的服务姿态和不断进取的精神,这些成为这个岗位的职业标志,也吸引着越来越多年轻人的加入。在欧美国家,侍酒师具有一定规模,地位普遍较高,是酒店餐饮利润的重要创造者。侍酒师教育行业也较为正规,这为欧美市场发展奠定了很好的资源基础。在我国酒店行业,侍酒师还处于起步状态。部分高端酒店的侍酒师很多由外籍员工担任,国内优秀的侍酒师还屈指可数,受重视程度有限,待遇、地位也不算稳固。根据由新加坡籍华人Tommy Lam主办的"中国侍酒师大赛"(截止到第十届)的统计数据来看,目前国内专职侍酒师岗位从业人员有三百多人。另外,从岗位来看,大多酒店没有专职侍酒师岗位,通常是服务员兼任侍酒师、主管兼任侍酒师以及酒水经理兼任侍酒师,形式多样,身份多元,因此国内侍酒师更像一种资质。很多外资酒店对侍酒师的岗位管理吸收欧洲传统方式,同时兼备美国侍酒师的灵活与实际需要。在岗位之外,如果有酒水专长,将很大程度上体现出岗位优势,年轻人有更多的晋升与职业发展的机会。

一方面,通过这十几年的发展,我国侍酒师行业近些年明显有铺开的趋势,尤其在北京、上海、广州的一线城市高端酒店的法餐、意餐、日餐及中餐厅中,侍酒师成为衡量一个酒店餐饮实力的重要标志性岗位。侍酒师身处服务一线,有丰富的工作经验,又不断充电加强自身能量,学习世界葡萄酒及服务等相关知识并考取国际权威的资格认证,这些资质及知识的获得成为推动年轻人在这一行业循序渐进发展的重要源泉。从另一个方面来看,2009 年开始,我国出现了一些紧跟国际步伐的侍酒师比赛,例如,新加坡籍华人 Tommy Lam 最早在国内创办的"中国侍酒师大赛";同样由 Tommy Lam 创办的针对年轻面孔的"中国青年侍酒师团队赛";同时还有他本人创办的"全国旅游饭店类高校大学生侍酒师团队赛"已于 2019 年 6 月在上海顺利闭幕,2020 年受疫情影响,将延期开展;另外,还有法国农业部举办的中国最佳法国酒侍酒师大赛;由波尔多及优级波尔多产区葡萄酒公会、法国驻华大使馆商务投资处联合主办的法国 CAFA 葡萄酒学院中国校区协办的"中国高校大学生侍酒师大赛",其他还有一些行业组织举办的葡萄酒赛事等。大赛的举办对侍酒师队伍的壮大起到非常好的促进作用,尤其带动一批新的年轻力量,使得这个行业越来越显示出其魅力所在。

　　侍酒师这个职业在日本、韩国起步比我国要早,已经形成相对完整的侍酒师认证与行业管理体系。尤其是日本已经相当规范,其侍酒师队伍在亚洲具有相当规模,这体现出人们对餐饮分工、品质服务的关注。同时,在这些国家的大学教育体系里也开始出现葡萄酒以及侍酒师相关课程及专业,它们因为行业需求而出现,也同时为行业培养更多专业人才。亚洲市场的发展,对我国侍酒师市场发展有很好的示范与促进作用。

第九章 | 葡萄酒酒具与器皿
Wine Tools and Equipment

一、酒杯的基本类型

酒杯是盛放葡萄酒的重要器皿,从古至今它的形状、大小、外观、质地都发生了很多变化,木质、石质、陶器、锡类、银器等材质容器均有出现,到今天发展为我们常见的玻璃、水晶杯,这些改进与演化体现出人们对葡萄酒饮用专业化的追求。酒杯虽然不会改变酒的本质,但不同的大小形状与质地却可以决定葡萄酒在口腔中的流向与速度,影响气味的挥发、味道的强度,进而影响酒的整体平衡性以及余韵。随着人们对酒杯文化高标准的追求,发展出越来越详尽的酒杯形状与大小、类型。一般而言,根据葡萄酒的特点,酒杯的形状与容量都不尽相同。市场上最常见的是红葡萄酒杯、白葡萄酒杯与杯身较长的起泡酒杯。这几种类型的酒杯都有统一的形态,形状上多呈现郁金香形,同时都有一个长长的杯柄,这样可以在抓握酒杯时较为方便,切记不要直接抓握杯肚,手掌的温度会对葡萄酒的饮用温度有影响。

波尔多酒杯

(一)红葡萄酒杯

餐厅一般会选择较大型号的酒杯作为红酒杯使用。这类酒杯杯身较大,杯口略收窄,可以让红葡萄酒的特性更好地发挥出来。容量较大,放置在酒杯内的葡萄酒不易因晃动而溅出,并且由于增加了葡萄酒与氧气接触的面积,香气有足够的空间慢慢施展开来,对柔化葡萄酒口感有直接帮助。市场最常见的红酒杯为波尔多类型酒杯与勃艮第类型酒杯,倒酒量根据酒杯大小不同,一般建议3—4盎司。

(二)白葡萄酒杯

一般使用中小型号,白葡萄酒饮酒温度比红葡萄酒要低,饮用时需要冰镇。一旦从酒瓶内倒入酒杯,葡萄酒温度会慢慢升高,所以选择小型号,可以有效控制倒酒量,让消费者有更加理想的饮用效果。杯型最常见的为波尔多类型白酒杯,倒酒量一般要求2—3盎司。

（三）起泡酒杯

起泡酒杯也被称为香槟杯,使用笛状的香槟杯,杯身较长,可以更好地延长气泡上升的时间。宽大的杯身很容易使得气泡遇到空气后爆破,影响观赏效果。倒酒量一般为倒入杯身的三分之二处,也可以倒五成、六成、七成满,避免过于满杯。进行起泡酒侍酒服务,需要控制流速,慢慢倒入酒杯,防止气泡溢出。

二、酒杯的其他类型

根据不同的地区葡萄酒的不同口感,葡萄酒酒杯发展出了更加细致的分类,主要类型归纳如下。

（一）波尔多酒杯

其特点是杯身较大,呈上升形曲线,通过晃动杯身,可以让葡萄酒有效地氧化,释放香气。主要适用波尔多类型的红葡萄酒,适用于单宁较多、口感较重、香气复杂多样的赤霞珠、美乐、西拉等品种。

（二）勃艮第酒杯

勃艮第酒杯根据该地最著名的红葡萄酒口感特点发展而来,杯口较为收缩,杯肚宽大。这样可以有效地收拢葡萄酒的香气,使得香气可以更长地保留在杯内。适合品种有黑皮诺、内比奥罗等,意大利皮埃蒙特产区的巴巴莱斯克、巴罗洛通常适合这一类型酒杯。

（三）波尔多白酒杯

与波尔多红酒杯一样,波尔多白酒杯是该地也是世界上最常见的白葡萄酒杯类型,与红酒杯相比型号较小,杯身呈上升曲线。

（四）干邑酒杯

上好的干邑酒杯一般选用郁金香形酒杯,这类酒杯一般澄清透亮,杯柄较长,有利于持杯。杯口比杯身要窄且略向外扩,更能聚拢一些微妙的香气。尺寸相对较小,仅能容纳130毫升酒液,通常倒酒量为25毫升左右。

不同酒水对应的酒杯类型

（五）白兰地杯

其为杯口小、腹部宽大的矮脚酒杯。由于白兰地酒精度较高,酒杯倒酒量一般建议为30毫升左右,不宜过多。

（六）香槟杯

香槟杯即起泡酒酒杯,也被称为笛形杯,杯肚较长,可以更好地观察上升的气泡。美观、灵

191

巧、修长、纤细是其最大的特点,杯身长也可以很好地凝聚葡萄酒的香气。

（七）碟形香槟杯

这类酒杯属于香槟最早期的专用酒杯,尤其是桃红香槟。开口较大,浅口造型正好凸显了桃红香槟漂亮的色泽。但由于杯身较短,气泡会很容易上升到液面爆破,所以很难发挥起泡酒的优势所在,如今起泡酒更多使用笛形香槟杯。这类经典传统杯型,现在更多使用在宴会上,成为搭建香槟塔的主要道具。

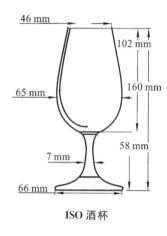

46 mm
102 mm
65 mm
160 mm
7 mm
58 mm
66 mm

ISO 酒杯

（八）雪莉杯

雪莉杯特点是比正常葡萄酒杯略显细长,杯口呈现盛开的郁金香形态,酒杯容量较小,大约在 60—90 毫升,倒酒量通常为 20 毫升左右。

（九）ISO 酒杯

该类型酒杯是 1974 年由法国 INAO(国家产地命名和质量管理委员会)设计、广泛用于国际品酒活动的全能型酒杯,被称为国际标准品酒杯,又称为 ISO 杯。酒杯容量通常为 215 毫升,酒杯口小腹大,杯形呈郁金香形。杯身容量大,使得葡萄酒在杯中可以自由呼吸,略微收窄的杯口设计,是为了让酒液在晃动时不至于外溅,并且能使酒香在杯口聚集,以便更好地感受酒香。

三、酒杯的挑选

葡萄酒酒杯类型多样,餐厅或者个人如何挑选酒杯呢?

（一）视觉好的酒杯

葡萄酒色泽各异,为了客观正确地看清葡萄酒颜色,应选择无色透明的酒杯,好的亮度与光泽是选择酒杯的首要条件(个别盲品使用的黑色酒杯除外)。日常服务中切不要使用带有颜色的酒杯,影响品酒效果。目前市场上最常用的是白色玻璃水晶杯,瓷器、木质、银器类由于不透光,均不适合葡萄酒的品鉴。

（二）形态好的酒杯

好的酒杯有大小合理的杯身、略收缩的杯口。如此,便能使得葡萄酒与空气适当接触,同时让酒液在酒杯内自如转动,更好地释放香气,柔顺口感。同时酒杯要有一定长度的杯柄,方便抓握,不会碰到杯身使得葡萄酒温度上升,错失最佳饮酒温度。郁金香杯是最合适不过的酒杯杯型,避免奇形怪状或者设计过于复杂的酒杯,杯底或者杯身部位有装饰物、点缀物都不适合观赏葡萄酒颜色,也不方便酒杯抓握。简单、透亮、光滑且轻巧是酒杯设计的原则之一(特殊除外)。同时,还应该注意杯身厚度,过厚的酒杯影响饮用时的口感。

（三）与品种、产地、口感类型对应的酒杯

酒杯制作发展到今天,已经到达非常高的水平。不同的地区根据当地葡萄酒口感的特点,研发了一套适合该品种的酒杯,它们的形状与大小能更好地发挥该款酒在饮用时的最佳口感。例如,波尔多类型葡萄酒与波尔多酒杯的对应,勃艮第类型葡萄酒与勃艮第酒杯的对应,雷司令与专用的雷司令酒杯的对应,雪莉酒与雪莉酒杯的对应,等等。因此,在餐饮服务时,根据客人选择的不同口感类型的葡萄酒,为其搭配对应的酒杯可以更好地体现服务的标准与规格。

为顾客选用酒杯时,注意一些品牌专用酒杯的使用,例如巴黎之花香槟便使用厂家为其打造的"巴黎之花"专用香槟杯。

第二节　葡萄酒瓶类型
Wine Bottles

葡萄酒的运输需要一定的容器,最初的葡萄酒一般盛放在陶罐、皮囊、木质或者瓷器等容器里面。到了 17 世纪才出现了今天的玻璃葡萄酒器皿,但其真正推广应用是在 19 世纪以后。酒瓶与酒杯一样,它的发展与推广也有很强的地方特色,目前市场上最常见的酒瓶有以下几种类型。

各种类型葡萄酒酒瓶

一、波尔多酒瓶

波尔多酒瓶是市场上非常有代表性与典型性的酒瓶,它的特点是圆柱形瓶身,耸起的两肩厚实而发达,因此也被称为"高肩瓶"(High Shouldered Bottle),波尔多周围的西南产区、南法地区,跨过比利牛斯山的西班牙,以及葡萄酒发展历史深受法国波尔多影响的智利,美国加利福尼亚州等地的葡萄酒的酒瓶都与波尔多酒瓶类似,我国大部分葡萄酒均效仿此类酒瓶制作,使用范围广泛。

二、勃艮第酒瓶

与波尔多酒瓶不同,该类型酒瓶两侧瓶肩往下斜,有很强的线条感,因此也被称为"斜肩瓶",博若莱、隆河、汝拉、萨瓦产区的葡萄酒多使用该类型酒瓶,另外新世界的黑皮诺葡萄酒以及大部分白葡萄酒也多使用该类型酒瓶,在世界范围内使用很广。

三、起泡酒酒瓶

起泡酒因为有很强的气压,所以为了保证葡萄酒运输的安全,使用较为敦实、厚重的酒瓶,也被称为"重口瓶"。

四、意大利酒瓶

该类型酒瓶与波尔多酒瓶相似,其特点是一般有较长的瓶颈,通常比法国酒瓶长1厘米左右,该类型酒瓶主要在意大利本地使用。

五、德国莱茵河流域及阿尔萨斯酒瓶

这两个地区使用的酒瓶有非常强的地域特色,由于该酒瓶出自德国的一个叫霍克海姆(Hockheim)的小镇,所以它被称为霍克瓶(Hock Bottle)。它适用于德国莱茵河流域和邻近法国阿尔萨斯产区的白葡萄酒。因为一般日常饮用不需长时间存储,酒中也无沉淀,瓶底较平无凹陷,瓶身纤细修长,是众多酒瓶里最长的一款,犹如长笛,因此也被称为"笛状瓶"。酒瓶颜色也非常多样,按照地区习惯分别使用不同颜色,呈现浅绿色、草绿色、黄棕色、红棕色、蓝色等色泽。

六、其他有地方特色的酒瓶

除以上几种较有代表性的酒瓶外,一些非常具有悠久历史传统的葡萄酒产区,也有自己地域特色的酒瓶。例如,法国汝拉稻草黄酒克拉夫兰(Clavelin)酒瓶;波特酒、雪莉酒的黑酒瓶;匈牙利托卡伊500毫升甜酒酒瓶等。

七、新概念酒瓶

随着市场个性化需要的增多,新概念酒瓶应运而生。从容量上来看,不再局限于750毫升,半瓶装375毫升,四分之一瓶装187毫升、200毫升,甚至一杯量的120毫升一应俱全,1升、3升、5升、6升、9升的多倍数酒瓶也是众多葡萄酒爱好者、收藏家的钟爱类型。从材质来看,除了玻璃制品的酒瓶外,塑料瓶、易拉罐式瓶、纸盒式瓶均有出现,多样的颜色及外观吸引人们的视线,成为个性化市场的亮点。表9-1所示为法国各地不同容量酒瓶名称。

世界各地不同酒瓶类型

表 9-1　法国各地区不同容量酒瓶名称

瓶名	容量	使用地区/适合的葡萄酒类型
Quart de bouteille /quart	20 cl	香槟产区
Demi-bouteille / fillette	37.5 cl	波尔多
Pot	50 cl	博若莱产区

续表

瓶名	容量	使用地区/适合的葡萄酒类型
Bouteille	75 cl	通用
Magnum	150 cl(＝2 瓶)	波尔多/勃艮第
Magnum	160 cl(＝2 瓶)	香槟
Marie-jeanne	250 cl(＝3 瓶)	波尔多
Double magnum	300 cl	波尔多
Jeroboam	450 cl	香槟
Rehoboam	450 cl	香槟
Jeroboam	500 cl	波尔多
Imperiale	600 cl	波尔多
Mathusalem	640 cl	香槟
Salmanazar	960 cl	香槟

（资料来源：(韩)崔燨,《与葡萄酒的相遇》。）

第三节 开瓶器
Wine Openers

　　17 世纪,伴随着玻璃酒瓶工业的诞生,作为软木塞的伴侣,开瓶器的雏形出现了。1795 年,英国牧师塞缪尔·亨谢尔设计了一款带有木质手柄的螺旋开瓶器,该设备申请专利后,被正式称为开瓶器,开始得到推广。几个世纪以来,人们在开瓶器上绞尽脑汁,力求达到平稳、快捷、干净的理想开瓶效果。于是今天我们看到了形状多样、功能齐全的各类开瓶器,外观也从简单到复杂,满足了人们的多种需要。主要类型归纳如下。

开瓶器

一、侍者之友

该类型酒刀开瓶器上带有一把用于切开封帽的折刀,而且很小巧,方便放到侍者的上衣口袋里,是国内外餐厅的侍酒师们最常用的一种,深受侍酒师喜爱,因常伴随侍酒师左右,故而取名"侍者之友"。在市场上可以找到大量该类型开瓶器,但需要注意的是选择优质酒刀非常重要,优质侍者之友的重点在于螺纹线圈的数量,并且需要选择尽可能宽和长的螺纹线圈,另外要注意刀口的锋刃程度。我们常见的海马刀开瓶器也属于此类型酒刀,是酒店服务员及日常生活中最常使用的一种。该类酒刀在开瓶时先用割纸器从瓶口外凸处将封口割开,除去上端部分。接着对准中心将螺旋锥慢慢拧入软木塞,然后扣紧瓶口,进而平稳地将把手缓缓拉起,将软木塞拉出。当木塞快要离开瓶口时,使用食指与拇指左右摇晃,将瓶塞轻轻拔出,整个开瓶过程中尽量保持平稳与安静。

侍者之友酒刀

二、双翼开瓶器

双翼开瓶器最早出现于 1888 年,被意大利设计师 Dominick Rosati 申请专利,至今非常流行。在使用时,随着螺旋杆旋入酒塞,两侧的臂会抬起来,将臂下压就可以拔出酒塞,这种开瓶器十分省力方便。

三、兔耳型开瓶器

兔耳型开瓶器是一种快速开瓶器,因其用于夹住葡萄酒瓶颈的两个把手像兔耳而得名。在"兔耳"把手夹住瓶颈后,快速压下压杆,使螺旋钻快速进入瓶塞,然后回拉压杆,使瓶塞脱出。

四、Ah-So 老酒开瓶器

Ah-So 适合老年份葡萄酒的开瓶,年份较老的葡萄酒由于长时间陈年,橡木塞可能腐化或者断裂。若使用其他类型开瓶器,比较尖锐,容易出现断塞现象。此时,应该选择一款较为温和的开瓶方法,Ah-So 的设计正好满足这一要求。使用方法是将 Ah-So 的两支铁片从软木塞和酒瓶边缘的缝隙插入,左右分别施力将铁片慢慢整支插入,一边旋转一边向上拔出软木塞。

五、断塞拔取器

这个设备虽小,但非常实用,适合拔取开瓶时断裂的木塞。使用时,将拔取器的三根脚爪插入酒瓶,在脚爪低于损坏的软木塞之后,将金属或塑料环向手柄方向移动,脚爪因此向外撑开。之后将拔取器拉出,断裂的木塞会被脚爪固定住,随后脚爪断裂的木塞被带出酒瓶。

双翼开瓶器

Ah-So 老酒开瓶器

历史小故事

开 塞 钻

在有关的书面记录中，首次提到类似开塞钻之类的东西时是在 1681 年，这或许比人们设想的时间要晚。一位名叫格鲁的人称它为"一个用来从酒瓶里拔出软木塞的钢螺纹杆"。人们把这个工具叫做"钢螺纹杆"。人们是何时把它与酒瓶联系起来的呢，我们不得而知。不过"开塞钻"这个词直到 1720 年才正式出现，最早出现的开瓶器当时被称为"开瓶钻"。

第四节 醒酒器
Wine Decanters

醒酒器是红葡萄酒服务过程中常用的器皿，醒酒是指把葡萄酒从酒瓶内换入一个容器的过程，通常使用醒酒器。在这个过程里我们可以从中分离出酒中的沉淀物，又可以让葡萄酒与氧气亲密接触，释放香气与风味，因此广受消费者喜爱，这种服务方式也被称为"换瓶"。由于在换瓶过程中可以过滤掉其中的沉淀，因此也被称为滗酒。这项服务作为葡萄酒服务的一项重要技能，被市场广泛接受，形态各异的醒酒器，除外观非常吸引顾客的注意之外，其温文尔雅的服务过程也备受顾客的推崇。

一、为什么需要醒酒

醒酒器形态各异，但都有一个大小不一的"酒肚"，这个开阔的空间可以让葡萄酒更好地与空气接触，释放葡萄酒香气的同时口感也会变得柔顺。另外，对于陈年红葡萄酒来说，由于单宁与色素会在漫长的岁月陈年、氧化，瓶内经常出现自然沉淀物。这些沉淀物呈现非常细密的红色颗粒状，饮用时稍有苦涩感，倒入酒杯往往影响外观，过滤掉酒渣是服务时的一般性建议。所以，这也给醒酒器提供另一个重要功能。同时，陈年葡萄酒在香气上偶尔会出现还原性气味及其他不舒服气味，通过换瓶醒酒，也可以达到去除异味的效果。在葡萄酒服务过程中还有一种情形，葡萄酒往往被保存在酒柜内，温度较低会影响葡萄酒口感，如果客人允许，可以通过醒酒

醒酒器

换瓶提升葡萄酒的饮酒温度,这也是醒酒的一项作用。醒酒的作用主要有以下几个方面。

(1) 过滤沉淀。

(2) 与空气接触,柔顺口感、释放香气。

(3) 去除异味。

(4) 烘托气氛、提高服务规格。

二、哪些葡萄酒需要醒酒

从以上醒酒过程与作用来看,我们发现并不是所有葡萄酒都需要醒酒,需要醒酒的葡萄酒其实为数不多。过度醒酒会使得葡萄酒丧失香气,破坏葡萄酒骨架与质感。一般情况下,需要醒酒的首先是有陈年潜力的优质好酒,一般是指一些有一定年份(通常超过 5 年)的葡萄酒,这类葡萄酒年份较长,葡萄酒内产生沉淀物,同时葡萄酒因长时间陈放在封闭酒瓶内,香气与口感较为闭塞。通过换瓶,可以有效解决这一问题。另外一些年份较新,但单宁丰富、口感浓郁的品种也常被建议进入醒酒之列,例如,赤霞珠、西拉、丹拿等,这些葡萄酒有些未曾过久陈年,但由于口感过于浓郁,单宁强劲,也可以根据客人需要进行醒酒,这类酒被称为"新酒醒酒",此时由于没有沉淀物,所以不需要蜡烛作为映衬。另外,有些产区以及个别酒庄为了尽量避免葡萄酒香气的过度损伤,酿造过程中没有过滤澄清葡萄酒便进行装瓶,此类葡萄酒在饮用时,沉淀较多,建议滗酒过滤。其他情况可以根据客人需要灵活进行醒酒服务。至于哪些酒需要醒酒,简单归纳如下。

(1) 有一定陈年的葡萄酒。

(2) 价格较高的优质葡萄酒。

(3) 单宁较高、口感浓郁的葡萄酒。

(4) 未进行过滤澄清的葡萄酒。

三、醒酒器有哪些类型

根据葡萄酒的陈年时间以及口感的不同,目前市场上可以分为新酒醒酒器与老酒醒酒器两大类型。新酒醒酒器一般使用空间较大的醒酒器皿,葡萄酒倒入后与氧气接触面积大,可以达到快速醒酒的效果。一般而言,新酒醒酒器建议使用在年份较新、单宁较为粗犷、酒体结实浓郁的葡萄酒上。而老酒醒酒器，一般体态复杂，内部空间较小，葡萄酒与氧气接触面积有限，构造优雅精致，这样醒酒器器皿可以让葡萄酒慢慢氧化，不易损害葡萄酒脆弱的酒体构架，适用于陈年老酒的醒酒之上。

四、醒酒时间及方式

葡萄酒的醒酒时间是一项很难估算的工作，一般侍酒师可以根据酒标上的信息、年份、产区、品种、等级、价位以及品鉴经验等加以判断。另外开瓶后，在征得客人允许的情况下，也可以代其品尝，根据葡萄酒口感、单宁、香气等的发展状态加以判断。一般建议几十分钟到 1 小时、2 小时不等。醒酒的方式可以选择慢醒也可以选择快醒，慢醒是指把葡萄酒倒入醒酒器之后静等的过程，快醒可以按照顺时针方向对醒酒器稍作转动，加速葡萄酒氧化。另外，针对一些陈年的优质干红葡萄酒，还可以选择二次醒酒，倒入醒酒器一段时间后，为了避免葡萄酒香气的过度散失，可以再次倒入原瓶内然后进行侍酒服务。在这个阶段里，侍酒师的工作经验以及品鉴能力在此环节显得尤为关键，同时，需要注意的是醒酒时，侍酒师也需要与顾客保持间断性沟通，需要根据客人的喜好进行。

Tips

（1）普通价位的葡萄酒一般不建议醒酒，如果客人觉得口感苦涩，可以建议酒杯内醒酒。

（2）温度低的葡萄酒可以通过换瓶提升葡萄酒的饮酒温度，获得更好的口感。

（3）非常老年份的葡萄酒，为了防止对酒的过度破坏，可以建议顾客酒杯内醒酒。

（4）针对未过滤澄清的滗析（如年份波特酒等），可使用醒酒漏斗，特殊情况下，建议放置一块白色棉布，以达到良好的过滤效果。

（5）在部分高档餐厅，会接受客人的提前醒酒预约，这时应提前 24 小时甚至更长时间把酒瓶直放，这样有助于沉淀下沉，方便滗析。

第五节　常用的酒具器皿
The Common Tools and Equipment

一、倒酒器

倒酒器可以使用在很多已经开瓶的酒的酒瓶顶端，方便服务人员倒酒。这类器皿一般在设计上会带有铰链盖，但酒瓶打开后，葡萄酒与空气已有接触，如此仍会加快酒风味的散发。因此通常使用在快销酒品上，倒酒时注意速度把控，卫生上需要定期清洁。

二、红酒篮与支架

红酒篮或者支架是专门用于把葡萄酒从酒窖或酒柜运送到客人面前的设备，一般用于有沉淀的陈年葡萄酒，这类支架可以保证葡萄酒在运送过程中倾斜放置，避免搅动葡萄酒中的沉淀。

三、冷酒器

冷酒器是一种隔热塑料制成的圆筒，可以保持葡萄酒冷却长达 2 小时之久。大多数冷酒器不具有将葡萄酒降温的功能,需要把葡萄酒提前冷却,也可以放入一些小冰袋,这类冷酒器适合外出携带。

冰桶

四、冰桶

冰桶专门使用在葡萄酒降温过程中,一般会同时伴随冰桶支架一起使用,放置在客人餐桌旁边,酒瓶应该尽可能多地浸没在冰水混合物中,并在桶上方放置白色口布,方便侍酒师服务以及客人倒酒时擦拭酒瓶。冰桶也可以直接放置在餐桌上,但需要在冰桶之下放置盘子或者托盘,以免凝水滴落在桌面上。该类器皿一般由电镀银、不锈钢或铝制成。

五、酒围嘴

该类器皿放置在酒瓶瓶颈上端,可以达到放置葡萄酒滴落的效果,通常使用在快速消费的酒品上。

六、漏斗与过滤网

在葡萄酒服务过程中,漏斗的作用是将液体从一个容器倒入另一个容器中,过滤器配合漏斗一起使用。在醒酒过程中被经常使用。这类漏斗通常由银、电镀银、不锈钢或铜制成。通常会内置过滤网,也经常会同棉布一起使用。使用后的漏斗、过滤网必须立即清洗、消毒。

七、真空抽气塞

该气塞通常使用在已经开瓶后的葡萄酒的保管工作上,使用时,将真空酒塞插入瓶口,上下重复拉动气塞头部,将瓶内空气抽出,当阻力增大抽不动时,红酒塞头部瞬间弹回去,这时真空便已经抽好。除此类真空抽气塞之外,市场还有水晶、不锈钢等真空瓶塞,一般使用在快销葡萄酒上。

抽气塞

八、保鲜分杯机

该机器是将传统的抽空保鲜改为充入惰性气体(高浓度可食用氮气或氩气)保鲜,同时使用温度控制让葡萄酒维持在最适宜保存的温度区间,可以使开瓶后的葡萄酒尽可能减少与空气的接触,可以保鲜 20 天左右。该机器分为 4 支、6 支、8 支等更多瓶数装备,方便使用,目前被大量使用在高端酒店的大堂吧、意大利餐厅和法国餐厅内,以及各类葡萄酒专卖店、酒窖内。葡萄酒通常为店酒,价位适中,方便消费者单杯零点。

第六节　软木塞
Wine Corks

早在公元前 5 世纪,希腊人便用软木封住葡萄酒壶,在他们的影响下,罗马人也开始使用橡木作为瓶塞,还用火漆封口。然而在那个年代并没有成为主流,从当时的一些油画作品来看,当时多用缠扭布或皮革来塞住葡萄酒壶或酒瓶,有时会加上蜡来确保密封严实。直到 17 世纪中叶软木塞和葡萄酒瓶才真正地联系在一起,法国香槟产区的唐·培里侬修道士在香槟的封口上初次使用了软木塞,使得软木塞开始得以普及使用。

软木塞

一、软木塞的制作材料

制作软木塞的树种被称为栓皮栎,属于栎属植物,是一种非常古老的树种。这种软木树特别适合种植在受大西洋气流影响的地中海气候的地区,在西南欧及北非等地区尤其广泛,是该地区非常标志性的树种。主要分布在葡萄牙、西班牙、阿尔及利亚、意大利、摩洛哥、突尼斯、法国等地,其中葡萄牙的软木年产量稳居第一位,约占总量的一半左右,是名副其实的软木生产大国。栓皮栎的树皮是其树木的一层保护结构,这层软木结构会在其生命周期内不断地进行分裂活动。采剥后不会对树干造成损害,反而在其表层会生成一层新的母细胞,随着时间的延长慢慢长出新的树皮,周而复始,因此,它是一种再生能力极强、拥有快速恢复能力的树种。栓皮栎大约可存活 170—200 年,树龄达到 25 年才可以开始采收软木,之后每 9 年采收一次,第三次采收的软木才可以制造软木塞,一直到橡木树无法再形成树皮为止。树龄愈大,树皮采收愈多。采收下的树皮,其厚度变化颇大,为 2—6 厘米,由于其特殊的质地,非常适合软木塞的制作。表 9-2 所示为世界各国软木产量。

表 9-2　世界各国软木产量

国家	平均年产量(吨)	百分比(%)
葡萄牙	100,000	49.6%
西班牙	61,504	30.5%
摩洛哥	11,686	5.8%
阿尔及利亚	9,915	4.9%
突尼斯	6,962	3.5%
意大利	6,161	3.1%
法国	5,200	2.6%

（资料来源:2010 年联合国粮食及农业组织数据。）

二、软木塞的制作

软木塞的制作是一个较为烦琐的过程,主要分为采收、晾晒、蒸煮、分类、冲压、筛选、包装成品等几个步骤。

(一)采收

软木采收的时间通常选定为 5—8 月,这个季节气候炎热,可以使树皮尽快干燥。采收的周期通常为九年,这样可以保障树皮生长出较为理想的厚度。采收后的树干上,人们往往用数字记录本次采收的年份,一般会以 0—9 位阿拉伯数字进行标记,它代表了采收年份的末尾数字。

(二)晾晒

采收后的树皮,通常会被放置在水泥地面上,并在户外环境里进行几个月的晾晒、干燥。

(三)蒸煮

对晾晒后的树皮板块进行蒸煮,这一过程可以有效降低 TCA 软木塞污染,也可以软化木板,使之变得干净平整,方便下一步操作。

(四)分类

由于树皮质量有很大差异,所以蒸煮后的木板需要进行切割分类,以区分哪些可以用来制作天然软木塞,而一些木板气孔较大的则被填充后制作成填充塞。

(五)冲压

冲压通常分为机器冲压与人工冲压,机器冲压使用压力机与模具完成,而使用手工冲压的软木塞,对人工熟练程度有很高要求,质量也与机器有很大差别。

(六)筛选

软木塞制成后,会进入下一个较为严谨的筛选过程,一般先用机器进行初步分类后,接下来进行手工挑选,以最大限度地保障软木塞的质量。

(七)包装成品

软木塞进行严格的筛选后,按照等级区分,便可以包装为成品出售。成品的软木塞有严格来源地显示,因此厂家使用中如有问题可以直接溯源。

三、软木塞有何优势

软木塞是利用栓皮栎的树皮制作而成,软木是蜂房状的皮层组织,具有与泡沫塑料相似的中空结构。软木是由大小约 40 微米的六边形细胞构成的,1 平方厘米的软木约含有 2500 万个细胞。软木的压缩性与其中含有的气体的比例相关。在压缩时,软木的体积减小,在压力停止时,木塞可恢复至原有的直径的 4/5。木塞的摩擦系数高,表面上的滑动性小。在割开软木时形成的细胞切面的帽状体就像很多微小的吸盘一样,能吸附在瓶颈内壁上,再加上它对瓶颈内壁的压力,就能保证密封性。其优势如下。

(1)防水、防潮能力强,对葡萄酒起到防水保护的作用。

(2)质地柔软,弹性较大,方便压缩与开启。

(3)气孔较大,少量空气进入有利于葡萄酒陈年。

四、软木塞的尺寸

软木塞的长度一般有 38 毫米、44 毫米、49 毫米、54 毫米等,优质葡萄酒通常会选用较长的软木塞。以法国为例,佐餐及地区餐酒会使用 38、44 毫米的软木塞,而 AOC 法定产区葡萄酒会使用 54 毫米的软木塞,直径均为 24 毫米。香槟瓶塞一般使用合成的蘑菇塞,长为 47 毫米,直径为 31 毫米。

五、软木塞的类型

软木塞一直以来被认为是葡萄酒瓶塞的最理想选择,在世界各地使用率极高,但橡木产地有限。加上整块木塞在制作过程中,废料较多,成本较高,因此,软木塞颗粒聚合加工品以及各类替代物也应运而生。目前,主要类型有如下几种。

(一)天然塞(Natural Wine Corks)

天然塞属于软木塞中质量最上乘的一种,由一块或几块天然软木加工而成。富有弹性,密封性好,可以使少量空气进入,对葡萄酒有微氧化作用,对改善葡萄酒酒质有一定帮助。成本较高,适用于优质、高档、有陈年潜力的葡萄酒,但干燥环境下,软木塞容易干裂,氧气进入引起氧化问题,另外,仍无法完全避免 TCA 产生的风险(2,4,6-三氯苯甲醚,一种造成葡萄酒软木塞污染的化学物质,使酒体索然无味甚至产生霉味)。

软木塞创意素材

(二)复合塞(Agglomerate Corks)

复合塞以天然软木塞与聚合塞为主体,在其一端或者两端附加天然软木圆片,两端的软木片避免了聚合塞胶合剂与酒液的直接接触,在一定程度上具备了天然塞与聚合塞的性能,成为天然塞的优良替代品。但仍然具有很多不稳定因素,价格在天然塞与聚合塞之间,适用于普通葡萄酒上。

螺旋盖

(三)填充塞(Colmated Wine Corks)

填充塞与天然塞相似,使用整块软木,但其质量较差,中孔较大,需要一定填充物,以防止酒液洒出。通常使用打磨时掉落的软木碎末与胶混用而成的物质填充该类酒塞。该类软木塞价格较低,其填充物对葡萄酒有污染风险,适合价位较低的葡萄酒。

(四)聚合塞(Technical Corks)

聚合塞使用软木制作时产生的颗粒物与黏合剂混合,在一定温度和压力下压柱而成。因为是含胶材质,所以葡萄酒长期接触会影响其风味与透明度,适合使用在快销酒上。

(五)高分子合成塞(Polymer Synthetic Corks)

高分子合成塞由塞芯和外表层组成,可以避免软木塞经常出现的断裂、破碎、掉渣以及干枯萎缩的短板。但有时会给葡萄酒留下化学橡胶的味道,还会随着时间推移而变硬导致透气氧化。

（六）螺旋盖（Screw Cap）

螺旋盖使用金属材料制作而成，一般为铝制品。成本较低，可回收，为近年来新世界较为热衷的类型，尤其在澳大利亚、新西兰、美国、南非等地被大量使用。螺旋盖有两大好处，由于是金属材质，没有 TCA 风险，另外开启较为方便，不需要酒刀，深受顾客喜爱。但也有明显缺憾，没有透气性，空气无法进入，缺少氧化作用，葡萄酒也会出现还原性气味的风险。

第十章 | 葡萄酒侍酒服务
Wine Service

葡萄酒有别于烈酒,它由100%葡萄为原料发酵而成,除加强型葡萄酒及干邑外,大部分葡萄酒酒精含量较少,通常在12.5%vol上下,不易长期储藏。任何一款葡萄酒都有其生命周期,葡萄酒由单宁、色素、酸度、酒精、酚类香气等物质构成,这些物质是葡萄酒陈年的重要影响因素,葡萄品种、成熟度、酿造方法的不同,其单宁、酸度、酒精等含量也不相同,因此造成了葡萄酒不同的陈年潜力。这些物质会随着时间的推移,因氧化而慢慢减弱。葡萄酒内单宁、色素与进入瓶中的氧气发生化学反应,产生沉淀,同时红葡萄酒颜色变淡,单宁逐渐变得成熟而柔顺。酒精与酒石酸也同样会与氧气产生化学反应,促使酒中酚类物质释放。葡萄酒中可能因二氧化硫用尽造成霉素,从而与葡萄酒产生氧化,白葡萄酒则会变为棕色,果香也会消失殆尽。因此,葡萄酒在其生命周期内,最佳饮用时间非常关键。市场上大部分葡萄酒都适合储藏2—5年饮用,而薄若莱新酒最佳饮用时间则为1年,只有顶级优质葡萄酒才适合10年以上的储藏。而储藏结果的好坏与其储藏条件有直接关系,良好的储藏环境是避免葡萄酒走下坡路的关键。

葡萄酒储藏室

专用储酒柜

一、正常酒的储藏

（一）温度要求

葡萄酒需要合适的温度，一般要求在 10—15 ℃，温度太高，成熟太快，会加速葡萄酒氧化；温度太低，会使葡萄酒成长缓慢，不利于微氧化陈年。同时，注意温度忽冷忽热，温度起伏较大对葡萄酒会产生很大损害。因此，要避免在厨房、家用冰箱、热水器、暖气以及汽车后备箱内存储葡萄酒。

（二）湿度要求

葡萄酒理想的储藏环境的湿度在 60%—70%，空气太干燥，软木塞容易干裂，造成葡萄酒氧化；太过湿润，也容易造成软木塞或酒标发霉。

（三）光线要求

强烈的光线会使葡萄酒升温，加速葡萄酒的成熟。储藏过程中应避免让葡萄酒暴露在强光之中。

（四）放置要求

葡萄酒存放应该横卧式放置。竖放容易造成软木塞风化，气孔增大，增加葡萄酒氧化风险。横卧放置可以使葡萄酒与酒塞处于接触状态，保持软木塞湿润，有利于葡萄酒缓慢陈年。对于使用螺旋盖的葡萄酒，最好竖放保管。

（五）保持通风

葡萄酒储藏应避免异味环境，汽油、溶剂、油漆、药材、香料都会极大污染葡萄酒的香气与味道。同时需要注意香水、咖啡等味道熏染。葡萄酒应该置于通风较好的环境，一般封闭式酒窖会设置通风循环系统，以避免葡萄酒吸入异味，酒柜也需定期通风。

（六）防止震动

葡萄酒在瓶中是一个缓慢的陈年过程，震动会加速葡萄酒氧化，从而使葡萄酒很容易失去细腻优雅的口感。所以应该避免将葡萄酒搬来搬去，或置于汽车后备箱内，长期的颠簸与震动对葡萄酒有严重损害，葡萄酒处于"沉睡"状态是对其保管的最佳选择。

葡萄酒储藏需要细致入微的管理工作，很多葡萄酒因为储藏不当而变质，成为消费的憾事，造成酒店利润损失。因此对酒店来说，葡萄酒储藏、酒窖管理是侍酒师的重要工作，而配备专业通风及温控设备的专业酒窖成为酒庄及酒店的重要投资项目。在很多城市可以看到天然防空洞,这些地方成为当地酒商专卖及葡萄酒餐饮会所的天然酒窖,恒定的温度、湿度以及阴暗的光线是葡萄酒储藏的理想之选。另外,目前市场上出现了大量专业储藏设备,它们成为高端酒店的新宠。酒柜、葡萄酒保鲜分杯机等都是葡萄酒储藏的专业设备,这些设备具有灵活、科学的可调节功能,有恒定的温度与湿度,对葡萄酒储藏带来极大的便利。

二、开封酒的储藏

葡萄酒开瓶后一般需要尽快饮用,侍酒师也难免会在大堂吧或餐厅遇到客人未饮用完的葡萄酒,那这些葡萄酒的储藏该如何处理呢?

(一)重新封口

对于软木塞封口的葡萄酒可以将瓶塞重新塞回原来的位置,需要直立放置,以免酒液洒出。对螺旋盖葡萄酒来讲,较为简单,拧回封紧即可。通常情况下,夏季,将重新封口的葡萄酒放置在凉爽的背阳环境中,可以放置 3—5 天;冬季,气温较低,葡萄酒可以保存 1 周左右的时间。葡萄酒随着时间的延长,香气会消失殆尽,口感也会变得松散,毫无质感。

(二)使用真空瓶塞

使用真空瓶塞把空气抽出的同时接着封口,可以减少空气与葡萄酒的接触。

(三)充入惰性气体

一般常见的惰性气体为氮气及二氧化碳,这些惰性气体覆盖在酒液之上,可以防止葡萄酒与氧气的接触,进而达到保鲜的作用。

Tips

(1)使用专用酒柜是目前高档餐厅普遍的储藏方式,如果有分柜储藏条件的餐厅,红葡萄酒可以调整在 15 ℃左右保存,白葡萄酒、桃红葡萄酒及起泡酒可在 10 ℃左右储藏。

(2)如果葡萄酒存放于开放式货架上,注意避光、横放保存,并注意缩短该酒的流通时间,避免葡萄酒"马德拉化"。

(3)螺旋盖封口的葡萄酒及其他烈酒、利口酒等最好直立放置,避免酒帽损坏。

(4)现在很多高档餐厅使用分杯保鲜机,这种机器的使用可以为葡萄酒提供更好的保鲜效果。

(5)如果餐厅不具备葡萄酒保鲜条件,那么这些已开瓶的酒用来做员工酒水培训也是不错的选择。

(6)家庭开瓶后的酒,如果不能在 1—3 天饮用完,可以用来烹饪食物,也可做成热酒饮用。

第二节　葡萄酒的适饮温度
Wine Service Temperature

葡萄酒饮用需要适宜的温度,不同的葡萄酒类型,不同的酒体及浓郁度,其最佳适饮温度都不尽相同。适宜的温度是获得葡萄酒最佳品尝感受的关键,也是保证顾客饮酒体验最优的一项服务标准。葡萄酒饮酒温度因其葡萄酒类型、酒精、酒体、浓郁度不同而有所差异,通常红葡萄

白葡萄酒往往需要冰镇处理

酒在常温下饮用,酒体轻盈的红葡萄酒,香气较为淡薄,较高侍酒温度会破坏葡萄酒优雅的质感,香气也会快速消散,轻微冰镇是理想之选,大部分黑皮诺酿造的葡萄酒、博若莱新酒以及意大利的瓦尔波利切拉等最好冰镇处理。对桃红葡萄酒、白葡萄酒来说冰镇也是通常之事,其侍酒温度需要根据葡萄酒口感浓郁度、香气等加以区别。起泡酒因其富含气泡,需要低温开瓶与饮用,高温开瓶很容易导致软木塞飞出,出现危险。另外,如果温度过高,葡萄酒细腻的气泡及果香也容易消失殆尽,失去饮用起泡酒的意义。甜型葡萄酒侍酒温度与起泡酒类似,需要深度冰镇,避免高温下葡萄酒出现油腻、无力的质感。

葡萄酒冰镇以及温度的处理尤其依赖侍酒师的工作经验,对葡萄酒温度的合理判断通常依赖其品酒经验的积累,当然,通过对酒标的识别,也可以判断酒的最佳饮用温度。因此葡萄酒基本知识与日常品酒训练至关重要,要想成为优秀的侍酒师更需要长期的学习与工作积累。表 10-1 所示为葡萄酒侍酒温度一览表。

表 10-1　葡萄酒侍酒温度一览表

葡萄酒类型	举例	侍酒温度
酒体浓郁(Full-bodied)红葡萄酒	波尔多红葡萄酒、里奥哈、西拉、巴罗洛、年份波特	常温/15—18 ℃(59—64 ℉)
酒体轻盈(Light-bodied)红葡萄酒	博若莱酒、瓦尔波利切拉、多姿桃等	轻微冰镇/13 ℃(55 ℉)
酒体浓郁(Full-bodied)白葡萄酒	优质勃艮第白葡萄酒、优质波尔多白葡萄酒、白富美	轻微冰镇/13 ℃(55 ℉)
酒体轻盈(Light-bodied)白葡萄酒	密斯卡岱、长相思、阿尔巴利诺	冰镇/7—10 ℃(45—50 ℉)
桃红葡萄酒(Rose)	普罗旺斯桃红葡萄酒、新世界桃红葡萄酒等	冰镇/7—10 ℃(45—50 ℉)
起泡酒(Sparkling)	香槟、卡瓦、阿斯蒂、普罗塞克起泡酒等	深度冰镇 6—10 ℃(43—49 ℉)
甜酒(Sweet)	苏玳、托卡伊甜酒、麝香甜白葡萄酒等	深度冰镇/6—8 ℃(43—47 ℉)
雪莉酒(Sherry)	菲诺雪莉酒	冰镇 6—8 ℃(43—47 ℉)
	曼萨尼亚、阿蒙蒂亚、欧罗索雪莉酒	轻微冰镇 12—14 ℃(54—56 ℉)
马德拉酒(Madeira)	普通干型、甜型马德拉	轻微冰镇 10—16 ℃(50—61 ℉)
	年份马德拉	常温 18—20 ℃(64—68 ℉)
波特酒(Port)	白波特、茶色波特、宝石波特	轻微冰镇 10—16 ℃(50—61 ℉)

Note

Tips

（1）一些普通价位的红葡萄酒饮用时通过冰镇，可以一定程度掩盖香气不足及口感缺陷。

（2）相比之下，欧美国家顾客更喜欢低温饮酒，而我国多不喜欢过度低温，服务时需注意其饮用习惯。

（3）如果红葡萄酒温度过低，可以建议给客人进行简单的醒酒服务，以提升温度，不过这对酒有一定的破坏，也可以建议客人双手握住酒杯达到升温效果。

第三节 杯卖酒及服务
House Wine Service

杯卖酒是近几年在国内高端酒店兴起的一种消费形式，由于可以分杯零点，价格实惠，深受外籍顾客和游客的喜爱。目前，在我国高端餐饮酒店的大堂吧及零点西餐厅都有该类型的服务，尤其是北、上、广等一线及南方部分城市，随着消费升级和形式的多样化，这类消费愈加受到消费者的喜爱。

一、什么是杯卖酒

杯卖酒也称为店酒（House Wine），是指在酒店中以平价单杯方式出售的葡萄酒，在欧美国家各大酒店餐饮行业较为普遍。单杯点的葡萄酒（Wine By Glass）通常价位较为合适，在法国通常会有不少 VDP 的餐酒作为店酒出售。这些酒经过精心挑选，在搭配畅销菜肴上都会比较适宜，适合人们配餐需要，加上合理的价格，成为酒店招牌，是酒店迎合多样消费需求的营销方式。在我国市场有拓展趋势，除了店酒这类消费形式外，有些高档餐厅还会准备特别推荐，比如月酒（Wine of the Month）、周酒（Wine of the Week）或者当日推荐（Wine of the Day）等。

二、哪类葡萄酒适合做杯卖酒

一是，价位合理的酒。酒店通常会选用市场价位在 200—800 元的葡萄酒，价位较为合理的葡萄酒作为店酒销售，每杯价格在 50—200 元不等，适合单杯消费。价格较高的葡萄酒不适合做店酒，对消费者也会形成一定的消费压力。二是，酸度适中、果香清新、单宁柔和、简单易饮、适合配餐的葡萄酒。为顾客营造美好的用餐体验是酒店服务客人的根本。店酒与酒店特色或主打菜品的搭配会很大程度上增加顾客用餐的舒适度，给其带来愉悦的氛围。三是，店酒应多选择红、白葡萄酒。起泡酒开瓶后气泡很容易散失，所以，大部分酒店的店酒以红葡萄酒、白葡萄酒或桃红葡萄酒为主，也有部分餐厅会选择一款起泡酒，满足顾客的多样化消费。

三、哪些人会有杯卖酒需求

（1）海外旅行，想品尝当地特色，需要单杯配菜的游客。

（2）商务单行、双行、同行人数较少的顾客群体。

（3）零点西餐、零点配餐的顾客。

（4）对整瓶葡萄酒及价格有一定消费压力的顾客。

四、如何服务与保管

店酒的单杯倒酒量一般建议比正常倒酒量稍多,根据顾客需要,通常可以为一半或者 2/3 杯,以显示酒店对顾客的体察之心,一瓶葡萄酒建议服务 4—6 杯。葡萄酒一旦开瓶,香气会很快散失。目前,很多高端酒店在大堂吧与西餐厅设置保鲜分杯机,这类机器可以为已开瓶的葡萄酒及时补充惰性气体,截断葡萄酒与氧气的接触,从而使葡萄酒得以长久保管,通常能保鲜 15 天左右。这种设备非常方便实用,可以保障葡萄酒的质量口感,是酒店单杯出售的重要设备。餐厅如果没有这类设备,可以使用真空抽气的酒塞进行保管,但要注意保管时间一般为 1—2 天,葡萄酒需置于阴凉处,尽快消费,以免影响顾客的品酒效果。目前,市场上出现了一种叫做 Coravin 的"取酒神器",这为一些高年份优质葡萄酒的按杯销售提供了方便。它由不锈钢和铝合制而成,无需开瓶,而是通过将一根细长且耐用的吸管插入软木塞中取出葡萄酒。但需要注意的是这种设备需要和氩胶囊(抽酒时需要补充氩气)一同使用,成本较高,也有一定的使用风险。

北京国贸大酒店 Grill 79 扒房 Coravin 取酒器

> **Tips**
>
> (1)多选择顾客熟悉的典型产区、品种的杯卖酒,注意杯卖酒的丰富性,通常准备 6—10 款。
>
> (2)一些高端餐饮酒店专门推出了波尔多"列级酒庄"以及勃艮第"特级园"的杯卖酒,每杯价格多在 300—800 元,吸引了很多顾客群体,杯卖酒销售应注意创新与差异性市场定位。
>
> (3)部分酒店会提供起泡酒的杯卖酒,但单价相对较高。
>
> (4)注意分杯保鲜机器的定期维护养护。

第四节　起泡酒开瓶
Opening a Bottle of Sparkling Wine

　　任何一款葡萄酒的开瓶都要在顾客的视线内进行,以示尊重。当然因为酒店管理方式与规定的不同,开瓶有些是在备餐间开启,但这通常不符合葡萄酒的服务标准。在顾客视线内开瓶对服务人员或者侍酒师有较高要求,一是动作要熟练、敏捷,二是还要体现优雅、端庄的姿态。另外,葡萄酒的开瓶一般不建议在客人餐桌上进行,也不允许触碰桌布,通常需要在酒水车、便携式服务架或距离较近的工作台上进行。

　　起泡酒内有相当大的气压,尤其是香槟可以达到 6—7 个气压值。如果没有遵循正确的开瓶方式,会有一定的危险性。首先,起泡酒开瓶一定要在葡萄酒温度较低的情况下进行,一般温度会控制在 6—8 ℃(个别情况下,根据客人要求可能会更低或微高)。常温状态下,虽然软木塞外的铁丝圈也能有效控制葡萄酒内的气压,但开瓶时需要松开铁丝圈,这时葡萄酒内 CO_2 较为活跃,如果没有按紧软木塞,很容易出现飞塞的现象。其次,采取降低温度的方式。通常起泡酒在盛放冰水混合物的冰桶内进行冰镇,冰镇时间则要根据葡萄酒原始温度以及侍酒师的经验而定。现在很多高端酒店在餐厅放置葡萄酒专用酒柜,起泡酒一般会存放在其中,由于专用酒柜的恒温、恒湿,其成为葡萄酒储藏的最佳之选。起泡酒酒柜的温度一般会设定在 10—12 ℃,所以起泡酒取出后便可以为客人开瓶。起泡酒开瓶遵循以下步骤。

　　第一步,去除锡纸,根据餐厅规定,可以使用手工直接撕开,但要避免撕得过于零碎。大部分餐厅要求使用酒刀,可以更美观地割取锡纸,去除的锡纸放入侍酒服内。

　　第二步,左手大拇指摁住软木塞的上端,右手松开铁丝圈。

　　第三步,左手大拇指保持摁住软木塞,顺势将酒瓶拿起,两手自然将其端于身前,将酒瓶倾斜 30 度。左手紧握紧瓶塞,右手握住瓶底,瓶口切不能朝向客人。

　　第四步,右手转动瓶底,而非转动软木塞,根据气压的情况,合理转动瓶底圈数,通常半圈到一、二圈不等。同时保持缓慢转动,力度不要过猛,避免飞塞。

　　第五步,右手以合理力度握紧瓶塞,并慢慢释放出瓶内气体,使瓶塞慢慢移出瓶颈,避免飞塞。

　　第六步,注意释放瓶内气压时,会发出"嘶嘶"的声音,而不是爆破声或者飞出。

　　第七步,铁丝圈与软木塞分离放入准备好的餐碟内,端于客人鉴赏。

　　第八步,左手拿起口布,擦拭瓶口内侧,为客人侍酒。

起泡酒开瓶

(a)割开锡纸

(b)松开铁丝圈

(c)转动瓶底

起泡酒开瓶步骤

(d)移开木塞

(e)检查软木塞

(f)斟酒

续图

Tips

（1）每瓶起泡酒由于酿造方法不同，瓶内气压都不尽相同，众多起泡酒中，香槟气压相对较大。开瓶时要细心感受气压情形，合理把握转动力度，以免"飞塞"。

（2）葡萄酒的气压变化受后期运输、储藏环境、保管温度影响较大。很多起泡酒都因储藏不当，起泡慢慢减弱，这时注意开瓶时需加大转动力度，双手合理配合，避免过度延长开瓶时间。

（3）开瓶时，注意起泡酒瓶身水珠，擦拭干净，以免手部打滑。

（4）开瓶时，部分酒店会要求用口布简单包裹瓶口，左手垫着口布开瓶。

（5）开瓶时，如有酒液溢出，注意保持瓶身一定的倾斜度，并快速用口布擦拭干净。

第五节　静止葡萄酒开瓶
Opening a Bottle of Still Wine

静止葡萄酒的开瓶相对于起泡酒较为容易，因为葡萄酒内没有气压，不用担心飞塞的危险。但偶尔也避免不了断塞现象的发生，所以一名优秀的侍酒师需要非常熟练的开瓶技巧，大量的训练是必不可少的工作。静止葡萄酒开瓶一律使用酒刀进行，酒刀需要定期检查与更换，保障刀口部分良好的切割能力。静止葡萄酒的开瓶分为白葡萄酒与红葡萄酒开瓶，由于白葡萄酒开瓶之前通常需要在冰桶内进行冰镇，所以开瓶之前，需要用口布先将瓶身的水滴擦拭干净再进行开瓶。葡萄酒酒瓶通常放在酒水车、可移动的服务架或者客人可视的工作台上进行，并准备好白色餐巾，保证服务质量。一般很少拿在手中或直接在冰桶内开瓶。静止葡萄酒开瓶遵循以下步骤。

第一步，沿瓶口玻璃环下层处切开锡纸，不要在距离瓶口最近的突出部位切割，保障葡萄酒倒酒时的卫生要求。切开锡纸一般分为三步，首先正面按平行方向从里到外切割一下；然后反手平行切开，从瓶帽上端或平行切割口处，上下竖立切开小口；最后把酒刀放入刚切割的小口内带出酒帽。这一过程避免转动酒瓶，切割的酒帽应尽量保持完整性，以展现良好的服务技能，并把酒帽放置在小餐碟内，供客人鉴赏。

第二步，使用口布擦拭已经去掉锡纸的瓶口，保证良好的卫生状态。

静止红、白葡萄酒开瓶

　　第三步，右手拿酒刀，先把酒刀螺旋钻尖对准软木塞中央部位，并顺势旋转进入，不要把螺旋钻全部钻透木塞，通常留有半圈或一圈螺旋环数，避免木塞碎屑掉入葡萄酒内，影响葡萄酒口感。

　　第四步，将酒刀的金属关节部分轻轻卡在瓶口突起部分，左手握住刀身关节和瓶颈处，右手握住酒刀把柄后端，在杠杆作用的拉力下缓缓拔起，保证杠杆在拔取过程中保持垂直状态，否则软木塞容易折断。

　　第五步，待软木塞快拔出瓶口时，停止撬动，平行酒刀，使用拇指、食指左右晃动酒塞，尽量安静、优雅地取出瓶塞，避免出现"砰"的一声。

　　第六步，左手握住酒塞，右手转动酒刀，动作连贯地将木塞从酒刀的螺旋钻上移出。并顺势轻闻酒塞，将酒塞放入盛放酒帽的小餐碟内，右手合上酒刀，并放入侍酒服内。最后将餐碟放在主人座位右侧，供其进行鉴赏。

　　第七步，用口布擦拭瓶口内侧，为主人倒酒品尝。

Tips

　　(1) 葡萄酒瓶盖处的锡纸，各国使用材质、质量及厚度等各不相同，注意酒刀切割时力度的掌握，避免割坏锡纸，使酒帽不完整。

　　(2) 每瓶葡萄酒软木塞有长有短，注意螺旋椎钻入软木塞的深度，不要钻透，防止木屑掉入瓶内。

　　(3) 一把好用的酒刀是侍酒师工作非常重要的帮手，简单、顺手、好用的海马刀或一些品牌酒刀都是不错的选择。通常酒刀由 5 道螺旋纹组成，注意刀口锋利程度，可以更完整割取酒帽。

　　(4) 蜡封葡萄酒的开瓶，通常使用酒刀的刀口沿瓶口处，在转动瓶身的过程中平整地割掉一圈封蜡，去掉上层圆形封蜡盖，接下来用酒刀拔出软木塞即可。

第六节　酒篮内如何开瓶
Opening a Bottle of Wine in a Wine Basket

　　我们日常饮用的红葡萄酒，通常分为两种类型，一类是年份较新的葡萄酒，一般没有沉淀，被称为新酒；另一类是保存时间较长，年份较为久远的葡萄酒。葡萄酒氧化后，颜色与单宁形成酒石酸的结晶，这类葡萄酒称为老酒。新酒因为没有沉淀物，所以服务上一般竖直开瓶即可，但老酒因为有部分沉淀物，较为粗放地取拿及开瓶方式会使沉淀泛起，影响葡萄酒的口感。因此这类葡萄酒通常建议使用酒篮服务，轻拿轻放，保障葡萄酒处于平稳状态，整个开瓶过程均需要在酒篮内进行。开瓶器可以选用侍者之友，也可以选择老酒开瓶器。另外，酒篮内开瓶通常也是在酒水车、可移动服务架或者客人可视的工作台上进行。酒篮内开瓶步骤如下。

　　第一步，准备红酒篮，检查是否干净、有无破损，根据需要，有些餐厅要求铺垫干净的口布。

　　第二步，从红酒柜中取出客人所订的葡萄酒，检查标签准确度，并将酒瓶外侧擦拭干净，放入红酒篮内。右手握住酒篮把手处，不要遮挡正标，左手托于下端，酒篮下方使用白色餐布托垫，保障运输的卫生与平稳。

酒篮内开瓶

213

第三步,葡萄酒连同酒篮一同向客人展示,并介绍酒名、年份等重点信息,待客人确认后放于事先准备好的酒水车上。

第四步,将酒篮稍做倾斜,瓶颈侧于身体前端,左手握住瓶颈下端,以确保酒瓶稳固在酒篮内,右手将瓶口凸出部分以上的锡纸割开去除,并用口布将瓶口擦拭干净。

第五步,右手将螺旋钻头慢慢转入酒塞内,左手则平稳地握住瓶颈处,轻轻将酒塞拔出,不要用力过猛,以防止酒塞断裂。在这一过程中,切记不要转动或摇动酒瓶,避免沉淀物被激起。

第六步,将拔出的酒塞轻轻闻过之后,放于小餐碟内,交于客人评判鉴赏。

第七步,使用口布轻轻擦拭瓶口内侧,保持瓶口卫生。

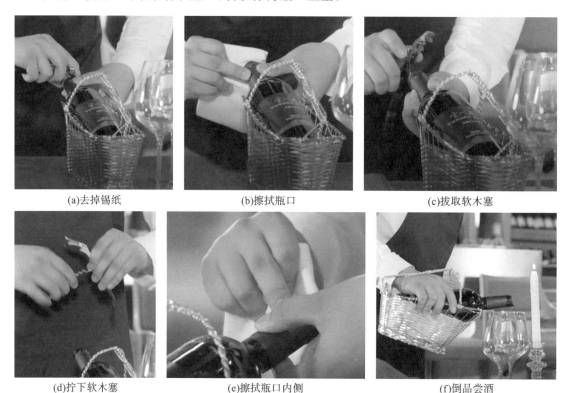

酒篮内开瓶步骤

Tips

(1)酒篮内开瓶,注意开瓶的稳定性,尤其是拔取软木塞时,务必轻轻拔出,以免酒液洒出。

(2)拔取软木塞时,根据服务要求,可以裸手拔取,也可以垫着口布拔取,后者更符合卫生习惯。

(3)酒篮内开瓶,如开断塞,可以继续用现有酒刀重新插入补救,动作要稳、慢。也可以使用 Ah-So 老酒开瓶器,并用夹子清理瓶口软木碎。

Note

第七节　斟酒服务
Wine Pouring

斟酒服务也是体现一个侍酒师工作能力的重要表现,良好的斟酒姿态,娴熟的技能,儒雅的态度,倒酒过程尽量避免滴酒,不影响客人用餐,尊重倒酒礼仪,并能合理把握倒酒量,这些都是一名侍酒师应该具备的重要服务要领。

一、握瓶及倒酒方法

首先,使用右手握住酒瓶下半身或底部,左手手持白色口布,右手手指自然展开握于背标处,避免触碰及遮挡正标。其次,进行餐桌服务时,右脚在前,左脚在后,身体自然倾斜,保持微笑的姿态为客人斟酒。斟酒时对准酒杯中间位置,不要贴近杯壁,距离杯口 2 厘米斟酒,斟酒过程要缓慢,控制酒液流速。倒入适合的酒液后,在杯口正上方小幅度转动瓶身,瓶口向上微微倾斜,保持葡萄酒无滴酒,然后顺势轻轻擦拭瓶口,保持动作连贯性。起泡酒斟酒时,为避免倒酒过程中泡沫溢出,所以斟酒一定要缓慢进行,保持细小水流,也可以分两次倒酒,待泡沫消失部分后,再次补充为 6 成或 7 成满。

红、白葡萄酒斟酒

二、斟酒量

市场上最常见的葡萄酒容量通常为 750 毫升,按照国际标准一般斟倒 6—8 杯为宜。红葡萄酒使用较大型号酒杯,倒酒量一般要求为 3—4 盎司;白葡萄酒需要冰镇饮用,一般酌情减少为 2—3 盎司,方便顾客快速饮用,避免温度升高;起泡酒则建议斟倒 5—7 成满,酒量过少,不易观察上升的气泡,酒量过多,容易造成饮酒温度升高。目前,我国各大餐饮企业所使用酒杯类型多样,所以倒酒量还需考虑酒杯大小型号。从外观上讲,红葡萄酒一般保持稍少于 1/2 的倒酒量即可,切记不要过多,要留出足够的晃杯空间,释放葡萄酒的香气;白葡萄酒则应该保持稍多于 1/3 的倒酒量。另外,葡萄酒的斟酒量还要考虑客人的数量,就单瓶类型葡萄酒而言,如果是 8—10 人餐位,葡萄酒按 750 毫升平均分配,倒入客人酒杯内,尽量保证均匀一致的倒酒量(瓶内通常有些余留)。如果是 4—6 人位,则可以按两轮倒完整瓶葡萄酒。当然因为我们常存在干杯的习惯,所以葡萄酒斟酒还要照顾好客人意愿。杯卖酒的情况,可以参考红、白葡萄酒的倒酒量,酌情给客人多斟倒一些,体现酒店的人性化服务。

三、斟酒礼仪

(1)斟酒服务应时刻在客人右侧进行,右手抓握酒瓶,正标朝向客人,左手拿白色口布及时接住滴落的葡萄酒或擦拭瓶口。

(2)斟酒应遵循顺时针的服务顺序。

(3)先给主人倒酒,让其鉴赏酒质及饮酒温度。

(4)正式倒酒从主宾开始,时刻考虑女士与年长者优先的原则,先年长者,后年轻者。先年长女士,后年轻女士,先年长男士,后年轻男士。

(5)在倒酒过程中为避免太过复杂,如是圆桌,征得主人示意后,斟酒可以从主人右侧第一位女士开始,之后不分男女,保持顺时针倒完即可。

(6)倒酒时切记不要移动酒杯的位置,也不要拿杯斟倒,保持桌面科学的餐具摆放是对客人的最起码尊重。

(7)倒酒时,尽量不要一次性倒完瓶内的葡萄酒,保留一定余。

(8) 白葡萄酒、桃红葡萄酒及起泡酒斟酒结束后,应询问客人是否希望把酒瓶放回冰桶内,或是放在桌面上。如果放在桌面上,应该在酒瓶下方放置餐盘或瓶垫;如果葡萄酒放回冰桶内,桶上方应放置白色餐布,再次斟倒时,用白色餐布擦拭干净,并隔着餐布倒酒,以免握瓶时因瓶身雾气而打滑。

(9) 有些餐厅侍酒师承担了更多角色,尤其是使用一些老年份的葡萄酒服务客人时,在征得客人同意的前提下,侍酒师往往会为自己斟倒 1 盎司左右的葡萄酒。在主人品酒之前或之后,协助客人对葡萄酒质量及口感进行判断,为客人提供合理的饮用建议。

(10) 客人第一瓶葡萄酒消费即将结束时,及时与其保持沟通,询问是否续加。如果客人中途添加新款葡萄酒,首先,为客人撤掉已使用过的酒杯,以确保在葡萄酒饮用时风味不会交叉影响。如果旧的葡萄酒尚未饮用完毕,新的配餐已经呈上,则可询问该客人是否撤掉旧的葡萄酒,之后摆放新的酒杯。其次,新酒打开方式同样遵循第一瓶规律,使用新的酒杯,让客人先行品鉴,然后按顺序倒酒。最后,在大型宴会中,由于酒杯使用量过大,且客人没有更多时间逐一品尝每款葡萄酒,所以侍酒师需要对新酒进行少量品尝,以保证该款葡萄酒的质量以及最佳的饮用温度,这些工作通常在后场进行开瓶检验。检查合格后,直接为客人在已使用过的酒杯内倒入新类型的葡萄酒。

(11) 倒酒服务过程中,应及时关注客人酒杯,并根据客人需要斟倒适量的葡萄酒,客人没有要求,则按前文提到的倒酒量及方式进行。

(12) 有些葡萄酒需要醒酒服务,侍酒师在对葡萄酒合理判断的基础上,向客人解释说明,并征得客人意见后,进行醒酒服务。倒入醒酒器的葡萄酒,斟酒时需要使用醒酒器倒酒。

Tips

(1) 我国流行"干杯"文化,所以部分餐厅会建议给客人倒入"一口"量的葡萄酒,这时要求服务员随时关注客人的用酒情况,以满足不同的"个性化"需求。

(2) 起泡酒斟酒不易过满,通常 5 成、6 成、7 成为宜,8 成以上倒酒量会增加倒酒难度,且延长影响葡萄酒饮用时间,葡萄酒温度上升,影响口感。

(3) 准备两块白色口布,更替使用,注意保持口布清洁。

(4) 注意倒酒时转动瓶口,防止滴洒。如果滴落在客人衣物上,应赶紧道歉,并做出补偿说明。

第八节　冰桶服务
Ice Bucket Preparation

冰桶在餐厅的使用频率极高,大部分白葡萄酒、桃红葡萄酒以及起泡酒在饮用之前都需要冰镇。部分清淡的红葡萄酒或者正常红葡萄酒,尤其在夏季储藏温度过高的情况下,也需要短暂冰镇。因此冰桶的准备与服务也是侍酒服务人员的必备常识。当然,现在餐厅里出现了很多冰桶的替代品,如保温桶,这是一种双层塑料的圆桶,它可以在一定时间内维持葡萄酒的既有温度,所以具备大型专业酒柜的高端餐厅里,处于低温储藏的葡萄酒由酒柜取出后,接着便可为客人开瓶,之后放回保温桶内即可,它可以保持葡萄酒温度一直处于冷却状态。但该设备不具备使葡萄酒温度下降的功能,只能维持既有温度,所以使用起来有一定弊端。冰桶因其准备工作简单方便,又有非常好的冷却效果,广受餐厅侍酒师的喜爱。目前,对于国内很多高端餐厅来讲,专用酒柜已经成为葡萄酒储藏必不可少的设施设备。酒水管理的侍酒服务人员一般会把红葡萄酒、白葡萄酒分开储藏。红葡萄酒通常设定为 15 ℃左右,饮酒温度较低的白葡萄酒、起泡酒等一般会设定为 10—12 ℃进行储藏。

冰镇

一、准备工作

单纯的冷水与冰降温效果都不理想,所以在大部分情况下,进行葡萄酒冰镇处理时需要冰水混合物。相等数量的水与冰放入冰桶内,根据冰桶内放置葡萄酒瓶的数量,合理判断冰水混合的水位线。通常倒入量为该桶的一半以上,约为 2/3。防止冰水溢出的同时,水量也不宜过少,以达到最佳冰镇效果。由于瓶身不能完全浸渍于冰水之内,所以在葡萄酒冰镇过程中,可以拿起瓶身稍做倾斜,让酒瓶内的葡萄酒加以混合,以加快冰镇速度。有时,侍酒师在准备冰桶的阶段也可以在冰桶内放入少量食用盐来加快冰的溶解,以达到葡萄酒的降温效果。除了冰水混合物之外,还需准备两块白色餐布,一块叠为长条形状,放置在已经填好冰水混合物的冰桶之上,一块侍酒师可以随身携带,以备服务之需。

二、服务工作

(1)通常冰桶会放置在冰桶专用架上,一般在给客人展示冰桶架上的葡萄酒前,需要连同事先准备好的冰桶放置于客人餐桌旁边,放置位置接近主人位,方便客人自行取酒。

(2)根据具体情况,冰桶也可以放置在客人用餐的餐桌上,应该放在主人位的右侧。

(3)已经开瓶的葡萄酒在给客人斟酒后,一般需要放回冰桶内,以保持葡萄酒的最佳饮酒温度,并在上方放置白色口布。

(4)从冰桶内取出葡萄酒时,时刻需要使用干净的白色餐布擦拭瓶身,然后为客人斟酒,抓握注意安全,防止手面打滑。

(5)中途时刻观察客人的用酒情况,及时为客人补充葡萄酒。

(6)如果是一款常温下的葡萄酒需要冰镇,其冰镇时间需要侍酒师考量葡萄酒的原始温度及室内温度环境,一般冰镇时间可以控制在 10—20 分钟,之后为客人开瓶倒酒。

(7)在酒柜内储藏的葡萄酒,可以直接从酒柜内取出,然后为客人开瓶,待客人品尝后,决定是否冰镇或者直接斟酒,倒酒结束后把葡萄酒放回冰桶内。

Tips

（1）冰桶在酒店内使用频繁，注意要经常检查冰桶保管情况，是否有漏水等现象。

（2）冰桶在日常储藏管理中，每次清洁之后，注意使用口布擦拭干净，保持冰桶清洁状态。

（3）冰桶如果放置在客人餐桌上，下方应放置桶垫或小盘子，以免水珠浸湿桌布。

第九节　起泡酒服务
Serving a Sparkling Wine

学会了起泡酒的开瓶，起泡酒的服务便简单多了。在起泡酒服务环节里，拥有熟练的开瓶技巧是起泡酒服务的关键所在。另外，起泡酒的斟酒训练也是必不可少的，同时在冰桶的准备上也要多注意细节服务。具体的服务程序如下展开，在教学过程中为了更好地给同学们演示起泡酒服务流程，我们制作了一份教学视频，我们设计了一对年轻夫妇前来用餐的场景，可以让我们更好地认识及模拟整个服务过程。该视频观看链接如下，供大家参考使用。

起泡酒服务

一、需要准备的器具

起泡酒服务所需要的器具有起泡酒酒杯、冰桶（含冰水混合物）、冰桶架、餐布、酒刀、小餐碟、托盘等。

二、服务流程

（1）待客人入座后，为客人呈递酒单，通常由主人点酒。简单介绍酒款，并合理推荐餐厅特色酒款或主打类型，根据客人需要做好点酒记录，并向客人复述所点酒的年份、酒名等重要信息。

（2）选择酒杯，为客人选择合适的起泡酒杯，对照光线，注意检查酒杯的干净、清洁程度。递送酒杯时，通常使用托盘或手持呈上，抓握过程切不可直接触摸杯口与杯身。

（3）准备冰桶（含冰水混合物），餐布放置在冰桶上方，端于客人餐桌一旁，一般靠近主人位，放于右侧。

（4）取酒，在酒柜内为客人取酒，查看酒标信息，保证葡萄酒与客人所点一致。左手手持餐布，右手将葡萄酒倾斜托于手上，如果瓶身温度过低有水雾，瓶底垫上餐布托送。使用右侧胳膊做一定支撑，平稳地走向主人位右侧。

（5）向客人示酒，保持正标朝上，向客人重复酒名、年份及出产地信息。待客人确认无误后，在主人示意之下进行下一步服务。

（6）开瓶，按照起泡酒开瓶方式，通常在事先准备好的酒水车或可移动餐台上进行开瓶，注意开瓶的过程中，瓶口不准朝向任何客人，同时开瓶声不宜过大。轻闻瓶塞，确认酒质，把软木塞与铁丝圈分开，同时放于事先准备好的餐碟内，并端向主人位右侧餐桌上。

（7）擦拭瓶口，保持瓶口清洁卫生。

（8）主人品酒，左手手持餐布，为主人位倒少量葡萄酒，约为1盎司。

（9）正式斟酒，待主人示意后正式为客人倒酒，遵循女士优先的原则，最后为主人斟酒。

（10）呈递祝福语，把酒瓶放于冰桶之上，倾斜瓶身，酒瓶上放上白色餐布，带走盛放软木塞的餐碟及酒车并离开。

(a)点单

(b)放置冰桶

(c)选择酒杯

(d)示酒

(e)松开铁丝圈

(f)开瓶

起泡酒服务步骤

Tips

（1）起瓶器开瓶后，软木塞与铁丝圈应分离放在碟子上，方便客人鉴赏酒塞。

（2）锡纸剥落可以手动撕取，也可以使用酒刀割取，由于锡纸封条有时会断开，所以酒刀更加适用。

（3）用餐中途为客人再次斟酒时，注意垫着口布握住酒瓶倒酒，以防打滑。

（4）斟酒结束时，可根据客人情况，询问客人是喜欢常温饮用（可放置在有瓶垫的就餐桌上），还是放回冰桶。

第十节 新年份葡萄酒醒酒服务
Serving a Young Red Wine

根据前面章节的介绍，我们了解到只有部分红葡萄酒是需要醒酒的，这与起泡酒服务不同，服务过程需要准备的器具有蜡烛、火柴、醒酒器等。蜡烛的点燃主要是为了更好看清瓶中沉淀，所以只有在老年份或未澄清、未过滤的葡萄酒醒酒时会使用到，年份较新的葡萄酒进行醒酒服务时则可以不用准备蜡烛。

一、需要准备的器具

醒酒器、餐布 2—3 块、酒刀、酒杯、餐碟、托盘、瓶垫等。

二、服务流程

（1）呈递酒单，与起泡酒服务一样，待客人入座后，为客人呈递酒单，通常由主人点酒。简单做些介绍，推荐餐厅红葡萄酒特色或主打类型，根据客人需要做好点酒记录，并向客人提出需要醒酒的建议，同时复述所点酒的年份、酒名等重要信息。

（2）为客人准备合适的酒杯，同时准备醒酒服务所需要的醒酒器、小餐碟、开瓶器等，并将这些器皿放于酒水车或移动工作台上，推向客人餐桌旁，备稍后需要。

（3）为客人取酒，左手手持餐布，右手持酒，端于主人面前。向客人示酒，保持正标朝上，向客人重复酒名、年份及出产地信息。待客人确认无误后，在示意之下进行下一步服务。

（4）按照静止葡萄酒开瓶方式进行开瓶，轻轻取出酒塞，轻闻瓶塞，确认葡萄酒酒质。擦拭瓶口，保持瓶口清洁卫生。同时把盛放软木塞的餐碟端于主人右侧。

（5）为主人倒少量葡萄酒，请主人品鉴。征得客人同意的情况下，向侍酒人员备用酒杯内倒入 30 毫升葡萄酒，以做协助品鉴之用。

（6）左手握醒酒器，右手握瓶，确保酒标朝向客人，将葡萄酒缓缓倒入醒酒器。

（7）在瓶底处稍做余留，避免将酒渣倒入醒酒器内。

（8）左手拿餐布，右手手持醒酒器，遵循女士优先原则，最后为主人倒酒。

（9）祝客人用餐愉快，通常除醒酒器及空酒瓶外，撤走所有器皿。

Tips

（1）新年份葡萄酒的醒酒，由于没有沉淀物，不需要蜡烛与火柴，酒篮也不建议使用。

（2）是否醒酒遵照客人喜好，也可以建议酒杯内醒酒。

（3）酒瓶与醒酒器通常需要放在餐桌一侧，注意瓶垫、小托盘的使用，一些餐厅使用印刷有酒店 Logo 的桌垫、瓶垫等，既能显示酒店服务用心之处，也能提高服务档次。

（4）服务时，可以询问顾客是否撤走软木塞与空瓶。

第十一节　老年份葡萄酒醒酒服务
Serving an Old Vintage Red Wine

老年份的红葡萄酒在陈年过程中会产生大量的酒石酸结晶，如果倒入酒杯，会看得更加明显，一般呈现均匀大小的红色颗粒物。携带这些颗粒物的葡萄酒往往会影响其外观及饮用口感，所以大部分情况下会建议客人进行"滗析"。过滤沉淀物可以使用漏斗，也可以将葡萄酒缓慢倒入醒酒器的同时将沉淀物保留在瓶底实现过滤目的。所以这类醒酒器服务明显比普通红葡萄酒的醒酒要复杂一些，细节更多，需要侍酒师严谨、细致的工作态度。以下列出几项注意事项，服务时应多加注意。

一、准备工作

首先，待客人点酒结束后，就要为客人配备合适的醒酒器、漏斗（或不用）、开瓶器（酒刀或双片开瓶器）、蜡烛、火柴、小餐碟、餐布、红酒篮等器具物品。老酒醒酒服务器具较多，所以一定要检查器具的齐全、清洁以及器具是否处于正常使用状态内，特别是火柴，一定要保证能正常地点燃。另外,在醒酒过程中,还要准备可以有效摆放器具的酒水车或移动工作台,并将盛放有器具的工作台转移到主人右侧,以备下一步服务之需。

其次,老年份葡萄酒由于长久储藏,坏酒的可能性增加,通常侍酒师在征得主人允许的情况下可以倒 1 盎司左右的葡萄酒配合客人检查葡萄酒香气及口感状态。但如果客人并不情愿,侍酒师则不要自作主张倒酒检查。

最后,醒酒服务时,双臂略倾斜,自然抓握醒酒器与酒瓶,将葡萄酒缓缓倒入醒酒器内,蜡烛放置于瓶颈正上方,远近适中,借助烛光能方便、准确地观察到酒瓶沉淀物。

二、具体流程

(1) 与红葡萄酒服务一样,客人入座,呈递酒单。

(2) 为客人准备合适的酒杯,并检查酒杯清洁度。

(3) 准备醒酒服务所需要的醒酒器、蜡烛、火柴、漏斗(如果需要)等器皿,并且将这些器皿放于酒水车或移动工作台上,将其推向客人餐桌旁。

(4) 按照前文中"酒篮内开瓶"程序,为客人取酒、示酒并开瓶。

(5) 为主人斟倒品鉴酒,征得客人同意的情况下,可以为自己倒入 30 毫升葡萄酒,以备品鉴之用。

(6) 点燃蜡烛,并把使用过的火柴棒放于火柴盒一端或餐碟内,不要丢弃,可以用来熄灭蜡烛。

(7) 从红酒篮内轻轻取出葡萄酒,酒标朝向客人。左手抓握醒酒器,右手抓瓶,在蜡烛正上方合适的高度,借助烛光把葡萄酒缓缓倒入醒酒器。并保障不要将瓶底沉淀物倒入醒酒器,稍作余留,待看到瓶颈处酒渣后,停止倒入。

(8) 左手拿餐布,右手手持醒酒器,为客人倒酒,遵循女士优先原则,最后为主人倒酒。

(9) 将空酒瓶放在靠近主人位餐桌的瓶垫之上,盛放葡萄酒的醒酒器放于空酒瓶同侧。除醒酒器及酒瓶外,将其他醒酒相关酒具器皿放入酒水车上。

(10) 祝客人用餐愉快,除醒酒器及酒瓶外,随身移走所有器皿。

Tips

(1) 点燃蜡烛通常不使用"打火机",而使用较为安全的"火柴棒"。

(2) 醒酒时,距离火焰适当距离,过远不利于观察沉淀,过近烟灰会弄脏瓶身或提升酒的温度。

(3) 醒酒时,根据餐厅规格及客人要求,可以使用少量葡萄酒清洁即将使用的醒酒器及酒杯,以确保器皿无异味干扰,为客人提供更优服务。

(4) 醒酒时,也可为自己准备一只品酒杯,在客人品尝所点葡萄酒出现"异常"时,以备品尝之需。

(5) 空瓶通常放在有瓶垫的餐桌一侧,也可放置在红酒篮内并放于醒酒器一旁。

(a)点单 　　　　　　　　　　(b)准备器皿 　　　　　　　　　　(c)示酒

(d)点燃蜡烛 　　　　　　　　(e)开瓶 　　　　　　　　　　(f)斟倒样酒

(g)主人品尝 　　　　　　　　(h)醒酒 　　　　　　　　　(i)为客人斟酒

(j)为主人斟酒 　　　　　　　(k)熄灭蜡烛 　　　　　　　　(l)结束语

老年份葡萄酒醒酒流程

第十一章 | 侍酒师技能养成
Sommelier Skills Development

一名优秀的侍酒师首先必须时刻明确在工作中扮演的角色。其工作职责是什么？对客服务时应该扮演什么角色？对同事、对供应商甚至对自己本人应该承担哪些责任？侍酒师对这些都应该有清楚的认识，只有如此，其才能更好地胜任自己的工作，体现自身价值。这一部分内容的整理是根据北京国贸大酒店侍酒师的职责与角色完成的，内容主要覆盖了对于雇主、客人、同事、供应商以及自身的职责与角色，共分为五个部分，通过本章可以让我们全面地了解侍酒师职责的全貌。

侍酒师李涛 Bruce

一、对于雇主的职责与角色

首先，侍酒师与酒店方是雇佣与被雇佣的关系，因此必须明确自己应该履行的责任，以便为雇主创造更多价值。

（1）她/他应该时刻认识到自己是酒店的一份子，并为自己所任职的酒店而自豪。

（2）她/他有责任保护并推广自己酒店的品牌形象。

（3）她/他不能只为追求个人利益而牺牲公司的利益。

（4）她/他需要理解酒店是营利性机构，企业必须有利可图。因此，优秀的侍酒师是那些能够长期为雇主创造最大利润的侍酒师。通过其高质量、周到的服务，渊博的知识，扎实的酒窖管理能力，丰富的促销活动以及对财务、市场的深刻理解为酒店创造利润。

（5）她/他必须具备强烈的商业意识与头脑，要理解餐饮和葡萄酒产业是市场营销的一

223

部分。

（6）她/他应该努力减少成本支出，使酒店收入最大化。

（7）她/他应该遵循酒店的发展方向和理念。如果她/他有不同的意见，应该用专业的方式表达，并基于事实进行分析阐述，并给出正确而坚实的理由，而不是只从个人的兴趣或喜好出发。

（8）她/他必须有积极的工作态度、敬业精神与职业道德。

（9）她/他应该能够积极获取回头客，建立和维护一个有用的、不断增长的葡萄酒爱好者的顾客数据库。

（10）她/他应该不断努力完善、提高自己，做到不仅是一个更好的侍酒师，也是一名更好的雇员。

（11）她/他也需要具备良好、扎实的其他饮品知识，如茶、酒（中国白酒、黄酒、啤酒）、烈酒、咖啡等的知识；她/他必须熟悉酒店酒吧、酒廊酒水管理手册。

（12）她/他需要与其他部门保持密切的联系，并熟悉其工作内容，如市场营销部、财务部等。并充分了解整个酒店的运作体系，提高部门协调度，共同完成工作，提高工作效率，建立工作标准。

（13）她/他需要积极参与餐饮营销工作，尤其是与葡萄酒相关的品鉴活动和促销活动，如葡萄酒晚宴、品酒会以及特别的节日等。

二、对于客人的职责与角色

侍酒师职业存在的最主要的实践性目的就是为客人服务。多年来，侍酒师的职责在不断演变和扩大，然而，"以服务为核心"仍然是侍酒师最重要的角色。侍酒师应该永远记住这个岗位的关键性职责，以下是其对于客人的角色和责任。

（1）所有客人都应该得到平等对待，无论其性别、民族、种族如何。

（2）时刻保持微笑迎接客人，用微笑温暖每位顾客。

（3）时刻保持干净的面部及头部卫生、整齐的着装以及优雅的姿态。

（4）不使用过于随意的语言，如"嗨""回见""干杯"，而是使用正规的礼貌用语，如"先生、女士，早上好/晚上好""祝您用餐愉快""欢迎下次光临"等。

（5）诚实面对每位客人，当你没有明白对方意思的时候，不要编造一些是非不分的答案，你需要对客人说："对不起，我不太知道这个问题的答案，请允许我一会回复您可以吗？"

（6）准确识别客人信息是一个可持续商业服务的重要组成部分，侍酒师要能够识别出 VIP 贵宾、常客以及花钱大方的客人。

（7）侍酒师需要有效地与客人沟通，并正确解读客人的需要和想法，为客人推荐适合的酒款与饮料。

（8）不超额收取费用。

（9）绝对不能询问或乞求小费。

（10）不在工作时间内吸烟。

（11）不在工作时间内喝酒，葡萄酒品尝是可以的，但需要准备吐酒桶吐酒。

（12）不向已经醉酒的客人服务酒水。

（13）不向未达到法定年龄的客人服务任何酒精饮料。

（14）时刻有正确的服务态度，帮助、引导客人以及为客人提供合理建议，绝对不要有教育、误导或轻视客人的态度。

（15）记住客人的名字、偏好以及客人的订单。

（16）不过度向客人推销超出客人预想的、昂贵的商品项目。

（17）时刻确认客人的满意度。

（18）不谈论政治。

（19）不谈论宗教。

（20）不拿不同国籍的客人开玩笑。

（21）不向客人出售或使用药物,或提供任何药物相关的信息。

（22）不向客人表达护送、陪同或任何陪护相关的信息。

（23）当葡萄酒即将饮用完毕,不要向客人过度推销继续消费。

（24）始终保持与客人的沟通,但也要注意客人的隐私。

（25）保持客观和公平,每个客人都有自己不同的品位特点,不要强迫客人接受你认为正确的或更好的东西。

三、对于同事的职责与角色

（1）与同事保持时刻良好的人际关系,并有团队合作精神。

（2）葡萄酒侍酒服务是侍酒师的特长,要有足够的耐心,并愿意花时间与同事沟通葡萄酒知识与侍酒服务。

（3）时刻保持积极的态度,为其他员工树立榜样。

（4）与其他同事一样参加员工晨会、例会。

（5）葡萄酒推荐和服务是侍酒师的优先工作。但是,在其他服务人员需要帮助的时候,一定要积极帮助他们(如服务员、领班、经理等),履行好自己的职责,并做好辅助工作,如酒餐搭配、点餐、清洗杯具、清理桌子等。

（6）积极参与讨论餐饮促销活动以及酒水推广活动。

（7）与财务部门保持紧密合作关系,制定葡萄酒入库及收贮标准;协助仓库管理员建立酒水库房管理标准;协助财务做好成本分析、成本控制等工作;协助采购部门与供应商的联系或报价。

（8）创建一个详细的员工培训和发展计划。

（9）与同事保持信息共享,积极推荐他们参加行业品酒会、研讨会以及其他类型的课程学习。

四、对于供应商的职责与角色

作为一名侍酒师,其与供应商合作是至关重要的一部分,而每一种买卖关系都是复杂的,侍酒师需要履行以下职责。

（1）与供应商保持尊重、真诚、平等的合作关系。侍酒师有决定和购买的权利,但这并不意味着供应商应该被冷落或者被无礼和傲慢地对待。

（2）参加供应商组织的葡萄酒晚宴和品酒会是侍酒师工作的一部分。然而,参加品酒会或晚宴不要影响酒店的本职工作,也不要在没有接到邀请或事先通知的情况下出现。

（3）不要接受现金、礼品或任何可能的贿赂。

（4）没有所谓的"清单费用"。

（5）与供应商保持良好的友好合作关系,但绝对不能因为关系好而进购一些无关的葡萄酒。

（6）与供应商谈判,得到更低的价格,更好地为公司服务也是侍酒师职责的一部分。

（7）与供应商的商务洽谈应该在工作时间内完成。

五、对于自身的职责与角色

要成为一名优秀的侍酒师,应该对葡萄酒有足够的热情。对侍酒师来讲,葡萄酒服务不仅是一种职业,也是一种生活日常与工作方式。服务是基础条件,知识积累和品尝技巧也是侍酒师自我提高的重要职责所在。作为一名侍酒师,其应该有责任不断提高自己的工作能力,力争在日常工作中有更加出色的表现。

（1）对自己的职业和未来要有清晰的愿景和目标。

（2）永远不要停止学习,时刻储备葡萄酒的知识。在葡萄酒和其他酒水饮品中,总能学到更多的东西,保持对学习的渴望与激情。

（3）保持公平和客观的学习姿态。所有的酒都是不同的,每个人都有个体差异。学会欣赏这些差异,而不是批评。

（4）定期浏览重要的葡萄酒网站和杂志,以保证接收到最新葡萄酒资讯、行业法规以及葡萄酒行业的新知识。

（5）时刻关注世界范围内餐饮的新趋势、新概念、新动态,这与侍酒师的职业密切相关。

（6）定期与专业人士及同事一起品尝葡萄酒,以提高品尝技巧和能力。了解其他饮料,包括烈酒、鸡尾酒、茶、日本清酒等。侍酒师不仅要关注葡萄酒,还要关注其他饮料,但葡萄酒永远是焦点。

（7）从本质上说,葡萄酒是一种酒精饮料,因此要自律,切勿酗酒。

（8）尽可能多地去葡萄酒产区或酒庄参观学习,因为在葡萄园和酿酒厂里,与葡萄酒一线人员的交谈是学习葡萄酒的最佳途径。

（9）多品尝、少饮酒。

第二节　侍酒师日常工作
Daily Working of Sommelier

侍酒师或者酒水服务员日常工作烦琐复杂,但有两项日常工作内容需要明确在心,一是确保所有的酒水饮品处于服务的良好状态,二是尽可能地为客人提供优质服务,让客人愉悦用餐、满意而归。具体日常工作可以分为餐前、餐中、餐后及餐外四个部分。

一、餐前日常工作

做好餐前工作是优质服务的基础,服务开始之前需要做好充分准备工作,迎接客人的到来。

（1）选择与准备所需的玻璃器皿,包括已预约的与未预约的。

（2）使用干净、棉质的白色口布擦拭玻璃器皿。

（3）检查擦拭酒杯的餐布是否干净、整洁,定期熨烫整理,保证足量。

（4）所有玻璃器皿都需要检查是否破裂、损坏,保证其干净、无灰尘、无异味。

（5）确保玻璃器皿内壁干净,主要酒杯杯底清洁,水壶边沿及醒酒器清洁。

（6）酒杯、刀叉等按照指定位置摆台。

（7）检查餐桌桌面基本物品是否齐全,包括餐巾纸、牙签、标识牌等。

（8）检查房间墙面、地板等是否清洁。

（9）检查备餐间物品是否齐备、使用状态以及清洁度。

（10）检查吧台、备餐区、服务台集水槽、排水区是否干净清爽。

（11）检查酒单、餐单是否干净、整洁,有无损坏。

（12）检查是否有缺货(注意年份),如果有缺货,应及时通知所有侍酒人员,并更新酒单。

（13）准备好酒水服务器皿、开瓶器、保温桶、冰桶及冰桶架、醒酒器、过滤网、蜡烛、杯垫、火柴、酒水车、骨碟、餐巾、服务口布等。

（14）检查并熟悉已预订餐位客人信息、用餐人数、特殊需要，做好酒水准备。

（15）检查酒柜运行情况，保证良好使用状态，并检查酒水标签是否完备，定期从酒窖补充常用酒水。

（16）检查保鲜分杯机运行情况，保证良好使用状态，并检查酒水剩余量，及时更换、补充酒水等。

二、餐中日常工作

餐中日常工作是对客服务的核心之处，客人入店体验是否满意，餐中服务是其中极为关键的一项。侍酒师良好、专注的工作姿态以及细心、耐心的工作态度是做好侍酒服务的必备素质。

（1）客人入座，与客人保持良好的沟通。

（2）帮助客人放置衣帽。

（3）为客人拉椅服务。

（4）如果客人有需要，可帮助客人点酒，描述酒单上葡萄酒的风味特征。

（5）熟悉餐厅所有酒款信息，为客人做推介说明。

（6）使用正确的侍酒方式为客人进行开瓶、冰镇、醒酒等服务。

（7）如果客人有需要，可为客人品尝葡萄酒口感，确认酒质。

（8）服务过程保持专注良好的状态，倒酒切勿滴酒，使用口布擦拭瓶口。

（9）尽可能多地品尝酒单的所有酒款，为客人做好推荐。

（10）如果客人中途另点其他葡萄酒，为客人更换酒杯。

（11）待顾客第一瓶葡萄酒饮用即将结束，做第二瓶开瓶准备，如果客人只点一瓶，可以合理推荐其他酒水。

（12）尽可能多地了解菜肴口感，熟悉菜肴使用原材料、烹饪方式及料汁使用情况，为客人推荐特色菜肴，并为客人提供酒餐搭配的建议。

（13）中途为客人进行添酒服务。

（14）处理餐中其他事宜、服务客人用餐等。

三、餐后及餐外日常工作

这一部分是客人离开后的善后及后台管理工作，是餐厅运营管理的重要阶段，同时也是团队建设与提升的重要环节。

（1）与客人礼貌道别，环视餐桌周围，确保客人没有遗留物品。

（2）做好客人预留酒水的登记工作。

（3）从酒杯开始回收餐具，酒杯放入回收框，正放，避免杯口朝下，并运送至机器清洗台，如果手工清洗，则运送至清洗吧台。

（4）酒杯清洗后用干净餐布擦干，放入酒杯专用储藏柜或倒置于吧台倒挂支架上，注意储藏柜卫生及支架卫生，隔着口布抓握杯柄，切勿用手直接触碰酒杯。

（5）醒酒器、冰桶等清洗、擦拭与放置保管。

（6）登记酒杯、醒酒器等器皿损耗情况并及时申请补充。

（7）整理账单、做好财务报表与汇报。

（8）软木塞、空瓶、损坏的酒水饮料的收纳与处理。

（9）定期检查库存，修改、删减酒单无库存酒水。

（10）根据酒店酒水销售情况，定期修改、完善酒单。

（11）侍酒师主管与经理定期对员工做酒水培训。

（12）定期开会，制定酒水营销方案。

（13）侍酒师经理与厨师定期开会并保持沟通，了解菜式变化与菜肴创新。

（14）协助厨师改善菜品，提出合理建议。

（15）葡萄酒宴会与酒会策划等。

第三节　点单
Wine Recommendation

顾客来餐厅用餐，为其留下美好的第一印象至关重要。侍酒师要为客人展示酒单，配合客人点单，并做好推荐工作，这些服务的好坏直接影响客人的整个消费过程。要想有一个成功的推介行为，侍酒师必须对酒单上每项酒款了如指掌，同时对菜单上每一道菜品的食材及烹饪方式也需要做到心中有数，以解答客人点酒配餐的各种询问。良好的专业知识与职业素养是做好一切工作的前提条件，同时，侍酒师还需要遵循科学的服务程序，为客人提供细致入微的服务工作。

一、服务要领

（1）待客人进入餐厅，餐厅领班与经理应该立刻笑脸相迎，询问预订情况。如有预订，微笑示意，引导客人按照预订餐桌入座。

（2）如果客人没有预订，应该与客人沟通交流，安排餐位事宜，请客人入座。侍酒师应第一时间靠近餐位，礼貌欢迎客人，向客人介绍自己是当值侍酒师。

（3）递送酒单，一般由主人负责点酒。如果就餐人数较多，则应提供两份或多份酒单供客人参考。

（4）如因酒单更新不及时，出现个别酒款缺货时，应礼貌致歉并向客人说明。

（5）始终站在客人右侧为客人服务，并在客人需要时协助点酒。

（6）呈递酒单时可以进行简单推介，介绍本店特色酒款与菜品等。

（7）推荐酒水时应判断消费者心理接受能力以及对品质的要求，读懂客人需求，不要过度营销。

二、点单顺序

顾客来餐厅用餐，不管是选择中餐还是西餐，点餐通常有一定规律可循。如先凉后热、先菜后肉、先清淡后浓郁、先咸后甜。色泽搭配、浓淡搭配都需要遵循基本的用餐规律，因此葡萄酒的推介也需以此为据。向客人推荐酒水，通常可以遵循以下规则。

（1）先干型后甜型。

（2）先白后红，白葡萄酒搭配白色鱼肉及蔬菜类菜品；红葡萄酒搭配红色肉类及酱料较多的、复杂的中式菜品。

（3）先清淡后浓郁，清淡酒搭配清淡菜肴，浓郁酒搭配浓郁、复杂菜肴。

（4）无橡木桶陈酿葡萄酒在先，有橡木桶陈酿葡萄酒在后。

（5）干型起泡酒或酸度较高白葡萄酒搭配开胃菜品。

（6）半干型或半甜型葡萄酒可搭配辛辣食物。

（7）甜酒搭配餐后甜食。

酒吧与餐厅使用过的玻璃器皿必须及时清洗抛光,污点、油渍与手印都会给客人留下不好印象,破坏客人用餐氛围。虽然现在很多酒店已经安装机器清洗,酒杯清洗在多数大堂吧与餐厅仍然是主要的技能性工作。待客人使用完酒杯后应尽快运送到吧台,清洗工作不宜延迟太久,以免污渍固化,也可以事先将其放入清水中浸泡。清洗酒杯通常先从杯底开始,然后是杯肚,最后是杯口。杯口处是油渍、唇膏等污渍较为集中的地方,左手握住杯底,右手拇指、食指按固定方向配合擦拭旋转,并重复多次,以达到最佳清洗效果。酒杯清洗之后通常放置于白色口布之上,静沉几分钟,待大部分水珠滑落之后,即可予以抛光。抛光酒杯,通常需要两块干净的白色口布,一块托住酒杯杯底,另一块用来擦拭酒杯。口布大小一般为 50 mm×50 mm 或者 60 mm×60 mm,如果口布较大,也可以使用一块完成。

酒杯清洗与
擦拭

一、酒杯抛光方法一

把餐布完全打开,一只手握住酒杯的底部,另一只手隔着口布握住玻璃杯肚,禁止用手直接接触酒杯,大拇指放入杯内,其余手指握住杯子的外围。两手旋转酒杯,抛光酒杯内外。

二、酒杯抛光方法二

把餐布完全打开,用一只手隔方形口布一角,托住杯底,然后把口布另一角慢慢放入酒杯,随后食指、中指和无名指隔口布深入酒杯中(酒杯较小的可以只使用食指和中指),并往杯底挤按口布,直至杯底,如此可以使最难擦拭的杯底抛光干净。大拇指放置于酒杯之外,酒杯内三指贴近杯肚,然后两手配合旋转酒杯,抛光酒杯内外。

酒杯的清洗抛光,可以根据个人习惯选择适合自己的方法。但需要注意的是不要使用湿布,另外酒杯不宜握得太紧,以免擦碎酒杯。

Tips

(1)擦碎酒杯在餐厅时有发生,对碎掉的玻璃或水晶片,应用报纸等纸张性材料包裹后放入垃圾桶内,不要使用塑料袋直接盛放扔掉,水晶杯碎片特别细小,谨慎清理干净,以免伤手。

(2)部分餐厅酒杯的清洗由机器完成,用过的酒杯应杯口朝上摆放在空杯架内,尽快做好交接,运往清洗处。

(3)如果酒杯杯口污渍过多,可以使用温水或清洁液清洗,用清洁液清洗的,注意异味清洁。个别情况下可以使用白葡萄酒冲刷一遍,以清除异味。

在餐厅工作,酒杯运送是基本工作。在客人用餐前,需要把酒杯从吧台运送至餐桌,通常有两种服务方式,一为手工运输,二为托盘运输。手工运输,掌心应朝上,把酒杯杯底分别放入指缝之间,确保逐一摆放在手指之间,切不要叠放酒杯,以免打滑碰碎。一次性可同时运送 3—5 支。如果使用托盘运送酒杯,根据托盘大小可以放置 4—10 支不等,酒杯直立,杯口朝上,保证卫生,从客人右侧服务。在客人用餐后,酒杯运送大多采用托盘,酒杯可以倒放于托盘上,也可以直立正放。

餐桌上酒杯的摆放方法一般分为两种,一种是在客人就餐前摆盘,此时在前期准备阶段可以将酒杯摆放在餐桌的正确位置上,如果隔夜使用,应将酒杯倒置放在餐桌上。客人前来就餐时,根据客人人数,撤掉不需要的酒杯。还有一种情况是在客人光临后,需要根据客人所点的葡萄酒类型,选用正确的酒杯。为客人摆放酒杯时,始终在客人右侧服务,服务时只允许捏住杯柄放置,切记不可握住整个杯身以及触摸杯口。另外,摆放酒杯前,务必借助光线,先检查酒杯清洁度,注意异味、指纹、水渍、灰尘等。

第六节 醒酒器清洁
Decanter Cleaning

醒酒器是葡萄酒酒具器皿中较大的物件,形状不规则,肚大口小,不易清洗擦拭,器皿本身成本也较高,因此它的清洗与保管需要更加谨慎。使用后的醒酒器,一般需要尽快用清水冲洗,可以使用简单的清洗刷予以配合,多冲刷几遍,便可以倒置控干。使用过的醒酒器,不宜长时间放置,在酒店通常使用以下三种方法进行清洁。

一、醒酒器清洁方法一

温水清洗,这种方法是一种纯物理式的清洁方式,对醒酒器破坏小,没有异味残留,清洁完后,倒置醒酒器,自然晾干即可。一般很少有水渍痕迹,所以应用广泛。注意水温不要过热,否则容易使醒酒器炸裂,温水最佳。如果没有温水,可直接使用凉水冲洗,但控水几分钟后,需要使用毛巾将水珠进行擦拭。

二、醒酒器清洁方法二

现在在一些酒店或专卖店里,经常能看到使用清洗珠清洗醒酒器,这也是一种较为适用的物理清洁法。这种清洗珠用镍铬合金制成,浸泡水中不会生锈,所以可反复使用,经济实惠。先将清洗珠放入装有清水的醒酒器中,稍稍摇晃,小珠自由转动,依靠摩擦便可将有污渍的地方清洗干净,方法简单。

三、醒酒器清洁方法三

放入少量洗涤液、柠檬汁或白醋进行清洁。这种方法主要适用于放置时间长或酒渍残留过多的醒酒器。可以放入几滴洗涤液,放水浸泡一段时间,然后使用瓶刷清洗,最后用清水多次冲刷。但这类清洗方法一般会有少量异味残留,所以,在杀菌消毒后,部分餐厅会要求倒入少量白葡萄酒,彻底冲刷洗涤液残留,以免影响葡萄酒风味,最后倒置放在醒酒器专用架晾干。如果醒酒器污渍过多,需要深度清洁,可以使用柠檬汁、小苏打或白醋等进行清洁。这种方法也需要短暂浸泡,或晃动醒酒器加速冲刷效果,最后再用温水清洗即可,需要检查不要遗留酸味等异味。

清洗的醒酒器,通常先放置于支架上,控干大部分水分后,应用干净口布将外部擦干。如果要擦拭醒酒器内侧的水珠,第一种方法是将醒酒器倒置放在没有异味的通风处,加速内部水分的蒸发。第二种方法可以使用口布,将其卷成条状,放入醒酒器内,慢慢摇动吸取器皿内侧的水珠。第三种方法可以使用专门用来干燥醒酒器内部的长柄毛巾，也可以直接使用醒酒器烘干机。最后，将擦拭干净的醒酒器倒挂在专用支架上，放置待用。

> **Tips**
>
> （1）日常清洁醒酒器时，多使用温水清洁，简单方便，可以快速清除酒渍及异味。
>
> （2）日常保管醒酒器时，应使用专用醒酒器挂架，将其倒立放置，减少灰尘污染，也可以放入专用器皿酒柜内保管。
>
> （3）再次使用醒酒器时，为避免有灰尘异味，可在醒酒服务时用少量葡萄酒冲刷。

第七节　葡萄酒质量管理
Wine Quality Control

葡萄酒是极易受到高温、氧化、异味、软木塞污染等影响的一类酒精饮料，因此酒店不管是在葡萄酒进购、储藏方面还是在对客服务方面，质量把控都是葡萄酒管理的重要组成部分。

首先，酒店侍酒师或酒水经理应该选择有质量保障的供应商，在与供应商签订的供货协议里明确葡萄酒质量条款，包括葡萄酒运输、储藏过程中的质量管理以及酒店在服务消费过程中对问题酒的退还及补偿内容。这些质量方面的条款可以让酒店对葡萄酒管理以及问题酒的处理更为主动，是服务质量的重要保障。目前我国较有影响力的葡萄酒进口商有 ASC 精品酒业、美夏国际贸易有限公司、桃乐丝酒庄、骏德酒业及富隆酒业等，它们占据了国内星级酒店供应商的主要位置。现在，很多酒店集团的葡萄酒采购方式开始多元化，除了通过供应商供给之外，开始自主进购部分葡萄酒，减少了中间环节，丰富了酒单，也降低了成本，葡萄酒质量控制也更加直接有效。

其次，对于酒店酒水储藏过程中的质量管理方面，侍酒师需要严格管理葡萄酒储藏到服务的各个环节。仓库、酒窖仓储环境至关重要，温度、湿度、通风等条件要求严格把关，尽量做到恒温、恒湿。餐饮服务场所会使用专用酒柜进行储藏管理，通常会把红葡萄酒、白葡萄酒及香槟等分别放置在不同的酒柜内，并设定相应的恒定温度，温度区间一般为 10—15 ℃。

最后，对酒水服务过程的质量把控也非常严格，具体是指葡萄酒酒杯匹配、醒酒器的选用以及葡萄酒服务中使用各项酒具的质量管理，同时葡萄酒冰镇、开瓶、醒酒服务技能的熟练与否也对酒水服务质量有较大影响，因此，侍酒师要做好人员技能培训与管理制度等多方面的工作。另外，在为顾客开瓶后，部分酒店也会要求侍酒师为顾客品尝葡萄酒，一旦发现问题会即刻为顾客更换葡萄酒，确保为客人服务的每瓶葡萄酒质量。

第八节　服务中质量管理
Service Quality Control

侍酒师在服务过程中经常出现一些突发问题，这些问题的有效解决是服务质量的重要保证。酒水质量控制中服务质量的控制是其中重要工作之一，服务过程中突发问题的处理是服务质量的重要体现。一位优秀的侍酒服务人员不仅仅需要具备良好的葡萄酒基本知识及品鉴水平,还要有应对突发事件的能力,能够及时为顾客判断酒的状态与质量,并为顾客解决问题,展现良好的服务技巧与业务能力。

一、断塞酒的处理

开瓶中酒塞断裂是侍酒服务过程中常有的事情,遇到这类问题,首先不要惊慌,应立即向顾客致歉。可以使用断塞拔取器,拔取开瓶时断裂的木塞。操作时,注意节奏,不要用力过猛过快。如果没有断塞拔取器,也可以使用"侍者之友"再次将钻头慢慢插入断塞内,重新拔取。如果仍有难度,只能把塞子推到酒瓶之内,然后可以通过快速换瓶达到目的,尽量减少木塞对葡萄酒口感的影响。这项服务应尽量避开顾客进行,以免破坏顾客用餐气氛。有些餐厅对断塞的酒有严格的处理制度,会要求更换新酒,费用由酒店承担,断塞的葡萄酒可做杯卖酒或员工培训之用。

二、软木塞污染的酒

被软木塞污染是葡萄酒变质的重要原因之一,污染比例较高。首先,服务过程中,如果遇到顾客反应葡萄酒有软木塞污染的问题,侍酒师首要先向顾客致歉,将葡萄酒撤回柜台并做好检查。在品尝之后(也可请示酒水经理一起品尝),如果确有污染,应该尽快为顾客更换。如果没有问题,可以向顾客解释,并建议为顾客醒酒,焕发香气,柔顺口感。如果顾客执意要换,酒店应以顾客利益为重,为顾客换酒,但此时应尽量推荐其他酒,避免第二次出现上述现象。

三、有沉淀的酒

在葡萄酒储藏与侍酒服务中,常会发现有些葡萄酒的瓶底、瓶身一侧或软木塞底部有一些结晶状沉淀物。这属于葡萄酒化学性的一种正常变化,在葡萄酒中多表现为酒石沉淀。白葡萄酒的沉淀物看起来颇似白砂糖或者玻璃状,而红葡萄酒则呈现出紫色结晶体,且有不易察觉的酸度。这些沉淀物通常被称为酒石酸,是葡萄酒中的色素及酚类化合物在氧化作用下发生沉淀所形成的,而白葡萄酒中酒石酸通常在低温下容易结晶成沉淀。葡萄酒结晶是葡萄酒成熟的标志,因为影响葡萄酒口味的不稳定物质已从酒中分离出来,从而使葡萄酒变得更加纯净,酒味结构更加稳定,口感也更加醇厚润滑。如果出现这类结晶物质,应该向客人做解释说明,并在征得客人的同意下,可以通过醒酒、换瓶的做法来去除葡萄酒中的沉淀物。如果客人提前预订,葡萄酒内有沉淀物时,则可以提前一天将葡萄酒竖直放置。如此,葡萄酒中的沉淀物就会聚集到葡萄酒瓶底的凹槽中,而在倒酒时,我们动作轻缓,即可将这些沉淀物遗留在瓶底。

四、浑浊的酒

葡萄酒浑浊是指澄清装瓶的葡萄酒重新变浑浊或出现沉淀物的情况。浑浊的原因有氧化性浑浊、微生物性浑浊和化学性浑浊三种类型。这里主要指微生物浑浊,因为葡萄酒受到细菌、霉菌、酵母菌和醋酸菌感染后容易发生这一现象,浑浊物多呈尘状或絮状。这类情况基本可以说明该酒已经损坏。这类酒属于不在状态的葡萄酒,一般不允许继续出售,侍酒师应向客人致歉并为顾客更换一瓶。有问题的葡萄酒可以联系供应商进行退货,同时,应该检查该类酒的剩余库存,做好酒的流通及在库管理工作。

五、二次发酵携带起泡的酒

这是指非起泡酒内产生微起泡的现象,葡萄酒内出现气体,通常是由于残留酵母与糖分发生二次发酵造成的。如果出现气泡同时略带浑浊感,这类葡萄酒会出现发酵的酵母味,一般需要给客人换酒。没有浑浊,只在瓶壁有少量气泡,一般属于二氧化碳的残留,通常不会对葡萄酒有特别大的影响,可以对顾客做解释说明。

六、氧化的酒

葡萄酒的氧化主要是由空气中的氧在酶的作用下氧化葡萄酒的多酚物质造成的,葡萄酒氧化的问题在储藏与侍酒服务过程中也时有发生,通常这类酒是由于储藏不当,温度过高,或者竖直放置,氧气大量进入后氧化所致。白葡萄酒颜色会变深,直至琥珀色,并伴有木头、太妃糖等氧化味道。红葡萄酒颜色会变为棕红色,果香殆尽,此时需要根据年份、品种、价格等加以正确判断,年份很近的葡萄酒出现此类现象,基本可以断定已变质,需要给顾客更换新酒。当然市场还有雪莉酒、马德拉酒或传统风格 VDN 等加强型葡萄酒,该类葡萄出现氧化味道属于正常现象。

第九节 酒单制作
Wine List Making

酒单是餐厅的灵魂,包含了餐厅酒水产品种类与价格,是顾客了解餐厅酒水信息的一览表与说明书,也是酒店盈利的重来窗口来源。随着葡萄酒市场的快速发展,葡萄酒在高端餐饮中的地位越来越突出,顾客对葡萄酒消费的倾向使得它在酒单中地位有很大提升。尤其是对意式餐厅、法式餐厅等来讲,葡萄酒是酒单的核心,受到餐厅的重视。当然对于上榜黑珍珠的中式餐厅来说,葡萄酒的地位也越来越高。因此,酒单的制作尤其重要,对于餐厅来讲葡萄酒酒单的制作与设计、产品的数量、种类与价格阶梯、葡萄酒的丰富与特色都是极为重要的信息。如何把这些信息科学列出,如何能与酒店顾客群、市场趋势相结合是餐厅制作酒单的重要考虑因素,酒单的质量体现餐厅档次与水平,也是餐厅酒水经理及侍酒师团队力量的重要工作表现。

一、酒单策划要考虑哪些因素

(一)酒店的实力

酒单制作首要考虑的前提是酒店的实力,酒店餐厅的接待能力和主要顾客的消费水平是酒单制作的首要考量因素。酒店有充足的资金实力及专业的侍酒师团队,且具备完善的与足够空间的恒温恒湿的仓库与酒柜,这样便可以考虑多进购葡萄酒,保障葡萄酒的产国、产区及品种类型的多样性,满足不同顾客的需求。酒单的分类方法也可以更加具体、细分,方便客人认知。反之,如果酒店实力有限,则要很大程度上压缩酒单数量与价格,酒单不宜复杂,产国、产区与品种应尽量简化。

(二)餐厅的风格

餐厅的风格很大程度地表现在菜品风格上,不同风格菜式,口感风味不同,吸引的顾客群体不同,自然适宜搭配的酒的类型也不同。所以葡萄酒的进购以及酒单的制作要细细考虑这一因素带来的影响。首先对西餐来讲,可区分为意式、法式、美式或者西班牙式等风格,当然还有其他特色零点西餐厅。这时可以根据餐厅类别匹配是意大利、法国、美国还是西班牙葡萄酒,突出主打类型,在此基础上丰富其他酒款。其次对中餐来讲,虽然作为高端餐饮菜品种类繁多,但餐厅的地域性很大程度上决定了菜品风味特征。地域不同,餐厅风格、菜品口味差异也就很大。所以需要区分粤式、川式、苏式或北方等菜系类型,进而合理搭配葡萄酒类型,对酒单上红葡萄酒、白葡萄酒、桃红葡萄酒及香槟的数量比例进行科学分配。

北京国贸大酒店 Grill 79 扒房

（三）酒店的客户群

酒店的客户群是酒单制作的重要考虑因素之一，这一点主要受酒店所在城市的发展水平、具体地理位置与酒店风格等的影响。在北京、上海、广州等一线城市，港澳台同胞及外籍客人较多，他们有较强的葡萄酒消费观念，对葡萄酒消费文化接受程度高，所以对葡萄酒多样性、产区的丰富性、价格的合理性都要进行科学设置，另外杯卖酒也要多加考虑。酒店所在的地理位置也是顾客群的最直接的影响因素，如果酒店所在的位置是城市周边，消费档次较高，大型企业、商务顾客以及中高端年轻消费群体多，在这样的环境下，酒单可以多体现中端、高端价格葡萄酒的比例。而对于休闲、旅游类顾客群为主的餐厅来说，可增加新世界经典酒款以及杯卖酒的比例。

（四）关注市场热点

葡萄酒市场发展迅速，创新与特色酒款也是层出不穷，餐厅要紧跟时代发展以满足消费者的需求。创意酒标、起泡酒、生物动力法、自然法葡萄酒、特色混酿都会成为追求新意的消费者乐意选择的对象。另外，葡萄品种除了国际流行品种外，意大利、西班牙、葡萄牙等地域性传统品种也会迎合一些消费者的需求。近些年，我国从法国引进试种的马瑟兰开始崭露头角，马瑟兰葡萄酒频频在国际上获奖使得它越来越受到关注，因此中国葡萄酒也成为星级酒店的酒单里不可或缺的酒款。私人精品酒庄的兴起，让中国葡萄酒开始走进世界舞台。另外，新锐的葡萄酒产区或者边缘产区也是市场发展潮流的一部分，侍酒师可以根据餐厅规模及客户群合理开发，创新酒款。同时，注意行业动态变化，时刻关注市场热点，并掌握市场发展方向与趋势，这些对制作酒单来说都很重要。

二、酒单如何制作

一个好的酒单首先要体现其实用性，方便普通消费者选择与认知，酒单内容不宜过于复杂，但根据餐厅需要又需覆盖全面。通常情况下，酒单上主要会出现葡萄酒的新旧世界分类、葡萄酒名称、年份、产国、产地以及价格等信息。如何把这些信息进行整合，体现酒单的价值是侍酒师团队的首要任务。

（一）列出分类结构

酒单首先需要按一定结构形式展开，确定一定的分类标准对酒单制作有很大帮助。首先，葡萄酒目录名单通常会把新、旧世界葡萄酒区分开来，然后再按红葡萄酒、白葡萄酒、起泡酒、甜酒来区分，部分餐厅也会把桃红葡萄酒与香槟凸显出来。其次，再根据餐厅规格以及葡萄酒的款数，把产国、产区等子目录依次列出。新世界的大部分葡萄酒突出品种，因此，为了方便顾客选择，也有餐厅会把新世界产国的葡萄酒按照品种进行列单。而对于起泡酒里的佼佼者香槟来说，年份香槟、"桃红""白中白""白中黑"以及特级香槟等均可列入子目录。另外，有些餐厅还会单列一些特殊瓶装葡萄酒的信息，如 187 毫升、375 毫升、1 升、3 升甚至 6 升装葡萄酒。当然酒单的分类结构，首要考虑的是餐厅的规格与档次，这是决定酒单目录细分的前提。如果酒店档次高，葡萄酒销量大，这时可以细分目录，加强产区、品种细分，丰富酒款。而如果相反，切记避免大而全的酒单设计，这时需压缩子目录结构，有针对性地区分产国、品种即可。具体酒款上，应多体现经典款式，知名度高的品牌，并多以传统葡萄酒为主，附加一定量的新锐酒款即可。

（二）合理的价格阶梯

酒单价格是消费者非常关注的信息。首先，不同酒款价格的合理制定是其首要任务。酒店在葡萄酒进购价基础上合理加价是正常的，尤其对星级酒店来讲，环境消费与服务消费是葡萄酒价值的一项重要表现，通常高于普通零售价格。但价格不要虚高，供货商建议零售价是值得参考的价格标签，在此基础上，综合考量该酒款的酒庄知名度、产区特性、酿造方式、陈年时间及市场供求关系后进行合理的价格制定。当然，同行业内相似酒款的价格也是定价的参考因素之一。这时还需要注意稀少年份、边缘产区、特殊酿造法、新锐流行以及获奖珍藏荣誉等对酒款价值的加分。其次，整个酒单价格需要分阶梯设定，以迎合不同消费档次的顾客群体需要。价格阶梯从大的方面来说，分低、中、高三个档次。酒店根据餐厅规格档次以及顾客的消费水平设定三个档次的价格区间，对一线城市五星级酒店来讲，通常 100—1000 元为低端产品，1000—3000 元为中端产品，3000 元以上为高端产品。三个档次葡萄酒的比例也需从实际情况出发，可以考虑按照 2∶4∶4、2∶5∶3、2∶6∶2、3∶4∶3 和 3∶3∶4 等比例形式进行设计。

（三）酒名信息及中英文对照

酒单中葡萄酒名称的设定是酒单制作的核心内容。一般葡萄酒名称包含品牌、制造商、酒庄名称、葡萄品种、产区、产国、年份或其他描述性文字信息。

首先，旧世界葡萄酒的名称多以某酒庄名称出现，个别产区会附加酒庄的分级，例如一级园、特级园等字样。新世界葡萄酒的名称多体现品牌与品种信息，另外，"家族珍藏""特酿""经典"等字样也会出现在酒名之内。

其次，葡萄酒的年份不管对新世界还是旧世界都是极为重要的信息，年份用正标示。产国、产地信息也是葡萄酒身份的重要标签之一，产国一般出现在一级或二级目录上，如果该产国酒类型收纳非常齐全，产地也会在下一级目录标题中出现，而如果该国葡萄酒款式有限，产地则附加在酒的名称后面，而不再单独列出。

最后，目前一些餐厅为了方便顾客甄选心仪的葡萄酒，也会把葡萄酒的基本口感、香气甚至配餐等文字制作在酒单内，并且附加该款酒标的图片，做成精致的酒单图册供顾客点酒使用，图文并茂的介绍显然对顾客的选择会有更好的指导意义，既突出人性化管理，又方便顾客识别，一举两得。但它的缺点也是显而易见的，如果餐厅酒款过多，这种做法会占用大量纸张空间，增加酒单页码，对顾客群体较大、葡萄酒销量大的餐厅来讲不太合适。另外，在酒单语言上，考虑到葡萄酒消费者国籍差异以及葡萄酒的外来属性，多数酒单以中英文对照形式呈现。

（四）选好杯卖酒

杯卖酒是餐厅酒水消费的重要组成部分，是满足个性化消费及吸引多样顾客群体的重要形式，因此，目前我国很多星级酒店及高端餐饮都引入了杯卖酒的销售方式。餐厅需要根据酒店实力与顾客类型，合理设置款式数量。在我国北方市场，通常会有2—6款，南方市场较为活跃，通过会有6—8款或12款不等。新、旧世界产区往往都会涉及，多以红葡萄酒居多，有些高端餐厅会设置起泡酒或香槟作为杯卖酒进行销售，酒款类型多为经典产区的国际流行品种。如基础款的波尔多，阿尔萨斯果香型干白葡萄酒，卢瓦尔河与新西兰的长相思，德国莱茵高、摩泽尔的雷司令，意大利中部基安第的桑娇维塞，西班牙下海湾、葡萄牙绿酒产区的干白葡萄酒，澳大利亚巴罗萨谷的赛美容、西拉，智利迈普谷、空加瓜谷的赤霞珠、美乐，智利卡萨布兰卡的长相思、莎当妮，美国加利福尼亚州中央谷的赤霞珠，阿根廷门多萨的马尔贝克等。

选择新世界杯卖酒，也可以多考虑一些知名品牌，如奔富、禾富、甘露酒庄系列等，这些酒款及品种通常为顾客所熟知，方便顾客选择。当然，杯卖酒中也可以挑选几个特色酒款，例如，意大利西西里岛的一些特色桃红酒，澳大利亚塔斯马尼亚的长相思，来自加拿大或德国等冷凉产区的干红葡萄酒。从口感上讲，杯卖的葡萄酒多为简单易饮的畅销款式，另外，也要考虑其与餐饮的搭配，一般会首先挑选能与餐厅主打、经典菜肴搭配的葡萄酒作为杯卖酒。该类型酒款由于消费量多，需要注意保障足够的存货量。从价格上看，这类按杯销售的葡萄酒，酒单会单独在其瓶卖价格一侧标明杯卖价格，价格不宜过高，多为60—300元。

（五）注意红、白葡萄酒的比例

随着消费者对葡萄酒认识的深入，白葡萄酒消费日渐活跃，尤其在南方市场，由于食物本身特点及顾客生活习性等因素，白葡萄酒似乎更加适合顾客消费。所以酒单要避免红葡萄酒一刀切的状态，在过去红葡萄酒占据绝对优势的1∶9或2∶8的比例基础上，根据酒店所在城市、餐厅档次风格及消费群体，合理增加白葡萄酒、桃红葡萄酒、香槟比例是未来酒单发展的趋势之一。目前很多高端餐厅已经把白葡萄酒、香槟及桃红葡萄酒等增加至30%或40%的比例，有些酒店甚至达到了50%的份额，足以可见葡萄酒被消费者接纳的程度。

（六）注意配餐及季节搭配

配餐是酒单制作时要考虑的灵魂要素，所有客人几乎都会点餐搭配。因此，在采购葡萄酒，进而制定酒单时一定要考虑其是否与餐厅菜品特点与风格相搭。粤菜、上海菜、湘菜可搭配各种风格的白葡萄酒，其在酒单总量中的所占比例也可以酌情增加，而北方菜系多搭配红葡萄酒。但由于南北市场菜品融合交错，创新菜式、新派风格又层出不穷，这时一定要结合整体菜品具体特点来进行酒单设计。另外，餐厅通常根据春、夏、秋、冬季节的不同对菜品进行更新，各种季节时令菜较多，因此，葡萄酒的酒单需要考虑定期更新。

三、酒单如何管理与更新

（一）不要压货

葡萄酒总的来说属于快速消费品，过多的压货，首先会使葡萄酒库存周转速度变慢，增加酒店运营成本；其次，因为只有少数葡萄酒有陈年潜力，对于大部分酒店来说，中低端葡萄酒占据多数，这类葡萄酒应该趁年轻时饮用，过长压货储藏，会在很大程度上影响葡萄酒的口感与品质，影响销售；再次，压货时间长也会影响餐厅对市场销售的信心，最终影响与供货商的合作关系；最后，对酒店库存管理也非常不利，挤占过多空间与精力，从而影响新品进入。因此，不管从哪一方面讲，压货对酒店运营都是非常不利的。对于这一项内容，侍酒师及酒水团队要定期盘点库存，一般以单周、双周或月度盘点为主。对定期的盘点信息制表汇总，并科学分析葡萄酒的流通状态,区分哪些葡萄酒流通较慢,哪些较快,注意淡旺季变化,并分析原因与研究对策,这些都是酒窖管理的重要内容。当然,不压货不代表没有足够库存,酒店还应该对流通较快的葡萄酒(杯卖及畅销价位酒款)的出货情况格外关注,及时补货,确保终端消费有足量库存。

（二）Slow Moving 葡萄酒的管理

Slow Moving 葡萄酒通常分为两类,一类是酒店采购的有陈年潜力的优质葡萄酒,另一类是因口感、市场问题积压的流通较慢的葡萄酒。对于前者,因为这类葡萄酒有较好的收藏价值,价格偏贵,所以流通慢属于正常现象。但要关注该类酒的储藏,恒湿恒温并保持通风环境,保障酒品质量时刻处于上升的状态非常重要。一旦出货,要做好记录,尤其是年份管理非常关键,也就是说这些葡萄酒往往会是垂直年份采购,每个年份一瓶或几瓶的库存量,所以定期更新酒单及侍酒师之间信息的共享是项非常重要的工作。对于流通较慢的滞销葡萄酒,酒店可以根据库存情况做一定的促销活动,也可以通过杯卖酒形式销售出去,或者作为酒水培训用酒也是不错的选择,所以需要想出尽可能多的消化方法。如果没办法也可以与供货商联系,以退换货形式处理。

（三）定期更新酒单

葡萄酒属于快速消费品,餐厅定期更新酒单是酒水的日常管理工作的重点之一。酒单的更新主要指新酒上市更新、断货消除、价格变更、年份变更等内容,另外,酒餐不分家,餐厅出新菜式也需要对酒单予以更新调整,时令菜及季节性菜品上新时,尤其要注意酒水搭配。例如阳澄湖大闸蟹供应季,可以考虑西班牙雪莉酒款式的增加,对于中餐厅来讲,春季是各类野菜风味菜肴上市的时间,可以在中餐厅酒单上酌情增加清新风格的长相思。对于西餐厅来讲,现在,国内有很多零点西餐厅会以单双周为单位变更一次菜单,这时酒单也要进行匹配。不管中餐还是西餐如果酒单不是活页管理,更新可能需要一定周期,这时可在杯卖酒部分予以增加。

第十节　侍酒师团队建设
The Training of Sommelier Team

一个高效的团队与和谐的工作氛围,离不开团队每位员工的努力与相互帮助。顾客预订信息的正确记录与传达,员工工作期间的相互协作,上下级之间信息的传达与执行,相互的尊重与信任等都是团队工作效率与业绩达成的根本之处。服务顾客是一个细致入微的工作,每个环节的处理与衔接,均需员工的密切配合,每位员工必须事无巨细进行工作记录与管理。对于侍酒师团队建设更是如此,葡萄酒专业知识、服务技能、酒单更新、菜品搭配以及员工专业素养的培训与养成是团队建设的重要内容。此外,团队信息沟通,信息快速准确传达,把握与落实服务细节,提高客户满意度都是侍酒师团队建设的重要组成部分。

一、团队信息沟通

（1）侍酒服务人员需详细记录顾客预订信息,包括用餐时间、人数、规格、宴会类型以及其他要求等,并及时传达给餐厅主管与经理,做好准备工作。如是电话预约则需记录好内容后,将转达人、落款人以及日期都写清楚,以免发生信息传达失误。

（2）侍酒服务人员应尊重上级指示,保障信息畅通。如有疑问,应及时提出问题,做到清晰明了,提高执行力与工作效率。

（3）侍酒服务工作难免有技能服务或品酒判断的困难之处,要善于接受他人的帮助,善于接受批评,及时修正工作不足,提高工作能力。

（4）同一餐厅侍酒服务同事应相互帮助，形成良好的协作氛围，工作不忙之余，注意观察周围是否有需要做的事与需要协助的人。

（5）侍酒师经理对下级服务人员应明确激励制度，善待下属，友善亲和，充分调动员工工作的积极性。当下属有过失与错误时，详细了解事情原委，确保意见是建设性而非破坏性。如下属完成工作出色，对下属应当给予奖励或赞扬。

（6）上级指示下达，意思表达清楚而明确，切勿含糊不清。

（7）做好相关部门的信息共享，团体顾客来店用餐，其服务会牵扯到多个部门，在已知客人信息及客人具体要求的情况下，侍酒师应将信息共享给酒吧、餐厅或厨房等相关部门经理，以确保服务的连贯性。

（8）所有侍酒师团队成员必须遵守时间概念，守时与彼此信任是相互配合工作的基础。侍酒师需时刻保持努力的工作姿态，侍酒师主管经理还应起好团队带头作用，让团队散发出积极向上的工作氛围。

（9）员工之间谨言慎行，避免无意的冒犯，特别是身处多元化民族的工作氛围内，更要多加注意，换位思考，相互尊重；客人反应的问题要及时反馈给相关同事以及主管。顾客对酒水褒奖时，事后返回工作台要做好记录，并转达给酒单制作人及采购负责人。

二、服务顾客细节把握

（1）侍酒服务人员要时刻把服务顾客放在第一位，始终保障客人从进入餐厅到离开餐厅受到同等服务的待遇，保证服务质量的一致性。

（2）不要倚靠吧台、桌椅一侧、柜台等，时刻警觉接受客人召唤。

（3）对客服务语速适中、清晰流畅，切不可失去耐心，疏远客人。葡萄酒消费外籍客人多，英语等外语使用频繁，外语表达时更要注意流利大方，清晰自然，另外还要多加注意客人国籍与饮酒用餐习惯。

（4）始终面带微笑、礼貌地招呼客人，表现出愿意协助及帮助客人，恭敬与谦让是服务人员必备的素质。

（5）侍酒师要善于使用快乐、幽默的语言为客人营造愉悦的气氛。

（6）为客人提供摆杯、开瓶、斟酒等服务时，要时刻保持和蔼的服务态度与优雅的风度，让客人享受服务过程。

（7）遇到刁难的顾客，不要抱怨，保持心平气和、彬彬有礼的姿态，让顾客平静下来，如果难以应对，向上级汇报处理。

三、团队培训与建设

（1）定期组织员工进行专业知识及素养培训。

（2）新入职员工酒水知识普及，多以培训、考试形式完成，目前很多国内外酒店参考英国葡萄酒与烈酒教育基金会以及侍酒大师公会的课程培训居多。葡萄酒供应商定期的酒水培训也是酒店葡萄酒知识普及的一种方式方法，当然每家酒店也都有自己内部的酒水培训体系。

（3）要加强老员工的酒水培训，可以通过奖励性酒水认证考试的形式完成，提高酒水团队专业酒水知识。主要形式为定期组织周次、月次的酒水基本知识与操作训练，提高服务技能。目前很多酒店针对葡萄酒部分，通常会制定定期的培训制度，周期分为一周一次、两次或以季度为间隔，在固定时间段为西餐、大堂吧或餐饮部门需要进行酒水培训的员工进行培训。培训内容主要包括葡萄酒知识、酒单更新、酒窖管理、菜品搭配以及服务技能等方面的知识。

（4）组织安排酒水知识与侍酒服务比赛，形成良好的竞争氛围。香格里拉酒店率先在集团内部组织侍酒师大赛，希尔顿酒店集团也有相关的比赛制度，这些内部比赛对培养酒店年轻侍酒师团队有很大帮助。

（5）参加行业内有组织、有影响力的葡萄酒侍酒师大赛或者各种酒水类比赛，提高员工积极性、培养员工荣誉感，带动整个酒水团队发展。目前较有影响力的比赛有中国最佳法国酒侍酒师大赛，嘉格纳侍酒师大赛，意大利、德国、南非葡萄酒侍酒师大赛，中国侍酒师大赛，中国青年侍酒师团队赛以及中国年度酒单人奖赛等。

第十一节　酒会组织与推广
Preparing Wine Tasting Events

随着葡萄酒市场的发展，葡萄酒的各类推荐会、主题晚宴等品鉴会开始成为葡萄酒推广的重要形式。星级酒店作为中高端葡萄酒消费的重要场所，因其良好的场地、齐全的设备以及优质的服务标准成为葡萄酒商以及各类官方半官方葡萄酒协会组织热衷选择的场地。而对酒店来说，这类活动的推广对促进酒店葡萄酒的销售有直接的帮助，是酒店服务质量与档次的体现，可以很大程度上提升酒店的声誉，增加潜在顾客群体，从而为酒店带来更多利润收益。在微信、微博、线上直播平台及其他媒介平台越来越发达的今天，这项活动成为酒店跨界合作、体验式营销的重要营销推广模式。对于酒店来说，其是否具备专业的侍酒师服务团队将是吸引该类活动的重要支撑。活动的形式非常多样，从大的方面来说通常有两类，第一类为售票式，这种类型是指由酒店发起的，由侍酒师团队主导策划的主题晚宴或品鉴活动，根据晚宴规格设定每人的价位，然后进行市场售票的一种活动方式；第二类为邀请式，是指酒店邀请酒商、国内外酒庄、葡萄酒产区协会、酒类展会组织或政府官方组织等，进行活动组织，如葡萄酒推介会、品鉴会、主题晚宴或葡萄酒论坛等，除以上企业外，市场上还有第三方机构，奢侈品、银行信托机构等也经常成为组织方，不管哪种类型的主题活动，严谨周密的策划组织都非常重要。

北京国贸大酒店葡萄酒主题宴会

一、品鉴场地准备

品酒需要良好的环境。准备时需要对场地进行通风换气，检查灯光，通常使用日光等，避免彩光。如果是露天场地或白天，则要避免光线直接晒入。品鉴场地温度通常设定在 18—25 ℃常温下进行，过冷过热都会影响品酒效果，另外合理的湿度也是重要的考虑因素，空气过于干燥时可以使用加湿器。当然有些品酒会是在室外进行，尤其是主题品鉴晚宴，需要对室外场景有一个设计与安排,这些准备工作包括绿植、签到墙、背景音乐、娱乐布台等(形式多为轻音乐、乐器弹唱或简单歌舞等)。台面设计上则要根据晚宴档次与等级对装饰物、餐具、桌布颜色等进行组合造型,以达到烘托主题氛围的作用。

二、对品酒者的准备工作

品鉴活动的组织方,在活动策划书上应对前来参加活动的人员做适当的提醒工作。这项工作包括参加活动的服装要求(尽量避开白色服装),不要涂抹香水、饮用咖啡或者烈酒等,保证品鉴工作的最佳效果。同时,对品酒者驾车的情况也可以做合理提示,显示周到服务。

三、酒杯的准备与摆放

首先,需要足够多的酒杯,品鉴会、盲品会、推介会等形式的活动,参与人数较多,通常多使用型号大小统一的 ISO 国际品酒杯。另外,为了更好地区分葡萄酒的品鉴序列,组织方也会制作品鉴用的酒杯摆放位置表,方便品酒者对号摆放,以免混淆。而带餐的品鉴活动以及各类主题宴会则需要根据酒款要求准备特定的红、白葡萄酒,香槟杯或个别品牌专用酒杯等。其次,检查酒杯是否达到卫生要求,然后按照既定位置提前摆放好所有酒杯,如果隔夜准备,为了防止灰尘进入,需要把酒杯倒置摆放或在酒杯上方放置杯盖。

四、其他酒具、工具的准备

通常包括醒酒器、冰桶、冰桶架、开瓶器、吐酒桶、酒瓶包装袋(葡萄酒盲品时倒酒专用)、酒水车以及服务用口布。需要事先检查这些器皿的卫生状况,并按照合理位置进行放置。另外,品酒台桌布通常是白色调,可以成为很好的葡萄酒观色背景。

五、食物与水的准备

根据品酒会的具体规格,有些时候需要准备一些品鉴用的食物。白面包、苏打饼干、坚果都是非常好的配材,奶酪也经常作为葡萄酒的搭配零食出现。这些食物可以有效地去除口腔中残余的味道,帮助清新口腔、恢复味蕾。矿泉水是各类品鉴会必备的物品,尤其是品鉴不同类型的葡萄酒前,合理清洁口腔对客观品鉴有很大帮助。另外,餐巾纸也需要备好待用。

六、葡萄酒的准备

红葡萄酒通常在常温下饮用,如果温度过高,则可以使用短暂冰镇方法降温;白葡萄酒、桃红葡萄酒及起泡酒饮酒温度较低,通常在开始前 30 分钟冰镇(或维持在恒温酒柜存放,待开始之时取出),以确保葡萄酒最佳的饮用温度。需要冰镇的葡萄酒,在冰镇过程中应注意转动酒瓶或上下轻转动瓶身,保证葡萄酒均匀降温,并在冰桶之上或一侧放置口布,以备取酒之用。

七、葡萄酒质量的检查

所有的葡萄酒开瓶都需要专业侍酒人员参与,并进行检查,以确保每款酒的状态,有问题的酒要直接换掉。需要醒酒则应该提前开瓶,品尝检查酒的状态,并倒入醒酒器内,整齐放在摆放台上,供品鉴使用。如果是站立式自由品鉴,还需要在旁边放置足够多的品鉴酒杯,供客人使用。

八、签到表或签到墙的准备工作

如果形式较为简单可以使用签到表,内容包括名称、公司单位、职务、联系电话、微信或其他信息。大型品鉴活动或主题宴会可能会设计签到墙,这类准备工作要根据组织方具体情况、规格进行设计,并且体现主题风格。

九、品鉴卡及酒单的准备

不管品鉴活动是正式还是非正式,一张可以让顾客了解品酒信息的酒单或简单记录酒名、口感的品鉴卡都会是这类活动必不可少的内容。酒单上需要列出酒名、年份、产国、产地等信息,品鉴卡则需要更多记录空间,主要可以包括葡萄酒的名称、年份、产地、葡萄品种、酒精含量及价格等信息,这些信息可以让顾客根据品酒情况自行填写,也可以事先由组织方填写。同时在该表上留出合理空白,供顾客填写品酒记录词,如果是站立式品鉴活动还应该为顾客准备铅笔。

十、菜单准备

对菜单的准备一般在葡萄酒主题品鉴会、晚宴上有一定的要求。菜单要与酒单进行搭配,明确用餐标准,设计内容包括营养搭配、味型设计、色彩搭配、烹饪方式以及上餐程序等,这一模块通常需要侍酒师团队与厨师的密切配合与沟通,是目前较高端的一种葡萄酒主题晚宴形式。

以上是对葡萄酒品鉴会的组织筹划工作内容的梳理,当然因为品鉴会形式多样,活动主办方与酒店需要大量配合工作。除以上几点外,双方根据品鉴会或主题宴会的形式与要求还可能会对其他主题烘托物做些准备,例如,各类花束、花环、文字标示物、宣传画报、单页、线上直播等。总之品鉴会是一项细致的工作,这类活动对酒店有很好的宣传作用,是酒店的水平与实力的重要体现。

第十二章 | 葡萄酒与食物
Wine and Food

　　酒与食物是天造地设的一对,两者的结合源于人类天然地摄取食物与能量的探求过程。人类发展到今天,最能体现人类生存智慧的莫过于食物与饮品之间的匹配选择与科学搭配。人们在不断探索中,产生了极强的创造力,把食物的用途发挥到极致,更是把满足温饱之外的余粮创造出了丰富多彩、富有变化的食物形式。这其中最经典的当属用谷物与水果酿成的各种酒精饮料。不管是东方的白酒文化还是西方的葡萄酒文化都在源远流长的人类文明中留下了灿烂的足迹,它们在人类生活中发挥了极其重要的作用。食物配酒提升菜肴美味,带给人们美好享受的同时,还起到重要的社交润滑剂的作用,酒水在生活中的地位与价值得到凸显。随着社会的发展,东西方文化融合的加速,葡萄酒在我国消费者日常用餐中开始普及开来,人们关注对酒精饮料的品尝与鉴赏,开始热衷于享受葡萄酒与食物结合的美妙。

　　葡萄酒富含香气、单宁与酸度,单独饮用,过多的酸度与单宁会让胃出现不适。但如果葡萄酒与菜肴搭配,将会是另一种体验。清爽的酸度可以在进食间隙有效清新口腔,还可以帮助分解食物蛋白与纤维,辅助消化,避免积食;另外,葡萄酒的香气与食物的香味也能实现完美融合,使酒与菜肴味道相互提升。所以,更多时候,我们饮用葡萄酒是用来搭配食物的,它与食物的结合似乎比其他酒精饮料更具有优势。在对葡萄酒与食物进行搭配时,两者会相互影响,酒餐搭配最重要的是充分分析这些影响因素,使得食物与葡萄酒搭配相得益彰、和谐共处。当然,我们还需明白,没有哪一种酒绝对搭配某种固定菜肴,只能说某种搭配更理想一些。尤其对中餐来讲,在丰富的食材、多样的烹饪方式及多元文化的背景下,很难找到一款酒可以同时搭配所有菜肴。所以,食物与葡萄酒的搭配讲究一定的规则与方法,了解这些酒餐搭配的基本规律可以帮助我们避开那些不愉快的搭配体验。

一、颜色对应的原则

　　关于颜色法很多葡萄酒书籍里都会提到。通常描述为红配红,白配白,意思是指红颜色的食物(红肉)可以搭配红葡萄酒,白颜色的食物(白肉/海鲜)可以搭配白葡萄酒。简单理解是没有问题的,因为食物的颜色其实代表了食物的浓郁度,颜色较深的,其食物的口感与味道通常会较重,自然应该与口感浓郁的红葡萄酒来搭配,相反亦然。但我们需要深入了解的是"红"不单是指"红肉",还可以包括所有色泽浓郁的菜肴;而"白"也不仅指"白肉"或"海鲜",而是可以囊括所有清淡色泽的菜肴。食物的颜色我们一般理解为食物本身的颜色与烹饪后的颜色,因为有些看似清淡的食物,因其烹饪方式与作料的不同,也会出现不同的色泽与口感。首先从食物颜色来看,浅、淡、白、黄、青等一般可以归属为白色菜肴,红、紫、黑、棕等可以划归为红色菜肴;从烹

白葡萄酒与海鲜

饪方式上看,生食、蒸、煮、清水炖等对菜肴颜色改变不大,把用这些方式烹饪出来的菜肴划归为白色菜肴,把通过煎、烤、扒、炸、熏、焗等方式烹饪的菜肴可以理解为红色菜肴,因为这些菜肴通常会使用大量酱料与香辛料,其菜肴风味偏向浓郁,色泽深厚。理解了广义的颜色对应法则,我们可以很轻松进行酒餐搭配,具体划分参考表11-1。

表 11-1　中、西餐菜肴颜色分类

区分	红色菜肴	白色菜肴	特殊菜肴
西餐	红色海鲜类(生食三文鱼、金枪鱼等); 焗、煎、熏、烤海鲜类; 烤、扒、煎牛肉、羊肉、猪肉、鸡肉等主菜; 日本红色海鲜类寿司; 以牛肉、培根、火腿等肉类作料突出的意大利面及比萨	蔬菜、海鲜为主的生食等开胃菜; 煎、炸海鲜类主菜; 海鲜、蔬菜类意大利面与比萨; 酸辣风格东南亚杂蔬/水果混搭菜; 白色海鲜类寿司; 海鲜、蔬菜类汤菜	甜食搭配甜葡萄酒
中餐	煎、烤、炸牛肉、羊肉、猪肉等; 烤鸭、烤鸡、烤乳猪、烤鹅、烤乳鸽等; 使用酱料、香料炖、煮、炸的牛肉、羊肉、鸡肉、猪肉等菜肴; 煎、炸肉馅水饺; 炖煮卤蘑菇、香菇菌类及其他菜肉混搭; 酱油、大酱、香辛料等炖煮的色重味浓的汤类	以蔬菜为主的各类青菜炒肉; 生食、凉拌类青菜; 生食、清蒸、汤炖海鲜等; 盐水腌制鸭、鸡肉等; 清淡的以蔬菜、海鲜为主的汤菜; 甜味突出的水果、蔬菜等; 各类特色清汤类面条; 各类汤煮水饺、汤圆、馄饨等; 饼、煎饼、玉米、花生、馒头、花卷、米粉等主食	川菜、湘菜等辛辣菜肴通常以起泡酒、甜白酒、桃红酒为主搭配; 甜味突出的肉菜通常会避免搭配单宁较多的红葡萄酒; 内脏类食物避免搭配单宁突出的红葡萄酒

二、风味一致原则

风味一致即食物的味道浓淡与葡萄酒的风味浓郁度较为相近,如清淡的食物与清淡的葡萄酒,浓郁的食物与浓郁的葡萄酒,酸性菜肴与酸性葡萄酒,甜食与甜酒,果味菜肴与果味葡萄酒。这样的结合通常被认为是最协调的搭配。理由非常简单,我们在品尝每一道菜肴的时候,竭尽全力地获得菜肴的最佳风味是我们享受用餐过程的最终归宿,所以如果一方压倒另一方,相互

红色菜肴与白色菜肴

不协调的两种风味结合在一起,势必会相互排斥,用餐效果也会大打折扣,甚至会获得极差的用餐体验。相反,两者会相互提升,酒餐搭配最重要的是保持平衡,酒中酸味可以平衡食物酸度,酒中的甜味也至少等于或大于食物中的甜度才能实现均衡。

首先,我们需要了解哪些菜肴清淡,哪些浓郁,一般而言,生食、青菜类(沙拉类)菜品及采用煮、淖、蒸烹饪的菜品,因为很少使用香料、酱料烹饪,所以口感较为清淡;炸、煎、烤、扒、燻、炖、焖、焗等烹饪方式下的菜肴口味则较为浓郁。当然,任何一种菜肴其料汁的使用、烹饪的时间与菜肴温度也是影响菜品浓郁度的因素,要多加考虑才能加以判断。

其次,我们需要对葡萄酒的浓郁度有正确的认知,一般而言,葡萄酒浓郁度与葡萄酒酒精含量的高低、香气及单宁多少有直接关系。酒精偏高、果香丰富、单宁较多的酒体厚重,整体口感较为浓郁,相反则更清淡。我们把这种浓郁度分为高、中、低三个级别。当然,葡萄酒的浓郁度与产地、品种、酿酒方法也都有一定关联,归纳世界范围内葡萄酒的风味特征对酒餐搭配很有帮助。

有关甜食与甜酒的搭配,我们也要根据甜食糖分的含量来确定搭配至少相同程度的甜型葡萄酒。添加柠檬、树莓、蔓越莓、草莓、黄桃等的果饼、慕斯、蛋糕、布丁类甜食,果味突出,可以搭配果味同样丰富的意大利阿斯蒂微甜起泡酒、德国雷司令晚收甜白葡萄酒等。巧克力丰富的蛋糕、慕斯以及提拉米苏类甜品则要搭配更加浓郁的甜型葡萄酒,葡萄牙的波特、意大利的雷乔托便是很好的选择。当然还有很多甜食与甜酒种类,我们只要遵循口感一致性的原则,酒餐搭配就不会有大问题。不过值得注意的是,选择与甜食搭配时,其葡萄酒的甜度往往要稍高于食物甜度,这会是最理想的选择。中式甜品与西式甜品有不同之处,中式甜品多是用糯米、绿豆、红豆、芝麻等制作的糕点、粽子类甜品,也有椰蓉、榴梿、山楂、雪梨等水果甜品,坚果、块茎类植物做成的糕点,月饼类甜品也非常多样,另外就是用红枣、枸杞、蜂蜜等熬制成的汤类甜食。这些甜品各种味道相互融合,口感有的清香淡雅,有的酥软细腻,还有的坚实有力。搭配葡萄酒时,可以根据食物的糖分含量、主要香气类型以及口感复杂度来选定葡萄酒的浓郁度。

三、对比互补原则

葡萄酒搭配遵循以上规律的同时,还有一项不可不提,那就是互补性原则。例如,我们在品尝辛辣食物时,口腔会有明显的燥热感,一些口感清爽的果味型葡萄酒可以有效削减辛辣味,例如,雷司令就可以与川菜搭配。另外对高酸的葡萄酒来说,我们除了可以按第二条原则搭配酸型葡萄酒之外,也可以搭配与之形成对比的甜型及油腻的食物,酸味可以用于平衡食物甜度与脂肪,带来清新的味觉。对于咸味菜肴建议搭配高酸与甜型酒,可以有效降低食物的咸度。另外,在葡萄酒与菜肴的搭配关系上,还要遵循的一点是复杂的菜与简单的酒,复杂的酒与简单的菜的搭配方法。这种方法可以突出一方的优点,例如,对一款优质老年份酒来说,可能一份奶酪就是最好的选择,简单的食物更能映衬葡萄酒复杂的口感,如果"正正"匹配,反而无从取舍。同时,用餐时,尤其对中餐来说,还要注意食物的温度与侍酒温度的关系。如果是高温的火锅及其他炖煮之类的菜肴,建议在低温下饮用葡萄酒,这样可以更好地舒缓因为食物高温而造成口腔的灼热感,低温侍酒可以清爽口腔,提高菜肴鲜美度。表 11-2 为食物与葡萄酒风味对照表。

表 11-2　食物与葡萄酒风味对照表

食物的类型	辛辣	甜	酸	咸	油腻(脂肪蛋白)	复杂昂贵	高温汤菜
对应的葡萄酒类型	高酸或甜型	甜型或高酸	酸型或甜型	高酸	高酸/单宁	简单	低温

四、与传统结合原则

任何菜肴的出现都是该区域人类智慧的结晶,食物的特点与该地气候、土壤及人文传统有着密不可分的关系。当地菜与当地酒的结合自然是最接地气的搭配方法。如波尔多左岸红酒与羔羊肉搭配,该地葡萄酒酿造以赤霞珠、美乐为主,适合在橡木桶内陈年,能生产出单宁突出、中高浓郁度的葡萄酒。这与当地长期生长在盐碱湿地的羔羊搭配起来堪称完美,此地羔羊肉质地略带咸味,蛋白质含量高,这些口感恰好与葡萄酒中的单宁与酸度完美融合,有效平衡肉中咸腻质感。再如,西班牙伊比利亚火腿与里奥哈陈酿或干型雪莉酒的结合也是该地区的经典组合。而在日本,人们会把红色海鲜类食物,如生三文鱼片、三文鱼寿司、金枪鱼等与果香丰富、酸度较高、单宁含量少的黑皮诺葡萄酒等搭配,这也是在日本近现代葡萄酒销售中传播已久的一种经典搭配。在我国各地区大部分用餐中白酒依然是主流,北京涮羊肉经常搭配二锅头,绍兴黄酒则与凉性食材阳澄湖大闸蟹完美结合。这样的例子数不胜数,因此,在酒餐搭配中,这一点需要多加关注。

五、注意葡萄酒口感因素对食物的影响

(一)酸度

葡萄酒的酸主要由酒石酸、苹果酸构成,酸度是体现葡萄酒风味的重要成分,也是促使葡萄酒陈年的重要因素,会对酒精、酒体等口感风味起到很好的平衡作用。同时,在与食物搭配中也扮演着极其重要的角色,由于其清新的特质,可以有效化解食物的糖分与油腻感,对高糖、高脂肪、高蛋白、高盐食物有很好的分解与压制作用,对辛辣与高温食物也有很强的抑制效果,同时酒的酸度也会对酸爽的菜肴起到很好的平衡作用。重要的是,我们还需要对葡萄酒物理特性有更明确的认识,通常情况下,白葡萄酒与红葡萄酒相比,前者有更加突出的果酸,对冷凉产区与温暖产区的葡萄酒来说,前者更容易保持酸度。区分认识品种的酸度含量对配餐非常重要,当然还要考虑这些品种在不同产地风土气候下酸度的变化,掌握这些知识对侍酒师推荐菜肴有很大帮助。表 11-3 所示为红、白葡萄品种酸度对照表。

表 11-3　红、白葡萄品种酸度对照表

中高酸白葡萄酒	低酸白葡萄酒	中高酸红葡萄酒	低酸红葡萄酒
Sauvignon Blanc	Gewürztraminer	Pinot Noir	Grenache
Riesling	Semillon	Gamay	Zinfandel
Albarino	Marsanne	Cabernet Sauvignon	Merlot

中高酸白葡萄酒	低酸白葡萄酒	中高酸红葡萄酒	低酸红葡萄酒
Chenin Blanc	Viognier	Nebbiolo	Dolcetto
Aligote	Grenache Blanc	Sangiovese	
Chablis-Chardonnay	Muscat	Cabernet Franc	
Pinot Grigio		Grolleau	
Saove-Garganega		Barbera	
Gavi-Cortese		Baga	
Champagne		Valpolicella-Corvina	
Prosecco		Mourvedre	
Rueda-Verdejo		Carignan	
Muscat		Aglianico	
Furmint		Syrah/Shiraz	
Petit Manseng		Malbec	

（二）甜度

葡萄酒类型中有一部分是富含糖分的甜型葡萄酒,如德国、奥地利的晚收、精选葡萄酒,还有冰酒、贵腐甜葡萄酒、波特酒、稻草酒等。这些酒富含糖分,天然高酸,它们与食物中的辛辣或咸香味可以很好地融合,有很好的平衡作用。当然,甜酒与甜食是最佳伴侣,甜甜结合,凸显甜美,提升果香的同时,酒中的酸度又可以很好地减弱食物的甜腻,达到清新口腔的作用,对已经疲倦的味蕾也有很大的恢复作用,一举多得。

（三）单宁

单宁也是红葡萄酒中的重要成分,通常来自葡萄皮、果籽与果梗,它们在发酵过程中被萃取而来。单宁作为一种天然酚类物质,不仅存在于葡萄酒中,在茶、树叶中都广泛存在。这种物质常表现出苦涩的风味,尤其当葡萄酒未经乳酸发酵或熟成时表现尤为突出,使用成熟度欠佳的葡萄酿造的葡萄酒其口感也往往表现出较强的苦涩味,但单宁不是一成不变的,随着葡萄酒的成熟苦涩味会慢慢减弱,口感会慢慢柔顺,甚至丝滑。所以,单宁虽有一定阶段的“不良”表现,但它是带给红葡萄酒复杂感与陈年潜力的重要成分。在配餐方面,高单宁的葡萄酒最适合搭配纤维较粗、富含脂肪的牛、羊肉等食物,它可以很好地分解肉的纤维与蛋白质,消除肉的油腻感。同时菜肴的蛋白质反过来又能包裹住单宁,从而化解单宁在口中的生涩与不适感,两者结合堪称经典。另外,单宁与咸味食物也可以完美结合,食物中的咸味会降低葡萄酒的苦味与涩味。但是单宁与其他口感风味极易产生冲突,如与甜味相搭会使甜味变得苦涩;与鲜味海鲜相搭时会突出海鲜的腥味,与鲜嫩的肉质相搭配会使肉质变得粗糙不堪;单宁与辛辣相结合时又会更加凸显辛辣,加重口腔灼热感。

了解单宁与这些味道的相克相宜,对酒餐搭配至关重要。葡萄酒中富含单宁的品种有赤霞珠、西拉、丹娜、马尔贝克、内比奥罗、桑娇维塞及慕合怀特等,单宁较少的有黑皮诺、佳美、歌海娜等,当然任何品种单宁的多少与其产区风土、成熟度以及陈年都有很大关系,要多注意这些因素对葡萄酒单宁含量以及口感的轻重影响。侍酒师在给客人推荐酒水与菜肴时,需要合理避开相克,选择相宜搭配。当然,单宁随着陈年时间的延长,口感也会发生变化。另外,炎热产区葡萄酒单宁虽然丰富,但成熟圆润;温暖产区葡萄酒的单宁则相对硬朗一些,配餐时应全面把握这些不同的特征及年份带来的口感差异。

（四）酒精

葡萄酒通常含有 12.5％vol 上下的酒精浓度,酒精是葡萄酒作为酒精饮料的重要成分。在口腔中表现出灼热与饱和的质感,这类物质与食物中辛辣较为冲突,两者都有使口腔燥热的特质,两两相遇会相互凸显与加剧,因此在食用辛辣食物时最好避开高酒精含量的葡萄酒。

（五）酒体与浓郁度

酒体被描述为葡萄酒的重量、质感与浓郁度,我们对它的理解较为抽象。葡萄酒由酒精、酸度、单宁、糖分及芳香物质等共同构成,但我们知道在不同的品种、气候、产区、种植、酿造环境下,葡萄酒的单宁、酒精、果香等的含量有非常大的差异,因此葡萄酒进入口腔后的综合浓郁度也会表现不一,有的较为轻盈舒适,有的则表现为浓郁厚重,我们称这些不同的重量感、黏稠度与饱和压迫感为酒体。酒体通常与酒精含量直接挂钩,通常酒精含量高的酒体馥郁饱满,酒精含量低的酒体也会淡薄轻盈,当然香气复杂度也是酒体的重要表现。与食物搭配时,要注意酒体轻重关系对食物的影响,也就是说酒体浓郁的葡萄酒应避开清淡的食物,因为这种浓郁很容易覆盖食物的鲜美。同时酒体轻盈的葡萄酒也不应与厚重的食物相搭,轻盈酒体的葡萄酒在重口感的食物面前,其风味很容易被遮挡。这一点与配餐原则的第二条是一致的,也就是说清淡的酒应该与清淡的菜,浓郁的酒与浓郁的菜相匹配。

以上五项配餐建议对中、西餐均适用,当然,人的喜好千差万别,所以在配餐规则面前,喜好也许是永远不能相悖的考量因素。如此看来,任何配餐其实不需要刻意的固定模式,在配餐过程中,遵循基本风味规律,尽量避开不利因素,突出有利因素便是最好的选择。当然,如果我们在用餐时,菜品非常多样,而我们所能选择的葡萄酒类型又是有限的,那么干型起泡酒(包括香槟)或桃红这类百搭型葡萄酒将会是最值得考虑的类型。对于中餐与酒的搭配来说,由于菜品多样,选定主旋律似乎更加重要,也就是说需要确定菜是主角还是酒是主角。如果酒是主角,就可充分考量酒的风味,避开冲突项,寻找几道予以搭配的菜品;如果菜是主角,则要为核心菜品寻找一种合适的酒款,如果想做到每道菜都能搭配同一种酒则是非常困难的事情,具体有关中餐与葡萄酒的搭配建议在后文中有详细阐述。

另外,在配餐时,还要注意葡萄酒的年份,因为同样的葡萄酒,由于陈年时间不同,其口感风味也会相差很大。年轻的葡萄酒,果香突出,单宁会直接、生硬一些;陈年的葡萄酒其口感会转变得更加醇厚,单宁更加柔顺,香气也凸显二、三级香气类型。年轻的葡萄酒可以搭配清新一些的料理,年老的葡萄酒可以搭配浓郁的蘑菇、香菇、香辛料、烘焙食物、熏烤食物及奶油等,要注意菜品口感、清新度与葡萄酒口感风味的一致性。

第二节 葡萄酒与西餐
Wine & West Food Pairing

葡萄酒一直是西方占据主导地位的酒精饮料,因此,不管是为了食材酿造出匹配的美酒,还是为了葡萄酒而寻找最好的搭配食材,葡萄酒与西餐的结合自然天成。每个地区都发展出了很多葡萄酒与食物的经典配对,它们来自同一地区,体现当地人文传统与水土风貌的巧妙结合,加上西餐饮用方式有较强的规律性,这使得西餐与葡萄酒的搭配较为简单易懂。我们只要对西餐及烹饪特点有简单了解,便能找到一些搭配规则。以下梳理了几项对西餐搭配葡萄酒有影响的因素及注意事项,以供参考。

一、葡萄酒与西餐搭配方法

（一）注意烹饪香料的使用

在中、西餐中香料都有大量使用，其是为菜肴增加香气与味道的直接来源。尤其对善于保持原味的西餐来讲，香料更是让食物呈现多姿多彩风味的重要调配成分。西餐中常见的香料有罗勒、迷迭香、丁香等，它们都为主菜增加了多样风味（见表11-4）。

表 11-4 西餐常用香料类型及风味

香料名	风味特点	主要应用菜品
罗勒（Basil）	又名九层塔，稍甜带点辛辣，略有薄荷味	意大利面、比萨、鱼类等
薄荷（Mint）	清凉	沙拉调味品
欧芹（Parsley）	别名法香，略淡，清冽	点缀菜品及沙拉配菜
鼠尾草（Sage）	苦味，微寒，除腥味	香肠、猪肉类食物
百里香（Thyme）	别名麝香草，中国称为地花椒，味道辛香	烤制肉类或炖煮食物
柠檬草（Lemongrass）	香气清新、爽口，酸味	咖喱及东南亚菜肴
月桂叶（Bay leaf）	辛辣，苦味，除腥味	肉类及炖菜
细香葱（Chive）	略辛辣，性温	汤、沙拉、蔬菜作料
丁香（Clove）	带甜味	烤制猪肉类
香草（Vanilla）	独特的香味	甜点、蛋糕
芥末（Mustard）	辛辣，刺激	肉类、沙拉、香肠等，去腥提鲜
肉桂（Cinnamon）	带甜味，香气浓郁	中东料理、咖喱，水果派类
龙蒿草（Tarragon）	有类似茴香的辛辣味，半甜半苦	鸡肉及沙拉类食物提鲜
牛至叶（Oregano）	辛辣，微苦	比萨，剁碎后拌沙拉，干末用于烤肉
卡宴辣椒粉（Cayenne Chilli Powder）	辛辣，颜色红	印度菜、墨西哥菜及海鲜料理
黑胡椒（Black pepper）	辛辣，刺激，浓香	烤制食物、牛排、意大利面等
迷迭香（Rosemary）	松木香，香味浓郁，甜中带苦味	烤制肉类，磨粉加醋做蘸料使用
莳萝（Dill）	小茴香，近似香芹，清凉，味道辛香、甘甜	炖类、海鲜等佐味香料

这些香料有的味苦，有的辛辣，有的甘甜，有的清冽，有的散发出独特香味，根据它们的植物特性，适合做调味的菜肴也不尽相同。它们对形成不同菜品口感风格有很大的影响作用。我们在搭配葡萄酒时，注意菜肴的香料香气与葡萄酒香气的结合，确保与菜肴风味协调的一致性，避免冲突与覆盖。

（二）注意酱汁的使用对菜肴口感的改变作用

西餐善于使用各种香料及食材烹饪酱汁，调味汁是西餐的灵魂。因此，在参考前文关于香料介绍内容的同时，还要注意添加这些香料及其他调味汁对菜肴口味的影响作用。表11-5为西餐常见冷、热汁及风味特点。

表 11-5　西餐常见冷、热汁及风味特点

区分	调味汁	原材料及风味特点	应用菜品
冷菜汁	蛋黄酱（Mayonnaise）	生蛋、植物油、醋、芥末酱、柠檬汁及香辛料等；奶香、微酸	蘸炸薯条，拌沙拉，抹三明治，作蘸料，甜品配料
	千岛汁（Thousand Island Dressing）	万尼汁、洋葱碎、酸青瓜碎、柠檬汁、番茄沙司等；微甜带酸	拌海鲜沙拉、蔬菜沙拉、火腿沙拉等
	塔塔汁（Tartar Sauce）	酸黄瓜碎、醋或柠檬汁、欧芹、黑胡椒等；酸咸，开胃去油腻	炸鱼排、鸡排等油炸食物
	凯撒汁（Caesar Dressing）	橄榄油、生蛋黄、蒜蓉、柠檬汁等；咸鲜、奶香	蔬菜沙拉
	法汁（French Dressing）	蛋黄酱、橄榄油、法式芥末酱、大蒜、牛奶等；芥末香、清新酸味	法式沙拉、蔬菜沙拉、煎三文鱼、焗烤食物等
	油醋汁（Vinagrelle）	橄榄油、醋、柠檬汁、洋葱碎、黑胡椒粉、法式芥辣酱等；酸、香、清新	蔬菜沙拉
	番茄酱（Ketchup）	由成熟红番茄经破碎、打浆、去除皮和籽等粗硬物质后，浓缩、装罐、杀菌而成；鲜、酸、浓香	鱼、肉类等调味品，增色、添酸、助鲜等
热菜汁	荷兰酱（Hollandaise Sauce）	黄油、蛋黄、白酒醋、香叶、柠檬汁、胡椒粒等；奶香、温和、浓香	班尼迪克蛋、龙虾、蔬菜浇汁（如芦笋）
	褐酱（Espagnole Sauce）	以蔬菜肉类为主，经长时间熬制的一款褐色酱汁；浓郁、蔬菜香	红肉（如牛肉、羊排、猪肉、鸭肉等）
	红丝绒酱（Veloute）	如天鹅绒般顺滑的酱汁；奶香	一般不单独使用，可作为其他酱汁的基底
	白酱（Bechamel Sauce）	面粉、黄油、牛奶及香料等；白色顺滑	白肉、鱼类、意大利面酱汁
	番茄酱（Sauce Tomate）	番茄、醋、糖、盐、丁香、肉桂、洋葱、芹菜等；清新、酸	意大利面、鱼类、蔬菜
	黑椒汁（Black Pepper Sauce）	由罗勒、洋葱、鸡肉、番茄及黑胡椒等各类食材熬制而成；口味辛辣、浓郁	烧烤、牛排、羊排、猪排类食物

　　一般而言，我们可以把西餐调味汁分为冷菜汁与热菜汁两大类型，这些酱汁的制作都使用了不同的香辛料，同时佐以蒜、洋葱、黄油、蛋类、牛奶或葡萄酒等烹制而成。不同酱汁的味道与口感相差甚远，有的辛辣浓郁，有的清香自然，与葡萄酒的搭配也要遵循风味统一的原则。通常情况下，部分以酸、咸为主要风味特点的冷菜汁菜肴多用来制作各类蔬菜、海鲜、水果沙拉等，所以可以搭配口感清爽、酸度活泼的干型白葡萄酒；奶香、蛋香浓郁，口感较为绵软的调味汁菜肴可以搭配橡木桶风格的莎当妮、加州白富美以及其他新世界长相思等。当然，如果考虑到这些开胃菜肴的特点，我们也可以选择使用百搭的干型起泡酒、香槟予以搭配。对颜色较深、口感浓郁的黑椒汁、褐酱热汁菜肴来说，各类红葡萄酒是首选，当然，还要注意调味汁浓郁度与葡萄酒酒体的匹配，区分使用浓郁型红酒还是清淡型红酒。

　　（三）注意烹饪方式的选择对菜肴的影响作用

　　西餐与中餐一样都有着多样的烹饪方法，不同的烹饪技术，不同的温度控制，甚至不同的设备使用都对菜肴风味有非常大的影响。表 11-6 汇总了西餐的主要烹饪方式，同时提出了一些搭

配葡萄酒的建议,以供参考(见表 11-6)。

表 11-6　西餐常用烹饪方式及与葡萄酒搭配建议

烹饪方式	菜肴举例	搭配的葡萄酒
生食(Raw Food)	冰镇牡蛎、三文鱼片、海鲜寿司、杂蔬	酸度较高、酒体清淡的黑皮诺葡萄酒或起泡酒、香槟等
煮(Boil)	柏林式猪肉酸白菜、意大利面	酒体中等的干白葡萄酒,避开浓郁、单宁突出的红酒
焖(Braise)	意式焖牛肉、乡村式焖松鸡、苹果焖猪排等	酒体饱满、单宁柔顺的新世界红葡萄酒,新世界的果香丰富、酒体饱满的干白葡萄酒
烩(Stew)	香橙烩鸭胸、咖喱鸡、烩牛舌	酸度较高的红葡萄酒,避免单宁突出的葡萄酒
炒(Sautee)	俄式牛肉丝、炒猪肉丝、肉酱意大利粉	酸度突出的白葡萄酒,中等酒体、单宁柔顺的红葡萄酒,桃红葡萄酒
焗(Bake)	丁香焗火腿、焗小牛肉卷	轻微橡木桶风格的白葡萄酒,酒体中等的红葡萄酒
煎(Fried)	火腿煎蛋、葡式煎鱼、煎小牛肉、香煎仔牛排、香煎鳕鱼、香煎比目鱼	海鲜类可搭配新世界酒体浓郁、果香突出的干白葡萄酒、饱满红葡萄酒、优质红葡萄酒,避免单宁生硬
炸(Deep Fried)	炸培根鸡肉卷、炸鱼条、炸黄油鸡肉圈、香炸西班牙鱿鱼圈	香气浓郁、酸度结实的干白葡萄酒,单宁少的干红葡萄酒、桃红葡萄酒及传统法酿造的起泡酒等
熏(Smoked)	烟熏三文鱼、烟熏蜜汁肋排	橡木桶风格莎当妮、长相思葡萄酒等,避免单宁突出
烤(Roast)	烤牛肉、排骨、烤柠檬鸡腿配炸薯条、烤牛肉蘑菇比萨	酒体浓郁、果味突出、单宁中高的红葡萄酒;酸度高的芳香型干白葡萄酒,避免酒体淡薄的葡萄酒
扒(Grill)	铁板西冷牛扒、扒肉眼牛排、扒新西兰羊排、扒金枪鱼	根据肉质搭配酒体浓郁的白、红葡萄酒,有橡木风格的葡萄酒
串烧(Broil)	户外烧烤(海鲜、蔬菜、肉类)	根据菜肴食材类型,搭配酒体中等、香气突出的干白葡萄酒或浓郁的红葡萄酒

(四)注意肉类食物的成熟度对葡萄酒搭配的影响

这一点主要是指西餐中肉类食物烹制成熟度的问题,因为不同菜肴的不同烹饪成熟度会直接影响食物的口感、风味及浓郁度,这对葡萄酒的搭配也会产生很大影响。如西餐中的牛、羊、鸭肉等菜肴一般会烹制为三成熟、五成熟、七成熟与全熟等不同的成熟度。一成熟与三成熟食物的烹制通常时间较短,肉质内部为血红色或桃红色,基本保持了食物的原味,有一定的温度。该类菜肴搭配葡萄酒时,应注意避免单宁突出、酒体浓郁的红葡萄酒,同时年份过久的陈年红酒也不是最佳选择,建议搭配少量单宁或单宁较为柔顺、酸度清爽、中等酒体的红葡萄酒。五成熟菜肴,内部粉红色向灰褐色转变,口感中等,肉质正反面有微微的焦黄。建议搭配单宁适中、果味丰富、酸度清新、口味细致、成熟的葡萄酒。七成及全熟食物,其肉质正反面都已焦黄,由于烤制时间较长,肉质纤维感较多,食物香气、口感最为浓郁。所以可以搭配高单宁、橡木及烟熏气息突出的干红葡萄酒,酒中单宁酸可以有效分解食物纤维,橡木、烟熏等三级香气也与食物香气达到协调一致,尽量避免酒体淡薄、单宁较少的红葡萄酒。

(五)注意牛肉的部位与葡萄酒的搭配

牛排是西餐中最典型的主餐菜肴,牛排的分类也非常详细、具体。牛肉所在的部位不同,其口感也有很大差异,因此,在搭配葡萄酒时应该选择与其口感相近的葡萄酒。表 11-7 中列出了西餐中牛肉的常见部分类型,同时对肉质特点进行了简单描述,并把适宜的烹制成熟度与葡萄酒做出了搭配建议,以供参考。

表 11-7　牛肉部位及与葡萄酒搭配

牛肉名称	肉质特点	适宜的成熟度及烹饪方法	适合搭配的葡萄酒类型
菲力(Filet)	里脊肉,鲜嫩	三至五成熟,烤、煎、炒、炸或生食	酸度中高、单宁少、轻盈的红葡萄酒
肉眼(Rib Eye)	带筋,油质	三成熟、五成熟,烤、扒	高酸、中等酒体的红葡萄酒
纽约客(New York)	有细细的筋,比肋眼嫩	三成熟、五成熟,烤、扒	中等浓郁的红葡萄酒
沙朗/西冷(Sirloin)	外圈带筋及少量肥肉	五成熟、七成熟,烤、扒	中高单宁、浓郁的红葡萄酒
牛小排(Short Rib)	脂肪分布均匀,肥硕	五成熟、七成熟,烤、扒	成熟单宁、中等酒体、高酸的红葡萄酒
T骨(T-bone)	一块菲力,一块纽约客	五成熟、七成熟,烤、扒	中等酒体的红葡萄酒,单宁中等
肋排(Back Rib)	包裹牛肋骨的带筋肉	七成熟,锡纸包裹BBQ	酒体饱满的红葡萄酒,单宁成熟
牛腩(Beef Brisket)	瘦肉上带有筋,肉质肥瘦相间,富有弹性	全熟,炖	果香突出、高酸、陈年的红葡萄酒
腱子肉(Shank)	结实有力,有筋,纤维粗壮	全熟,卤炖	浓郁型、高酸高单宁的陈年红葡萄酒

以上是有关葡萄酒与西餐在搭配方面的几点建议,在日常用餐中,西餐大致分为两种用餐方式,一种是标准的西式套餐,另一种是比较自由的零点。对于能提供这两种用餐方式的酒店,通常会配套相对齐全的酒单,葡萄酒类型多样。套餐可以根据客人消费情况以及食物的上餐程序建议选择白、红两种类型的酒款,如有更高消费能力可建议在开胃餐与甜点阶段增加起泡酒与甜酒,如有消费压力通常根据主菜配酒;对于零点,通常也是建议客人根据主菜予以搭配。另外,目前很多星级酒店开始供应杯卖酒,这种按杯销售的葡萄酒通常类型丰富,风格多样,不管是套餐还是零点都为客人提供了更多选择的空间。

二、葡萄酒与西餐上餐程序的搭配

西餐从上餐程序来讲,一般遵循开胃菜、汤、副菜、主菜到甜点的上餐顺序。每道菜品的食材用料及口感风味各不相同,这给葡萄酒搭配提出了一定要求,接下来分别看一下每个程序食品特点及葡萄酒搭配。

（一）开胃菜

开胃菜又称头盘,是开餐前比较正式的第一道菜。菜肴一般多使用海鲜、火腿、鸡肉、蔬菜、水果制成,生食较多,菜品精致,装饰美观,口感新鲜清爽,多使用咸、酸等调味汁调味,可以很好地刺激顾客食欲。代表性头盘有鱼子酱、鹅肝酱、生食牡蛎、三文鱼以及各类海鲜、蔬菜沙拉等。这类菜肴多与中高酸度的干型起泡酒相搭,香槟是品质用餐的搭配首选,当然,如果套餐内没有选择起泡酒,一瓶来自冷凉产区的酸度活

开胃菜

泼、酒体轻盈的未过桶的干白葡萄酒也是理想之选,它们都能与食物的鲜美和谐匹配。

（二）汤

与中餐的汤菜最先呈上不同,西餐的汤菜一般在主菜之前呈上,它也可让顾客在正式用餐之前达到暖胃的效果。汤菜通常由番茄、各类蔬菜、海鲜、蘑菇、奶油等熬制而成,这些汤内含有大量鲜味与酸性物质,可以刺激胃液,增加食欲。汤类从大的方面分为冷汤与热汤两类,冷汤主要有德式冷汤、俄式冷汤等,代表性的热汤有海鲜汤、意式蔬菜汤、俄式罗宋汤、法式焗葱头汤、牛尾汤及各式奶油汤等。汤菜根据食材类型与浓郁度可以与多类风格的葡萄酒自如搭配,干型白葡萄酒及酒体清淡的红葡萄酒都是不错的选择,干型起泡酒、各类香槟与桃红葡萄酒也可以与之搭配。

（三）副菜

副菜一般为鱼和海鲜类菜肴,这类菜肴的烹饪方式有煎、炸、烤、熏等,使用各类香料及各种浓郁度的调味汁制作而成。代表菜品有香煎鳕鱼、黄油烤龙虾、扒金枪鱼、烤三文鱼柳等,酱汁主要有鞑靼汁、荷兰汁、香草汁、白奶油汁、黑橄榄酱等。副菜口感略微浓郁,香气更加复杂,因此搭配的葡萄酒应与之相宜,中高浓郁度、果香突出、酸度活泼的干白葡萄酒是首选,如优质波尔多干白、阿尔萨斯芳香白、新世界的莎当妮、新西兰的长相思葡萄酒都是很好的选择。

（四）主菜

主菜是西餐的灵魂,也是西餐最重要的部分。其食材多为禽类、猪肉、牛羊肉以及比萨与意大利面等,使用煎、烤、扒、熏等方式烹饪而成,烹饪方式较为复杂,香味重,口感浓郁。

首先,家禽类、猪肉类菜品主要有奶酪火腿鸡排、烤柠檬鸡腿配炸薯条、烧烤排骨、意大利米兰猪排。这类菜肴没有牛羊或野禽类结实的纤维,根据烹饪方法及调味汁的不同建议搭配单宁中等、酒体中等、成熟度较高、口感柔顺的红葡萄酒。轻微橡木桶风格红葡萄酒及干白葡萄酒也可以很好地与煎、炸家禽类主菜搭配。

其次,牛羊肉及野味主菜有红烩牛肉、扒肉眼牛排、青椒汁牛柳、铁板西冷牛扒、烤羊排配奶酪和红酒汁、烤羊腿等菜肴。这类菜品的香料与肉质本身的香气融合较深,味道浓郁,质感肥厚,烹饪多为烤、扒、熏,肉质纤维较粗,有丰富的脂肪与蛋白质,这类菜肴与葡萄酒中的单宁结合完美,肉中蛋白可以有效降低单宁的苦涩感,酒中单宁又可分解肉中粗糙的纤维,酒香也可以很好地与菜香匹配。这类食品可以根据烹饪方法、肉质部位、烹饪成熟度及调味汁的不同选择与之匹配的红葡萄酒,单宁结构紧凑、口感浓郁、酸度较高的红葡萄酒可以很好地与之搭配,澳大利亚、美国、智利等热带产区出产的西拉、赤霞珠、GSM混酿葡萄酒以及法国波尔多陈年红葡萄酒、隆河谷葡萄酒都是很好的选择。

最后,对于比萨与意大利面来讲,这类食物以米、面为主料,辅以蔬菜、水果、海鲜、火腿、肉类等以调味料烹饪而成。其中配料食材以及酱汁的使用很大程度上决定了意大利面与比萨的风味类型,因此,在搭配葡萄酒时需要多考虑这些因素对配酒的影响。蔬菜、海鲜类食品、意大利面及比萨可以选择酒体中等、高酸、果香型干白葡萄酒。红色调味品及火腿、肉丁、菌类为主要配料的比萨则可以搭配中低单宁、酸度活泼、果香十足的年轻干红葡萄酒,应避开单宁突出的陈年红葡萄酒,这会覆盖面食的清香。例如,意大利西北部巴贝拉葡萄酒与新鲜西红柿比萨,黑皮诺葡萄酒与蘑菇比萨以及基安蒂葡萄酒与番茄酱或火腿比萨都是经典搭配。水果类较为甜美的比萨则要考虑搭配果味突出的干白葡萄酒或略带甜味的葡萄酒,法国阿尔萨斯琼瑶浆与德国珍藏及晚秋甜白葡萄酒都是不错的选择。

（五）餐后甜品

甜品是西餐的最后一道收尾菜肴,在主菜后食用。一般甜品类型有西式煎饼、蛋糕、布丁、

不同类型主菜

巧克力、冰淇淋、奶昔、饼干等。甜酒与甜点历来是最佳搭档,但需要注意的是葡萄酒中的甜味应至少与食物的甜度相当或者高于食物甜度。这样,葡萄酒中的甜美口感与活泼的酸度可以有效平衡食物的甜腻,葡萄酒中的果香也可以映衬及提升食物的香味。目前,西餐中甜点多以法式、意式为主要风味类型,甜品主要以面粉、糖、黄油、牛奶等为主料,附加各类水果、巧克力、可可粉等,使用各类香料及酱汁制作而成。风味多样,有清淡的水果甜品,也有巧克力、坚果等浓郁风味的甜品。水果风味甜品或各式冰淇淋可与阿斯蒂起泡酒,德国珍藏、晚收、精选葡萄酒,冰酒,阿尔萨斯晚收葡萄酒以及新世界新鲜风格、中低糖分的麝香葡萄酒等进行搭配,这一类型甜品有英式水果蛋糕、草莓奶酪蛋糕、蓝莓奶酪蛋糕等;而意大利提拉米苏、咖啡奶酪蛋糕、果仁布朗尼、曲奇饼干等风味浓郁的甜品,则可以选择贵腐酒、波特酒、甜型马尔萨斯、甜型马德拉、意大利帕赛托以及甜型雪莉酒等予以搭配,当然各类餐后利口酒也可以与甜品完美相衬。

　　总的来说,西餐与葡萄酒的搭配规律性较强,我们在为客人推荐之时,除了可以参考上述建议之外,还要充分考虑顾客的国籍、宗教信仰及个人饮食习惯。目前在我国星级酒店的法式、意式、日式等高档餐厅内,外籍客人占比很大,所以对客服务时首先考虑客人饮食习惯尤其重要。另外,用餐的时间、场合以及用餐人数也是需要考虑的重要内容,工作时间的午餐用酒用餐可以相对简易,杯卖酒的推荐是不错的酒水形式。时间较为充分的晚餐或周末时间,则可以推荐更多菜品与酒水。朋友聚会、家庭聚会、商务聚会等重要场合也是影响推荐酒餐搭配的重要内容,服务人员要善于察言观色,洞察顾客真正的消费需求,适中推荐,避免过度营销,充分尊重客人意见。

第三节　葡萄酒与奶酪
Wine & Cheese Pairing

　　奶酪一直被认为与葡萄酒是天生一对,同为发酵型食物,风味相辅相成,也可以相互补充。奶酪可以映衬葡萄酒中的香气层次,奶脂与咸香也可以和单宁、酸度完美结合,两者搭配堪称完美。在很多欧美国家,一份奶酪拼盘足以支撑一顿餐后的消遣,与葡萄酒十分百搭,这使得两者在餐桌上经常形影不离。但我们需要了解的是,奶酪与葡萄酒一样类型多样,不同地区,原材料不同,制作方法、熟成方式不同,其奶酪的口感风味也不相同。所以要想找到最理想的搭配,首先需要了解奶酪的基本类型。目前,世界上约有 1000 多种类型的奶酪,生产国主要集中在欧洲的法国、德国、意大利、荷兰、瑞士及希腊等国,除此之外,美国也是世界上奶酪生产的大国,加拿大、澳大利亚、新西兰以及亚洲的日本也都有大量生产。

奶酪与葡萄酒的搭配

一、奶酪的分类

奶酪从大的方面讲通常分为天然奶酪与再制奶酪两类。在超市或专卖店里购买奶酪时，可以关注一下奶酪商标的原料一栏，天然奶酪的原料是乳类、牛乳类及乳酸菌等，其中乳类包括牛奶、水牛奶、羊奶、山羊奶等；而再制奶酪的原料则为奶酪、干酪类以及黄油、白砂糖或其他添加成分等。前者使用原汁原味的乳类，通过乳酸菌或霉菌发酵而成，属于"活"性食物；而后者使用已经成品的天然奶酪或奶酪边角料等，通过热处理，使之融化重新固形后制作而成，制作时可以根据市场及消费者口味，添加其他风味成分，形态多样，色泽丰富，包装精美，由于已经经过高温处理，其比天然奶酪更容易储存，但就营养价值而言，自然天然奶酪更占优势。以下主要针对天然奶酪做出归

纳。天然奶酪类型非常多样，根据不同的分类标准有很多细分类型。

（一）根据乳类原材料

根据乳类原材料，奶酪可以分为牛奶奶酪、水牛奶奶酪、羊奶奶酪、山羊奶奶酪等。这其中以牛奶奶酪最为多见，占据奶酪的最大份额。水牛奶经常被制作成新鲜奶酪来食用，最出名的当属意大利的马苏里拉奶酪。使用羊奶制作奶酪，比较知名的有法国科斯内绵羊奶酪与瑞士的曼彻格绵羊奶酪。山羊奶奶酪在法语中被称为 Chèvre Cheese，在法国目前有超过 150 种的山羊奶奶酪，代表性的有瓦伦卡奶酪，另外，瑞士的萨能山羊奶奶酪与阿尔法山羊奶奶酪等也较有代表性。

（二）根据含水量

奶酪因含水量的不同而呈现不同的硬度，因此根据其软硬程度，奶酪分为软质、半硬质、硬质及超硬质四种类型。我们常见的未经熟成的新鲜奶酪、白霉奶酪、风味独特的水洗软质奶酪以及山羊奶酪多属于软质奶酪，它含水量较多，约在 48％以上；半硬质奶酪是这一分类的中间型，含水量为 38％—48％，蓝纹奶酪属于该类型；硬质奶酪在制作时需要压榨出更多水分，因此含水量更少，约在 32％，通常体积较大；超硬质奶酪是奶酪含水量最少的类型，含水量需控制在 32％以内，通常需要几个月到几年不等的成熟期，奶酪密度较大，非常有重量感，意大利的帕玛森属于该类型。

（三）根据成熟与否

根据成熟与否，奶酪可以划分为非成熟奶酪与成熟奶酪。质地较软、清爽柔和的新鲜奶酪属于非成熟奶酪；成熟奶酪类型较为多样，根据霉菌成熟、细菌成熟及表面清洗情况等划分为不同类型，白霉、蓝纹、水洗软质、硬质奶酪等都属于成熟类型。

（四）根据制作方法

根据制作方法，奶酪可划分为新鲜奶酪，白霉奶酪，蓝纹奶酪，水洗软质奶酪，山羊奶酪，半硬质、硬质奶酪等类型。这也是我们在星级餐厅自助餐里经常看到的类型，主要食用方式为切片、切块后与其他料理搭配做开胃菜，或制作拼盘单独食用，另外也可以刨丝后用于烘焙其他食物。

不同类型奶酪

二、如何与葡萄酒搭配

奶酪也是食物的一种，因此与葡萄酒的搭配可以遵循前文中酒餐搭配的基本原则。例如，清淡的奶酪与清淡的葡萄酒搭配，浓郁的奶酪则与浓郁的葡萄酒搭配。根据这些基本规则，本节梳理了几条注意事项，以供参考。

（一）注意客人的具体需求

在西餐里，欧美国家客人通常会在主菜之后食用奶酪，奶酪突出咸香，可以起到很好的开胃与消食作用，奶酪是西方饮食文化里占据重要地位的一道美食。主菜之后或餐后的奶酪与葡萄酒搭配，客人一般有两种选择，一种是不会再继续点酒，而是选择用主菜时的葡萄酒进行搭配。葡萄酒一般口感浓郁，所以推荐奶酪时，注意避免口感绵软的、清淡的新鲜奶酪或软质奶酪，味道厚重的蓝纹、水洗、半硬质或硬质奶酪更为适合。第二种，如果是客人要求另外推荐酒水，可以根据客人喜好予以搭配，很多情况下各种类型的波特酒将会是餐后奶酪搭配的理想之选。当然还要根据客人选择的奶酪风味，匹配相应的葡萄酒。

葡萄酒与奶酪搭配

（二）注意百搭型葡萄酒的推荐

客人另点奶酪还有一种情况，那就是不管是餐前还是餐后会选择一份奶酪拼盘来消遣时光。在这种情况下，首先应考虑百搭型葡萄酒。奶酪拼盘会混搭3—7种不同类型的奶酪切片，通常这种搭配会把奶酪的基本类型都囊括在内，从新鲜奶酪、蓝纹奶酪，到硬质奶酪、山羊奶酪，再到水洗奶酪可能都有涉及，因此口感从温和到坚实，从清淡到强烈，从酸味到甜香都汇集其

255

中,而且色泽不一,切片出来也非常美观,奶酪拼盘是西餐的一道基本组合形态的美食。另外,奶酪拼盘里还常会搭配一些简单的果干,如蓝莓、树莓等,也会附加碳水化合物的饼干、面包片等,开心果、杏仁、核桃等坚果也会出现在拼盘内,而西班牙、意大利一些著名的生火腿、萨拉米肠等同样也是奶酪拼盘的"常客"。如此看来,一份拼盘可以出现五花八门的混搭,形态各样,风味各样,这类拼盘是餐前、餐后以及下午茶时间广受西方客人喜欢的一种休闲食品。那么葡萄酒的搭配就需要去迎合这种混搭,歌海娜、仙粉黛、起泡酒、桃红葡萄酒、加强型甜酒等都是不错的选择;另外,个性较少的中性的葡萄酒(单宁、果味、甜味不过于突出)也能迎合所有奶酪类型,满足部分顾客的喜爱,但应注意避开过于陈年的葡萄酒;当然,如果是客人选择两种以上的杯卖酒,白葡萄酒则可搭配温和、清淡、新鲜的奶酪和各类水果果干,红葡萄酒则可搭配坚果、生火腿以及硬质奶酪等;如果是餐后奶酪拼盘,西班牙雪莉酒、葡萄牙波特酒将会是理想之选。

(三)当地奶酪与当地酒

任何时候,来自同一地区的奶酪与葡萄酒都是绝佳搭配,这些经典组合能最大限度体现两者搭配的绝妙之处。世界上奶酪生产国众多,当然除头号奶酪生产国(包括天然奶酪与再制奶酪)——美国之外,欧洲仍然是奶酪生产的核心,在悠久的历史与人文风土双重作用下,欧洲形成了丰富的奶酪生产传统,与当地美食与美酒的碰撞可谓天造地设。如果对比看一些法国与意大利的葡萄酒与奶酪的产区图,我们会发现,它们有很多重叠之处,这几乎能佐证有葡萄酒的地方无一例外都伴有奶酪的生产,可见二者的亲密关系。

(1)夏维诺圆形山羊奶酪可搭配法国卢瓦尔河谷桑塞尔的长相思。
(2)法国南部的蓝纹罗克福奶酪可搭配波尔多苏玳甜白葡萄酒。
(3)勃艮第金丘区的水洗软质埃普瓦斯奶酪可搭配勃艮第莎当妮。
(4)法国东北部的软质布里奶酪可搭配法国香槟。
(5)意大利马苏里拉奶酪可搭配意大利灰皮诺葡萄酒。
(6)意大利的硬质帕尔玛干酪可搭配意大利陈年基安蒂红葡萄酒。
(7)西班牙中部的羊奶奶酪曼彻格奶酪可搭配西班牙里奥哈红葡萄酒。

(四)注意奶酪味道的强度

奶酪根据原材料、制作方法及成熟时间的不同,其口感差异甚远,有的比较温和,有的则色重味浓。前者适合与白葡萄酒或果味型红葡萄酒搭配;后者适宜与浓郁型干红葡萄酒搭配。例如,新鲜奶酪或软质奶酪与长相思、维奥涅或香槟等的结合,口味浓郁、散发着坚果气息的英国切达奶酪与赤霞珠或西拉的相互搭配,酸味突出的山羊奶酪与酸度明显的长相思或起泡酒的搭配等。

(五)注意奶酪与葡萄酒的互补性

从食物与葡萄酒的搭配中,我们可以看到相反的口感也可以有效组合,这些相反的特性恰好可以平衡对方突出的味道。最明显的例子表现在蓝纹奶酪与甜酒的结合,这类奶酪与贵腐甜酒或波特酒都是非常不错的搭配,有一种特殊的咸味,葡萄酒酸度与甜味可以很好地中和这种味道。另外,有些奶酪中会伴有淡淡的酸味与辛辣味,这类奶酪也可以选择用甜味的葡萄酒予以平衡。同时,带有涩味的葡萄酒与奶酪滑顺的油脂很搭,两种极端的口感能在口腔里实现平衡。

(六)注意奶酪的成熟度

天然奶酪中有很大一部分需要经过一段时间的成熟期,所以根据是否成熟,可以划分为成熟奶酪与非成熟奶酪。新鲜奶酪就是一种非成熟奶酪,味道较为清香,所以适合搭配淡雅的白葡萄酒。在成熟奶酪中,半硬质与硬质奶酪是一种有较长时间成熟期的奶酪,通常需要1个月到 8 个月或 4 个月到 2 年不等的成熟期,甚至更长时间。这种类型的奶酪进行了高温凝乳的过程,水分较少,随着慢慢成熟,香味会变得非常浓厚,并散发出坚果等的气味,有些会带出牛奶本身的甜味。且质地结实,咸香突出,部分有酸味,口感醇厚。而其他奶酪中蓝纹奶酪的成熟期需要 10 天至 6 个月,白霉奶酪需要 10 天至 2 个月,水洗奶酪需要 1 个月至 12 个月不等。奶酪成熟后,通常味道会变得更加醇厚,所以,搭配葡萄酒时,一定要考虑奶酪的成熟时间及方式,并根据其口感来搭配相似浓郁度及风味的葡萄酒。

以上只是一些基本的葡萄酒与奶酪的搭配建议,两者的组合还要考虑很多具体的情况,而且前文中的每种建议不要分开而论,要综合判断,同时客人用餐场合及喜好也是极为重要的考量因素。侍酒服务人员应多品尝、多实践,丰富的经验将是工作中的最好帮手。

三、奶酪的主要类型与葡萄酒经典搭配

奶酪根据原材料及制作方法的不同,可以分为如下七种类型,这些类型的奶酪是西餐厅的常客,代表了奶酪的基本风味形态。

（一）新鲜奶酪

这是一种最能体现乳类原材料本身特点的奶酪,口感较为绵软,水分多,偏清淡,有微微的酸味。主要代表有奶油奶酪、里科塔、马苏里拉水牛奶酪、马斯卡彭奶酪等。这类奶酪在西餐中经常以开胃菜形式出现,适合搭配酸度活泼的干型葡萄酒、半干型白葡萄酒、香槟或果味突出的桃红葡萄酒。卢瓦尔河的长相思、安茹桃红、果香型维奥涅葡萄酒,薄若莱的佳美葡萄酒,夏布丽的莎当妮葡萄酒都是不错的选择。

（二）白霉奶酪

在制作该类型奶酪时,需在表面撒上一层白霉孢子促其成熟,成熟后的白霉奶酪,质地较软,属于软质奶酪。因为有简短的熟成过程,香气会比新鲜奶酪丰富、浓郁,口感更加柔滑顺口。主要代表有卡门培尔奶酪、雄狮之心卡门培尔奶酪、圣安德烈奶酪、布里奶酪等。这类奶酪较适合搭配白葡萄酒,味道温和的奶酪可以选择高酸、中等浓郁度的干白葡萄酒、香槟或桃红葡萄酒,味道强烈的、成熟度高的奶酪可搭配浓郁型干白葡萄酒或部分清淡的红葡萄酒。

（三）蓝纹奶酪

该类型奶酪有大量青霉分布其中,蓝纹奶酪由此得名,其与白霉奶酪一样需要一定的成熟时间,从几周到几个月不等。口感偏于咸香,味重。法国的路凯夫奶酪、奥文奈蓝芝士、意大利的古冈佐拉奶酪、英国的斯提尔顿奶酪等都是蓝纹奶酪的代表。较咸的蓝纹奶酪适合搭配贵腐甜白葡萄酒、波特酒,甜葡萄酒浑厚的酒体与蓝纹奶酪强烈的味道十分协调,温和的奶酪可以选择浓郁型干白葡萄酒或果味型、中等浓郁度的红葡萄酒。

（四）水洗奶酪

该类型奶酪在成熟过程中使用盐水、葡萄酒或其他蒸馏酒不断冲洗表面制作而成,风味浓郁,尤其是表层部分味道突出,食用时可以去除外层,避开过于强烈的气味。代表有法国的蒙斯特奶酪、蓬莱韦克干奶酪、山牌水洗软质奶酪等。这种类型的奶酪建议搭配浓郁的陈年红葡萄酒。

（五）山羊奶酪

使用山羊奶制作而成的奶酪通称为山羊奶酪,山羊奶酪历史非常悠久。与牛奶制作的奶酪相比较,味道偏重,酸味更加突出。较为知名的有山羊奶酪、瓦伦卡奶酪、莎维尼尔奶酪等。山羊奶酪的经典搭配是散发着青草气息的长相思葡萄酒,长相思活泼的酸度与果味恰恰能够中和奶酪的酸味与口感,此外白诗南、赛美容、灰皮诺、干型雷司令葡萄酒都可以与之匹配。

257

（六）半硬质奶酪

该类型奶酪水分含量在40%左右,加热溶解后,再凝乳制作而成。口味浓郁,会带有坚果香气,随着成熟时间的延长,味道顺滑、醇厚。代表有福瑞客高达奶酪、玛丽波奶酪等,根据其味道的强烈程度可搭配干白葡萄酒、干型起泡酒或中等浓郁度干红葡萄酒。

（七）硬质奶酪

硬质奶酪脱水更多,适合长期陈放,颜色通常为淡黄色、黄色、茶色、橘黄色等。陈年越久,味道会越来越浓郁,产生强烈的乳脂、乌鱼子的味道,带有丰富的坚果气息,口感黏稠。代表有意大利的帕玛森奶酪、帕达诺奶酪,荷兰的红波奶酪,英国的切达奶酪,瑞士的格鲁耶尔奶酪等。多切片、刨丝后食用,与口味强烈的红葡萄酒或橡木风格干白葡萄酒搭配,赤霞珠、西拉、意大利的巴罗洛葡萄酒以及基安蒂红葡萄酒都是不错之选,另外,西班牙雪莉酒与硬质奶酪中的坚果味也很协调。搭配葡萄酒时应注意奶酪的地域性、成熟度及口感中的甜味。主要奶酪类型及风味特征如表11-8所示。

表 11-8　主要奶酪类型及风味特征

类型	原材料	外观	味道	成熟	经典代表
奶油奶酪	牛奶、水牛奶	表皮乳白色,有新鲜度,为湿润状态	奶香味、淡淡的酸味、甜味	未经成熟	法国:鲜奶酪(Fromage Frais) 意大利:里科塔(Ricotta)/马斯卡彭(Mascarpone)/马苏里拉水牛奶酪(Mozzarella di Bufala) 日本:图曼(Tumin)
白霉奶酪	牛奶	覆盖雪白的白霉,内部成熟后变为金黄色,有一定的湿润度	白霉味、奶香味、咸味、新鲜、醇香	10天—2个月	法国:卡门培尔(Camembert)/雄狮之心卡门培尔(Camembert Coeur de Lion)/布里奶酪(Brie Cheese) 德国:伯尼法(Bonifaz) 日本:樱花奶酪(Sakura)/雪奶酪(Yuki)
蓝纹奶酪	牛奶、羊奶	蓝色的青霉均匀分布,为一定的水润状态	刺激的香味,强烈的乳脂,浓郁、咸味	10天—6个月	法国:洛克福(Roquefort)/奥文奈(Bleu d'Auvergne) 意大利:戈贡佐拉奶酪(Gorgonzola Piccante) 英国:斯提尔顿(Stilton) 其他:德国巴约(Blue Bayou)/丹麦皇家奶油(Creme Royale)
山羊奶酪	山羊奶	白色、奶油色,淡橘黄色,黑白相间的灰色	细腻顺滑、成熟味道强烈,有榛子等气味	10天—1个月	法国:山羊奶酪(Fromage de Chèvre)/瓦伦卡(Valencay A.O.C.)/黑色金字塔(Pyramide)/谢尔河畔塞勒(Selles Sur Cher) 日本:十胜木炭灰(Tokachi Chèvre Sumi)/新鲜山羊(Chèvre Frais)

类型	原材料	外观	味道	成熟	经典代表
水洗奶酪	牛奶、山羊奶	表面有光泽,有的湿润、有的干燥	顺滑,乳脂味,表面略硬,口味温和,坚果味	1—12个月	法国:蒙斯特(Munster)/蓬莱韦克(Pont L'évêque) 意大利:格尔巴尼塔列齐奥(Galbani Taleggio) 日本:奶酪之翼(Fromaje de Aile)/山牌水洗软质奶酪(Wash Type Mountain's)
半硬质奶酪	牛奶	蜡质外膜,亮奶油色、浅橘黄色、色泽均匀	浓厚,乳脂味、坚果味,口感顺滑,个别有甜味	1—8个月	荷兰:弗瑞可高达(Gouda Frico) 丹麦:玛丽波(Maribo)/苏莫尔(Samsoe) 日本:洋葱高达(Tamanegi)/瑞克坦(Rectan)
硬质奶酪	牛奶、羊奶	蜡质外膜,亮奶油色、小麦色、色泽均匀	温和顺滑,成熟后口味浓郁强烈,口味黏稠,乌鱼子味	4个月—2年	意大利:帕玛森(Parmigiano Reggiano)/帕达诺(Grana Padano)/英国红切达(Red Cheddar) 法国:米摩勒特(Mimolette)/孔泰(Comte) 瑞士:埃曼塔尔(Emmental)/格鲁耶尔(Gruyere)

第四节　葡萄酒与中餐
Wine & Chinese Food Pairing

　　葡萄酒一直以来是西餐的标志性搭档,但近年来,随着国内葡萄酒进口的加剧以及国内精品葡萄酒市场的繁荣,葡萄酒越来越受到国内消费者的喜爱,也成为中餐中广受欢迎的一部分。在朋友聚会、家庭宴、婚宴、商务宴、政务宴等各类场合中葡萄酒的身影已随处可见,加上进口关税的降低以及人们对葡萄酒认识的提高,葡萄酒以其多姿的色彩、适中的酒精度以及丰富的口感风味成为人们生活中越加钟爱的一种酒。但中式菜肴与西餐是在两种完全不同的文化背景下形成的餐饮形式,不管是上菜方式、用餐习惯、主要食材,还是烹饪方法都有很大的区别。

　　西餐讲究分餐,并按照一定程序上菜用餐,虽然也有很多香料及调味品的使用,但整体来讲西餐更加注重食材的原味烹制,主食方面以牛羊肉为主,这使得西餐中葡萄酒饮用有非常明显的规律可循。而中餐菜肴喜欢拼搭,上菜较为集中,通常冷菜在先,各类热菜、汤菜集中出场,最后主食收尾,大部分菜肴没有既定的上餐程序。食用方式上,除个别菜肴外,很少分食,使用勺、筷共享使用。所以与西餐有良好的葡萄酒饮用次序与规律相比,中餐似乎无法遵循这一规则,中餐较为集中的上餐方式使得按照程序式由白到红的饮酒规律无处可循。另外,我国主要食材多以谷物类食物与蔬菜为主,各种风味的白葡萄酒更加百搭,这与主菜牛羊肉居多的西餐形成鲜明对比。除此之外,烹饪上善于使用各类香料、酱料搭配食材,更善于改变食材原来的风味,更加讲究菜品入味(当然很多烹饪方式也在改进,根据《中国餐饮报告2018》调查显示,大众消费者口味开始从"吃调料"转向"吃原料")。所以这些不同点使得中餐与葡萄酒搭配难上加难,另外,我国还有众多特色鲜明的鲁菜、川菜、粤菜、苏菜、湘菜等地方菜系及少数民族菜系,餐桌上菜品的多样性也给选择某种具体的葡萄酒增加了难度。不过,正因为这种多样性,人们好像更热衷于研究这些搭配,不管是星级酒店还是高端社会餐饮,酒餐搭配都成为其与顾客沟通的有趣话题。

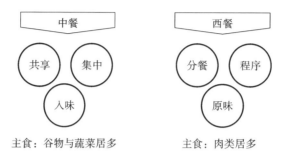

中西餐特点对比

与西餐一样,本节同样梳理了几项对中餐搭配葡萄酒有影响的因素及注意事项,以供参考。

一、注意菜品类型与葡萄酒搭配

我国地缘广阔,各地人文环境、气候特点差异较大,因此造就了菜品的多样性。除了广为人知的八大菜系之外,还有很多少数民族菜系及官府菜等,类型多样,所以这就要求我们为客人推荐葡萄酒时,应该对不同的菜品类型有充分的认识。

（一）蔬菜清炒类

在我们的日常饮食中,毫无疑问蔬菜类居多。烹饪方法通常使用葱、姜、蒜做基本调料进行清炒,部分或佐以肉丝、肉片混搭炒制而成。油量适中,多清新风格。这类菜品风味较为简单,白葡萄酒是最适合不过的选择。根据菜肴浓淡程度,白葡萄酒的选择不要过于厚重,酒体轻盈到中等为宜,同时具有合理的酸度,为菜肴增加清新感。口感清爽、酒体轻盈的干型桃红葡萄酒、部分红葡萄酒也可以搭配杂蔬清炒,需要避开单宁过于生涩与厚重的葡萄酒,以防盖过菜的清香。另外,还需要注意南北地缘性风格差异,通常北方多盐,偏咸香,南方多糖,味甜润。

（二）海鲜类

海鲜类菜肴的烹饪方式有生食、清蒸、红烧、熏烤等,根据其口感的浓郁度,可以选择匹配不同浓郁度的干白葡萄酒。前两种烹饪方式的海鲜可以考虑精致、果香清淡、中等酒体的干白葡萄酒,法国夏布利的莎当妮、意大利北部的灰皮诺、卢瓦尔河的长相思葡萄酒以及清爽的香槟等都是很好的选择;红烧、熏烤类的海鲜、鱼类菜肴,风味复杂,口感重,可以从中、高浓郁度的干白葡萄酒或单宁较少的红葡萄酒中选择搭配,避免单宁过重的葡萄酒。

（三）炖汤类

这类菜肴形式是中餐中非常多见的烹饪形式,这类菜肴一般通过长时间熬制而成,汤汁吸收食材风味,鲜美浓郁,肉类因为长时间焖煮,质地松软。这类汤的口味因香料、酱料的使用会呈现不同的风格,一种是调味料使用较少的清炖,口味清香淡雅;另一种是各种花椒、陈皮、酱油、大酱等熬制的浓汤,口感略带香料的辛辣,口味复杂郁。对前者来说,高品质、中高酒体、有一定层次感的干白葡萄酒(轻微橡木风格)或质地柔和、果香多、高酸、单宁较少的桃红葡萄酒以及部分干红葡萄酒都是其理想的选择;对后者来讲,由于食材丰富多变,香料又带来了复杂的质感,可以选择与复杂、成熟的陈年红葡萄酒相搭配,新世界拥有成熟单宁、中高浓郁度的干红葡萄酒也可以与之搭配。这类菜肴仍需要避开高单宁、苦涩感重的新鲜年份的干红葡萄酒,它与汤菜的细腻恰好背道而驰。

（四）内脏类

内脏类食物是北方非常多见的一种菜品形式，这类食物有别于普通肉类，带有特殊的苦腥味，烹制过程中会大量使用葱、姜、蒜、盐及各类香料，以达到去腥去异味的作用。口感厚重浓郁，咸、辣、酱料风味突出。所以清淡的干白、甜酒都不是合适的选择，应该挑选口感浓郁或中等、有较好的酸度、口感较为纯熟的红葡萄酒。搭配这类菜品时需要注意酒中单宁的成熟度，过于突出的单宁会凸显菜品的苦味，另外酒体清淡、果香型的葡萄酒也会被菜肴的浓郁度覆盖。

（五）辛辣及火锅类

辛辣料理及火锅类菜肴在中餐里也特别常见，是四川、湖南、湖北、云贵及朝鲜族聚集区的主要风味形式。该类菜肴大量使用香辛料，突出菜肴辛辣口感，口味丰富、浓郁。菜品除本身的辛辣口感外，也经常搭配醋、香菜、泡菜与辣椒酱、花生酱的佐味料，风味复杂，有很强的层次感与质感。另外食材也从杂蔬、豆制品、海鲜类、动物内脏到牛羊（多以肉片出现）一应俱全。针对这类食材丰富复杂的特点，往往首先考虑酒的百搭性，所以起泡酒及桃红葡萄酒是绝佳的搭配，加上辛辣的菜肴以及高温的汤汁通常使得口腔燥热难忍，所以冰镇葡萄酒是最好的服务形式，它可以很好地抵消这种辛辣与燥热。香气突出、口感中等到浓郁的干白葡萄酒也能映衬这类料理的复杂口味，注意挑选酸度高的葡萄酒进行搭配，高酸也可以抵消辛辣感。如果选用红葡萄酒相搭，则要避免高单宁、橡木风味过重的葡萄酒以及陈年干红葡萄酒，来自凉爽产区的，酸度清爽活泼，果香突出，酒体中等的干红葡萄酒将是优先考虑的类型。

（六）油炸类

这类食品由于一般先用香料腌制过后，使用高于原料几倍的油量，大火煎炸而成，所以最突出的特点是多油脂、香气浓郁、酥脆鲜香。食材形式从蔬菜、海鲜、肉丸、鸡柳、鸡块、里脊肉再到面食，花样丰富。根据食材类型，其烹饪上又可以分为清炸、干炸、软炸、酥炸、卷包炸等形式。口味有清香酥软的，也有酱味浓郁的，但中高油量、质感浓郁是其主要特征。所以根据食材不同，可以用中高浓郁度、香气突出、结构感强、酸度活泼的干白葡萄酒与之搭配，干型雷司令、长相思、莎当妮、维欧尼葡萄酒都是不错的选择，红葡萄酒则应选择单宁较少、果香型的红葡萄酒，新世界成熟度高的干红葡萄酒或者凉爽产区、酸度活跃的红葡萄酒也可以平衡菜肴丰硕的口感。避免清淡的干白葡萄酒或单宁突出、陈年的红葡萄酒。

（七）面食及糕点类

首先，我国的主食主要以豆类、米及五谷杂粮为主，如各类豆制品、米粉、面皮、面条、煎饼、馒头、包子、水饺以及粽子等。它们大多蒸煮而成，部分会煎炸，水饺、包子类佐以杂蔬或肉类馅料。这类制品主要体现在面食的酥软，烹制中香料、酱料使用较少，不过食用时常与拌以蒜泥、醋、香油的佐料相搭。口味也非常丰富，有的清淡，有的甜润，有的咸香，能搭配这类菜品的葡萄酒首先应避免单宁过高，浓郁的干红葡萄酒通常不是上乘之选。服务中应根据顾客需要，可以为之挑选单宁较少、酒体轻盈的红葡萄酒。而具有百搭性的桃红葡萄酒、香槟与轻盈到中等酒体的干白葡萄酒显然更加适合面食的绵软口感和咸香味。其次，对于糕点类食品，考虑到部分食物具有甜美的口味，也可以搭配阿尔萨斯果香型干白葡萄酒；风格浓郁、馅料丰富的月饼与贵腐甜白葡萄酒等较为匹配，这类甜食要注意的是酒的甜度与食物中甜度的平衡，酒中甜味要多于食物中的甜味，另外口感上最好保持清爽的酸度，以抵消这类食物的甜腻。

（八）烤肉类

对于地域广阔的我国来说，这类荤菜的食材、调味料多样，其风味也异常丰富。烤鸡、烤鸭、烤鹅、烤乳鸽、烤羊肉串等是最常见的烤肉类型，烤制一般使用香料、酱料腌渍，之后使用果木、炭烧或烤箱烤制，脂肪含量高，外焦里嫩，味咸、辛香、辛辣是其主要风味特点。与各类红葡萄酒搭配完美,搭配时考虑食材质感与葡萄酒的浓郁度及单宁的多少。鸡鸭肉纤维较细,可以搭配中等单宁、中等浓郁度干红葡萄酒;凉爽产区的、酸度突出的干红葡萄酒是首选。纤维较粗、口感醇厚的牛羊肉则需要足够多的单宁分解其中的蛋白与纤维,所以风味复杂、富含单宁的浓郁型红葡萄酒非常合适,要尽量避免与酒体清淡、果香较少、缺少复杂度的红、白葡萄酒搭配。

（九）牛羊肉及野味

牛羊肉以及野味菜肴是一类肉质纤维较粗、脂肪含量较高的食物。其主要烹饪形式以炒、烤、炖、焖为主,不管是什么烹饪形式,其口感均较为浓郁,佐以红葡萄酒是上乘之选。至于搭配哪一类型的红葡萄酒,需要考虑牛肉的不同部位,肉的质感与鲜嫩程度,牛羊肉的烹饪方式以及香料、酱料的使用等。野味与牛肉质感有相似之处,也多与单宁厚重的红葡萄酒搭配。葡萄酒可以有效软化动物肉的蛋白质,分解纤维,帮助消化。

（十）腊肉、卤肉与熏肉

首先,腊肉是我国腌肉的一种,是使用盐及各种香料经过腌制之后晾晒（或简单烘烤）而成的肉类。在我国四川、广东、湖南、湖北等地有非常广泛的分布,在我国北方也有腌肉习惯。这类食物经过腌制之后,有很强的防腐能力,所以可以保存较长的时间。陈年后的腊肉,完美融合香料及盐渍的咸香,味道醇厚,口感浓郁。这些口感风味最适宜搭配同样风味醇厚、浓郁且有一定陈年的红葡萄酒,其单宁成熟柔滑,复杂的陈年香气可以与腊肉风味完美结合;单宁与酸度也可以减弱腊肉的咸味。卤肉、熏肉与腊肉有相似之处,同样会大量使用香料,加以卤制、熏烤而成,咸香味为主,醇厚复杂,香料气息浓郁。所以都可以搭配中高单宁、浓郁型红葡萄酒,尤其是陈年成熟后的干红葡萄酒,其香气与口感可以相互提升。避免干白葡萄酒、甜白葡萄酒以及清淡的红葡萄酒,单宁生涩的葡萄酒也尽量避开。

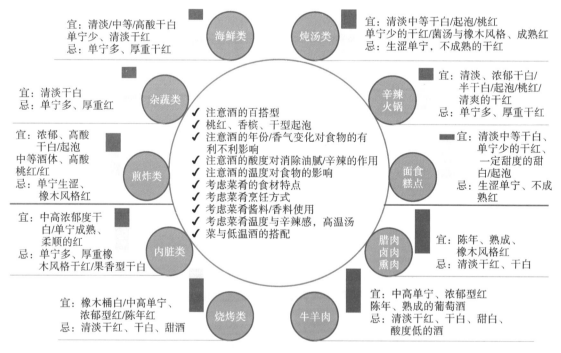

中餐各类菜肴与葡萄酒搭配注意事项

二、注意烹饪方式对葡萄酒搭配的影响

中餐烹饪方式多样,同样的菜品使用不同的烹饪方式,对其风味影响较大。日常最常见的烹饪方式有生食、涮、炒、蒸、煲、炖、焖、煎、炸、烤等。生食、炒、蒸、涮等烹饪形式适合蔬菜、大豆

谷物,对菜肴原始状态改变较少,所以根据其食材风味的不同最好匹配白葡萄酒或部分清淡的红葡萄酒;煲、炖、烧、焖之类的菜肴,一般多使用葱、姜、蒜,各类香料与调味汁慢火炖烧而成,口感可以根据香料的使用量,分为清淡型与浓郁型,前者可以搭配浓郁的干白葡萄酒,或清淡的红葡萄酒,后者建议搭配中高酒体的红葡萄酒,但注意避开单宁过度强烈的葡萄酒,以免破坏汤汁的醇香;煎、炸、烤的菜肴一般使用中高油量,风味往往较为浓郁,有一定的油腻感,香料味浓,所以根据食材不同可以佐以浓郁型干白葡萄酒以及中高单宁、香气浓郁、口感复杂的红葡萄酒。而拔丝与蜜汁的菜肴通常口感较为甜美、圆润,可以佐以德国晚收葡萄酒或其他甜型葡萄酒,同时考虑葡萄酒的酸度。表 11-9 汇总了主要烹饪方式及其口感风味,以供参考。

表 11-9　中餐主要烹饪方式及口感风味

烹饪方式	特点	主要菜式	口感
拌	生食,酱油、醋、香油、葱、姜、蒜等与原料调拌食用	凉拌菜/凉拌豆腐皮	清淡
炒	食材切丝、条、块等,使用葱、姜、蒜炒制而成,使用广泛	清炒杂蔬/青椒炒肉	清淡、中等
煮	把主料放于浓汤或清水中炖煮而成	煮水饺	清淡、中等
炸	旺火,高油,可分为清炸、干炸、软炸、酥炸等	软炸虾仁/炸鸡柳	较为浓郁
焖	与烧相似,小火慢炖而成,耗时,菜肴较为软烂	红焖羊肉/油焖茄子	浓郁为主
煎	锅底放油,原料放入锅中,单面或双面煎炸而成	香煎土豆饼/水煎包	浓郁、油腻
烤	烤炉、烤箱内明火或暗火烤制,调味汁或香料腌制	烤羊肉串/烤羊排	浓郁、香料味重
腌	把原料用调味汁浸渍,多用于冷菜	腌黄瓜条	咸鲜味
卤	食材与各种香料调味汁卤制而成,晾凉后常做冷菜	酱牛肉/卤猪脚	香料重、咸香
熏	将已成熟的食材,用烟熏烤而成	熏鲅鱼/茶熏鸡翅	烟熏味、咸香
蒸	以水蒸气为导热源,旺火加热蒸熟,体现食材原味	蒸花卷/肉末蒸豆腐	中浓郁度
炖	与烧焖相似,汤汁较多,葱、姜、蒜及香辛料使用多	山药炖鸡/炖牛腩	中等偏浓郁
爆	旺火快速烹制的一种方式,调汁浓稠,多鸡、鸭肉等	蒜爆羊肉/葱爆海参	浓郁为主
熘	油炸或开水余后,制作卤汁,趁热将卤汁淋于食材	熘肝尖/熘肉段	清淡、中等
烧	大火后小火烧制,与汤汁调和,红烧/酱烧/辣烧等	土豆烧肉/红烧排骨	浓郁为主
拔丝/蜜汁	用糖、蜂蜜等加油或水熬制浓汁,浇入食物之上	拔丝地瓜/蜜汁山药	甜香、甜腻

三、确定主要风味

由于地域文化的相互融合,菜品混搭已是不争的事实。也就是说,同一餐桌菜品中,可能会同时出现鲁菜、川菜、粤菜等菜品形式,口感丰富,风味复杂,这使得同一款酒很难完美搭配所有菜品。所以,我们可以根据菜品的主要风格来进行配酒,主菜及其主打风格应是最先考虑的因素。如果客人所点的菜肴为鲁菜风格,那么就应该选择高酸、中高浓郁度的红葡萄酒;如果客人所点菜肴主要为辛辣风格,那么就要避开高单宁红葡萄酒,干白葡萄酒、桃红葡萄酒与起泡酒是其首选。

四、注意葡萄酒百搭性选择

综合来看,中餐多以蔬菜、谷物类食品为主要饮食形式,肉类以猪肉、家禽为主,另外,各地菜品融合较大,上菜方式较为集中,菜品复杂,口味多样,所以,百搭性葡萄酒是最理想的选择,冷凉产区红、白葡萄酒,干型起泡酒,香槟以及口感介于红、白葡萄酒之间的桃红葡萄酒无疑是最好的搭配,当然,我们还要根据客人用餐的实际情况或顾客喜好,推荐合适的葡萄酒。

五、红、白葡萄酒搭配饮用

我国餐饮文化多元,很多情况下,顾客的点餐都会天南地北、五花八门。加上用餐过程中各类杂蔬、海鲜、鱼类、肉菜以及汤菜混搭,使得固定一种葡萄酒搭配所有菜肴成为难题。因此有学者提议,用餐时可以红、白葡萄酒混搭用餐,服务人员可以根据餐酒搭配规律以及客人用餐习惯选择红、白葡萄酒为之搭配,摆台时增加酒杯,客人用餐过程可以自主选择饮用红葡萄酒或白葡萄酒。这样一方面增强了顾客葡萄酒选择的空间,另一方面提升了用餐的舒适度,一举两得。

六、按一定规律上菜

中餐的上餐程序也有一定规律可循,一般先上冷盘,后上热菜,最后上甜食和水果。与葡萄酒搭配的难度在于中间的热菜环节,热菜类型多,有杂蔬、肉类、鱼类、豆制品、汤菜等,这些食物通常上菜集中,且没有严格的上餐规律,如此便很难实现先白葡萄酒后红葡萄酒的饮酒法则。其实关于这一点如何解决的问题,在北京、上海、广州或香港等地的高端餐饮场合中,中餐西吃的形式已渐渐流行开来,这些特色中餐厅通常按照西餐程序上菜,讲究分餐,提供份菜,餐具也中西结合,这种服务形式的创新为葡萄酒与食物的真正搭配提供了更多可行性。另外,在一些高端的主题宴会上,侍酒师与厨师的配合已经成为一种餐饮潮流,厨师开始走向前台为顾客做用餐前的讲解,而侍酒师也在后台加强与厨师的沟通与配合,他们根据客人喜好,制定科学的酒单、菜单,并遵循先白葡萄酒后红葡萄酒最后到甜品的基本饮酒规律,为顾客调整上菜顺序,从而大大提高顾客用餐质量与愉悦度。

以上是根据中餐的一些特点,简单理顺了六条酒餐搭配的建议,在实际应用中六个方面不能单独而论,需综合考虑。另外,如何能形成更符合实际、更打动消费者的餐酒搭配建议,很多源自侍酒师对餐与酒的品尝经验,因此,侍酒师在平时工作中要善于训练味蕾,积累这些直接的经验,并学会用文字表述出来。

第五节　葡萄酒与中国地方菜
Wine ＆ Chinese Local Food

我国是一个多民族国家,各民族间交流频繁,融合性强,这就形成了一个多元餐饮文化圈。我国的饮食特点非常突出地域性,这些风味流派早在秦汉时期就已经出现。自宋朝之后,随着更多金属器皿的出现,烹饪方式更加多样化,到了明清时期,辣椒、番茄等外域烹饪原料大量进入中原,原材料的丰富、技艺的提高促使我国餐饮走向成熟,并形成了非常有地域文化特色的风味流派,我们习惯上把它们称为地方菜系。清末之后,我国较有代表性的菜系有鲁、川、粤、闽、苏、浙、湘、徽八大菜系。这八大菜系各具风格,本书重点也是聚焦八大菜系,探析其与葡萄酒搭配的方法,为了更好地归纳总结,我们在每个菜系介绍的文字之后附上了搭配建议表,以显示与菜肴搭配的葡萄酒类型,其匹配程度划分为三类,★★★表示整体最适宜搭配,★★表示较好搭配,★表示可以搭配。需要说明的是,任何菜肴与酒的搭配没有绝对哪项最好,哪项不好,仁者见仁,智者见智。所以,下列匹配只是相对而论。

另外,在每个地方菜系酒餐搭配示意表中,我们提到了十种不同风格的葡萄酒类型,这些类型的酒具体有哪些? 表11-10做了部分归纳,以供参考理解。

表 11-10　十大类型葡萄酒与八大菜系搭配建议

类型	代表性葡萄酒	比较适合搭配的菜系
轻盈高酸红葡萄酒	勃艮第 AOC 红葡萄酒/博若莱/意大利瓦尔波利塞拉/德国丹菲特/美国基本款金粉黛/地中海、新世界歌海娜	八大菜系均可
酒体中等红葡萄酒	意大利基本款基安蒂/新世界黑皮诺、美乐/法国年轻村庄级红葡萄酒/西班牙里奥哈/Reserva 级酒	鲁、徽、湘、苏
高单宁、浓郁红葡萄酒	赫米塔吉/教皇新堡/超级托斯卡纳/智利佳美娜/顶级金粉黛/阿根廷马尔贝克/隆河、澳洲西拉	鲁、徽
陈年品质红葡萄酒	意大利经典基安蒂/巴罗洛/巴巴罗斯科/内比奥罗/顶级波尔多红葡萄酒/顶级隆河/顶级巴罗洛/顶级托斯卡纳/西班牙顶级多罗河红葡萄酒/顶级新世界赤霞珠、西拉等	鲁、徽、湘
轻盈高酸白葡萄酒	意大利索阿维/灰皮诺/北部白葡萄酒/法国夏布利/密斯卡岱/白皮诺/葡萄牙绿酒/德国 Kabinett 级雷司令等	八大菜系均可
草本型白葡萄酒	法国武夫雷/桑塞尔/普伊芙美/卢瓦尔河白葡萄酒/新世界未过橡木桶的长相思/澳洲猎人谷的赛美蓉/南非未过桶的白诗南	鲁、苏、川、浙
果香型白葡萄酒	法国麝香/琼瑶浆/灰皮诺/维欧尼/法、德国、奥地利及新世界的雷司令/福尔明特/小芒森/西班牙葡萄牙阿尔巴利诺/阿根廷的特浓情	鲁、粤
橡木风格白葡萄酒	法国特级夏布利葡萄酒/村庄级勃艮第白葡萄酒/长相思赛美蓉混酿（优质波尔多白葡萄酒）/所有橡木桶风格的霞多丽	鲁、徽、湘
各类甜酒	苏玳甜葡萄酒/托卡伊/甜型晚收/精选葡萄酒/冰酒/麝香加强型酒/奶油雪莉/波特酒/意大利帕塞托红葡萄酒/甜型马德拉/甜型马尔萨拉酒	粤、苏、川、湘
起泡桃红葡萄酒	香槟/阿斯蒂/普洛赛克/卡瓦/塞克特/新世界起泡酒/普罗旺斯桃红葡萄酒/安茹桃红葡萄酒/其他新旧世界桃红葡萄酒/中国桃红葡萄酒及起泡酒等	八大菜系均可

一、鲁菜

鲁菜发源于齐鲁大地，历史起源悠久、技法多样，对京、津及东北地区菜系形成深远影响，堪称八大菜系之首。山东地处黄河中下游，有平原与丘陵，海洋与内陆，地貌类型多样，物产丰富，蔬菜、瓜果、家禽以及海鲜类食材多样。鲁菜起源于商代，历史源远流长，到了宋代就已经成为"北方菜系"的代表，烹饪方式多样，食材多与药膳结合，有很强的养生功效，对我国宫廷菜肴也有很大影响。除药膳系列之外，目前鲁菜通常分为济南、胶东、孔府菜三种风味。

首先，济南风格的鲁菜多使用葱、姜、蒜做基础调味料，酱油、甜面酱、老抽、生抽以及各类香辛料使用较多，菜品多咸鲜味，口味较重，烹饪方式突出炒、熘、烧、爆等，并善于使用明火爆炒、拔丝等烹饪形式，技艺精湛，有"食在中国，火在山东"之说，注重菜品入味，香气浓郁。选用白葡萄酒时避开简单款，酸度清爽、酒体清淡、中等浓郁度的干白葡萄酒更优。法国等旧世界酸度较高的红葡萄酒及新世界单宁成熟的红葡萄酒也可以用来搭配。其次，胶东海鲜菜肴也是鲁菜一大特色，烹饪方式有清蒸、炒、爆、煎、烤等，海鲜风味风格多样，从清淡型到浓郁型干白葡萄酒都可以完美搭配，单宁少的红葡萄酒也可搭配煎、炸、烤风格的海鲜产品，如葱烧海参、红扒鲍鱼等；再者，孔府菜是鲁菜的又一典型，也是我国官府菜的典型代表，深受孔子思想影响，烹制与选材有严格要求，孔子提出的"食不厌精，脍不厌细""八不食"等观点与理论对菜品烹制有深远影响，尤其是筵席菜品更加庄重，有较强的礼仪与规格。主要菜品有诗礼银杏、一品豆腐、寿字鸭羹。孔府菜根据食材特点,选择高酸、轻盈到中等酒体的白葡萄酒最佳,肉类食物可多搭配单宁成熟度高的红葡萄酒,注意避开单宁生涩不成熟的葡萄酒,另外考虑葡萄酒品质,选择优质红、白葡萄酒。最后,鲁菜善于烹制药膳类及浓汤类菜品,这类菜肴根据食材及香料多少,可以搭配单宁顺滑、有较好酸度、一定陈年的红葡萄酒或轻微橡木风格白葡萄酒。表 11-11 为鲁菜与葡萄酒搭配选项示意表。

表 11-11　鲁菜与葡萄酒搭配选项示意表

轻盈高酸红葡萄酒	中等酒体红葡萄酒	高单宁浓郁红葡萄酒	陈年品质红葡萄酒	轻盈高酸白葡萄酒	草本型白葡萄酒	果香型白葡萄酒	橡木风格白葡萄酒	起泡桃红葡萄酒	各类甜酒
★★	★★	★★★	★★★	★★	★★	★	★★★	★★	★

二、川菜

川菜作为我国八大菜系之一,也拥有非常悠久的历史,早在春秋、战国时期,便开始发展,到了秦汉时期,随着几次移民潮,尤其在三国鼎立的蜀国时期,烹饪菜品及风格渐渐成型。由于四川多山谷盆地,气候潮湿,菜式风味便开始凸显出"尚滋味、好辛香"的特点。从川菜整体特点来看,多辛辣、咸香,口味醇厚,调味汁料非常多样,因此菜品风格多变,百菜百味,独具一格。主要口味分类有鱼香、麻辣、酸辣、陈皮以及怪味等,也有很多菜品为这些基本口味的复合味型,如红油、蒜泥、麻酱、五香、糖醋等味型,丰富多样。总之,川菜料理主要依靠各种调味品体现其层次变化与浓淡多寡,讲究入味,口感复杂多变。其经典菜肴有四川火锅、鱼香肉丝、泡椒凤爪、水煮肉片、麻婆豆腐等。针对这类菜肴,干型起泡酒,香槟、桃红葡萄酒等百搭型葡萄酒是首选,酒体由清淡渐渐浓郁的高酸型白葡萄酒也是上乘搭配,雷司令、琼瑶浆等果香型白葡萄酒也是理想之选,甜型、半甜型葡萄酒也可以有效分解食物中的辛辣,是搭配的不错选择。红葡萄酒方面,果香突出,单宁柔顺的美乐、歌海娜等中性风格红葡萄酒也非常适宜,要避开酒精浓度高、酒体饱满、富含单宁的红葡萄酒,它们与辛辣、麻香等风味搭配会有失平衡,也会加剧菜品辛辣及苦味。表 11-12 为川菜与葡萄酒搭配选项示意表。

表 11-12　川菜与葡萄酒搭配选项示意表

轻盈高酸红葡萄酒	中等酒体红葡萄酒	高单宁浓郁红葡萄酒	陈年品质红葡萄酒	轻盈高酸白葡萄酒	草本型白葡萄酒	果香型白葡萄酒	橡木风格白葡萄酒	起泡桃红葡萄酒	各类甜酒
★★	★★★	★	★	★★★	★★	★★★	★	★★★	★

三、粤菜

粤菜发源于岭南地区,该地处于我国南部,濒临南海,是明显的亚热带气候。地理位置得天独厚,物产富饶,多热带水果。随着历史的沿革,在大量吸收内陆地区中原文化的基础上,烹饪技艺与方法开始融合变通,自成一家。加上近代历史上,该地开放时间较早,港口性城市的优势凸显了出来,其与外国文化融合较多,在创新与模仿及不断改进中,此地的烹制技艺得以提高,多样善变。粤菜便成为我国非常具有代表性的菜系,也是世界上影响最为深远的中国菜系。粤菜主要由广州菜、潮州菜、东江菜组成,菜品与北方菜肴及川菜截然不同,少酱料,少辛辣,清淡,注重品质及色彩搭配,精致美味,鲜香甜美,口感总体圆润香醇。主要菜式有广式甜点、烤乳猪、蜜汁叉烧、煲仔饭、潮州鱼丸等,尤其适合与各类优质白葡萄酒、起泡酒、桃红葡萄酒等搭配,广式甜点适合各类甜型葡萄酒。红葡萄酒多与陈年高品质的旧世界葡萄酒或酒体中等、单宁成熟、口感柔顺的新世界酒款相搭,避免单宁突出、生涩收敛的干红葡萄酒。部分盐焗肉类、熏烤、卤制肉类及熬制高汤类菜肴,可搭配旧世界果香复杂、较为柔顺的陈年干红葡萄酒或轻微橡木风格白葡萄酒,避开单宁生涩感,优质村庄级勃艮第葡萄酒、南法优质红、白葡萄酒以及新世界的黑皮诺葡萄酒都是非常好的选择。表 11-13 为粤菜与葡萄酒搭配选项示意表。

表 11-13　粤菜与葡萄酒搭配选项示意表

轻盈高酸红葡萄酒	中等酒体红葡萄酒	高单宁浓郁红葡萄酒	陈年品质红葡萄酒	轻盈高酸白葡萄酒	草本型白葡萄酒	果香型白葡萄酒	橡木风格白葡萄酒	起泡桃红葡萄酒	各类甜酒
★★	★	★	★★	★★★	★	★★★	★	★★★	★★★

四、苏菜

苏菜源起于我国长江中下游地区,那里是著名的鱼米之乡,物产富饶,水产品及家禽类菜品尤其突出。由于富甲一方的地理位置,隋唐时期经济的繁荣使得苏菜很早就成为我国经典的代表菜系之一,是"南食"的重要支柱。该菜系覆盖地域广泛,现今主要分为南京菜、苏锡菜、淮扬菜以及徐海菜等地方菜系。苏菜烹饪方式上以蒸、炖、焖、炒为主,善于保持食材原味,清新雅致,善于用糖,口感偏向醇和甜润。主要代表菜品有清炖蟹粉狮子头、松鼠鳜鱼、盐水鸭等。在与葡萄酒匹配上,整体来看与酒体清淡或浓郁的白葡萄酒或酒体轻盈的红葡萄酒甚为相搭。用料丰富的猪肉等主食菜肴可以搭配新世界单宁柔顺、口感中高浓郁度的红葡萄酒,由于风味多清香,咸中带甜,避免高单宁或橡木味突出的红葡萄酒。部分高品质、单宁发展成熟、丝滑的陈年干红葡萄酒可以搭配苏菜中较为精致的菜肴。另外,苏菜中各类桂花粉、江米糕、梅花糕、红豆糕、元宵等甜品可搭配清爽酸度的甜白葡萄酒。表 11-14 所示为苏菜与葡萄酒搭配选项示意表。

表 11-14　苏菜与葡萄酒搭配选项示意表

轻盈高酸红葡萄酒	中等酒体红葡萄酒	高单宁浓郁红葡萄酒	陈年品质红葡萄酒	轻盈高酸白葡萄酒	草本型白葡萄酒	果香型白葡萄酒	橡木风格白葡萄酒	起泡桃红葡萄酒	各类甜酒
★★★	★★	★	★★	★★★	★	★★★	★	★★★	★★

五、湘菜

湘菜主要指湖南菜系,该地处于长江中游地区,多山岭湖泊(我国第二大淡水湖洞庭湖位于此地),气候温和、湿润,多雨水。古时处于九州重地荆州,汉族与其他少数民族混杂住住,为当时多样人文环境打下基础。多山地,山菜、香料及野味多,另外得益于湖泊河流,淡水产品及家禽类食材丰富。烹饪方式油重色浓,讲究入味,烧、炒、蒸、熏等技法多样,菜品口味与北方的咸,南方的甜润不同,本地特色突出辣与酸,加上辣椒、花椒、茴香、桂皮香辛料居多,其风味多辛辣,香料入菜多,调味品黏稠浓郁。酒餐搭配方面,首先,对于像剁椒鱼头、辣子炒肉等辛辣杂蔬及酸辣水产品类菜肴来说,在考虑与葡萄酒搭配时倾向百搭型的起泡酒、桃红葡萄酒或酸度清爽、酒体中等的干白葡萄酒;酸辣汤汁浓郁的家禽与牛羊肉菜肴,可选择与菜品酸度一致的高酸、单宁少或柔顺成熟的红葡萄酒搭配;腊味合蒸、走油豆豉扣肉等腊味食材则可与酒体浓郁、橡木风味的旧世界干红葡萄酒搭配。表 11-15 所示为湘菜与葡萄酒搭配选项示意表。

表 11-15　湘菜与葡萄酒搭配选项示意表

轻盈高酸红葡萄酒	中等酒体红葡萄酒	高单宁浓郁红葡萄酒	陈年品质红葡萄酒	轻盈高酸白葡萄酒	草本型白葡萄酒	果香型白葡萄酒	橡木风格白葡萄酒	起泡桃红葡萄酒	各类甜酒
★★★	★★	★	★★	★★★	★★	★★	★	★★	★

六、徽菜

徽菜起源于徽州,该地地理位置优越,食材丰富,历史上因徽州商人的崛起而名闻天下,因此是一个人文气息浓郁的地方,凸显出浓厚的重商、重礼节的地域性特点。烹饪方式上,多红烧、蒸、炒、爆、炖等,非常注重火候,多油、口味浓郁,色泽较为厚重。代表菜肴有红烧臭鳜鱼、一品锅、荷叶粉蒸肉、腐乳炸肉等,民间多宴席,例如岭北的吃四盘、一品锅,岭南的九碗六、十碗八等。葡萄酒的搭配可以多选择浓郁型葡萄酒,多挑选高酸类型,以有效压制食物的油腻感。根据食材类型选择干白葡萄酒或浓郁干红葡萄酒。注意单宁对食物的影响,食物口感风味应与葡萄酒的单宁多少和成熟度协调匹配。表 11-16 为徽菜与葡萄酒搭配选项示意表。

表 11-16　徽菜与葡萄酒搭配选项示意表

轻盈高酸红葡萄酒	中等酒体红葡萄酒	高单宁浓郁红葡萄酒	陈年品质红葡萄酒	轻盈高酸白葡萄酒	草本型白葡萄酒	果香型白葡萄酒	橡木风格白葡萄酒	起泡桃红葡萄酒	各类甜酒
★★	★★	★★★	★	★★	★	★★	★★★	★	★

七、浙菜

浙菜与苏菜相近,为浙江菜的简称。该地东临大海,水产资源丰富,南部多丘陵山地,蔬菜野味多样。浙菜由杭州菜、宁波菜、绍兴菜、瓯菜组成,常见烹饪方法有清蒸、炒、煨、焖、烩、炖等,喜好甜鲜味。菜品原料多为鲜活的鱼、虾、家禽以及各类时令蔬菜。大部分浙菜口味风格多俊秀清爽,鲜美圆润,充分体现食材的鲜嫩,代表菜品有西湖醋鱼、东坡肉、龙井虾仁等。这类菜品可以搭配各类白葡萄酒,建议以干型为主,德国干型雷司令、轻盈酸爽的长相思都是理想之选,避开橡木风格的葡萄酒。另外,对红葡萄酒来说,酒体轻盈的勃艮第黑皮诺也可以与之搭配,黑皮诺的酸度可以很大程度上提升江浙菜的鲜美,使得菜肴更加精致而优雅。但要避免生涩的单宁以及橡木味突出的葡萄酒,以免掩盖江浙菜中的鲜味。浙菜中也有风格浓郁的一类,绍兴菜便是其中代表。该菜品分为腌菜(酱鱼干、酱鸡鸭)、臭菜(臭鳜鱼、苷菜杆)、梅菜(梅干菜、梅千张、梅毛豆)三种类型,并且很多经过长时间风干发酵而来,其口味较为浓郁,咸香醇厚,在当地多与绍兴酒相搭配食用。葡萄酒则建议可以选择一些风味成熟、有一定陈年的旧世界的葡萄酒,简单的酒,因为缺少与菜肴质量的呼应,应予以避开。鱼类、海鲜类的菜肴则可搭配村庄级勃艮第白葡萄酒,隆河谷的维奥涅;家禽类的绍兴菜则可以与成熟的巴罗洛、优质勃艮第红葡萄酒等搭配,西班牙的雪莉酒因为其口味特征与该地的黄酒有很多相似之处,同样可以与当地菜肴完美搭配。另外,浙菜中的糕点、羹、面点、汤圆、肉粽等也较有代表性,口感甜软新鲜,可以挑选酸度清爽、酒体中等或浓郁风格的白葡萄酒,德国精选葡萄酒、晚收雷司令能够与较为甜润的汤类相搭。表 11-17、表 11-18 分别为浙菜、绍兴菜与葡萄酒搭配选项示意表。

表 11-17　浙菜与葡萄酒搭配选项示意表

轻盈高酸红葡萄酒	中等酒体红葡萄酒	高单宁浓郁红葡萄酒	陈年品质红葡萄酒	轻盈高酸白葡萄酒	草本型白葡萄酒	果香型白葡萄酒	橡木风格白葡萄酒	起泡桃红葡萄酒	各类甜酒
★	★★	★★	★★	★★	★★	★★	★★	★	★

表 11-18　绍兴菜与葡萄酒搭配选项示意表

轻盈高酸红葡萄酒	中等酒体红葡萄酒	高单宁浓郁红葡萄酒	陈年品质红葡萄酒	轻盈高酸白葡萄酒	草本型白葡萄酒	果香型白葡萄酒	橡木风格白葡萄酒	起泡桃红葡萄酒	各类甜酒
★★★	★	★	★★	★★★	★★	★	★	★★★	★

八、闽菜

闽菜兴起于福建,涵盖了闽东、闽西、闽南、闽北以及莆仙五个地方风味菜肴,由中原汉族文化与闽越文化融合而成。历史形成较早,有深厚的文化底蕴与地方民俗特色。该地气候湿润,多山地丘陵,紧邻大海,可谓山珍海味汇集之处。主要烹饪方式有蒸、煎、炒、熘、焖、炖等,善于烹制海鲜菜肴,运用各类酸甜口味调味汁,风味多样,总体口感清淡鲜美,酸甜口味多,去腥提鲜效果好。另外,闽菜多汤菜,注重原味,鲜美润口。闽菜代表菜肴有鸡汤汆海蚌、蚵仔煎、豆沙糍粑、莆田卤面等。由于闽菜多以海鲜为主,烹饪上多保留食材本身的特点,所以大部分菜肴适宜选择清雅味酸的葡萄酒与之相搭,果酸突出的葡萄酒可以帮助菜肴提升鲜味,同时达到去腥去异味的作用。夏布利的莎当妮、意大利东北部的灰皮诺、卢瓦尔河的长相思、干型香槟、意大利普罗塞克等都是较好之选。红葡萄酒的挑选上与浙菜类似,较浓郁的食物也可以选择单宁较少的黑皮诺、佳美等,意大利的一些酒体轻盈的红酒也会结合得较完美。表11-19为闽菜与葡萄酒搭配选项示意表。

表 11-19　闽菜与葡萄酒搭配选项示意表

轻盈高酸红葡萄酒	中等酒体红葡萄酒	高单宁浓郁红葡萄酒	陈年品质红葡萄酒	轻盈高酸白葡萄酒	草本型白葡萄酒	果香型白葡萄酒	橡木风格白葡萄酒	起泡桃红葡萄酒	各类甜酒
★★★	★	★	★★	★★	★	★	★★★	★	★

以上是对我国较有代表性的八大菜系的简单介绍及葡萄酒搭配的建议,我国是一个地域广阔、民族众多的国家,除以上菜系之外,京菜、东北菜、新疆菜、兰州菜、云南菜等地方菜系也各具特色,朝鲜族、苗族、藏族等少数民族菜肴也各自彰显出民族特色饮食习惯,在此不再一一归纳。总的来说,中餐与葡萄酒的搭配相比西餐来说没有特别固定的模式可循,口味浓郁的北方菜肴更适合红葡萄酒,清淡甜润风味突出的南方菜肴则适合白葡萄酒。具体而言,我们要充分考虑前文提到的食材类型、烹饪方法、调味与香料以及人们的饮用习惯等因素,注意桃红葡萄酒、起泡酒等百搭型葡萄酒的选择。

我国中餐文化南北差异大,食物种类丰富多样,烹饪形式变化多端,而葡萄酒也有着不同的年份、产区、品种,不同酿酒设备的使用以及酿酒师的不同都会诠释葡萄酒的不同风格。所以基于此,中餐搭配地方菜系是一个非常值得研究与推敲的领域,餐饮工作人员需重点关注这一领域。

第六节　主要葡萄酒品种与中餐搭配
Main Wines & Chinese Food Pairing

餐酒搭配,除了可以从地方菜系入手,根据菜系配酒之外,也可以从酒入手,搭配菜肴。葡萄酒类型多,范畴广,选择具体的品种是以酒配餐最好的切入点。品种是学习葡萄酒的入门,品种风味很大程度上决定着葡萄酒的风味,因此,品种配餐更加直接有效。只不过,我们需要注意,同一个品种受所在产区风土、成熟度、酿造、陈年等因素的影响,其风味各有不同之处。表11-20中有关品种的搭配建议,只是从该品种通常意义下的特征出发进行的部分总结,并列举了一些菜肴名称。同样,需要说明的是,酒餐搭配没有固定模式,这里的搭配关系仍然为相对概念,实际工作运用中还需灵活对待。

表 11-20　葡萄品种与中餐搭配表

品种	可搭配的菜肴风格	菜品举例	八大菜系
清爽风格霞多丽	各类海鲜、贝类、杂蔬	清蒸海鲜、炸萝卜丸子	鲁、徽、苏
橡木风格霞多丽	芝麻酱入味菜肴、豆制品、海鲜、家禽猪肉类浓汤	香草虾仁、炸豆腐丸子、盐水鸭丝、奶汤蒲菜、蒜泥白肉、煎茄盒	鲁、徽、苏
清爽长相思	开胃菜，各类生食，清炒蔬菜，贝类，清蒸海鲜，蔬菜、肉馅水饺，菜饼面食	炒竹笋、干煸豆角、青椒炒土豆丝、炒冬笋、凉拌菜、烤牡蛎、炸酱面、韭菜水饺	鲁、川、粤
橡木风格长相思	煎炸海鲜、高汤炖煮、清汤火锅	龙井虾仁、佛跳墙、羊汤	鲁、川、粤
干型雷司令	贝类、火锅	海贝、酸菜鱼、炒面、春卷	粤、苏、浙、川、湘
甜型雷司令	水果蛋糕、甜味食物、拔丝菜肴	拔丝苹果、糖醋鱼、生煎包	粤、苏、浙、川、湘
琼瑶浆	中高浓郁度、微甜菜肴、火锅、辛辣菜	南瓜汁、麻婆豆腐、无锡排骨、煲仔饭	苏、粤、川
灰皮诺	海鲜贝类、清蒸菜肴、新鲜时蔬、凉菜	清蒸海鲜、清蒸鱼、白菜水饺	川、苏、湘
白诗南	海鲜贝类、杂蔬、炖菜、汤菜	蚵仔煎、煎饺、海鲜疙瘩汤	苏、浙、川
维欧尼	煎炸蔬菜、炖菜、海鲜、咖喱	剁椒鱼头、清炖排骨、清蒸蟹、椰子饭	鲁、徽、苏、川
麝香	甜味食物、粽子、坚果类甜食	水果派、粽子、八宝饭、月饼、点心	粤、苏、川
赤霞珠	猪、牛、羊肉荤菜，烧烤类、高蛋白、高脂肪类，酱肉	酱肘子、酱牛肉、烤羊排、炖牛肉、卤肉	鲁、徽、苏
黑皮诺	烧烤、红色海鲜、菌类食物、卤鸭肉	叉烧、烤鸭、小鸡炖蘑菇、葱烧海参、红烧肉	粤、苏、川
美乐	中等浓郁菜肴、家禽烧烤类、北方炖菜	鱼香肉丝、夫妻肺片、四喜丸子、回锅肉	川、粤、闽
西拉	烤肉类，浓郁、香料丰富的菜肴，卤菜	烤羊腿、爆炒牛肉、野味肉类、椒麻鸡丝	鲁、徽、川
歌海娜	各类炖菜、海鲜火锅、海鲜饭、砂锅菜	宫保鸡丁、水煮牛肉、砂锅牛肉	川、粤、苏
内比奥罗	香辛料、酱料丰富的菜肴、烧烤类	金华火腿、梅菜扣肉、孜然羊肉	粤、鲁
桑娇维塞	番茄类食物、野味	西红柿炖牛腩、水煮牛肉、肉饼	鲁、徽
仙粉黛	家禽类、烧烤、肉馅面食	烤乳猪、BBQ 猪小排、牛羊蒸包	苏、浙、川

　　综合以上有关中餐、西餐及奶酪与葡萄酒的搭配，我们发现餐酒搭配有一定的章法可循。需要酒水服务人员能够对两者匹配的基本知识融会贯通，举一反三，灵活应变。推尚菜肴品质，注重健康环保，并能提供专业酒水服务是未来高端餐饮的发展趋势，人们期待最佳用餐经历，享受细节，期望周到的个性化服务，那么能否实现顾客的最佳用餐体验，侍酒师的岗位作用开始凸显。侍酒师能否发挥应有岗位作用，需要对餐饮、酒水等有系统学习。餐酒本身并不是一个孤立的领域，它是一个地区历史、人文、气候、风土的直接写照。世界餐饮文化圈十分庞大，每个地区几乎都有着各具特色的文化底蕴与历史背景，因此，酒水从业人员喜欢博览群书、旅游观光、美食体验，这也是提升餐饮工作更加直接有效的方法。当然，如果自己不仅仅是旅游爱好者，还

是一位美食达人，日常善于接触更多食材，了解各类香辛料的风味，懂得如何调出美味的酱汁，烹饪美食，这对酒水工作的帮助则会更大。因此，一个好的酒水从业人员要善于丰富自己的阅历，从中积累经验。当然，酒餐搭配本身需因人而异，因时而异，具体场合需要具体分析，在遵循一定章法的同时，也可打破常规，灵活创新，只有如此才能有更加长久的发展。

附录 A | 法国波尔多/勃艮第葡萄酒主要分级体系

1855 梅多克列级酒庄

1855 苏玳-巴萨克分级酒庄

1959 格拉夫列级酒庄

2012 圣爱美隆列级酒庄

2020 波尔多中级庄

勃艮第特级葡萄园

附录 B | 北京国贸大酒店酒单 2019（节选）

北京国贸大酒店酒单 2019（节选）

附录 C 　中国部分精品酒庄

中国部分精品酒庄

附录 D ｜ 中国部分精品酒庄图文介绍

一、山东产区

（一）九顶庄园（Château Nine Peaks）

九顶庄园建于 2008 年，位于风土极佳的九顶山下。酒庄目前拥有 150 公顷的山丘以及梯形土地，所有苗木全部由法国进口。九顶庄园由卡尔·海因茨·霍普特曼博士创立，九顶庄园连续 4 年参加"醇鉴上海美酒相遇之旅"活动及 2016 年香港国际葡萄酒与烈酒展览会，被列入《Bettane＋Desseauve 葡萄酒 2016 年度指南》。

九顶庄园有着大陆性季风气候，冬季干爽，夏季湿热。白天最高温度 30 ℃，夜间最低温度 15 ℃。九顶庄园现有种植面积 90 公顷，分别种植来自法国的赤霞珠、小味儿多、美乐、霞多丽、品丽珠、蛇龙珠、西拉 7 种葡萄品种。九顶庄园酿酒车间及酒窖采用自然重力设计，尽可能避免机器传输对葡萄汁及葡萄酒的影响，第一层为葡萄分拣平台，第二层为发酵车间，第三层为地下酒窖，现存 490 个法国橡木桶。

九顶庄园

（二）君顶酒庄（Château Junding）

君顶酒庄有限公司位于世界七大葡萄海岸之一的中国著名葡萄酒产区山东蓬莱南王山谷，酒庄占地面积近 13.7 平方公里，为 4A 级葡萄酒主题旅游景区，并拥有葡园高尔夫、五星级葡园酒店及葡萄酒文化艺术交流推广等产业集群。酒庄引进意大利贝塔拉索葡萄酒灌装线、意大利帕多万葡萄酒过滤设备、法国瓦斯林葡萄除梗破碎设备，同时拥有 8000 平方米地下酒窖为瓶储区及橡木桶陈酿区，极大保障了葡萄酒在瓶储和陈酿阶段的质量。

先后荣获"中国葡萄酒榜样企业""全省先进科普示范基地"等称号。产品有君顶天悦干红、君顶尊悦高级干红、君顶东方高级干白、君顶小芒森甜白、凤凰湖干红葡萄酒等。在 Vinalies 国际品酒赛、布鲁塞尔国际葡萄酒大奖赛、国际领袖产区葡萄酒（中国）质量大赛等多项国际大赛中获得银奖、金奖等多个奖项。

（三）珑岱酒庄（Longdai Winery）

"150 年来，罗斯柴尔德家族竭诚酿制拉菲庄园葡萄酒，将极致的耐心品质融入血液。无惧时间，倾心缔造，确保推出的每一款酒都令我们引以为荣。""毫无疑问，拉菲将在中国开启一段丰富悠长的旅程，而珑岱年份酒正翩然开启第一章。"

——拉菲罗斯柴尔德集团董事长 Saskia de Rothschild

君顶酒庄

　　瓏岱酒庄位于山东省蓬莱市丘山山谷腹地,气候炎热,受黄海影响多,土壤为花岗岩质,极其适合栽种葡萄藤。酒庄葡萄总种植面积 30 公顷,首款年份葡萄酒瓏岱 2017 由赤霞珠、马瑟兰和品丽珠混合酿造而成,所用葡萄均采自丘山河谷下花岗岩质土壤的 360 级层层梯田,待葡萄完全成熟后,人工分茬,娴熟采摘。随后酒液在法式橡木桶中经历 18 个月完成陈酿过程。"瓏岱"二字承载着罗斯柴尔德家族的希望,借以传达此款葡萄酒实为平衡自然风土与悉心耕耘的完美产物。山东泰山作为华夏文明的代表,以"岱"为名也是对齐鲁大地光辉历史的致敬,这一名称体现了罗斯柴尔德家族的酿酒理念——借由大自然的朴质馈赠缔造矜贵珍品。

瓏岱酒庄

（四）龙亭酒庄（Longting Vineyard）

　　龙亭酒庄创立于 2009 年,位于"人间仙境"的山东蓬莱,秉持"敬畏自然,工匠品质,乐享生活,传承美好"的核心理念,按照"天地人合一"之道,遵循生物动力法理念,充分尊重气候、土地与葡萄,酿造"中国风,超有机,世界级"的精品葡萄酒。龙亭酒庄为传承式中国精品葡萄酒庄,酒庄的名字——"龙亭",即龙栖之亭。"龙"乃中华民族至尊图腾,"亭"为东方园林休憩之所。

　　龙亭葡萄园于 2014 年全面启动建设,占地总面积 1000 亩,种植面积 500 亩。种植的葡萄品种有小芒森、品丽珠、马瑟兰、霞多丽、小味儿多、威代尔。葡萄园中的棕色土壤偏碱性,并且富含砾石,有利于葡萄累积风味物质。成熟的原料会经过酿酒师的评估、筛选和手工采收。处理设备由法国进口,以尽量柔和的方式去梗、压榨,并在氮气的保护下,最大限度地保持果汁的新鲜。陈酿用的木桶同样来自法国,根据酒质定期更新。酒窖位于山体中,拥有天然的恒温恒湿条件,葡萄酒在这里日渐醇熟。酒庄还拥有配套完善的度假酒店和田园餐厅,让你尽享美食美酒之愉、美好生活之悦。

龙亭酒庄

（五）嘉桐酒庄（Giardino Estate）

嘉桐酒庄是一家集种植、研发、酿造、生产为一体的专业起泡酒酒庄。酒庄位于世界七大葡萄海岸之一，被誉为"人间仙境"的山东省蓬莱市，总占地面积54000平方米。酒庄自成立以来，依托"蓬莱葡萄酒""富士苹果"产业带优势，联合世界各国优质水果主产区，构建有中国特色的创新型水果起泡酒研发机制。历经多年的潜心探索，选用全球优质产区葡萄、苹果、水蜜桃、蔓越莓、樱桃等优质水果为原料，采用低温罐式混酿发酵技术，研发出了嘉桐水果风暴系列、果燃系列水果起泡酒，填补了水果起泡酒的市场空白；并以其清爽、好喝、易饮、低度微醺的特点深受年轻消费人群的喜爱。

嘉桐酒庄以"气泡不断·青春无限"为倡导理念，以活力、时尚、热情、快乐的品牌风格，鼓励年轻群体以活泼乐观的心态对待生活，积极、勇敢地面对挑战，让人生永远洋溢着青春。在享受嘉桐带来的美酒体验的同时，感受青春的美好与无限可能。

嘉桐酒庄

（六）逃牛岭酒庄（Runway Cow Winery）

作为融合精品葡萄酒文化与度假生活方式的酒庄品牌，"逃牛岭"结合法国先进酿酒工艺，引入国际米其林餐饮品牌，坚持传承、分享和天成的品牌理念，致力于酿造尽显蓬莱特色的优质葡萄酒。同时提供贴近当地自然文化的避世之所，让人们自在享受葡萄酒世界的无限美好，回归真我，乐享生活。

逃牛岭酒庄坐落于中国著名的葡萄酒乡——山东省蓬莱市大辛店镇木兰沟村丘山脚下，酒庄拥有建设葡萄园约600亩，种植包括赤霞珠，品丽珠，马瑟兰，小味儿多，霞多丽，长相思等19个葡萄品种和品系。酒庄可年产葡萄酒约20万瓶。酒庄总酿酒师兼合伙人杜翰教授，为法国勃艮第大学葡萄酒学院首任院长以及黑皮诺协会创始人及主席。杜翰教授多年来致力于教育及推广葡萄酒文化，不遗余力将家族数百年的葡萄酒酿造、营销、经营哲学分享到世界各地。逃牛岭酒庄在杜翰教授的带领下，坚持高品质的葡萄种植、可持续化的资源管理，优化采摘、酿造、装瓶等各个环节，真正实现中国葡萄酒精品化。

逃牛岭酒庄

（七）登龙酒庄-苏各兰酒堡（Treaty Port Vineyard）

登龙酒庄-苏各兰酒堡是由英国投资家柯立思先生和中国台湾的张涤芳女士于2004年投资

兴建的具有苏格兰特色的个性化酒庄,地处世界七大葡萄海岸之一的蓬莱。酒庄共有 270 亩葡萄园,种植着 12 个欧洲传统贵族葡萄品种,2005 年在丘山的花岗岩种下了第一株葡萄,所有苗木都是从法国进口的,严格控制葡萄产量,亩产量 200—300 公斤,用最优质的葡萄酿造年产量 4万瓶左右的精酿酒,酒庄依山而建,采用国际先进的双层罐发酵技术,优良的葡萄品种、先进的酿造设备及技术都为我们生产高品质的葡萄酒奠定了基础。

登龙酒庄-苏各兰酒堡还是一家以引进和培育有机葡萄苗、葡萄酒品鉴、葡萄酒文化宣传、酒庄参观、餐饮、住宿于一体的个性化酒堡。酒庄以极富中国式智慧的"知行合一"思想为理念,融合旧世界上千年葡萄酒的传统文化和新世界葡萄酒的现代意识,在丘山山谷完美地体现了人与自然的和谐,中西方文化的完美结合,进而引导以葡萄酒为主题的高品位生活方式。

登龙酒庄-苏各兰酒堡

（八）国宾酒庄（Château State Guest）

国宾酒庄兴建于 2006 年,是一座集葡萄种植、葡萄酒酿造、葡萄酒餐饮主题酒店、旅游观光、休闲度假于一体的国内首家中式唐风酒庄,酒庄配套建设有盛唐国际大酒店（五星级）、盛唐国宾大酒店（四星级）两家极具特色的葡萄酒主题酒店。酒庄总占地面积约 14 万平方米,另外有国家级葡萄栽培标准化试点葡萄园 2000 亩,拥有 5000 平方米的地下酒窖、橡木桶 800 余只。

经过十多年的发展,国宾酒庄荣获国家标准委"创建国家级葡萄栽培综合标准化示范区试点单位"、国家科技部 2018 年度国家重点研发计划专项课题"果园生态环境优化葡萄示范园"、国家质量技术监督局"省级沼液有机种植生态园区"、中国酒业协会"中国酒庄酒"荣誉认证、获批山东省科学技术厅"山东院士工作站（盛唐葡萄种植基地土壤研究课题）"、山东省林业厅"省级林业龙头企业"及"中国蓬莱产区海岸葡萄特性研究项目实施单位"。截至目前,国宾酒庄葡萄酒获得包含 2 项大金奖在内的百余项国际赛事大奖。

国宾酒庄

（九）安诺酒庄（Château Anuo）

蓬莱安诺葡萄酒庄有限公司由安诺香港控股、上海诺毅投资和安诺其集团联合打造。酒庄以"酿一瓶丘谷风土的酒庄酒"为理念,以优质酒庄酒生产为核心,涵盖优质酿酒葡萄种植、葡萄酒文化推广和交流、葡萄酒主题酒店、休闲旅游、康养基地等业态集群,全力将酒庄打造成为百年精品酒庄。安诺酒庄成立于 2013 年,主要酿酒葡萄品种有小味儿多、马瑟兰、赤霞珠、美乐、霞多丽、小芒森等品种,总种植面积近 400 亩,葡萄年产量 200 余吨。安诺酒庄博采新旧世界众家之长,融合传统工艺与现代科技,生产设备全部由国外引进,在酿造工艺上追求精益求精。酒庄拥有不锈钢发酵罐、储酒罐、冷冻罐等 60 余台(套)设备、法国橡木桶 300 支,安诺酒庄还拥有以葡萄酒文化为主题的酒庄度假酒店,是一家集美酒、美食、休闲、娱乐为一体的综合性酒庄。

安诺酒庄

二、北京产区

(一)波龙堡酒庄(Château Bolongbao)

波龙堡酒庄建立于 1999 年,位于北京市房山区,迄今已有 20 年历史。波龙堡有机葡萄酒,作为国内较早同时获得中国有机、欧盟有机和美国有机认证的产品,其葡萄种植与葡萄酒酿造过程必须同时符合欧盟、美国和中国三方的要求,每一瓶波龙堡有机葡萄酒,都可以在背标上找到中国有机和欧盟有机的认证标示。

2017 年,波龙堡酒庄被贝丹德梭评为中国十大酒庄之一。作为中国酒庄酒的代表,其两次受贝丹德梭团队邀请参加法国卢浮宫世界精品酒展。曾有 10 位世界葡萄酒大师推荐波龙堡的有机葡萄酒,这其中就包括葡萄酒界女王杰西丝·罗宾逊。英国威廉王子在中国出席的唯一商业活动中,波龙堡葡萄酒是唯一官方指定用酒。

波龙堡酒庄及其葡萄酒

(二)莱恩堡国际酒庄(Château Lion)

北京莱恩堡国际酒庄成立于 2010 年 4 月,是房山酒庄葡萄酒产区具有代表性的精品葡萄酒酒庄之一。酒庄占地面积 1000 亩,种植面积 600 亩。其与加拿大、意大利、智利等国签订代理协议,是一家集种植酿造、技术研发、葡萄酒销售、旅游开发、活动承办、品鉴培训为一体的葡萄酒公司。独创"多主蔓、双角度、高架面"的栽培技术,实现了北方冬天葡萄藤需埋土的重大技术突破,同时还初步培育出抗寒性、抗病性、抗旱性强的新品种。

莱恩堡在创建伊始将传统家庭幸福观——家是城堡融入酒庄发展理念,创建了世界葡萄酒博物馆。汇聚世界 40 多个国家的代表性葡萄酒,莱恩堡确立了"一心,一街,二新,三庄"的发展规划,即依托酒庄独特的地理位置和优越的生态资源环境,将酒庄发展成为具有国际水准的葡萄酒文化中心。

莱恩堡国际酒庄

三、河北产区

（一）中法庄园（Domaine Franco-Chinois）

中法庄园,这座由两个国名命名的酒庄,见证了中法两国葡萄酒人对完美的不懈追求。1997 年温家宝出访法国,与时任法国总统希拉克共同提议,开启了中法两国葡萄酒产业正式合作的篇章。中法示范农场选址毗邻首都北京的怀来,甄选纯正的法国葡萄苗木,采用先进的酿酒理念与技术,以最高的标准、坚持的态度,成就顶级佳酿。严格的限产措施使每一滴中法庄园葡萄酒都弥足珍贵,中法庄园也因此成为中法合作的典范。中法庄园地处怀来产区,在距离北京八达岭长城 15 公里的怀来县东花园拥有 23 公顷葡萄园,以凸显产区极致的风土和品种特色为使命,酿造中国精品葡萄酒。多年的执着与深耕,中法庄园对怀来产区的卓越风土有着深入的理解,尊重和顺应自然,通过严格精细的种植管理,结合精湛酿造工艺,中法庄园葡萄酒在产区风土条件下,实现了完美的表达。

1999 年,中法两国农业部部长正式签署"关于建立中法葡萄种植及酿酒示范农场"的议定书。

2000 年,"中法示范农场"正式开始建园,矢志成为中国葡萄酒行业的标杆。

2010 年,中法庄园成为迦南投资集团旗下酒庄,与毗邻的迦南酒业成为姐妹酒庄。

中法庄园及其葡萄酒

（二）迦南酒业（Canaan Winery）

2006 年,迦南酒业组成国际顾问团队,包括气候、土壤种植专业学者及酿酒专家,考察中国

279

各个葡萄酒产区后,最终选定怀来这片得天独厚的土地。

2012 年,酒庄建设完成,如今,迦南酒业已有 275 公顷种植面积的葡萄园和可达百万瓶的产能。怀来产区风土具有迷人的多样性,气候随着海拔的提升表现各异,为酿造优质葡萄酒提供了无尽可能。迦南酒业在平均海拔 500 米到 1000 米的山丘、谷地拥有三处葡萄园,在不同的气候环境下,种植着具有不同适应性和表现的二十余种红、白葡萄品种,凭借精细化管理的葡萄园与品种品系的多样性表现,成就佳酿。通过人与自然的协作,展现产区的特质。十多年来,迦南酒业持续探索和发掘怀来产区的潜力和可能性,并希冀通过"诗百篇"系列作品,将中国葡萄酒产区和酿酒人的魅力展现给全世界的爱酒之人。

迦南酒业

（三）仁轩酒庄（Renxuan Winery）

秦皇岛仁轩酒庄有限公司坐落于抚宁区田各庄管理区。酒庄目前已建有葡萄种植基地、葡萄酒生产区、食用葡萄采摘园、生态餐厅、阳光客房、葡萄酒展馆、儿童乐园、音乐广场、红酒浴养生馆、马术俱乐部、房车露营等生产设施和旅游设施。主要产品为干红葡萄酒、干白葡萄酒、桃红葡萄酒、波特酒及白兰地,并已进入市场销售,休闲旅游设施已粗具规模和接待能力,现为秦皇岛市 AAAAA 级酒庄。

酒庄葡萄酒产品荣获 2015 年国际领袖产区葡萄酒质量大赛评委会特别奖,比利时布鲁塞尔酒类大奖赛组委会和北京国际酒类交易所主办的 2016"BRWSC"国际葡萄酒大赛银奖,Decanter 亚洲葡萄酒大赛嘉许奖,白兰地产品获 2019 年中国优质葡萄酒挑战赛白兰地专项唯一特别大奖。

仁轩酒庄

四、山西产区

（一）怡园酒庄（Grace Vineyard）

1997 年,抱着"既然要给山西引进美好的东西,就要做像欧洲那样的葡萄酒庄,而且要做中国最好的葡萄酒,就算眼前行不通,我相信将来山西会美好,中国人会欣赏美好的葡萄酒"这样的理想,在世界著名的法国葡萄酒学者 Denis Boubals 教授的协助下,陈进强先生和来自法国的詹威尔先生在山西太谷联合创办了怡园酒庄。

2002 年,陈进强先生的女儿陈芳接手怡园酒庄,引领酒庄走可持续发展道路。2018 年,怡园酒业控股有限公司在香港上市,完成从一个家族掌控的企业到公众企业的转变,旗下拥有山西怡园酒庄和宁夏怡园酒庄,实现了双产区的战略部署,为未来三十年的发展夯实了基础。历经多年发展历程的怡园酒庄,现在已经成为中国备受肯定的精品葡萄酒庄,被誉为中国精品酒庄的标杆品牌,获得了国际葡萄酒界的广泛好评,其中包括著名的酒评家杰西丝·罗宾逊、詹姆斯·哈利德以及《葡萄酒观察家》《品醇客》等国际权威专业杂志。

怡园酒庄

（二）戎子酒庄（Château Rongzi）

山西戎子酒庄有限公司位于临汾乡宁,累计总投资 10 亿余元,是集优质酿酒葡萄种植、中高档葡萄酒生产、农业生态观光、旅游为一体的生态文化旅游酒庄。乡宁当地一直流传着 2700 多年前春秋霸主晋文公的母亲戎子发现酿造葡萄酒的美丽传说,戎子酒庄由此得名。酒庄酿酒葡萄基地位于北纬 35 度至 36 度,平均海拔 1100 米的黄土高原上,光照充足,砂壤土质,昼夜温差大于 15 ℃。目前,葡萄品种主要有赤霞珠、品丽珠、美乐、霞多丽等,共有 17 款产品。

小戎子蓝标、黑标干红葡萄酒在全球五大国际葡萄酒比赛之一、OIV 监管下的第一大国际葡萄酒比赛——柏林葡萄酒大奖赛上获得金奖,戎子鲜酒轻柔桃红葡萄酒 2014 获得银奖。戎子酒庄甜型玫瑰香葡萄酒和鲜葡萄酒产品开发及工艺科学成果分别获得了"国际先进"水平和"国际领先"水平。戎子酒庄首倡鲜酒,在中国葡萄酒的发展史上创造了新的里程碑,受到国内外各级领导、专家、葡萄酒爱好者的充分肯定和一致好评。

戎子酒庄

五、宁夏产区

(一)贺东庄园(Château Hedong)

宁夏贺兰山东麓庄园酒业有限公司(简称贺东庄园)占地面积达 3040 亩,拥有百年葡萄老藤 225 珠,20 年以上树龄高标准化酿酒葡萄基地 2600 亩。公司生产的葡萄酒品质优异,近年来连续获得比利时布鲁塞尔国际葡萄酒大赛、柏林葡萄酒大奖赛冬季赛、国际葡萄酒暨烈酒大赛、法国国际葡萄酒大奖赛、亚洲葡萄酒大奖赛等国际大奖百余项,赢得了良好的国际声誉。

公司以葡萄产业为基础,融合第一、二、三产业,将政策链、产业链、旅游链、文化链、市场链、价值链有机结合,打造高端葡萄酒全产业链条。公司将结合贺东庄园葡萄酒产业组团、酒庄集群组团及贺东小镇组团载体优势,以发展国家 AAAAA 级旅游景区为目标,推动企业品牌和社会经济发展,打造国际最具收藏价值的红酒品牌。

贺东庄园

(二)贺兰晴雪酒庄(Helan Qingxue Winery)

宁夏贺兰晴雪酒庄创建于 2005 年,坐落在贺兰山脚下,海拔 1138 米,葡萄园占地面积 26.6 公顷,种植霞多丽、赤霞珠、美乐、马瑟兰、马尔贝克,年产葡萄酒 60000 瓶,是宁夏首家示范性的酒庄。酒庄的三个创始人,分别从事葡萄园的栽培管理,葡萄酒的酿造和酒庄的经营管理。酒庄酿酒顾问由荣膺国际十大葡萄酒顾问之一的李德美教授担任。2011 年,加贝兰 2009 荣获 Decanter 世界葡萄酒大赛国际大奖,这是中国葡萄酒首次在该赛事上取得的最高荣誉;同年入选中国葡萄酒市场年度品牌,获得"中国魅力酒庄"荣誉称号,成为中国优质葡萄酒的杰出代表之一。

加贝兰连续三年荣膺 RVF 中国优秀葡萄酒年度大奖赛的金奖,连续五届获得贺兰山东麓葡萄酒博览会金奖,加贝兰葡萄酒被评为"宁夏名牌"产品,2017 年入选宁夏三级列级庄,2019 年入选宁夏二级列级庄。

贺兰晴雪酒庄

(三)迦南美地酒庄(Kanaan Winery)

迦南美地酒庄位于贺兰山脚下,由德籍华裔王方女士在父亲王奉玉先生的陪伴下建成。酒庄出产的葡萄酒以卓越品质获得各大奖项,包括 2015 年"品醇客亚洲葡萄酒大赛"亚洲地区大奖，"Wine100 葡萄酒大赛"最佳中国酒，是近年来中国葡萄酒界中杀出的一匹"黑马"。

"想不到我所认为的最佳（中国）葡萄酒，是由来自中国且富有创想的'魔方'女士在她新生的宁夏迦南美地酒庄酿制而成的。"

——摘自葡萄酒大师杰西丝·罗宾逊

王方，迦南美地酒庄庄主，因酿酒大胆敢于打破成规，被业界称为"Crazy Fang"（魔方）。她旅居德国十余年，而她父亲王奉玉先生又是宁夏当地著名的葡萄酒专家。2011 年，她毅然决定回到宁夏，开启了崭新的"酿酒生涯"。由于对基督教的信仰，王方选择了迦南美地作为酒庄的名字，在《旧约》中迦南被称为"流着奶和蜜"的地方，被誉为"希望之乡"，也寄予了她对这片葡萄园的期望。

迦南美地酒庄及其葡萄酒

（四）博纳佰馥酒庄（Domaine des Aromes）

宁夏博纳佰馥酒庄有限公司坐落在贺兰山东麓产区，创始人为孙淼和彭帅夫妇。作为"匠人酒庄"，葡萄种植面积约 100 亩，年产 15000—20000 瓶葡萄酒，所有工序均由两位创始人亲自完成。主要作品系列为"博纳佰馥""佰馥"和"馥"。其中"馥"系列以完全无添加的自然酒而闻名于上海、北京和深圳的葡萄酒圈。

"如果有机会来访宁夏，请您一定不要错过博纳佰馥。也许看不到奢华的'城堡'，没有现代化的高科技设备和系列产品，但您一定会感到真实、有趣、专业。因为我们知道，做酒的本质在于与自然的相处，与自己的平静和初心相处。葡萄酒之于我们，是有生命的艺术品，无论在发酵罐、橡木桶或瓶中，她都和你我一样，会呼吸、会成长，画家用笔墨、作家用文字，而我们用葡萄酒表达对家乡的热爱。"

——孙淼、彭帅

博纳佰馥酒庄

（五）银色高地酒庄（Silver Heights Vineyard）

银色高地酒庄成立于 2007 年，为了拓展银色高地的版图，董事长高林仔细考察了银川每个角落。高林在海拔 1200 米的高地上构建起了自己的葡萄园蓝图。两代酿酒匠人的努力让银色高地得到了肯定，世界葡萄酒大师杰西丝·罗宾逊评价银色高地是中国葡萄酒大幕中出现的新亮点，法国著名酿酒师 Gérard Colin 则说高林出品的是中国顶级的葡萄酒，她让宁夏进入了世界酒庄的版图。

"她是我见过的酿酒师中生性最活泼，也是现今中国最卓越的酿酒师之一。"

——葡萄酒大师杰西丝·罗宾逊

银色高地酒庄

（六）美贺庄园（Château Mihope）

美贺庄园坐落于北纬 38 度，海拔 1100 米的宁夏贺兰山东麓葡萄酒产区，致力于打造集葡萄栽培、葡萄酒酿造、葡萄酒贸易及葡萄酒文化传播于一体的全产业链运营体系。坚持以原产地、标准化、高质量、品牌化为指导思想，采用全球领先的灌溉设备、科学的施肥方式以及全方位立体的科学栽培技术，严格规范葡萄种植、葡萄酒酿造工艺全过程，为美贺庄园出品高品质佳酿，提供了坚实的技术支持，并数次斩获多项国际葡萄酒大赛金奖。

2016 年 9 月 22 日美贺庄园盛大开业，正式投产运营，2018 年，美贺庄园荣获中国酒庄酒证书，成为名副其实的酒庄酒酿造者；2019 年，美贺庄园成功通过有机转换认证；2020 年，美贺庄园再次晋级，成为宁夏贺兰山东麓四级列级酒庄。

美贺庄园

（七）长城天赋酒庄（Château Great Wall Terroir）

长城天赋酒庄坐落于世界优质酿酒葡萄产区——贺兰山东麓，建成于 2012 年，总投资 3.4 亿元，是中粮集团旗下长城葡萄酒打造的集科研、种植、酿造、品评、旅游观光、文化体验、餐饮会议为一体的高端酒庄。酒庄占地面积 2.26 万亩，主体建筑面积为 4.3 万平方米，种植赤霞珠、贵人香、黑皮诺、美乐、马瑟兰等世界优质酿酒葡萄 5000 亩。

酒庄靠北坐南，西有贺兰山天然屏障抵御寒流和大风，东有黄河环绕，北为西夏王陵，南为明长城，地理位置优越；海拔在 1200 米阳光坡地，3000 小时火热日照，葡萄无污染与病虫害；自有葡萄园媲美法国隆河谷砾石土壤，葡萄根系深扎，矿物风味浓郁，为酒庄酿制独具特色的葡萄酒提供了优越的先天条件。主要生产长城天赋、大漠系列葡萄酒,产品在国内外葡萄酒大赛中荣获大奖百余项。

长城天赋酒庄

（八）类人首酒庄（Château Leirenshou）

宁夏类人首葡萄酒业有限公司成立于 2002 年,是一家集葡萄种植、科研、专业化生产和销售为一体的农业产业化优秀龙头企业。酒庄坐落于宁夏贺兰山东麓玉泉营农场,其 Logo 源自贺兰山岩画最为著名的太阳神图腾。"阳光、自然、品位、健康"是企业 Logo 诠释始终的品牌宗旨。2013 年,类人首酒庄成为中国首批十大列级酒庄之一。

类人首酒庄

（九）留世酒庄（Logacy Peak Estate）

宁夏留世葡萄酒庄有限公司是集葡萄种植、葡萄酒酿制、葡萄酒包装、葡萄酒贮存及葡萄酒销售为一体的葡萄酒庄企业。留世葡萄酒庄地处银川市西夏区西夏王陵北侧,种植酿酒葡萄800 亩。公司于 2013 年投资兴建地下酒窖 2 个,面积为 1300 平方米;发酵储酒车间一座,面积为 1200 平方米;不锈钢发酵储酒罐 20 个;年设计生产能力为 80 吨。宁夏留世葡萄酒庄是宁夏首家、全国第三家获得出口资质的葡萄酒庄,产品销往法国、卡塔尔等国家和地区的高端葡萄酒市场。

2016 年 10 月,2014 赤羽红获得亚洲 Decanter 银奖、宁夏贺兰山东麓金奖。

2017 年 5 月,2014 传奇限量珍藏红葡萄酒荣获法国（波尔多）世界葡萄酒挑战赛金奖。

2017 年 8 月,晋升为宁夏四级列级酒庄。

2017 年 9 月,2014 传奇限量珍藏红葡萄酒、2014 家族传承红葡萄酒荣获 CWSA 金奖。

2019 年 8 月,晋升为宁夏三级列级酒庄。

留世酒庄

（十）原歌酒庄（Château Yuange）

原歌酒庄成立于 2010 年，占地面积 1100 亩，是一家集有机葡萄种植、葡萄酒酿造、销售及旅游观光为一体的生态葡萄酒庄园。2013 年，被评为首批贺兰山东麓列级五级十大酒庄之一，2019 年，晋升为贺兰山东麓列级四级酒庄。原歌品牌旗下有标准系列、窖藏系列、风云系列共 11 款产品，截至目前，原歌佳酿已在比利时布鲁塞尔、英国品醇客、德国柏林、亚洲、一带一路等葡萄酒质量大赛上斩获 40 余项大奖。

平凡而脱俗，高贵且蕴秀是原歌不懈的追求。酒庄坚持绿色发展，坚信好葡萄酒是"种"出来的。原歌酒庄植根于贺兰山东麓绿色原野上，讴歌人与自然和谐共生的美景，共"原"理想梦，同"歌"盛世景。

原歌酒庄

（十一）长和翡翠酒庄（Château Jade Coopower）

宁夏长和翡翠酒庄成立于 2012 年 10 月，由香港长和翡翠酒庄投资，坐落于中国宁夏贺兰山东麓，酒庄葡萄园占地面积 1236 亩，酒庄建设用地 100 亩（包括 36 亩建设用地及 64 亩景观建设用地），葡萄园位于整个黄羊滩小产区的山坡中间位置，区位优势明显。

长和翡翠酒庄拥有世界一流的从处理到包装的全套设备，依据自有葡萄园的控产原料，设计最大产能为 600 吨/年，产品线覆盖了干红葡萄酒、干白葡萄酒、起泡酒，同步建设了一个实验酿造区、一个香氛实验室和一个蒸馏酒试验区。建设半地下成品储藏区 1400 平方米，全地下恒温恒湿酒窖 1700 平方米，为酒品的各个生产环节提供了最佳的硬件保障。宁夏长和翡翠酒庄将依托国家内陆开放型经济试验区的设立和"一带一路"的带动，立足自治区贺兰山东麓葡萄酒"小酒庄、大产区"的发展模式，结合公司的整体战略布局，博采先进葡萄的种植与酿造文化，用 10—15 年的时间将长和翡翠酒庄打造为中国最佳精品葡萄酒庄之一，国际葡萄酒品牌中国元素示范者。

长和翡翠酒庄

（十二）保乐力加（Pernod Ricard Winemaker）

保乐力加集团总部位于法国，是全球葡萄酒和烈酒行业内并驾齐驱的两大巨头之一，拥有一系列享誉世界的知名品牌，包括马爹利、芝华士、皇家礼炮、百龄坛、玛姆、巴黎之花、绝对伏特加、杰卡斯等。

保乐力加（宁夏）葡萄酒酿造有限公司是保乐力加在中国银川独资的生产型公司，主要从事葡萄种植和葡萄酒的生产。近年来，公司生产的"贺兰山"葡萄酒为国内外众多葡萄酒专家所推崇。该酒庄产品有经典、特选、霄峰三个系列，自 2009 年以来，该品牌已经在诸多国内外葡萄酒大赛中屡获殊荣，在 7 个国家和地区举行的知名国际比赛里获得超过 300 项奖项。2018 年，该品牌在布鲁塞尔国际葡萄酒大奖赛中荣获"三金"；2019 年，贺兰山霄峰霞多丽葡萄酒在品醇客世界葡萄酒大赛中荣获金奖。

保乐力加（宁夏）葡萄酒酿造有限公司

（十三）西鸽酒庄（Xige Estate）

西鸽酒庄成立于 2017 年，是宁夏贺兰山东麓产区迄今为止精品葡萄酒生产规模最大，最具国际一流水平的顶级酒庄，也是勇于创新、引领中国葡萄酒寻求转型之路的领先酒庄。西鸽酒庄位于宁夏贺兰山东麓青铜峡鸽子山产区，拥有 20000 亩葡萄园，其中 15000 亩是 22 年树龄以上的老藤葡萄园。主要品种有蛇龙珠、赤霞珠、黑皮诺、霞多丽、长相思、马瑟兰、琼瑶浆等。

西鸽酒庄的建筑极具当代特色，它是用近 20 万块贺兰山石垒成的具有中国古城特色兼具现代感的巨大圆形建筑，其外圆内方的建筑结构既蕴涵着中国传统文化的谦和、智慧，又彰显着成为国际顶级酒庄的勃勃雄心。酒庄总建筑面积约 2.5 万平方米，包含葡萄酒酿造区、橡木桶酒窖、灌装区、瓶装陈酿酒窖、专业品鉴区、游客接待中心、庄园酒店和有机特色餐厅，年设计产能 1000 万瓶，是宁夏综合设施最完整、建筑标准最高的酒庄。2019 年 10 月，西鸽酒庄通过世界最高标准的 BRC 认证，成为中国第一个通过该认证的酒庄。

西鸽酒庄

（十四）张裕摩塞尔十五世酒庄（Château Changyu Moser XV）

该酒庄坐落在宁夏贺兰山东麓,由烟台张裕葡萄酿酒股份有限公司投资6亿元,于2012年全力打造完成;摩塞尔十五世酒庄在张裕公司全球十大酒庄中,定位最高端。张裕摩塞尔城堡庄园规划占地1000亩,一期工程占地400余亩,主楼呈拜占庭式建筑风格,酒庄主楼四面环水,独特的雾化效果,给人以云雾缭绕人间仙境一般的感觉。酒庄应用"四位一体"的经营模式:优质酿酒葡萄种植;优质酒庄酒酿造;葡萄酒主题旅游、会议度假;葡萄酒品鉴培训、主题餐饮。酒庄聘请奥地利酿酒家族的罗斯·摩塞尔为首席酿酒师;酒庄下辖宁夏张裕葡萄种植有限公司、张裕(宁夏)葡萄酿酒有限公司、宁夏张裕摩塞尔十五世酒庄有限公司、宁夏张裕摩塞尔十五世酒庄有限公司旅游分公司。

（十五）巴格斯酒庄（Château Bacchus）

巴格斯酒庄由银川巴格斯葡萄酒庄(有限公司)重组而来。酒庄除建有传统与现代相融合的酿造中心及恒温恒湿地下酒窖外,还建有商务中心和金色音乐大厅,并且拥有专业水平颇高的管乐团和国标舞俱乐部,着力打造中国唯一一座具有艺术气息的葡萄酒庄。现拥有3000亩优质酿酒葡萄种植园,最长葡萄树龄已有20年,主栽酿酒葡萄品种有赤霞珠、西拉、美乐和威代尔等,年均酿造20多万瓶"巴格斯"正、副牌干红葡萄酒及冰葡萄酒。

其为宁夏三家二级列级酒庄之一,荣获RVF中国优秀葡萄酒2012年度大奖赛银奖,第五届烟台国际葡萄酒大赛银奖,2016年法国波尔多国际葡萄酒挑战赛金奖,2017年第三届中国优质葡萄酒挑战赛精品奖,2018年比利时布鲁塞尔国际葡萄酒大奖赛银奖。

巴格斯酒庄

（十六）新慧彬葡萄酒庄（Xinhuibin Winery）

宁夏新慧彬葡萄酒庄建于1997年,园区面积2500余亩,种植了霞多丽、赤霞珠、品丽珠、黑皮诺、马瑟兰等10余个品种,树龄均超过20年,为酿造优质葡萄酒打下了坚实的基础。酒庄品牌尚颂堡于2018年推向市场,品丽珠及黑皮诺一经上市即斩获比利时布鲁塞尔国际葡萄酒大奖赛两枚金奖,全线产品受到了专业人士的一致好评。

新慧彬葡萄酒庄

(十七) 嘉地酒园酒庄(Jade Vineyard)

嘉地酒园酒庄拥有 15 公顷的葡萄园,酒庄位于贺兰山东麓的冲积平原上,海拔在 1180 米到 1220 米之间。贺兰山形成了一道天然防护屏障,阻挡了来自腾格里沙漠的风沙和来自西伯利亚的寒流,东边的黄河滋养了干涸的土地。嘉地酒园酒庄以拥有一支纯粹的中国团队而自豪,这支受国际化教育的本土团队,由前保乐力加集团首席酿酒师周淑珍和葡萄栽培首席专家张国庆顾问指导。嘉地酒园酒庄的酒窖里使用了六种不同类型的法国橡木桶,酿酒师得以创造出复杂而和谐的混酿酒。酒庄严格控制产量(6000—7000 公斤/公顷),精湛的酿酒工艺和不懈的钻研确保了嘉地酒园酒庄始终处于宁夏精品葡萄酒的质量前沿。

近年来,酒庄连续横扫世界最高奖项,一举夺得品醇客世界葡萄酒大赛、国际葡萄酒与烈酒大赛等国际葡萄酒赛事金奖,嘉地酒园酒庄在世界葡萄酒舞台上绽放出美丽的光芒。

嘉地酒园酒庄

六、秦岭北麓产区——玉川酒庄

玉川酒庄位于陕西蓝田县的玉山镇,建于 2000 年,距古都西安以东 40 公里。北接关中平原,南邻秦岭山脉。马清运,作为玉川酒庄创始人,是一位跨界中美两国的国际建筑师,获得了法国勃艮第和波尔多的双骑士授勋,在中国的农村建设了他理想中的酒庄。葡萄园风土属于暖温带半湿润大陆性季风气候,冬季寒冷干燥。由于秦岭山脉阻挡了冬季寒流,使得玉山镇成为中国北方难得不用冬季埋土的葡萄酒产区。玉川酒庄目前共有成熟葡萄园约 600 亩,其中 35% 是黑皮诺(树龄 14 年),30% 是赤霞珠(树龄 14 年),30% 是美乐(树龄 9 年),还有 5% 的霞多丽(树龄 14 年)。所有的葡萄藤以标准的双居由方式种植,尽量不做灌溉,使用动物有机肥和全手工采收的工作方式。

酒庄的第一个建筑"玉山石柴"入选日本《a＋u》杂志"世界最好的住宅"之一,"井宇"被美国《建筑实录》评为"世界七大经典住宅"之一。而马清运本人更是入选美国《商业周刊》的全球"最具影响力的设计师"。

玉川酒庄

七、甘肃河西走廊产区——甘肃紫轩酒业有限公司

甘肃紫轩酒业有限公司地处古丝绸之路中西结合部,万里长城西端的嘉峪关市,是我国西北地区最大的钢铁联合企业——酒泉钢铁(集团)有限责任公司投资兴建的集酿酒葡萄种植,葡萄酒生产、加工、酿造、销售为一体的现代化企业。公司目前拥有干型葡萄酒、冰酒、利口酒、葡萄烈酒(白兰地)四大系列八十多个品种。紫轩酒业自投产以来一直坚持质量领先和品牌推动战略,凭借稳定、优异的产品品质以及诚实守信的经营模式,得到了业内人士和广大消费者的肯定和好评。

甘肃紫轩酒业有限公司

八、新疆产区

(一)丝路酒庄(Skill Road Winery)

丝路酒庄位于天山南麓伊犁河谷,地处新疆西部,西临哈萨克斯坦,是丝绸之路的必经之地,也是中国最西部的葡萄酒庄。伊犁地形呈"三山夹一谷"的态势,向西的"喇叭形"敞开的独特地理构势,一方面抵御了西伯利亚寒流的南下,阻挡了塔克拉玛干沙漠风沙的北上;另一方面接纳了大西洋和地中海的暖湿气流,使之成为名副其实的"塞外江南"。

伊犁河谷属于温带大陆性气候,昼夜温差很大,光照充足。天山雪水灌溉,不肥沃的砂质土壤,组成了酿酒葡萄生长的天堂。丝路酒庄现种植酿酒葡萄 3000 亩,红葡萄品种有赤霞珠、蛇龙珠、美乐、萨别拉维、马瑟兰、小味儿多等,白葡萄品种主要有雷司令、霞多丽、贵人香、威代尔等。

(二)天塞酒庄(Tiansai Winery)

新疆天塞酒庄有限责任公司成立于 2010 年 3 月,建筑面积 26668 平方米,是一座集葡萄种

丝路酒庄

植、葡萄酒酿造、主题观光旅游、葡萄酒文化推广等功能于一体的现代化高端体验式酒庄。天塞酒庄所处的焉耆盆地三面环山一面临湖,平均海拔 1147 米,年降水量少于 70 毫米,年蒸发量达到 2000 毫米,无霜期达到 186 天以上,日照超过 3000 小时,丰富的光热资源使得出产的葡萄果实成熟度高、风味浓郁;干热的气候有效地抑制了病虫害的发生。天塞酒庄的葡萄树龄为 8—9年,主要有赤霞珠、品丽珠、美乐、西拉、马瑟兰、霞多丽和维欧尼。另外,天塞酒庄还有一个科技示范园,引种有小芒森、马尔贝克、小味儿多等品种。

天塞酒庄自 2014 年 8 月 15 日开业至今,短短几年时间里,成为行业内一颗耀眼的新星,陆续获得了"中国年度最佳酒庄""中国最具市场影响力酒庄""中国最佳精品酒庄""中国最佳葡萄园管理""金牌酒庄"等荣誉,牢牢奠定了其国内一线酒庄的品牌地位。

天塞酒庄

(三) 新雅雅园酒庄(Sunyard Wine)

新雅雅园酒庄始创于 2004 年,是自治区"休闲观光农业示范点",全国休闲农业和乡村旅游四星级示范企业。新疆"缩影"哈密,聚集冰川、森林、戈壁、草原等多种生态。这里多样的生态和精巧的风土条件,为酒的葡萄种植和生长提供了得天独厚的环境,新雅雅园酒庄现有葡萄园 6000 亩,种植了霞多丽、西拉、美乐、威代尔和赤霞珠等多种优质的酿酒葡萄。并有藏系、钻系、选系、甜酒、白兰地烈酒五大系列 30 多个品种。

该酒庄致力于打造集葡萄种植酿造、生态旅游、特色美食、葡萄酒品鉴、会务会展、文化艺术展览于一体的艺术花园酒庄,引导以葡萄酒为主题的自在生活方式,让更多人感受新疆艺术品,体验来自新疆哈密的独特风土人情。

(四) 蒲昌酒庄(Puchang Vineyard)

该酒庄坐落在中国新疆吐鲁番产区,是当地一座极具潜力的新兴酒庄。拥有大约 100 公顷葡萄园,园中的土壤呈弱碱性,具有良好的透水性,且富含矿物质,能够赋予葡萄酒丰富的矿物气息。吐鲁番夏季气候炎热,全年光照充足、降水稀少,年均气温约为 14.4 ℃,气温日较差非常

新雅雅园酒庄

大,在此气候下种植出来的葡萄拥有绝佳的酸甜平衡度。

蒲昌主要品种既包括晚红蜜、白羽和北醇等特色酿酒葡萄,也包含麝香、赤霞珠、黑皮诺和雷司令等国际品种。晚红蜜、白羽等葡萄在古代通过丝绸之路从格鲁吉亚传入新疆,成为当地重要的酿酒葡萄品种,这些品种酿造的葡萄酒在国内其他地区极为罕见,蒲昌酒庄目前共出产 7款葡萄酒,且每一款酒都是对吐鲁番风土的真实展现。

蒲昌酒庄

（五）国菲酒庄（Château Guofei）

国菲酒庄位于新疆和硕葡萄酒产区（国家地理标志保护）,北临天山山脉,南濒中国最大内陆淡水湖博斯腾湖,独特的"山湖效应"成就了优质的葡萄酒。

酒庄占地面积 50 亩,2012 年投产,葡萄园于 2009 年栽种,有葡萄基地 2000 亩,其中防护林333 亩,葡萄种植地 1667 亩,年产 1000 吨葡萄酒。酿酒葡萄品种有赤霞珠、美乐（抗寒品种）、西拉、霞多丽、雷司令。

九、云南高山产区——香格里拉酒业股份有限公司

香格里拉酒业股份有限公司于 2000 年 1 月 27 日创立,是国家商务部批准设立的外商投资股份制企业,注册资本 5656 万元。其主要从事香格里拉葡萄酒、大藏秘青稞干酒等系列产品的研发、生产和销售,以及相关原料基地的培育建设。

香格里拉德钦高原酿酒葡萄园位于世界自然遗产——"三江并流"国家重点风景名胜区金沙江、澜沧江河谷沿岸,具有天生的优势。种植葡萄的地块分布在德钦县境内三乡两镇的河谷

国菲酒庄

两岸坡地,海拔高度为 1700 米至 2800 米之间,这里属于干热或干凉河谷小气候,降雨量为 300—600 毫米,葡萄成熟季节降雨量少,昼夜温差可达 15 ℃左右,无霜期长,阳光充足。夏无酷暑、冬无严寒,葡萄不需埋土防寒。葡萄园区无任何污染的工厂或其他污染源。这种种因素形成了香格里拉高原产区独一无二的风土,造就了香格里拉高原葡萄酒独特的风味特征。

香格里拉德钦高原酿酒葡萄园

十、辽宁桓仁产区——梅卡庄园

辽宁桓仁梅卡庄园坐落于雄伟的长白山南端余脉浑江江畔,是我国冰酒的发祥地。酒庄拥有酿造冰酒的威代尔葡萄种植基地,那里的葡萄果皮健康、成熟度佳且没有沾染霉菌,这样才能经得起漫长的挂枝和反复冷融的过程。酿制其他葡萄酒的葡萄出汁率为 75％以上,而酿制冰酒的冰葡萄只有 20％左右的出汁率。全球每三万瓶葡萄酒中只有一瓶冰酒,这也是冰酒为什么如此昂贵并且通常以半瓶装销售的原因,但它的确物有所值。酒庄严格控制葡萄产量,采取有机种植、手工采摘、人工分选、天然酵母长时间发酵,引进先进的自动灌装线和国外先进生产工艺,致力于酿造出最具桓仁风土特色的最好的冰酒。

梅卡庄园

九顶庄园

君顶酒庄

龙亭酒庄

嘉桐酒庄

登龙酒庄-苏各兰酒堡

国宾酒庄

仁轩酒庄

怡园酒庄

戒子酒庄

贺东庄园

贺兰晴雪酒庄

博纳佰馥酒庄

银色高地酒庄

美贺庄园

长城天赋酒庄

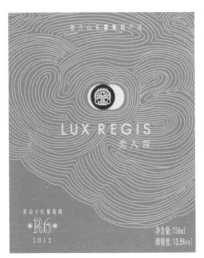

类人首酒庄

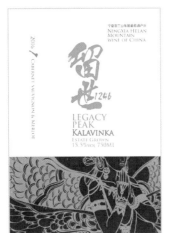

留世酒庄

原歌酒庄

长和翡翠酒庄

保乐力加贺兰山酒庄

西鸽酒庄

巴格斯酒庄

新慧彬葡萄酒庄

嘉地酒园酒庄

玉川酒庄

甘肃紫轩酒业有限公司

丝路酒庄

天塞酒庄

蒲昌酒庄

国菲酒庄

303

香格里拉酒业股份有限公司

梅卡庄园

［1］ （韩）崔燻.法国葡萄酒［M］.서울：가원평가연구원(주),2005.

［2］ （韩）崔燻.欧洲葡萄酒［M］.서울：가원평가연구원(주),2008.

［3］ （韩）崔燻.南半球葡萄酒［M］.서울：가원평가연구원(주),2008.

［4］ （韩）崔燻.与葡萄酒的相遇［M］.李海英,译.济南:山东人民出版社,2009.

［5］ 大谷元.天然奶酪品鉴宝典［M］.孙羽,译.北京:中国轻工业出版社,2016.

［6］ 姜楠.葡萄酒侍服［M］.北京:清华大学出版社,2011.

［7］ （英）杰西丝·罗宾逊.品酒:罗宾逊品酒练习册［M］.吕杨,译.上海:上海三联书店,2011.

［8］ 林裕森.开瓶:林裕森的葡萄酒饮记［M］.北京:中信出版社,2017.

［9］ 林殿理.微醺之美［M］.北京:龙门书局,2012.

［10］ 李德美.葡萄酒深度品鉴［M］.北京:中国轻工业出版社,2012.

［11］ 李华.葡萄栽培学［M］.北京:中国农业出版社,2008.

［12］ 李华,王华,袁春龙,等.葡萄酒工艺学［M］.北京:科学出版社,2007.

［13］ 李华.葡萄酒品尝学［M］.北京:科学出版社,2006.

［14］ 李华,王华.中国葡萄酒［M］.咸阳:西北农林科技大学出版社,2010.

［15］ 李志延.东膳西酿［M］.上海:上海文艺出版社,2011.

［16］ 杨敏.葡萄酒的基础知识与品鉴［M］.北京:清华大学出版社,2013.

［17］ （英）休·约翰逊.葡萄酒:陶醉7000年［M］.卢嘉,译.北京:中国友谊出版公司,2008.

［18］ （英）休·约翰逊,杰西丝·罗宾逊.世界葡萄酒地图［M］.积木文化,译.北京:中信出版社,2010.

［19］ 战吉宬,李德美.酿酒葡萄品种学［M］.北京:中国农业大学出版社,2010.

［20］ 赵建民,金洪霞.中国饮食文化概论［M］.北京:中国轻工业出版社,2012.

［21］ 酒斛网 http://www.vinehoo.com/news/default.aspx/

［22］ 红酒世界网 https://www.wine-world.com/

［23］ 中国葡萄酒资讯网 http://www.wines-info.com/

书中图片出处：

　　P4-P5、P13 上、P14、P21-P34、P44 下、P46 上、P49-P51 下、P59 上、P62、P64、P65-P66 下、P68-P69、P75-P78、P83 下、P84、P86 下、P87-P88、P90-P91、P102、P108、P132 下、P138 左右、P152 上、P168、P170-171、P175、P177、P179、P190、P192-P195、P198、P200 上、P201-P206、P208、P217、P243-P244、P251、P253-P255：韩国波尔多葡萄酒学院崔燻院长提供。

　　P9、P23 下、P25、P80、P83 上、P85、P89：秦晓飞提供。

　　P10、P19、P58 上中：蓬莱瓏岱酒庄提供。

　　P11、P18 图（d）、P71 下左、P158 下左右：青岛九顶庄园提供。

　　P12、P60 左、P166：西安玉川酒庄提供。

　　P13 下、P23 上、P71 下右：宁夏西鸽酒庄提供。

　　P15 上：青岛君顶酒庄提供。

　　P15 下、P59 下右、P161 下左：宁夏长和翡翠酒庄提供。

　　P17、P18 图（a）：宁夏原歌酒庄提供。

　　P18 图（b）、P22 上、P28 上右、P44 上右、P55 左、P158 下右：蓬莱龙亭酒庄提供。

　　P22 下、P157 上：宁夏银色高地酒庄提供。

　　P24、P58 下中、P61 左、P63 上左：宁夏贺东庄园提供。

　　P26 左、P26 中：宁夏迦南美地酒庄提供。

　　P26 右、P58 上左、P161 中图（b）：宁夏保乐力加贺兰山酒庄提供。

　　P27、P173：蓬莱嘉桐酒庄提供。

　　P28 上左、P55 中：蓬莱国宾酒庄提供。

　　P28 上中、P167：云南香格里拉酒业提供。

　　P28 下、P159 下：秦皇岛仁轩酒庄提供。

　　P44 上左、P46 下右、P49 上左、P61 中、P63 下右、P71 上中、P163 上：新疆天塞酒庄提供。

　　P44 上中、P60 中、P160 上：宁夏贺兰晴雪酒庄提供。

　　P46 下左、P157 中、P163 下：新疆丝路酒庄提供。

　　P46 下中、P59 下左、P61 右、P164 下：新疆国菲酒庄提供。

　　P49 上右、P52、P66 上、P71 上左：蓬莱苏各兰酒庄提供。

　　P51 上、P58 上右、P59 下中、P63 上右、P165 上、P171：山西怡园酒庄提供。

　　P55、P160 下：宁夏长城天赋酒庄提供。

　　P58 下左、P162：甘肃紫轩酒庄提供。

　　P58 下右：宁夏美贺庄园提供。

　　P60 右、P63 下左：宁夏新慧彬酒庄提供。

　　P71 上右：河北中法庄园提供。

　　P72、P164 上：新疆蒲昌酒庄提供。

　　P79、P93、P99、P107、P113、P122、P132 上、P136、P143、P147、P211-P213、P219、P222：山东旅游职业学院学生手绘图及教学视频截图（李海英）。

　　P86 上、P110、P137：蒋文朝提供。

　　P104 左右、P196、P197、P200 下、P210 、P223：李涛 Bruce 提供。

　　P114、P125、P152 下、P191：华中科技大学出版社自绘。

　　P123：澳洲阿光老师提供。

　　P157 下、P161 上：宁夏嘉地酒园提供。

　　P158 上：蓬莱逃牛岭酒庄提供。

　　P159 上：河北迦南酒业提供。

P161 中图(a):宁夏巴格斯酒庄提供。

P161 中图(c):宁夏留世酒庄提供。

P161 中图(d):宁夏类人首酒庄提供。

P161 下右:宁夏博纳佰馥酒庄提供。

P18 图(c)、P165 下左中右:山西戎子酒庄提供。

P210 、P234、P239:北京国贸大酒店提供。

P274-P305:所属酒庄提供。

——特别鸣谢以上企业(中/韩)、酒庄、酒店及个人图片提供——